Unbestimmtheitssignaturen der Technik

Editorial | In Umbruchzeiten und Zeiten beschleunigten Wandels ist die Philosophie in besonderer Weise herausgefordert, Veränderungen unserer theoretischen und praktischen Weltbezüge zu artikulieren. Denn Begriffe, Kategorien und Topoi, unter denen Weltbezüge stehen und unter denen wir unser Denken und Handeln ausrichten, erweisen sich im Zuge jener Dynamik regelmäßig als einseitig, kontingent, dogmatisch oder leer.

Dialektisches Denken richtet sich von alters her auf diejenige Gegensätzlichkeit, die die Beschränktheiten des Denkens und Handelns aus sich heraus hervorbringt, und zwar mit Blick auf die Einlösbarkeit seiner Ansprüche angesichts des Andersseins, Anderssein-Könnens oder Anderssein-Sollens der je verhandelten Sache. Dialektik versteht sich als Reflexion der Reflexionstätigkeit und folgt somit den Entwicklungen des jeweils gegenwärtigen Denkens in kritischer Absicht. Geweckt wird sie nicht aus der Denktätigkeit selbst, sondern durch das Widerfahrnis des Scheiterns derjenigen Vollzüge, die sich unter jenem Denken zu begreifen suchen. Ihr Fundament ist mithin dasjenige an der Praxis, was sich als Scheitern darstellt. Dieses ist allererst gedanklich neu zu begreifen in Ansehung der Beschränktheit seiner bisherigen begrifflichen Erfassung.

Vor diesem Hintergrund ist für dialektisches Denken der Dialog mit anderen philosophischen Strömungen unverzichtbar. Denn Beschränkungen werden erst im Aufweis von Verschiedenheit als Unterschiede bestimmbar und als Widersprüche reflektierbar. Und ferner wird ein Anderssein-Können niemals aus der Warte einer selbstermächtigten Reflexion, sondern nur im partiellen Vorführen ersichtlich, über dessen Signifikanz nicht die dialektische Theorie bestimmt, sondern die Auseinandersetzung der Subjekte.

Wissenschaftlicher Beirat | Prof. Dr. Christoph Hubig, Stuttgart | HD Dr. Volker Schürmann, Leipzig | Prof. Dr. Gerhard Schweppenhäuser, Bozen/Italien | Dr. Michael Weingarten, Marburg | Prof. Dr. Jörg Zimmer, Girona/Spanien | **Management** | Andreas Hüllinghorst, transcript Verlag

Edition panta rei | πάντα ῥεῖ
Forum für dialektisches Denken

Gerhard Gamm,
Andreas Hetzel (Hg.)

Unbestimmtheitssignaturen der Technik
Eine neue Deutung der technisierten Welt

[transcript]

Bibliografische Information der Deutschen Bibliothek
Die Deutsche Bibliothek verzeichnet diese Publikation in der Deutschen Nationalbibliografie; detaillierte bibliografische Daten sind im Internet über http://dnb.ddb.de abrufbar.

© 2005 transcript Verlag, Bielefeld

Die Verwertung der Texte und Bilder ist ohne Zustimmung des Verlages urheberrechtswidrig und strafbar. Das gilt auch für Vervielfältigungen, Übersetzungen, Mikroverfilmungen und für die Verarbeitung mit elektronischen Systemen.

Umschlaggestaltung und Innenlayout:
    Kordula Röckenhaus, Bielefeld
Projektmanagement: Andreas Hüllinghorst, Bielefeld
Druck: Majuskel Medienproduktion GmbH, Wetzlar
ISBN 3-89942-351-8

Gedruckt auf alterungsbeständigem Papier mit chlorfrei gebleichtem Zellstoff.

Besuchen Sie uns im Internet: http://www.transcript-verlag.de

Bitte fordern Sie unser Gesamtverzeichnis und andere Broschüren an unter: info@transcript-verlag.de

INHALT

9 | Eine zeitgemäß-unzeitgemäße Philosophie der Technik
Gerhard Gamm, Andreas Hetzel

17 | Unbestimmtheitssignaturen der Technik
Gerhard Gamm

Zum heutigen Verständnis von Technik

**39 | »Wirkliche Virtualität«
Medialitätsveränderung der Technik und
der Verlust der Spuren**
Christoph Hubig

**63 | Technik und Phantasma
Das Begehren des Mediums**
Marc Ziegler

**81 | Aufgeklärte Unheilsprophezeiungen
Von der Ungewissheit zur Unbestimmbarkeit
technischer Folgen**
Jean-Pierre Dupuy

**103 | Wohin die Reise geht
Zeit und Raum der Nanotechnologie**
Alfred Nordmann

Die Technisierung des Wissens

127 | Technologien des Organisierens
und die Krisis des Wissens
Helmut Willke

149 | Kunstmaschinen
Zur Mechanisierung von Kreativität
Dieter Mersch

169 | Das Problem des Neuen in der Technik
Michael Ruoff

183 | Nichtwissen im Überfluss?
Einige Präzisierungsvorschläge im Hinblick
auf Nichtwissen und Technik
Andreas Kaminski

Subjekt, Körper, Kunst

203 | Heidegger, Unbestimmtheit und »Die Matrix«
Hubert L. Dreyfus

219 | Verkörperte Kognition und die Unbestimmtheit der Welt
Mensch-Maschine-Beziehungen in der Neueren KI
Barbara Becker, Jutta Weber

233 | Kunst aus dem Labor –
im Zeitalter der Technowissenschaften
Ingeborg Reichle

255 | »Shrouded in another order of uncertainty«
Unbestimmtheit in Thomas Pynchons
»Gravity's Rainbow«
Bruno Arich-Gerz

Macht und Technik

275 | Technik als Vermittlung und Dispositiv
Über die vielfältige Wirksamkeit der Maschinen
Andreas Hetzel

297 | **Lob der Praxis**
Praktisches Wissen im Spannungsfeld technischer und sozialer Uneindeutigkeiten
Karl H. Hörning

311 | **Netzwerke, Informationstechnologie und Macht**
Rudi Schmiede

337 | **Verantwortung in vernetzten Systemen**
Klaus Günther

Anhang

355 | **Autorinnen und Autoren**

EINE ZEITGEMÄSS-UNZEITGEMÄSSE PHILOSOPHIE DER TECHNIK
Gerhard Gamm, Andreas Hetzel

Dass die Moderne die Signatur der Unbestimmtheit trägt, ist nicht so neu, wie es scheint. Schon um die Mitte des letzten Jahrhunderts haben Philosophen und Soziologen in ihr einen bestimmenden Grundzug der modernen Welt gesehen. In der Zeitdiagnose Arnold Gehlens etwa bilden »Verwischtheiten, Unschärfebeziehungen und objektive Unbestimmtheiten«[1] nicht nur einen Grundzug der gesellschaftlichen Realität; auch die theoretische Physik und die moderne Kunst reflektieren in ihren Gegenstandsbezügen eine konstitutive Unentscheidbarkeit und Kontingenz. Die moderne Welt aber in allen Teilen von dieser Formel her zu durchdenken – dieser Versuch wurde bislang eher selten unternommen. Das betrifft insbesondere die Technik, sie galt und gilt als Synonym für Eindeutigkeit und Exaktheit, konstruktive Transparenz und Funktionalität. Weil man die realen Mechanismen kannte, glaubte man, sie durchgängig berechnen, planen und kontrollieren zu können.

Diese Erwartung scheint unter den Bedingungen einer radikal modernen Welt brüchig geworden zu sein: Die Überdeterminiertheit technischer Entwicklungen, die Unberechenbarkeit komplexer Systeme, die Evolution von Risiken fernab der Möglichkeit sicherer Prognosen, der Widerstand betroffener Akteure, Technologien zu akzeptieren, die Unabsichtlichkeit von Nebenfolgen sowie die hybriden Konstellationen sozio-technischer Systeme, die von menschlichen Akteuren und (halb-)automatischen Maschinen bevölkert werden, sind nur einige Stichworte, die das Reflexiv- und Unbestimmtwerden der Technologie begleiten. Prinzipiell scheinen sich die Grenzen von Menschen und Maschinen zu verwischen.

Den Hauptgrund für diese Entwicklung kann man in der immer

---

1 | Arnold Gehlen: Die Seele im technischen Zeitalter. Sozialpsychologische Probleme in der industriellen Gesellschaft, Hamburg 1957, S. 90.

Gerhard Gamm enger werdenden wechselseitigen Vernetzung von Gesellschaft und
Andreas Hetzel Technik suchen; darin, dass die Gesellschaft in Form von politischen
Ansprüchen, ökonomischen Analysen sowie rechtlichen Regelungen
immer tiefer in die wissenschaftlichen und technischen Zusammenhänge eindringt, umgekehrt aber auch Wissenschaft und Technik einen deutlich stärkeren Einfluss auf die Grundlinien des gesellschaftlichen Lebens nehmen.

Nicht dass eine fundamentale Ungewissheit nicht immer schon zum Leben dazu gehört hätte oder eine mehr oder weniger konstante und universelle Bedingung menschlicher Existenz gewesen wäre, erscheint als Problem, sondern dass mit der Erfahrung einer Zunahme von Unbestimmtheit auch eine mit der Gesellschaft vernetzte Technik davon betroffen und in den Verunsicherungsprozess einbezogen ist; dass gesellschaftliche Freiheits- und Optionsgewinne mit nachhaltigen Orientierungsverlusten Hand in Hand gehen; dass die technowissenschaftliche Erzeugung von Wissen neuartige Zonen des Nichtwissens mit hervorbringt; dass wir nicht wissen können, was wir eigentlich tun sollen, und dass der Umgang mit diesem Faktum die Startbedingung für eine zeitgemäß-unzeitgemäße Philosophie der Technik darstellt. Die Beiträge dieses Bandes gehen nicht nur den unterschiedlichen Aspekten dieser Entwicklung nach. Sie unternehmen auch den Versuch, die sozio-technischen Bestimmungsversuche und Vereindeutigungsstrategien abzuschätzen, die in einer *perplex* gewordenen Welt durch die Aufgabe einer »Selbstfestlegung im Unbestimmten« (N. Luhmann) immer aufs Neue herausgefordert werden. Perplex, nicht nur komplex, sind moderne Gesellschaften, weil sie in ihre Definition die fundamentalen Unsicherheiten einrechnen müssen, die sich für sie aus der Beurteilung ihrer Ziele und Wege ergeben. Diese Ungewissheiten reflektieren nicht nur subjektive Schwierigkeiten, vielmehr sind sie ein objektiver Bestandteil dieser Welt. Es ist nicht allein ein Medieneffekt, dass moderne Gesellschaften in dem, was sie über sich denken, verstört, verwirrt, bestürzt, überrascht, sprach- oder besser begriffslos sind, es gehört mit zu den Bedingungen der Objektivität.

Der Titel des vorliegenden Bandes könnte leicht die Frage aufwerfen, ob nicht die Rede von den »Unbestimmtheitssignaturen der Technik« ein hölzernes Eisen sei, »Unbestimmtheit« und »Signatur« nicht nur einen Gegensatz bildeten, sondern einander ausschlössen. Das gelte insbesondere dann, wenn man Signatur als Kennzeichen verstehe, das, z.B. auf Buchrücken, durch die Eindeutigkeit seiner Zeichen es gestatte, in kürzester Zeit das entsprechende Buch zu finden. Aber schon die Signaturen (und Signierungen) moderner Bilder und Bücher, das Spiel mit Namen und Unterschriften, mit den Fragen nach Repräsentation, Reproduktion und Autorisierung lassen

Zweifel aufkommen, ob Signatur so leichthin mit Bestimmtheit und Eindeutigkeit gleichgesetzt werden kann.

Eine zeitgemäß-unzeitgemäße Philosophie der Technik

Man kann den Titel unseres Buches aber auch umgekehrt deuten, ihn als starke Behauptung über die gegenwärtige Verfassung der Technik im Ganzen lesen, als Grundzug der modernen Technologie, das ist als Antithese gegen ein gesellschaftlich und wissenschaftlich eingespieltes Verständnis, welches Technisierungsprozesse – trotz aller offenkundigen Ambivalenzen – auch weiterhin und in erster Linie mit rationaler Bestimmtheit (Berechenbarkeit) und zuverlässiger Methode (Mechanismus), mit Steuerung und Planung, automatischem Fortschritt, Festgelegtsein und Sicherheit in Verbindung bringt.

Die einzelnen Beiträge stellen sich der Frage, wie oder unter welcher Form die relative Unbestimmtheit oder – mit stärkerem Akzent auf der subjektiven Seite ihrer Wahrnehmung und Verarbeitung – die Ungewissheit im Zusammenhang der modernen Technik in Erscheinung tritt. Wie weit dieser bestimmt unbestimmte Blick auf die Technik unser Bewusstsein von ihr verändert: ob nicht erst dieser Blick und die entsprechenden Begriffe zu ihrer Beobachtung eine realistische Einschätzung der gesellschaftlichen Technisierungsprozesse erlauben.

In seinem einleitenden Beitrag zielt *Gerhard Gamm* auf einige Brennpunkte der gegenwärtigen Diskussion, seine Überlegungen sollen die gesamte Trag- und Spannweite des Problems andeuten. Im Ausgang von den kommunikations-, informations-, überwachungs- und biotechnologischen Revolutionen unserer Tage untersucht er die sozialen Konfliktlagen und epistemischen Ambivalenzen, die sich aus der tendenziellen Selbstverabsolutierung von Technisierungsprozessen in der Spätmoderne ergeben. Im Mittelpunkt steht dabei die Diagnose, dass sich die Technik gerade nicht in die Stellung einer absoluten, alle nicht-technischen Seinsbereiche absorbierenden Formation zu bringen vermag. Das moderne Projekt einer umfassenden Technisierung der Welt stößt im Reflexiv- und Unbestimmtwerden spätmoderner Technologien auf eine innere Grenze. Diese Grenze schreitet der Beitrag in den verschiedenen Richtungen ab: Er fragt insbesondere nach dem Verhältnis der Technik zum Wissen, zur Gesellschaft sowie zu Kunst und Körper und markiert damit das Terrain, auf dem sich die anderen Autorinnen und Autoren bewegen werden.

Eine *erste* Gruppe von Texten widmet sich der Suche nach einem Verständnis, das den Ambivalenzen und Unschärfen einer Technik Rechnung zu tragen vermag, welche weder eindeutig von einem nichttechnischen Außen abgehoben, noch widerspruchslos universalisiert werden kann. So sehr sich Technik heute in alle Weltbezüge

Gerhard Gamm einspielt, so wenig lässt sich alles, was uns alltäglich begegnet, auf
Andreas Hetzel sie reduzieren. *Christoph Hubig* bietet in seinem Beitrag den Begriff des Mediums als Ausweg aus diesem Dilemma an. Er richtet sich gegen handlungstheoretische und bestimmungslogische Deutungen, die Technik immer noch als System rational organisierter Handlungsmittel interpretieren und dabei übersehen, dass die ständig komplexer werdenden Mittelverkettungen der Technik insgesamt eine Virtualität einschreiben, die allenfalls »Spuren« von konkreten Handlungszwecken und -mitteln erkennen lässt. Das Medium der Technik steht in Hubigs Darstellung für deren »wirkliche Virtualität« oder Unbestimmbarkeit.

Marc Ziegler interpretiert technische Systeme gleichfalls als Medium, untersucht aber in erster Linie deren imaginative und phantasmatische Seite. Er ergänzt Hubigs Darstellung der Technik als Medium um ein psychoanalytisch informiertes Konzept des Begehrens, das sich in jeder Apparatur und jedem Umgang mit den Apparaten zeigt. Die Unbestimmtheit der Technik manifestiert sich hier in der Unmöglichkeit, die Quelle dieses Begehrens zu lokalisieren; es lässt sich weder als Begehren eines autonomen Subjekts, noch als Begehren der Technik selbst ansprechen.

Wie Hubig und Ziegler weist *Jean-Pierre Dupuy* handlungstheoretische Technikdeutungen zurück. Sein Beitrag fragt nach den zeittheoretischen Implikationen unserer herkömmlichen Vorstellungen der Planbarkeit und Beherrschbarkeit. Dem Vorsorgeprinzip, welches die heutigen Debatten zur Technikfolgenabschätzung dominiert, unterstellt Dupuy eine konstitutive Apokalypseblindheit. Er interpretiert technisch induzierte Katastrophen als im Rahmen einer technischen Planungsrationalität »unmögliche« Ereignisse, deren Möglichkeit erst von einem aufgeklärten Katastrophismus aus gedacht werden könne. Dieser aufgeklärte Katastrophismus verbindet sich mit einer alternativen Zeitkonzeption, in der die Zukunft nicht als bloße Möglichkeit, sondern als Wirklichkeit gefasst werden könne. Die zukünftigen Handlungsfolgen wirken innerhalb dieser alternativen Konzeption retroaktiv auf die gegenwärtigen Handlungsursachen zurück.

Alfred Nordmanns Überlegungen schließen sich unmittelbar an die von Jean-Pierre Dupuy an. Sie thematisieren Leitbilder und Inszenierungsformen aktueller Technikentwicklung am Beispiel der Nanotechnologie. Im Mittelpunkt stehen hier die zeit- und geschichtsphilosophische Implikationen, die den sowohl öffentlichen als auch wissenschaftsinternen Diskurs über die Nanotechnologie bestimmen. In einem zweiten Schritt untersucht Nordmann dann auch die Raummetaphern, die diesen Diskurs strukturieren.

Die *zweite* Gruppe von Beiträgen lotet das Verhältnis von Technik und Wissen aus. Als Techno*logie* zeigt uns die Technik heute ein geistiges Gesicht; in technischen Artefakten kristallisiert sich ein geschichtlicher Stand des Wissens. Umgekehrt nehmen Techniken – von der Informationstechnologie bis zum E-Learning – immer stärker Einfluss auf Prozesse der Wissensstrukturierung und des Wissenserwerbs. Aus der Sicht des Systemtheoretikers fragt *Helmut Willke* hier zunächst nach den Technologien des Organisierens und den Krisen des Wissens heute. Technisierung des Wissens bedeutet, dass in modernen Gesellschaften jede Art des Erfahrungserwerbs über Organisationen vermittelt ist und insofern von organisationalen Technologien geprägt wird. Technik und Wissen steigern sich in Organisationen wechselseitig, bis sie die Kontingenz von komplexen Systemen erreicht haben, in denen Wissen in Nichtwissen und Technologie in Dystopie umschlägt.

Eine zeitgemäß-unzeitgemäße Philosophie der Technik

Dieter Mersch untersucht das Verhältnis von Mechanisierung und Kreativität an der Schnittstelle von Technik und Kunst. Beide Konzepte, die im griechischen Ausdruck *techné* eine gemeinsame Wurzel haben, lassen sich nicht reibungslos ineinander überführen, geschweige denn aufeinander reduzieren. An den eher enttäuschenden Ergebnissen der Computerkunst zeigt sich für Mersch die Unmöglichkeit, kreative Prozesse mechanisch zu simulieren. Kunst entzieht sich jeder Mechanisierung und Automatisierung. Die Aleatorik zufallsgesteuerter mathematischer Verfahren kann die Ereignishaftigkeit und schöpferische Kraft authentischer Kunst nicht wirklich erreichen.

Unter Rekurs auf den Begriff des Ereignisses wendet sich auch *Michael Ruoff* dem Verhältnis von Technik und Kreativität zu. Er weist darauf hin, dass das Neue im Kontext von Technikdiskursen gewöhnlich als Innovation interpretiert wird. Die sich darin ausdrückende Identifikation von Innovation und Neuem wird einer Korrektur unterzogen: Jede Innovation bleibt von einem Neuen abhängig, umgekehrt lässt sich das Neue aber gerade nicht auf eine Innovation zurückführen. Das Neue diskontinuiert die Geschichte. Es gibt sich als ein Ereignis zu erkennen, in dem Ordnung und Unbestimmtheit zusammenspielen. Eine Interpretation des Neuen in Begriffen der pragmatischen Informationstheorie erlaubt es Ruoff, dieses Zusammenspiel tiefer auszuloten.

Um eine umfassende Beschreibung des Verhältnisses von Technik und Nichtwissen ist es *Andreas Kaminski* in seinem Beitrag zu tun. Wie Kafkas »Bau« ist auch die moderne technisierte Gesellschaft wesentlich auf einem Nichtwissen gegründet. Der Beitrag fragt nach den dominierenden Umgangsformen mit diesem Nichtwissen und analysiert seine Beschreibungen und Rhetoriken. Als Leitmetaphern des Nichtwissens werden »Begierde«, »Grenze« und »Horizont« diskutiert.

Die dritte Gruppe von Beiträgen setzt Technik in Relation zu Subjektivität, Leiblichkeit und Kunst. *Hubert Dreyfus* führt uns zunächst ins Kino: Er unterzieht die Matrix-Trilogie von Larry und Andy Wachowski einer an Heidegger geschulten Lektüre. Sie weist auf ontologische Inkonsistenzen im Grundmythos der Filme hin. Jede vollständige Simulation unserer Welt würde das *Ereignis* ausschließen, die Möglichkeit, in unserem Handeln immer wieder gänzlich neue Welten zu eröffnen: eine Möglichkeit, die für das Leben in unserer Welt entscheidend ist. Die Matrix wäre aus der Sicht Heideggers als alternativloses *man* im kosmischen Ausmaß zu interpretieren, wohingegen das *man* in unserer Welt erst von seinem eigenen Gegenteil, vom Ereignis oder Eigentlichen aus als solches ansprechbar ist.

Barbara Becker und *Jutta Weber* greifen diesen Faden auf. In einem gemeinsam verfassten Aufsatz beleuchten sie das Verhältnis von Mensch und Maschine in der neueren ›Künstlichen Intelligenz‹. Computer und Cyborgs wurden zu zentralen Bezugspunkten der Frage nach der conditio humana. Menschliche Selbstbilder konstituieren sich in Abgrenzung von oder in positivem Bezug auf Maschinen. In diesem Zusammenhang verschieben sich zentrale Konzepte wie Kognition und Körper, Subjekt und Objekt, Mensch und Maschine. Das Unbestimmtwerden der Grenzen zwischen Mensch und Maschine wird in seiner gesellschaftspolitischen Tragweite diskutiert.

Ingeborg Reichle stellt Kunst aus dem Labor vor, Hybridwesen aus Wissenschaft und Kunst, die beide Bereiche einer Transformation unterziehen. Die Protagonisten einer Artifical Life Art propagieren neuerdings die Technisierung des Lebendigen ebenso wie die Verlebendigung der Technik und nähern sich in ihren Manifesten und Produktionen einer transhumanistischen Position.

Einen literarischen Ausdruck findet das Unbestimmtwerden der Technik in prominenter Weise in Thomas Pynchons 1973 erschienenem Roman Gravity's Rainbow, den *Bruno Arich-Gerz* auf seine implizite Theorie der Technik befragt. Der Roman ist einerseits durchsetzt von scheinbar »exaktem« physikalischem und raketentechnologischen Fachwissen, andererseits sperrt er sich gegen jede vereindeutigende Interpretation: Jeder Deutungsversuch führt in Unklarheiten, Aporien und Unbestimmtheiten, die sich auf der Ebene der im Roman artikulierten Techniktheorie wiederholen.

Die *letzte* Textgruppe geht dem Verhältnis von Macht und Technik nach. Macht bindet sich heute immer stärker an die Verfügung über Technologien. Darüber hinaus nimmt Macht selbst eine technische und mediale Gestalt an. Mit dem von Michel Foucault, Gilles Deleuze und Jean-François Lyotard in die philosophische Diskussion eingeführten Konzept des Dispositivs deutet *Andreas Hetzel* einen Weg an, die Macht der Technik umfassend und nichtreduktionistisch zu beschreiben. Sein Beitrag fragt entlang des Dispositivbegriffs nach der spezifischen Wirksamkeit der Technik, die sich dem inten-

tionalistischen Vokabular der Handlungstheorie ebenso entzieht wie *Eine*
der Metaphorik selbstläufiger Systeme. Das Dispositiv wird als eine *zeitgemäß-*
komplexe Wirklichkeits- und Wirksamkeitsformation interpretiert, *unzeitgemäße*
die sich niemals auf nur einen Zweck verpflichten lässt und damit *Philosophie*
Spielräume für den Eigensinn von Akteuren eröffnet. *der Technik*

In eine vergleichbare Richtung argumentiert auch *Karl H. Hörning*, der sich den vielfältigen Formen des Umgangs mit Technik zuwendet. Er bezieht sich mit seinen Ausführungen auf die aktuelle Debatte zur Rolle der Technik bei der Generierung und Reproduktion sozialer Ordnungen. In Abgrenzung zu Bruno Latour geht er dabei nicht von einem »Handeln der Dinge« aus, sondern von einem »Handeln mit den Dingen«. Dabei stützt er sich auf den Praxisbegriff des amerikanischen Pragmatismus.

Rudi Schmiede untersucht die Transformationen der Macht in einer durch Informationstechnologien geprägten »Netzwerkgesellschaft« (Castells). Netzwerke haben, so Schmiedes These, erst durch die informationstechnologische Revolution der vergangenen drei Jahrzehnte ihre funktional-technologischen Konnotationen erhalten; in seinem Beitrag geht es um die Frage, in welcher Weise Machtstrukturen in der technischen Gestalt der Netzwerke Ausdruck erlangen, sich befestigen und verstetigen können. Er orientiert sich dabei an der in der Informationstechnik geführten Debatte um den Gegensatz von zentralistisch-proprietären und dezentral-offenen Systemarchitekturen. Schmiede zeigt, dass und wie wirtschaftliche Machtverhältnisse, Organisationsformen und technologische Strukturen in einem wechselseitigen Bedingungsverhältnis stehen.

Im abschließenden Beitrag untersucht *Klaus Günther* Probleme der Verantwortungszuweisung in komplexen Systemen. Er lotet dabei sowohl die philosophischen als auch die rechtstheoretischen Gründe und Abgründe der Zurechnung von Verantwortung aus, die uns heute in einer überkomplexen, hochgradig technisierten Welt begegnen.

Die Beiträge dieses Bandes gehen auf eine internationale Tagung des Graduiertenkollegs ›Technisierung und Gesellschaft‹ zurück, die vom 20. bis 22. Oktober 2004 an der TU Darmstadt stattfand. Die Herausgeber danken der DFG und dem Graduiertenkolleg für die Unterstützung der Tagung; ebenso danken wir Paul Althammer sowie dem Lektorat des transcript Verlags für seine umsichtige redaktionelle Arbeit bei der Erstellung des satzreifen Manuskripts.

UNBESTIMMTHEITSSIGNATUREN DER TECHNIK
Gerhard Gamm

>»On peut dire *tout ce que nous savons* c'est à dire *tout ce que nous pouvons*, a fini par s'opposer à *ce que nous sommes*.« Paul Valéry

Wer heute von *Technisierung* spricht, hat in der Regel gleich mehrere Aspekte vor Augen. Ihm zeigt sich zunächst eine fast ungebremste *Ausbreitung* technischer Artefakte und Verfahren auf allen Gebieten des öffentlichen und privaten Lebens. Die Technik leuchtet in jeden Winkel der Seele, noch die abgelegensten Provinzen jenes »inneren Auslands«, von dem Freud gesprochen hatte, werden von ihr in Beschlag genommen. Die Technik sei, so ein neuerer Buchtitel, auf dem Weg zur Seele. Die äußere Natur und die Umwelt sind seit langem Gegenstand wissenschaftlich-technisch fortschreitender Transformationsprozesse. Und im Weltmaßstab – vom nahen Westen bis zum Fernen Osten – umspannen planetarisch ausgelegte Technologien den gesamten Globus.

Ein anderer Aspekt deutet in eine gleichsam vertikale Richtung, er verstärkt das stets latent vorhandene Unbehagen an der Technik im besonderen Maße; er zielt auf die Tiefendimension der Technisierungsprozesse, auf die immense Steigerung der Durchdringungspotentiale, auf die *Eingriffstiefen*, in denen die materiellen, biologischen, psychosomatischen und semantischen Feinstrukturen des Lebens der Bearbeitung und Manipulation durch die neueren Technologien offen stehen. Sie erstrecken sich vom Kleinsten bis zum Größten. Den Technologien zur Eroberung des Weltraums stehen solche im Nanobereich zur Seite.

Beide, Ausbreitungs- und Vertiefungsprozesse, sehen sich wiederum unter die Bedingung der *Zeit* gesetzt, d.h., sie verweisen auf die Dynamik oder die Expansionsgeschwindigkeit, mit der, unter dem Druck ökonomischer Konkurrenz und einer auf Lebenssteigerung bedachten Kultur, die Technisierungsprozesse vorangetrieben werden. So entsteht aufs Ganze gesehen das Bild einer entfesselten und generalisierten Technik. Was auf lange Zeit als das Andere zur Technik gegolten hatte, Mensch, Natur, Kunst (Kultur), Geist, sieht sich sukzessive in diesen Universalisierungsprozess der Technik einbezogen. Es ist, als stünde die Technik heute ohne Gegenspieler da.

Fragt man weiter, auf Grundlage welcher Konzepte, Operationen oder Mechanismen denn der neuerliche Technisierungsschub bewirkt und entfesselt worden ist, stößt man auf einen weiteren, höchst bedenklichen Befund. Er richtet das Augenmerk auf die prominenten Brückenprinzipien, welche eine auf natürliche Prozesse rekurrierende Operation (oder Beschreibung) der *Technik* mit den technischen Konzeptualisierungen der *Natur* verbinden. Im Rahmen ihrer Kompetenzen sollten sich die Übergänge von dem einen in das andere Milieu problemlos regeln lassen. *Selbstorganisation* ist der Schlüsselbegriff, unter dem die Naturalisierung der Technik und die Technisierung der Natur weiter vorangetrieben wird. Schon Kant hatte in ihr eine (die) ordnende Kraft des Lebens (und der Kunst) erkannt. Im Zeichen autopoietischer Prozesslogiken lassen sich *bios* und *techne* (mechanisch) aufeinander beziehen. Der *bios* lässt sich in zentralen Funktionen technologisch und die *techne* biologisch interpretieren. Subjekt und Objekt, die steuernde Instanz und das, was der Steuerung unterworfen ist, gehören zu ein und demselben sich fortlaufend korrigierenden (regulierenden) und erneuernden (herstellenden) System.[1] Technische und natürliche Prozesse laufen gleichsam auf dem selben Programm, auch wenn es sich, wie im Fall intelligenter Systeme, einmal um Operationen im Medium feuchter neuronaler Hardware, das andere Mal um physikalische Zustandsveränderungen im trockenen Silizium handelt.

Vergleichbare Transformationsprozesse lassen sich auch in Bezug auf die Technisierung *sozialer Systeme* beobachten, wiederum spielt die techno-biologische Ordnungsform des Lebendigen, die Selbstorganisation, eine hervorragende Rolle. Im Verbund mit dem Computer (der elektronischen Datenverarbeitung) erobert sie eine Gesellschaft, die sich über weite Strecken durch Informations- und Kommunikationstechnologien vernetzt weiß und sich verstärkt mit solchen der biologischen und kybernetischen Systemtheorie entlehnten Konzepten interpretiert. Die Technologien selbst schlüpfen in die Rollen der Agenten gesellschaftlicher Vermittlung, sie nehmen die durch Arbeitsteilung und Interaktionen vorgezeichneten Prozesse gesellschaftlicher Reproduktion in die eigene Regie. Technik selbst wird zum Medium, zu dem, was Kultur und Natur, Technik und soziale Systeme aufeinander ein- und abstellt. Sich selbst organisierende

---

1 | Vgl. auch Bernhard Waldenfels: Bruchlinien der Erfahrung, Frankfurt/Main 2002, S. 370ff.

Maschinen übernehmen auf den verschiedensten Sektoren des gesellschaftlichen Lebens Führungsaufgaben, die lange Zeit den Menschen vorbehalten waren; Planen, Entscheiden, Überwachen, Alarmgeben sind technische Vergegenständlichungen sozial bedeutsamer kognitiver Prozesse. Sehr bald wird es auch in Deutschland einen ersten fahrerlosen U-Bahnbetrieb geben. Die ›Selbstorganisation‹ und die universelle Maschine des Computers führen zu einer Technik, die Personen und Projekte, Probleme und Programme, Routinen und Ereignisse erfasst, sie laufen gleich einer Welle durch alle Natur und Kultur hindurch.[2]

Unbestimmtheitssignaturen der Technik

Im Folgenden geht es darum, Ambivalenzen und Konfliktlagen zu beschreiben, die mit dem Reflexiv- und Unbestimmtwerden der modernen Technikentwicklung einhergehen. Die Überlegungen orientieren sich dabei an den Technisierungsprozessen, die gegenwärtig in den öffentlichen Diskursen auf der Tagesordnung stehen. Sie verbinden Fragen der Technisierung des Wissens und der Erfahrung, der Subjektivität und des menschlichen Körpers mit solchen, die sich aus den Macht- und Netzwerkstrukturen für ein politisch verantwortliches Handeln ergeben. Sie lassen aber auch die vielfachen Überschneidungen nicht außer Acht, die der Technisierungsprozess im Verhältnis zur Kunst und der ästhetischen Erfahrung an den Tag legt.

Technik als Medium

Versteht man Technik als (materielles) Dispositiv oder Medium, als Infrastruktur oder soziotechnisches System, dann liegt dem eine Auffassung zugrunde, die Technik weniger mit Blick auf ihre instrumentelle Funktion (als Werkzeug, als Mittel, als isoliertes Sachsystem) versteht, als auf ihren dynamischen Vermittlungszusammenhang hin, worin sich etwas abspielt (Modus) und durch das bestimmte Weichen gestellt werden (Dispositive), die sowohl als Bedingung der Möglichkeit von (etwas) fungieren als auch auf die Beschränkungen verweisen, die damit verbunden sind. An die Stelle des Umgangs mit dem Wirklichen (der Technik als einem Aggregat von Mit-

---

2 | Der Philosoph Ernst Bloch ging in seinen technikphilosophischen Überlegungen davon aus, dass Technisierung, wie er schreibt, ›Entorganisierung‹ bedeute: »Übergang der Technik in immer menschenfernere Naturgebiete«. Ernst Bloch: Das Prinzip Hoffnung, Bd. 2, Frankfurt/Main 1959, S. 815. Ist mit dem Operationsmodus der Selbstorganisation jetzt ein Durchbruch in die umgekehrte Richtung gelungen? Wird mit ›Selbstorganisation‹ und verwandten, nicht mehr trivialen Maschinen (Heinz von Foerster) die Technik in ein dem Menschen näheres Naturgebiet gebracht?

Gerhard Gamm teln) tritt die Aufgabe eines Umgangs mit dem Virtuellen (Technik als Medium).[3]

In diesem Konzept werden Gesellschaft und Technisierung über zwei Perspektiven eng aufeinander bezogen: Die *Vergesellschaftung der Technik* geht mit einer globalen *Technisierung der Gesellschaft* einher.

Handelt es sich im Fall der Technisierung der Gesellschaft um Fragen der Durchdringung (der Vernetzung, Medialisierung, Vermischung, Hybridisierung, Einschreibung usf.) der Gesellschaft mit technischen Artefakten, Verfahren und Strukturen, so im anderen Fall darum, wie die gesellschaftlichen und politischen Formen der Produktion und Reproduktion des Lebens ihren Niederschlag in technischen Artefakten finden. Rechtliche Normen, gesellschaftliche Standards der Sicherheit und der Gesundheit spielen bei der Genese, der Implementierung und den Folgen der Technik eine ebenso bedeutende Rolle wie die ökonomischen Zwänge oder die Auflagen des Umweltschutzes. Diese Sicht schließt auch die Strategien der kulturellen Codierung und Symbolisierung mit ein (die Inszenierungen der Technologie von den Propagandafeldzügen bei Neueinführungen bis zum alltäglichen Strom von Kommunikationen, der sich über die bereits etablierten ergießt); sie werden als Teil der je historischen und gesellschaftlichen Aneignung des technischen In-der-Welt-Seins begriffen. Diese enge Vernetzung von Gesellschaft und Technisierungsprozessen führt darüber hinaus nicht nur zu einer Kritik des technologischen und szientifischen Determinismus, sie deutet auch auf die damit eröffneten Spielräume der Technikgestaltung und die Alternativen zu bestimmten Entwicklungen hin; sie schärft auch das Sensorium für die unmarkierten Seiten – das gesellschaftliche (oder verdrängt) Unbewusste – der Technisierungsprozesse: für die Ambivalenzen und Gefahren, die Unsicherheiten und Risiken, die Phantasmagorien und Utopien, die mit ihnen einhergehen. Die Technik war schon immer das weite Feld, auf dem sich Phantasien und Utopien getummelt haben. Technische Utopien begleiten die Menschheitsgeschichte von Anfang an.[4] Sie setzen – wie sich gerade wieder beobachten lässt – die Phantasie v.a. dann in Bewegung, wenn eine neue Technologie (z.B. die Nanotechnologie oder das Klonen) im Entstehen begriffen, sie gleichsam noch unfertig ist und in ihren Folgen nur schwer abgeschätzt werden kann.

Die *Kritik* des Technikdeterminismus hat heute eine doppelte Stoßrichtung, sie zielt zunächst auf eine Kritik der Eigengesetzlichkeitsthese der Technik, die besagt, dass sie einer internen sachge-

---

3 | Vgl. dazu Gerhard Gamm: »Technik als Medium«, in: Nicht nichts. Studien zu einer Semantik des Unbestimmten, Frankfurt/Main 2002, S. 275–288.
4 | Vgl. E. Bloch, Das Prinzip Hoffnung, Bd. 2.

setzlichen Logik oder Notwendigkeit folge; aber auch darauf, dass sie alles andere, womit sie in Beziehung tritt (die gesellschaftliche Ordnung, das Denken und Handeln usf.) festlege. Diese Kritik hat ganz sicher ihre Berechtigung, sie bleibt aber auf dem einen, dem womöglich entscheidenden Auge blind, zeigt sich doch der Technisierungsprozess von seiner deterministischen Seite gleichwohl darin, dass seine Fortsetzung unaufhaltsam und seine Ausbreitung über den gesamten Globus unvermeidlich ist; dass die Technisierung – gerade in ihren kontingenten Zügen – uns in ein Zwangsverhältnis verstrickt, auf dessen Komplikationen und »normale (unvermeidbare) Katastrophen« (Charles Perrow) wir wiederum nur mit einem größeren Aufwand an verbesserter Technologie reagieren können. Dem Artefaktwerden des Menschen z.b., der Reparatur und dem Umbau aller seiner Teile, scheinen nur wenige technische Grenzen gesetzt. Dennoch ist nicht zu entscheiden, welche Wege in nächster Zukunft eingeschlagen werden, um ihn, das heißt uns, als Artefakte, als neurochirurgische oder pharmakologisch ausbalancierte Kunstwerke in Szene zu setzen.[5]

Unbestimmtheitssignaturen der Technik

Die Indeterminismusannahme zeigt aber auch: Je stärker oder nachhaltiger sich die modernen Technologien mit den sozialen Zusammenhängen vernetzen, sich ihnen anpassen, desto flexibler, komplexer, offener, für Optionen zugänglicher werden sie auch. Ihre Virtualisierung wird wiederum zu einer Antriebskraft für neue Unabsehbarkeiten. Die Technologien sehen sich wie die sozialen Beziehungen der Gesellschaft insgesamt einer rapiden Kontingenzerhöhung ausgesetzt. Das gilt ebenso für die Relation von Technologie und ihren Nutzern, welche die von den Herstellern vorgeschriebenen Verwendungsweisen subversiv unterlaufen oder verfremden, sie durch neue Gebräuche substituieren, d.h., sie kurzerhand »umwidmen« (umfunktionieren). Bisweilen wird schon in der Phase ihrer Konstruktion an ein dual-use für die militärische wie für die zivile Nutzung gedacht. Das gilt erst recht für die Auswirkungen der Technologieentwicklung, welche wir unter den Stichworten ›Risiko‹, ›unerwünschte Nebenfolgen‹, ›normale Katastrophen‹ usf. abzubuchen gewohnt sind. Sehr bald wird sicher auch die erste Geschichte der »Umwidmungen« von Technologien geschrieben werden. Die neue Gebrauchsregel der SMS-Funktion von einer, die nur den Erhalt einer Nachricht bestätigt, zu einer ganz eigenen Kommunikationsform

---

5 | Zukunftsoffenheit bedeutet »Zukunftsgewissheitsschwund«, wie Lübbe sagt. Zu einer Dehumanisierung würde das Künstlichwerden des Menschen führen, wenn es (ihm) nicht mehr gelänge, die Technologie mit seiner gleichsam humanen Substanz (dem Recht, der Moral, der Freiheit, der Besonnenheit, dem Feingefühl, dem Takt, der Urteilskraft usf.) zu durchdringen, wenn gleichsam der ›Bestand‹ technischen *Könnens* über sein *Sein* humaner Existenz siegte.

Gerhard ist nur das jüngste Beispiel einer ganzen Serie. Kurz, auf den ver-
Gamm schiedenen Ebenen der Technikentwicklung muss man mit etwas
rechnen, das man auf den allgemeinen Begriff eines Unbestimmt-
werdens der Technik in Folge der Differenz von *Funktion* und *Gebrauch*, von *Funktion* und *Folgen* bringen könnte.[6]

Dialektik des Wissens

Die *Technisierung des Wissens* wirft eine Reihe interessanter Fragen auf, deren Gewicht sich gleichfalls aus den gegenläufigen Strebungen herschreibt, die sich mit der Vermehrung und der Vernetzung des Wissens in seinen wissenschaftlich-technischen Formen ergeben.

Spricht man von der Technisierung des Wissens, geht man in der Regel davon aus, dass das Wissen nicht von vornherein in technischer Gestalt vorliegt, es vielmehr erst in diese übersetzt oder übertragen werden muss. Man kann daher ganz vorläufig von der Technisierung des Wissens als dem Versuch sprechen, Wissen (was immer es auch sei) in eine Form zu übertragen, in der es von (beispielsweise nicht-trivialen) Maschinen aufgenommen, verarbeitet, dargestellt und (an andere empfangsbereite Systeme) wieder abgegeben werden kann. Wissen in diesem Sinn muss maschinen-, das ist algorithmentauglich sein. Elektronische informationsverarbeitende Systeme wie Computer sind solche technischen Transformationsprozesse des Wissens. Im Blick auf die Bemühungen, intelligente Funktionen natürlich-sprachlicher Wesen (wie den Menschen) im Medium künstlicher Intelligenz zu simulieren, haben wir es mit einem besonders interessanten Fall von Vergegenständlichung zu tun. Menschliche Denk- oder Rechenleistungen werden in einem technischen Sachsystem abgebildet, wobei die Operationsweise der natürlich-sprachlichen und der künstlich-intelligenten Systeme nicht zwangsläufig – wie das Schachspiel zeigt – den gleichen Regeln und Mechanismen folgen muss.[7]

Es ist nun eines der bemerkenswertesten Resultate, dass die Verwissenschaftlichung und Technisierung des Wissens an der *wechsel-*

---

6 | Diese Differenz ist – beispielhaft und verkürzt – nur eine Seite der gesellschaftlichen Entwicklung, die für den Autor mit dem Unbestimmtwerden der Technik verbunden ist. Vgl. dazu insgesamt Gerhard Gamm: »Die Technisierung der Gesellschaft«, in: Nicht nichts, S. 275–326.

7 | Damit aus Information wiederum Wissen wird, muss in der Regel eine weitere Übersetzung erfolgen, eine Rückübersetzung in die natürlich-sprachlichen Symbolsysteme und lebensweltlichen Zusammenhänge; die Information selbst muss wiederum in die vielfältigen Kontexte eingerückt werden, damit aus ihr (brauchbares) Wissen wird.

seitigen Steigerung von Wissen und Nichtwissen mitgewirkt hat. Es scheint, als habe v.a. die Informatisierung des Wissens das Nichtwissen dramatisch anwachsen lassen und das Wissen selbst dadurch in Mitleidenschaft gezogen. Vorbei sind die Zeiten, in denen Karl Raimund Popper in seinen Eingangsthesen zum *Positivismusstreit* das Wachstum des Nichtwissens noch in die beschwichtigende Formel kleiden konnte, dass »der Fortschritt des Wissens uns immer von Neuem die Augen für unsere Unwissenheit öffnet«. Viel offensichtlicher ist heute, dass nicht nur mit jeder analytisch vertieften Kenntnis einer Sache neue Horizonte des Nichtwissens heraufgezogen werden; dass die Steigerung des Nichtwissens mit unvorhergesehenen und unerwarteten Effekten einhergeht, die der Einsatz eines stets ausschnitthaften wissenschaftlichen Wissens in den ungleich komplexeren Verhältnissen der realen Welt nach sich zieht. Verlässt das direkt oder indirekt über technische Artefakte vermittelte Wissen die engen, kontrollierbaren Grenzen des Labors, wird es in die offenen, durch Rückkopplungen oder zirkuläre Kausalitäten formierten Wirkzusammenhänge eingerückt, also auf Natur und Gesellschaft angewandt, entstehen jene unendlichen Räume des Nichtwissens, die nicht dem Wissen vorausliegen, sondern durch die wissenschaftlich technischen Mittel erst im großen Stil geschaffen werden: »sciencebased ignorance«, wie Jerome Ravetz sie genannt hat. Nichtwissen ist dann weniger jener dunkle Kontinent, der noch erobert werden muss, sondern der stetig sich regenerierende Schatten jedweden Wissenszuwachses.[8]

Unbestimmtheitssignaturen der Technik

---

8 | Wird in diesem Zusammenhang von *Wissen* gesprochen, dann handelt es sich zunächst um das der viel beschworenen Wissens- und Informationsgesellschaft, um ein Wissen
- das wissenschaftlich unter Zuhilfenahme bestimmter Wissenstechnologien hergestellt wird;
- das selbst in eine Vielzahl von Wissensarten und technische Formen seiner Modellierung, Simulierung und Formulierung zerfällt;
- das mit dem Wachstum bestimmter Formen des Nichtwissens einhergeht;
- das, wie im Fall der Kognitionswissenschaften, nicht mehr an seiner objektiven Richtigkeit, seinem Anspruch, in jedem Fall wahr zu sein, bemessen wird;
- das nicht nur seine Verknüpfung mit ›wirkliche Kenntnis von einer Sache haben‹ verliert, sondern auch immer weniger mit Aufklärung und Verbesserung bis hin zur Versittlichung der Welt assoziiert wird;
- das verstärkt unter die Bedingungen des Marktes gebracht wird: auf dem Kauf und Verkauf, Handel und Patent die erste Rolle spielen;
- das Gegenstand einer Arbeit wird, d.h. der Anteil der Wissensarbeit an der Produktion zunimmt – bei gleichzeitigem Rückgang der Industrieproduktion;

Gerhard Das fast exponentielle Wachstum des Wissens steht noch in ei-
Gamm nem anderen aufschlussreichen Zusammenhang, der paradox verfasst, eben jener wissenschaftlich-technischen Differenzierung und Potenzierung des Wissens, seiner Verbesserung, geschuldet ist. Danach muss der Versuch, in komplexen Systemen die *Präzision* zu erhöhen regelmäßig mit einem Verlust an *Signifikanz* (oder Bedeutung) bezahlt werden. Lofti Zadeh hat diese Korrelation bei der Begründung der Fuzzy-Logik als Prinzip der *Inkompatibilität* formuliert:

»Wenn die Komplexität eines Systems zunimmt, wird unsere Fähigkeit geringer, präzise und signifikante Aussagen über sein Verhalten zu machen, bis ein Grenzwert erreicht wird, über den hinaus Präzision und Signifikanz (oder Relevanz) sich nahezu gegenseitig ausschließende Charakteristiken werden. [...] Ein zusätzliches Prinzip kann im Anschluss daran so formuliert werden: Je genauer man sich ein Problem der realen Welt anschaut, desto fuzziger wird seine Lösung.«[9]

Je tiefenschärfer eine Einstellung auf die Sache erfolgt, desto mehr verschwimmen nicht nur die Ränder, vielmehr sinkt auch die Bedeutung, welche die Sache oder der Problemzusammenhang für uns hat. Die Erhöhung der Messgenauigkeit löst das auf, was für uns in der Regel relevant ist, wobei sich in der Einschätzung der Relevanz leider das verbirgt, was für uns in hohem Maße lebensdienlich ist: ethische Dispositionen, ästhetische Erfahrungen und kulturelle Prä-

- das sich immer schneller auf sich selbst richtet, auf seine Erzeugung, seine Herstellung, seine Verbreitung und Konsequenzen;
- das in Form der Informations- und Kommunikationstechnologien (als einem weltumfassend vernetzten sozio-technischen System) eine entscheidende Produktionsbedingung wird und als durchtechnisiertes Wissen sich fortlaufend auf sich selbst bezieht, d.h., alle Sachverhalte von vornherein als Informationsprozesse versteht und entsprechend modelliert;
- das immer mehr »Kognitariate« (Tuffler) entstehen lässt, das sind Generalsekretariate domänspezifischen Wissens, die es v.a. unter dem Gesichtspunkt der Standortförderung und des Wettbewerbs sehen: der Effizienz und Leistung, der Gewinnorientierung und Kundennähe;
- das sich ständig selbst überholen und renovieren muss, um bestehen zu können;
- das mit seiner Komplexität aber auch immer unsicherer und unsichtbarer wird.

9 | Zit. nach Bart Kosko: fuzzy-logisch. Eine neue Art des Denkens, Hamburg 1993, S. 180. Die Messgenauigkeit verliert an Bedeutung, sobald sie Komponenten in einem System betrifft, die stark vernetzt sind und d.h., allen möglichen Interessen, Ansprüchen, Nutzungen usf. offen steht.

ferenzen – in ihren konstitutiven Mehrdeutigkeiten. Sie reichen von *Unbestimmtheits-*
der kommunikativen Unschärfe sozialer Prozesse über Ambivalenzen *signaturen der*
und Inkommensurabilitäten bis zu den für Moral und Verantwortung *Technik*
notwendigen Unentscheidbarkeiten.[10]

Verantwortung in vernetzten Systemen

Anders gesagt, ein vom Dogma des Determinismus befreites Technikverständnis sieht sich augenblicklich mit normativen Fragen konfrontiert. Wenn alternative Pfade technischer Entwicklung denkbar werden oder zur Verfügung stehen; wenn Kontingenzen aller Art – rechtliche Normen oder gesellschaftliche Standards der Sicherheit und der Gesundheit (Lebensqualität), politische Rahmenbedingungen oder ökonomische Zwänge, ästhetische Ansprüche an das Design – auf die Genese, die Implementierung und die laufenden Modifikationen der Technik Einfluss nehmen, erheben sich an jeder Verzweigungsstelle der Technikevolution Gewichtungs- und Abschätzungsfragen, die nur unter Rückgriff auf normative und evaluative Prädikationen (besser oder schlechter, vorwärts oder rückwärts gewandt, einer Situation angepasst oder unangepasst, nicht durchsetzbar usf.) entschieden werden können. Normative Fragen werden nicht von außen oder nachträglich an die technischen Entwicklungen herangetragen. Sie tauchen nicht deshalb auf, weil ein gesellschaftskritisches Bewusstsein oder ein zivilisationsmüdes Unbehagen die Technik ablehnt oder sie ethisch regulieren möchte, sondern weil eine neue Unendlichkeit von kleinen oder größeren Spielräumen, von Er-

---

10 | Gerade im Zusammenhang sozialer und politischer Fragen zeugt es von Klugheit und Erfahrung, wenn jemand weiß, in welchen Bereichen Strenge und Genauigkeit unerlässlich sind und wo dieselbe Forderung das sichere Indiz für einen ungebildeten Kopf ist (vgl. Aristoteles: Nikomachische Ethik, 1094b 26–30). Es »wäre genauso verfehlt, wenn man von einem Mathematiker Wahrscheinlichkeitsgründe annehmen, wie man von einem Redner in einer Ratsversammlung strenge Beweise fordern wollte«.»Das Unbestimmte hat ja auch ein unbestimmtes Richtmaß« (ebd. 1137 b 29), ohne dass das Regellosigkeit hieße. ›Unbestimmt‹ (aoristos) bedeutet nicht, dass es keine Regeln gibt, sondern dass diese von Fall zu Fall dem Sachverhalt neu angepasst werden müssen. Sie hören darum aber nicht auf, Regeln zu sein. Die Missachtung der kommunikativen Unschärferelation führt regelmäßig zu einer Lesart, die personales und soziales Sprachhandeln nach Art technischer Wissens- und Informationsverarbeitung versteht. Sie reduziert praktische Vernunft auf technisch-praktische Rationalität, gerade auch indem sie die für das Verständnis von Ethik entscheidende (radikale) Unbestimmtheit (definitive Unentscheidbarkeit) über aleatorische oder pragmatische Strategien klein zu rechnen versucht.

Gerhard wartungs-, Entscheidungs- und Bewertungslücken entsteht, sobald
Gamm die Technik, mit der Gesellschaft vernetzt, aus dem alten Gehäuse der Hörigkeit, aus den sachimmanenten Zwängen technikdeterminierter Verläufe heraustritt. Ökonomisch zu wirtschaften, die Sicherheit zu erhöhen und die Lebensqualität nicht zu vergessen, sind Normen, die, auch wenn sie nicht bewusst sind oder als selbstverständlich gelten, strukturbildenden Einfluss auf die Technik haben. Vergesellschaftung und Politisierung der Technik bedeutet, den relativ offenen Horizont technischer Entwicklungen mit Entwürfen und Entscheidungen von Okkasion zu Okkasion fortzuschreiben und schließen zu müssen – sowohl in der laufenden Anpassung an den neuesten Stand der Technik als auch an ein sich wandelndes gesellschaftliches Bewusstsein. Dieser Anpassungsprozess geht nicht ohne Rückgriff auf Normen unterschiedlichster Art und Reichweite vonstatten.

Die Phänomenologie des Normativen weist dabei eine erstaunliche Bandbreite auf, sie erstreckt sich von impliziten weltanschaulich oder geschichtsphilosophisch geprägten Auffassungen über die Natur des gesellschaftlichen Fortschritts, über den Wert oder Unwert des Wissens für ein gelingendes Leben, über politische Präferenzen, kulturelle Praktiken und ethische Urteile bis zu den impliziten Entscheidungen darüber, ob rationales Handeln einzig nach Maßgabe eines ökonomischen Kalküls verstanden und legitimiert werden soll oder auch solchen ethischen Maximen zu folgen hat, die sich dem moralischen Gesichtspunkt sozialer Gerechtigkeit verpflichtet wissen. Die Rehabilitation von Verantwortungsfragen ist eine Folge der verschärften Modernisierung, das heißt der Verwissenschaftlichung und Technisierung der Gesellschaft – auch und gerade in Folge der Macht und Eingriffskompetenz, die Wissenschaft und Technik heute für alle Lebensverhältnisse an den Tag legen. Sie sehen sich daher zwangsläufig mit den Fragen nach den Bedingungen gelingenden Lebens konfrontiert.

Die normativen Gehalte dieser Fragen sind in der Regel versteckt, entweder unter Tatsachenbehauptungen oder hermeneutischen Selbstverständlichkeiten und weltanschaulichen Aprioris; nur auf den ersten Blick können sie als unumstößliche Wahrheiten gelten. Manchmal kommt ihre Aufklärung einem kleinen Tabubruch gleich. Ist Wissen in jedem Fall besser als Nichtwissen? Mehr Wissen dem Leben dienlicher als weniger zu wissen? Führt Wissen, wie in der weltweiten Wissensökonomie unterstellt wird, zur Aufklärung und zum Fortschritt, ja, wie man lange Zeit geglaubt hat, zur Verbesserung und Versittlichung der Lebensverhältnisse? Genau dieses Glaubensapriori hatte ja dem Wissen seine in der Neuzeit überragende Reputation eingebracht.

Normative Fragen sind die Schmuddelkinder des Wissenschaftsbetriebs, man mag sie nicht, erst wenn sie Eingang in die Vokabulare *Unbestimmtheits-* des Rechts und der Ökonomie gefunden haben, wächst die Bereit- *signaturen der* schaft, auf ihre Bedeutung und ihren Eigensinn zu achten. *Technik*

Zum Problem wird Verantwortung angesichts vernetzter Systeme erstens dadurch, dass es mit anwachsender Vernetzungsdichte und einer gesteigerten Komplexität von sozialen Prozessen deutlich schwieriger wird, die punktgenauen Auswirkungen zu bestimmen, die sich in Folge weitläufiger Eingriffe in das Gesellschaftsgefüge ergeben; zweitens durch die Frage, wie das Mehr oder Weniger an Verantwortung verteilt und zugerechnet werden soll, wenn die Interdependenzen verworren und die Nebenfolgen und Risiken unabsehbar sind. Auch wenn nicht alles mit allem zusammen hängt, so ist doch in vernetzten Systemen eine eindeutige Zuordnung oder definitive Bestimmung von Verantwortung nicht mehr klar zu ermitteln. Daher gleicht unter der Voraussetzung vernetzter Systeme die Verantwortung heute eher einem Kampf zur Abwehr derselben als einer Förderung zu ihrer Annahme.

Umgekehrt lässt sich auch beobachten, was Hermann Lübbe eine »Zurechnungsexpansion«[11] genannt hat: Bei der Suche nach Verursachung und Verantwortung kennt unsere Gesellschaft kein Pardon. Bei immer schwieriger zu beantwortenden Zurechnungsfragen wird die Anzahl der zugerechneten Handlungen immer höher. Vom Lebensende bis zum Lebensanfang wird unser Leben mit Versicherungspolicen überzogen. Das Problem aber ist nicht nur die expansive Politik der Zurechnung – und eine dementsprechende Abnahme persönlicher Verantwortung – sondern das Paradox, das immer mehr darauf wartet, zugerechnet zu werden, ohne eindeutig zugeschrieben werden zu können. Eine zirkuläre Kausalität macht es objektiv schwierig, wenn nicht unmöglich, ohne dogmatisch oder konventionell verabredete Definitionen von Primärursachen, Täter zu identifizieren, rechtliche Subsumtionsprobleme zu lösen oder Technikfolgen instanzengenau abzuschätzen. Ein systemisch vernetztes Handeln beschränkt jede Beteiligung auf höchst indirekte (unsichere) Teilnahmen, andererseits entsteht ständig ein erhöhter Zurechnungsdruck, weil jede Handlungsfolge von uns individuell oder kollektiv verursacht erscheint und entsprechend verantwortet werden muss.

Unter vernetzten Systemen taucht eine Verantwortung auf, die übernommen werden muss, obgleich wir für das, was verantwortet werden soll, über weite Strecken nichts können. ›Verantworten müssen, wofür wir nichts können‹ erinnert uns aber daran, dass Verantwortung auf diese Weise diskutiert, als Frage nach dem Wissen und Wissen-Können, eine Verkürzung darstellt. Womöglich tritt Verant-

---

11 | Hermann Lübbe: Moralismus. Über eine Zivilisation ohne Subjekt, in: Universitas (1994) 4, S. 332–342.

Gerhard Gamm wortung im vollen Umfang erst dort ein, wo wir nichts mehr wissen können, wo wir die Folgen nicht mehr überschauen, unser Wissen nicht mehr hinreicht, und eine gleichsam irreduzible Ungewissheit erst die Möglichkeit bietet, mit unserer Verantwortung einspringen zu müssen. Verantwortung hängt nicht ab vom Grad der Beherrschbarkeit der Beziehungen zu sich oder zu anderen, zu Institutionen oder Kollektiven; vielleicht ist Transparenz nicht die Bedingung schlechthin für Verantwortung, es könnte sein, dass die Undurchsichtigkeit von Situationen erst die Bedingung darstellt, in der Verantwortung eintreten kann. Wie Adorno sagt, sehen wir, dass wir unmenschlich sind, auch dann, wenn wir nicht wissen, was menschlich ist. Verantwortung in jenem starken Sinn zeigt sich womöglich erst an der Grenze des Wissens. Dabei ist es sicher nicht das geringste der Probleme, dass wir auf kein einheitliches (Menschheits-, Gesellschafts- usf.) Subjekt mehr zurückgreifen können; das ›Wir‹ ist immer Ideologie, es ist umkämpft, plural und unbestimmbar wie die Netze, in denen es sich von Fall zu Fall, von Institution zu Institution, konstituiert.

Auf der anderen Seite wird mit der Verantwortung heute große Politik gemacht: Die Zuschreibung von Verantwortung ist dann nicht einfach ein Sozialisierungsmodus, sondern mehr noch ein Herrschaftsinstrument. Der Einzelne wird dadurch diszipliniert und reglementiert, dass man ihn zum verantwortlichen und autonomen Wesen erklärt – ihn für alles zur Rede stellt, was ihn selbst, sein Leben und seine Zukunft zu betreffen scheint. Der vereinzelte Einzelne soll Eigenverantwortlichkeit als Haltung (zu sich) übernehmen, sie soll ihm Habitus werden: Er muss er selbst sein, aus eigenem Antrieb, er soll sich mit einer Rolle identifizieren, die ihm Anliegen und Bedürfnis ist, aber auch Kosten auf ihn abwälzt, die zu tragen seine Unterdrückung befördern.

Unter die Haut

Die Herausforderungen sind heute dort am größten, wo die neuen Technologien beinahe unvermittelt auf die menschliche Subjektivität treffen, wo durch ihre unerhörte Mächtigkeit die psychosomatische Verfassung der Menschen – vom Phänotyp bis zum Genotyp, vom Körperdesign über die Stimmungslagen bis zur neuronalen Hard- und Software – medizinisch und rechtlich, ökonomisch und pharmakologisch zur Disposition steht. Dass zuletzt seine Integrität selbst betroffen sein könnte, bündelt das Unbehagen, das der Entwicklung der neueren Technologien entgegenweht. Die Auflösung der Gattungsgrenzen, das Unbestimmtwerden der Unterscheidung zwischen Mensch und nichtmenschlichen Akteuren, zwischen sprechenden

Menschenwesen und stummen Objekten, Hybriden und Cyborgs, sind nur einige Stichworte, die diesen Prozess begleiten. Was im ersten Drittel des 20. Jahrhunderts noch als eine ausgemachte Sache erschien: »Die Werkzeuge werden vollkommener, der Mensch bleibt der alte« – so Ernst Jünger – wird heute fraglich. Gleichwohl sollte man den ungemeinen Realismus dieser analytischen Einstellung aller konservativen Kultur- und Technikkritik nicht leichtfertig übergehen. Er gibt zu bedenken, dass die Wandlungsgeschwindigkeit des Menschen ungleich langsamer vonstatten geht als die seiner Werkzeuge, eine Ungleichzeitigkeit, die auch heute frappiert und all jene zu falschen Schlüssen veranlasst, die glauben, mit jeder technischen Neuerung stünde der Mensch selbst auf dem Spiel, sein Bild müsse dringend renoviert werden. In diesem Zusammenhang sollte auch die nur auf den ersten Anschein simple Tatsache oder Norm nicht übersehen werden, nach der alle Menschen gleich und dennoch grundverschieden sind.

Unbestimmtheitssignaturen der Technik

Unter den Bedingungen der modernen Welt finden sich die Menschen in Kontexte gestellt, die ganz und gar durch *gegenläufige Strebungen* charakterisiert sind. Auf der einen Seite ist an den Menschen, an ihren intentionalen Handlungen und dem, was sie denken, glauben und fühlen, immer weniger gelegen. Die Einsicht in ihre Nichtigkeit und Bedeutungslosigkeit hat zur These vom »Ende des Menschen« mehr als Anlass gegeben. Auf der anderen Seite kann man nicht außer Acht lassen, dass dem Ende des Menschen, der Erfahrung seiner Nichtigkeit und seiner technowissenschaftlichen Auflösung in Funktionen und Strukturen, Mechanismen und Artefakte (Prothesen, Neurochips, Psychopharmaka), in sich selbst organisierende neuronale Netze und andere (Un-)Wahrscheinlichkeiten eine alles überragende *Aufwertung* korrespondiert. Sie hatte schon Hegel erstaunt, als er mit kaum verhüllter Ironie schrieb, dass nach der Abdankung des Himmels der Mensch der »neue Heilige« geworden sei. Seine Erhöhung liegt im ›Willen‹ zu einer *universellen Gleichheit* und *Freiheit* aller Menschen, sie wird unabhängig von Hautfarbe und Geschlecht, Religionszugehörigkeit und gesellschaftlichem Rang, Armut und Reichtum zur conditio sine qua non der menschlichen Existenz erklärt. Aber auch der *Unterschied* zwischen den Individuen wird in der Reflexion auf ihre Singularität in der Bestimmung, eine *autonome Person* zu sein, präzisiert. Auf dieses um Selbstbestimmung und Authentizität kreisende Verständnis ist die (europäische) Moderne unendlich stolz.[12] Noch jede argumentative Legitimationsbeschaffungsmaßnahme in Wissenschaft und Politik, Alltag und Recht stützt sich zuletzt auf diese der *humanitas* verpflichtete Res-

---

12 | Vgl. dazu Gerhard Gamm: Der unbestimmte Mensch, Berlin 2004, S. 42ff.

Gerhard source: Es geschehe doch alles zum Besten des (jedes einzelnen)
Gamm Menschen.[13]

Der radikale Zwiespalt lässt sich an einem Beispiel verdeutlichen, er zeigt die Unbestimmtheitssignaturen der Technik von einer anderen Seite. Infolge der Fortschritte der Pharma- und Neuroindustrie lässt sich heute – analog zum Entzug der äußeren – auch der *Entzug der inneren Natur* beobachten. Mittels bestimmter Neuropharmaka lassen sich die Stimmungslagen der Menschen mehr oder weniger gezielt beeinflussen, jedenfalls gezielter als noch vor wenigen Jahrzehnten. Angesichts dieser Entwicklung verschwimmen nicht nur die scheinbar natürlichen Grenzen zwischen den Begriffen von gesund und krank, depressiv und nicht depressiv. Wenn es Strategien zur gezielten pharmakologischen Aufrüstung oder Aufhellung von Stimmungen gibt, muss niemand mehr niedergeschlagen sein oder Trübsal blasen. Der gezielten Verbesserung von Stimmungen und Selbstwertgefühlen – gerade auch jenseits therapeutischer Indikationen – korrespondiert die pharmakologisch geförderte oder unterstützte Leistungsverbesserung – bis hin zum Doping. Es entsteht unweigerlich die Frage nach der normalen Bandbreite unserer Stimmungslagen, der affektiven Tönung unserer Gefühle, Gedanken und Selbsterfahrungen. Nicht nur die Industrie, auch der einzelne Mensch nimmt ein überaus massives Interesse daran, dass auch die so genannten normalen Menschen ihre Selbstverhältnisse und Gefühlslagen in einem allseits verbesserten, sozial verträglichen Sinne steuern. Aldous Huxleys »Brave New World« bedrängt uns betreffs dieser Frage weit mehr als George Orwells »1984«. Der Witz der gegenwärtigen Entwicklung liegt in der Ausbreitung der therapeutischen Bestimmungen über jede pathologische Indikation hinaus, sodass eine immer größere Zahl von Zuständen unter das pharmakologisch notwendige, eigenverantwortlich organisierte Steuerungs- und Kanalisierungsregime guter und optimaler Affektlagen gerät. Die Begriffe verschwimmen, sie finden keinen Halt mehr an der inneren Natur. Wo die Referenz auf *Krankheit* und *innere Natur* verloren geht, steht kein selbstverständliches Maß mehr zur Verfügung, um zwischen *Therapie* und *Optimierung* zu unterscheiden und eine eindeutige Grenze zu ziehen. Therapie setzt auf die Abweichung von der Regel, sie lässt

---

13 | Jeder Mensch ist sich selbst unendlich wichtig; seine Individualität ist aber der Marktökonomie noch viel wichtiger, bietet doch sein (das moderne) Authentizitätsstreben im Verbund mit seiner leicht und locker gefügten Bedürfnisnatur das schier unerschöpfliche Feld für Kapitalbildungsprozesse aller Art. Individualität ist der Standardrahmen für modernes Lebensdesign. Niemand liebt die Politik der Differenz und der Distinktion, des Anderen und Fremden so sehr wie die Industrie, die immer neue und innovative Produkte aus Geist, Körper und Seele des Menschen zu schneide(r)n versteht.

sich bei einem Knochenbruch oder einer Störung im Magen-Darm-Trakt relativ eindeutig diagnostizieren. Wo die Optimierung von Stimmungs- und Aufmerksamkeitslagen beginnt und wo sie endet, ist viel weniger leicht zu entscheiden. Vielleicht überhaupt nicht.[14] Liegt es in unserer Macht, unser Selbstwertgefühl pharmakologisch zu steigern oder unser Wohlfühl-Gefühl chemisch zu optimieren, könnte es zur Pflicht werden, »gut drauf« zu sein. Dann wird der Hinweis nicht mehr fruchten, man sei halt griesgrämig, von Natur aus. So soll Ritalin u.a. auch unsere Fähigkeit verbessern, dem anderen aufmerksam anhaltend zuzuhören.[15]

Unbestimmtheitssignaturen der Technik

Kunst und Technik

Man könnte fragen, was ausgerechnet Sein und Schein, die Kunst, das Fiktionale und das Kreative auf einer Tagung, die sich mit den Unbestimmtheitssignaturen der Technik befasst, zu suchen habe. Es könnte die Befürchtung auftauchen, die Veranstalter verfolgten die ›trendige‹ Fragestellung aller in Standortvorteilen denkenden Wissenschaftspolitiker, welche lautet: Was kann die Kunst für Wissenschaft und Technik tun? Die Aufwertung der Kunst durch ihre Funktionalisierung für das Wissen liegt nicht in unserem Interesse. Aufschlussreicher ist es allemal, die wechselvolle Geschichte der Beziehung von Kunst und Technik in der Moderne zu studieren. Viel zu wenig wurde bislang über ihre Verbindung und ihre Verwerfungen geforscht und nachgedacht. Dabei offenbart schon ein erster ober-

---

14 | Prozac (Glückspille) und Ritalin (zur Erhöhung und Steigerung der Aufmerksamkeit) sind zwei der gegenwärtig auf dem Markt befindlichen Präparate, die diese Diskussion provoziert haben. Vgl. dazu Peter Kramer: Glück auf Rezept, München 1993; Francis Fukuyama: Das Ende des Menschen, Darmstadt 2002 und Alain Ehrenberg: Das erschöpfte Selbst, Frankfurt/Main 2004.

15 | Die Menschen sind in ihren Handlungen immer weniger festgelegt. Vermittels einer weltweit operierenden Industrie sind sie dabei, die Zahl ihrer Bedürfnisse und Optionen zu steigern. Es gelingt ihnen immer besser, flexibel zu sein oder, wie Simmel sagt, durch die unterschiedlichsten Lebenslagen zu zirkulieren. Sie bemerken fast gleichzeitig, wie in diesen Produktions- und Zirkulationsprozessen auch ihre Eigenschaftslosigkeit zunimmt. Nicht selten reagieren sie darauf mit depressiven Verstimmungen und Düsternissen aller Art. Aber auch die Aufwertung der Menschen führt zu einem vergleichbaren Resultat. Auch sie erscheint als das Produkt eines sozialen Zwangs, das die Soziologen als Individualisierung beschrieben haben: für alles und jedes eigenverantwortlich zu sein, wo schon auf den ersten, zweiten und dritten Blick erkennbar ist, dass Interdependenzen aller Art und Reichweiten diese Zurechnungen und Schuldverschreibungen objektiv konterkarieren.

Gerhard flächlicher Blick auf Begriffe wie ›Artefakt‹ und ›Spiel‹, die ›Kunst
Gamm der Ingenieure‹, ›Invention‹ und ›Installation‹ erstaunliche Zusammenhänge. Ihre für die Moderne charakteristische gemeinsame Begriffswurzel im *Künstlichen* und einer *vorbildlosen Produktivität* könnte einen weiteren Hinweis enthalten, ihrer widersprüchlichen Geschichte wechselseitiger Attraktion und Repulsion auf den Grund zu gehen.

Wahrscheinlich verweist die Bezeichnung »Installation« sowohl für Kunstwerke wie für technische Artefakte (bzw. deren Einbau in ein Ensemble technischer Gerätschaften) noch am ehesten auf die Intension und Extension, mit der Kunst und Technisierung sich durchdringen. Dass Kunst und Technik in der klassischen Moderne meist als Kontrahenten aufgetreten sind (oder dazu aufgerufen wurden), tritt im Zwielicht der Gegenwart eher in den Hintergrund, heute werden beide gleichermaßen zur Kultur gerechnet, auch wenn im öffentlichen Ranking eines Kulturhöhenvergleichs der Kunst noch immer der Vorrang eingeräumt wird. Auch oder gerade in den ausgedehnten Darstellungen des Unschönen, der Sinnbrüche und Fragmentierungen, des Abstrakten und Ungegenständlichen sowie des Zerreißens des schönen Scheins erscheint die Kunst (nach wie vor) von der Idee getragen, Vorschein einer anderen oder besseren Welt zu sein. Denn dass wir etwas als schön empfinden, erinnert uns nach Kant daran, dass wir in die Welt passen.

Fragt man im Blick auf die *Installation* danach, was denn das Kunst und Technik verbindende *tertium comparationis* sein könnte, stößt man bald auf den neuen Begriff des Hybriden oder den der Hybridform. In der neueren Kunst hat der Begriff des Hybriden v.a. im Zusammenhang der Installation Karriere gemacht. Die Entgrenzungen der Moderne in Richtung Kunst und Leben, Kunst und Politik, Kunst und Theorie werden intern ergänzt und komplementiert durch die Aufnahme der neuen Medien. Die Installation gilt als Prototyp dieser Tendenz oder als Ausdruck von Entgrenzung und Vermischung, Aufnahme und Überschneidung verschiedener Gattungen: vom stillen Bild zum bewegten, vom Leinwandbild zum Videobild und zur Medienkunst insgesamt. Unter den neuen technologischen Bedingungen erscheint die Differenz zwischen einer nur technischen oder nur ästhetischen oder bloß sozialen Praxis tendenziell aufgehoben. Was sich an den neuen künstlerischen Praxen, an interaktiven Environments, an Montage- und Demontagetechniken bis hin zur sozialen Plastik und zu Performances beobachten lässt, ist eine grenzüberschreitende Kunst, die von unterschiedlichen Techniken, Gestaltungsprinzipien und Disziplinen Gebrauch macht. Sie verknüpfen Kunst und Kommunikation mit Wissenschaft und Technik, verbinden Populäres mit Fachlichem, Banales mit Existenziellem; sie sind Hybridformen von menschlichem Körper und Medien, von Tech-

Unbestimmtheitssignaturen der Technik

nik und Natur, Materialien aller Art, wobei sie wiederum im Rückgriff auf unterschiedliche Codes ihre gegenstandslosen Gegenstände zu überschreiben versuchen.[16]

Dass eine über Vergesellschaftung verstandene Technik gleichfalls unter diesen Begriff fällt, daran erinnern nicht nur hybride Schöpfungen wie »Bio-technologie« oder »künstliche Biomaschinen, konstruiert von Gen-Ingenieuren, die um die Stabilität ihrer Geschöpfe ringen«[17] usf., sondern auch alle Ausgriffe der Technik auf transtechnische Zusammenhänge.

So interessant die über Hybridität vermittelte Annäherung von Kunst und Technisierung nun auch ist, von ihrem Unterschied lässt sich gleichwohl nicht absehen.

Vielleicht kann man sich dieser Frage auf eine indirekte Art und Weise nähern: Was war für das kulturelle Drehbuch der klassischen Moderne der Anlass, die Kunst im Horizont des Schönen oder Erhabenen, von »Aboutness« (Arthur Danto) oder einer Zeit radikaler, ekstatischer Intervention (Jean François Lyotard) usf. zu begreifen? Was ist an der Kunst so verfasst, dass sie nicht in einem technisch installierten Gegebensein aufgeht? Warum heißt es bei Hölderlin: »dichterisch« und nicht technisch wohnt der Mensch? Wahrscheinlich – um die Richtung einer Antwort anzudeuten – weil die Kunst an das appelliert, was Paul Valéry in folgende Miniatur gegossen hat: »On peut dire *tout ce que nous savons* c'est à dire *tout ce que nous pouvons*, a fini par s'opposer à *ce que nous sommes*.«[18]

Das wiederholbare, abstrakte Können hat seinen Zweck nicht in sich selbst, sondern in dem zu einem Sachsystem verfestigten äußeren Ziel. So sehr die technischen Sachsysteme und Verfahren die Intelligenz und die Programme, die Zwecke und die Wünsche der Menschen auch verkörpern, indem sie eine für den Menschen und seine Handlungen äußere, raumzeitlich manifeste Gestalt annehmen –, sie werden ihm auch fremd, sie werden seinem Sein, dem, was er ist und wie er lebt, *entfremdet*. Nicht allein ihrer Größe oder Unabsehbarkeiten, ihrer Indirektheit wegen, vielmehr wird das nicht erreicht, was, wie Valéry sagt, *wir sind*. Das Sein liegt im Vollzugssinn des Lebens, in seiner performativen Natur, diese strahlt die größte Bedeutung

---

16 | Vgl. dazu Gerhard Gamm: Vom Wandel der Wissenschaft(en) und der Kunst, in: Dieter Mersch (Hg.), Kunst und Wissenschaft, München 2005.

17 | Künstliche Mikroorganismen, die Schwermetalle abbauen, Wirkstoffe erzeugen und Krebszellen vernichten sollen. Vgl. Spektrum der Wissenschaft 10/2004.

18 | »Man kann sagen, dass *alles, was wir wissen*, das heißt, *alles, was wir können*, am Ende dem widerspricht, *was wir sind*.« Paul Valéry, zit. nach Karl Löwith: Gott, Mensch und Welt – G. B. Vico – Paul Valéry, Sämtliche Schriften 9, Stuttgart 1986, S. 283.

Gerhard ab, sie liegt weniger in dem, was fix ist, was vorgestellt, her- und
Gamm festgestellt werden kann, was wir haben und in den *technai* objektiv
verkörpern können, sondern in der Unerreichbarkeit unserer präsentischen Existenz. Sie gewährt im Blick auf das, was wir denken, fühlen und wollen, die größte Befriedigung. Authentisch sind wir dort, wo wir uns nicht haben, uns nicht mittels bestimmter Techniken kontrollieren und in Szene setzen können: Wenn der Weg das Ziel ist, scheint das Glück am größten. Selbst unter Lern- und Leistungsgesichtspunkten ist die intrinsischen Anlässen folgende Motivation mächtiger als die, die extern auf eine (instrumentelle) Belohnung schielt. Rationalität hin oder her – in dem, worauf es ankommt, zählt das Spontane mehr als das Berechenbare, rangiert das Kreative vor dem mechanisch Reproduzierbaren. In den auf das Können abgestellten Bereichen des technischen Machens gilt ein anderes Gesetz. Dort wird die Temperatur des Lebens sachbezogen heruntergekühlt, auf unzählige Wege und Umwege geschickt, die, bei aller humanen Substanz, die in ihnen liegt, auch die Gefahr heraufbeschwören, sich in den endlos verlängerten Ketten von Mitteln und Zwecken zu verlaufen und zu erschöpfen. Eine Soziologe des Seins (des Lebens) von Georg Simmel über Daniel Bell bis in die Gegenwart[19] interpretiert das Unbehagen in der Kultur in dieser Perspektive. Das Sein menschlicher Subjektivität ist unausdeutbar, das heißt, unerreichbar, noch schlimmer, es rebelliert, weil es die Droge des Präsentischen, das nicht initiierbare Glück kennt, sich gegen jede Planung oder Form stellt, die es in einen Bestand verwandeln möchte. Karl Jaspers schreibt: »Nie kann ich von mir selbst, als ob ich ein Bestand wäre, sagen, was ich sei.«[20] Noch jede Reform (oder Revolution) ist enttäuschend, sobald sie eine bestimmte institutionelle Gestalt annimmt. Nur der Augenblick, das Moment radikaler Intervention zählt, süchtig macht allein die Erfahrung, das Perfekte oder Beste berühren zu können, ihm in seltenen Augenblicken nahe gekommen zu sein. Gute Arbeit macht man, aber jede Kunst, die das Vollkommene berührt, passiert. Was eben nicht heißt, dass nicht auch (oder gerade) die endlosen Stufen seiner Vermittlung, notwendige Voraussetzung oder Gelingensbedingung der abwesend-anwesenden Seinserfahrung ist. Um nochmal Paul Valéry zu zitieren: »Die Welt hat nur durch die Extreme Wert und nur durch das Mittelmaß Bestand.«[21]

In der kurzen, aber zugkräftigen Debatte aus den Jahren 2000/
2001[22]: »Warum die Zukunft uns nicht braucht«, schrieb einer jener

---

19 | Vgl. Gerhard Schulze: Die beste aller Welten, München 2003.
20 | Karl Jaspers: Philosophie II. Existenzerhellung, Berlin, Heidelberg, New York 1973, S. 5.
21 | Paul Valéry: Cahiers/Hefte 6, Frankfurt/Main 1993, S. 561.
22 | Jetzt dokumentiert in: Frank Schirrmacher (Hg.): Die Darwin AG. Wie

philosophierenden, zukunftsfreudigen Menschheitsingenieure: »Die *Unbestimmtheits-*
Technik hat uns noch nie enttäuscht«, das ist sicher wahr; »sie ent- *signaturen der*
täuscht uns immer« darum aber nicht unwahr; nicht wahr ist nur, *Technik*
dass sie uns manchmal enttäuscht und manchmal nicht. Wahr hingegen erscheint, dass sie das Beste, das sie verspricht, uns vorenthält. Schon Freud zeigte sich erstaunt, ja befremdet über die Tatsache, dass die Technik, obwohl sie täglich perfekter wird, das Glücksniveau der Menschen nicht wesentlich verbessert, d.h. angehoben hat.

Nanotechnologie, Biotechnologie und Computer die neuen Menschen erträumen, Köln 2001.

Zum heutigen Verständnis von Technik

»Wirkliche Virtualität«
Medialitätsveränderung der Technik
und der Verlust der Spuren
Christoph Hubig

Für Guoyu Wang, Dalian University of Technology,
Volksrepublik China

Problemlage

Unter dem Titel »Unbestimmtheitssignaturen der Technik« sollen – so verstehe ich das Anliegen dieser Tagung – Überlegungen versammelt werden, die sich mit einem Grundzug des Erscheinungsbildes neuester Technologien befassen: der Konfrontation mit Nichtwahrnehmbarkeit von Wirkmechanismen, hintergründigen Steuerungs- und Regulierungsprozessen, verdeckt gezeitigten (erwünschten oder unerwünschten) Effekten, kaum mehr erfassbaren Folgelasten, die durch die immer weiter vergrößerte Eingriffstiefe sowie die steigende Langfristigkeit der Technikfolgen bedingt sind. Diese »Ungewissheit« lässt sich vordergründig begreifen als quantitativ gefasste *Unsicherheit* bezüglich des Auftretens von Ereignissen oder qualitativ bestimmte *Unsicherheit* bezüglich der Eigenschaften solcher Ereignisse, oder sie lässt sich begreifen als quantitativ gefasste *Unschärfe* bezüglich der Situierung von Ereignissen oder als qualitative bezüglich deren Typisierung. Dabei können wir interessanterweise befinden, dass Unsicherheit und Unschärfe sich umgekehrt proportional zueinander verhalten: Mit steigender Unschärfe erhöht sich die Prognosesicherheit, und mit steigenden Ansprüchen an quantitative und qualitative Präzision nimmt die Unsicherheit ihrer ereignismäßigen Verortung (z.B. im Rahmen von Wahrscheinlichkeitsaussagen) zu. Solcherlei ist in der Fragilität einer Erfahrungsbasis begründet, die eben jene Latenzen aufweist und unser Verhältnis zu einer erwartbaren Zukunft problematisch werden lässt.

Aber nicht nur im kognitiven Bereich sehen wir uns dieser Problemlage gegenüber, sondern auch im normativen Bereich einer Ori-

Christoph entierung an Regeln, Werten, Standards, Leitbildern, Ideen. Denn
Hubig diese normativen Instanzen reklamieren ihre Anerkennungswürdigkeit auf der Basis von Gründen (von sittlichen Intuitionen bis hin zu unter Kohärenzgesichtspunkten strikt modellierten Normensystemen), die sich auf Handlungsabsichten und -ergebnisse richten. Ihre Anerkennung beruht letztlich darauf, dass Erfahrungen und Analysen eines scheiternden oder gelingenden Lebensvollzuges in einen Abgleich mit diesen normativen Instanzen gebracht werden, in dessen Lichte die Orientierungsinstanzen und die unter ihnen praktizierten Vollzüge relationiert werden. Dieser Bezug muss immer neu hergestellt werden (»Applikation«), denn weder legen die Instanzen selbst ihren Bezug fest – Regeln bestimmen nicht die Art der Regelbefolgung –, noch weisen die Vollzüge per se etwas auf, was sie in einen bestimmten Bezug zu Orientierungsinstanzen setzen würde. Die hermeneutische Aufgabe einer Konstruktion und/oder Rekonstruktion von Orientierungen wird jedoch verunmöglicht, wenn der Bezugsbereich der normativen Instanzen intransparent, latent und in Folge dessen unsicher und unscharf wird. Ferner wird eine entsprechende Bezugnahme problematisch, wenn der Bezugsbereich im Zuge einer zunehmenden Dynamisierung der Entwicklung neue Entitäten und Eigenschaften hervorbringt, die intensional und extensional von den kognitiven und normativen Konzepten nicht erreicht werden. Mithin wird eine Identifizierung und Beurteilung des technischen Handelns in retrospektiver oder prospektiver Hinsicht immer schwieriger; auch höherstufige Bezugnahmen zwischen Handlungsvollzügen und normativen Instanzen, wie Lob, Tadel, Verzeihung etc., die sich auf die elementaren Bezüge richten, werden erschwert. Ohne entsprechende kognitive oder normative Erwartungen kann aber Handeln nicht stattfinden, und erst recht nicht ein technisches Handeln, welches seinem Wesen nach darauf abzielt[1], auf der Basis technisch stabilisierter Gelingensgarantien Erwartbarkeit bzw. Erwartungserwartungen zu sichern. Jenes Selbstverständnis findet seinen Ausdruck in der Formel des »Wissens vom Nichtwissen«, womit sowohl das ›objektive‹ Moment der Ungewissheit im ›allgemeinen Wissenspool‹ gemeint ist, als auch die subjektive Unkenntnis der Individuen, die mit Technik umgehen (im Zuge der Erfindung, Entwicklung, Fertigung, Distribution, Nutzung und Entsorgung von Technik).

Erfasst aber diese kulturpessimistische Diagnose wirklich das Ganze der Situation? Ist es nicht so, dass mit den technisch-kultürlichen Einrichtungen von alters her verbunden war, eine Entlastung auch und gerade von kognitivem Aufwand und expliziter normativer Orientierung dadurch zu erzielen, dass Handlungsroutinen etablier-

---

1 | Vgl. den Beitrag von Andreas Kaminski in diesem Band.

bar wurden, die die Zeitigung gewünschter Effekte im Zuge der »*Wirkliche* Techniknutzung vom bewussten Disponieren freistellte, gerade weil *Virtualität*« die Vollzüge weitest möglich ›nach außen‹ verlegt, exteriorisiert, äußeren Kräften und ihren Wirkmechanismen überantwortet wurden auf der Basis einer regulierten Umwelt, deren überraschende Widerfahrnisse *a limine* minimiert sein sollten, sodass auf diese Weise die Funktionsmechanismen garantiert sein mochten? Ist Technik »als Anstrengung, Anstrengung zu ersparen«[2] nicht auch höherstufig zu begreifen als Ersparnis der Anstrengung eines immer neu zu erbringenden Aufwandes an kognitiven Leistungen und normativer Orientierung? Werden nicht eben gerade deshalb technikbasierte kulturelle Schemata tradiert bzw. werden sie nicht gerade aus diesem Grunde überhaupt zur Tradition (mit der Beweislast auf Seiten des Neuen)? Was Marc Weiser[3], einer der Väter des Ubiquitous Computing, welches sich zum Ziel setzt, unsere Umwelt derart ›intelligent‹ zu machen, dass sie als unser »ausgefaltetes Gehirn«[4] mit Problemdiagnose, -entscheidungs- und -lösungskompetenzen ausgestattet wird, von den modernsten Technologien behauptete (womit sich sowohl Paradiesutopien als auch die düsteren Szenarien einer entmenschten Welt verbanden[5]), findet sich keineswegs nur bei technikeuphemistischen Ingenieuren: »Die tiefgreifendsten Technologien sind die, die verschwinden. Sie verbinden sich mit den Strukturen des täglichen Lebens, bis sie von ihnen nicht mehr zu unterscheiden sind.«[6] Warum sollte uns eine »Unbestimmtheitssignatur« der Technik stören, solange sie als Kontingenzmanagement qua »Zweitcodierung«[7] das Funktionieren unserer Systeme gewährleistet, unsere Erwartungen und Erwartungserwartungen auf eine stabile Grundlage zu stellen vermag und uns von der Notwendigkeit der Einsichtnahme und immer neu vorgenommener normativer Orientierung dadurch entlastet, dass wir nicht mehr Subjekt der Vollzüge zu sein *brauchen*?

---

2 | José Ortega y Gasset: Betrachtungen über die Technik, Stuttgart 1949, S. 42.
3 | Marc Weiser: The Computer for the 21st Century. Scientific American 265 (3) (1991), S. 94–104.
4 | Nicholas Nekroponte: Total digital. Die Welt zwischen 0 und 1 oder die Zukunft der Kommunikation, München 1995, S. 125.
5 | Natascha Adamowski: »Smarte Götter und magische Maschinen – Zur Virulenz vormoderner Argumentationsmuster in Ubiquitous Computing-Visionen«, in: Friedemann Mattern (Hg.), Total vernetzt, Szenarien einer informatisierten Welt, Berlin, Heidelberg, New York 2003, S. 231–248.
6 | M. Weiser: Computer, S. 98.
7 | Niklas Luhmann: Die Gesellschaft der Gesellschaft, Frankfurt/Main 1997, S. 367, 517–556.

Christoph Hans Blumenberg hat diesen (intendierten) Wesenszug der Tech-
Hubig nik (wie auch der Kultur überhaupt) folgendermaßen charakterisiert:

»Die künstliche Realität, der Fremdling unter den vorgefundenen Dingen der Natur, sinkt an einem bestimmten Punkte zurück in das ›Universum der Selbstverständlichkeiten‹, in die Lebenswelt [...]. Der von Husserl analysierte Prozeß der Verdeckung des Entdeckens erreicht erst darin sein Telos, daß das in theoretischen Fragen unselbstverständlich gewordene zurückkehrt in die Fraglosigkeit. Ungleich vollkommener als durch die Mimikry der Gehäuse wird das Technische als solches unsichtbar, wenn es der Lebenswelt implantiert ist. Die Technisierung reißt nicht nur den Fundierungszusammenhang des aus der Lebenswelt heraustretenden theoretischen Verhaltens ab, sondern sie beginnt ihrerseits, die Lebenswelt zu regulieren, indem jene Sphäre, in der wir *noch* keine Fragen stellen, identisch wird mit derjenigen, in der wir keine Fragen *mehr* stellen, und indem die Besetzung dieses Gegenstandsfeldes gesteuert und motiviert wird von der immanenten Dynamik des Technisch Immer-Fertigen [...].«[8]

Die ›theoretische Haltung‹ jedoch, in der uns etwas als Gegenstand vorgestellt wird, wurde aber gerade evoziert durch diejenigen Widerfahrnisse, die Anlass zu jener entlastenden Kulturalisierung gaben. Warum sollte eine technisierte Lebenswelt problematischer sein als eine ursprüngliche, die aufgrund der Widerfahrnisse der Natur dazu verurteilt war, eine theoretische Haltung einzunehmen, die Blumenberg mit Edmund Husserl zutreffend in ihrer Technomorphizität charakterisiert – »Methoden als verlässliche Maschinen«[9], einschließlich, Novalis zitierend, der Mathematik als Technik[10] – wenn sie nur selbstverständlich ist? Das Skandalon einer solchen Selbstverständlichkeit, die sich mit der neuen Unbestimmtheit angefreundet hat, ist, in den Worten Blumenbergs, die Verabschiedung der Vernunft zugunsten einer Überantwortung an den technisch-vorstellenden Verstand, ein vorstellendes Denken, das selbst in seiner Vorstellung von ›Natur‹ nicht mehr dessen gewahr wird, dass diese ›Natur‹ bereits Ergebnis eines technomorphen Weltverhältnisses ist. Vernunft als das Vermögen der *Herstellung* eines Weltbezuges, wird »inkonsequent« (Husserl), wenn sie sich dem solchermaßen hergestellten Be-

---

8 | Hans Blumenberg: Lebenswelt und Technisierung unter Aspekten der Phänomenologie, Sguardi su la philosophia contemporanea LI, Turin 1963, S. 3–31, hier S. 22.
9 | Ebd., S. 19 (gem. Edmund Husserl: Die Krisis der europäischen Wissenschaften und die transzendentale Phänomenologie, in: Husserliana, Bd. VI, Haag 1954, S. 52).
10 | Ebd., S. 18.

zug unterordnet: Auf dem Wege der Technik produziert sie ihre eigene Heteronomie nicht als eine infolge des Unterliegens unter »Sachzwänge«, »Amortisationsdruck« oder beständiges »Krisenmanagement« – dies alles sind Oberflächenphänomene –, sondern als eine, die sich fortan in den Möglichkeiten des Verstandes bewegt und sich dem »Anspruch« der Vernunft entzieht.[11] Dadurch werde das menschliche Handeln »zunehmend unspezifisch«, »homogenisiert« und reduziert auf Veranlassung. Wie aber, wenn jenes Sich-Überlassen an die Möglichkeiten »unreflektierter Wiederholbarkeit« nicht als Sinnverlust, sondern als bewusster *»Sinnverzicht«* zu erachten wäre[12]? Ein solcher Sinnverzicht wiederum beinhaltet eine höherstufige Kontingenzerfahrung, aus der durchaus eine neue Position der Vernünftigkeit resultieren könnte: Denn sofern Heteronomie nicht mehr mit Sinn versehen wird (das ist der Ertrag der husserlschen Aufklärung), kann sie zum Stimulans einer Vernünftigkeit werden, die, da ein *ursprünglicher* Sinn nicht mehr unterstellt wird, sich neu als Sinnkonstituens erfahren müsse. Dann wäre der Unbestimmtheit ein Positivum abzugewinnen, welches jenseits des kulturpessimistischen oder des kulturoptimistischen (Paradies-)Szenarios liegt.

»Wirkliche Virtualität«

Freilich – und das ist zu betonen – ist diese Kontingenzerfahrung als Erfahrung, dass es auch anders sein könnte, erst Resultat einer Reflexion auf den Sinnverzicht. Denn der pure Sinnverzicht selbst konfrontiert uns noch nicht mit einer Vorstellung des Anderssein-Könnens. Diese Vorstellung resultiert vielmehr erst aus einer bestimmten Auslegung des Sinnverzichtes im Modus der Reflexion. Wie aber kommt eine solche Reflexion zustande? Das »Wo die Gefahr wächst, wächst das Rettende auch«[13] angesichts der Herausforderungen des technischen »Gestells« an uns (auf Anpassung) formuliert nicht eine Zwangsläufigkeit. Die Suche der Vernunft nach sich selbst, einer Vernunft, die sich verloren hat im Machwerk des Verstandes, müsste allererst irgendwie veranlasst werden, diese Machenschaften »zu variieren«, »durch Realisierung des Möglichen, durch Ausschöpfung des Spielraums der Erfindung und Konstruktion das nur Faktische aufzufüllen«, sich selbst als das wesentlich notwendige Invariable der »von aller Faktizität befreiten Exempel« zu erfassen (Husserl[14]). Bis dahin ist es aber ein weiter Weg. Nochmals: Warum sollte sich eine in neuer Weise selbstverständlich gewordene Lebenswelt einschließlich der in ihr eingebetteten Technik selbst in Frage stellen? Warum sollte man sich veranlasst sehen, im Felde ei-

---

11 | Ebd., S. 20.
12 | Ebd., S. 25.
13 | Martin Heidegger: Die Technik und die Kehre, Pfullingen 1962, S. 28.
14 | Zit. Nach H. Blumenberg: Lebenswelt, S. 29.

ner neuen Unbestimmtheit ›Variationen‹ vorzunehmen, wie es sich die Phänomenologie zur Aufgabe gemacht hat, um im Zuge des Auslotens eines Anders-sein-Könnens wieder die Vernunftinstanz in einer Reinheit zu finden, die sich nicht in den Machenschaften des Verstandes entäußert hat? Oder, folgt man Martin Heidegger, hinter den Machenschaften und dem Herausfordernden und dem Versammelnden des »Gestells« gelassen auf ein Sein zu hören, welches sich selbst meldet?[15] Das »ungeheuere Leid«, welches sich nach Heidegger in Folge eines »Willens zum Willen«, der sich auf eine »rechnende« und »sichernde« Technik stützt[16], wird gerade nicht von denjenigen empfunden, die sich in der neuen Selbstverständlichkeit einer Totalentlastung durch Technik befinden. Jegliches Leid könnte als bloße Unvollkommenheit auf dem Weg von einer alten (›ursprünglichen‹) zu jener neuen technischen Selbstverständlichkeit interpretiert werden.

»Unbestimmtheitssignaturen«

Unter den Texten derjenigen Philosophinnen und Philosophen, die man unter dem ratlosen Titel »Postmoderne« versammelt, findet man auffällig häufig eine Metaphorik der Schriftlichkeit und des Textes. Was uns begegnet, erscheint als Signatur; was wir vollziehen, »schreibt sich ein«, ist eine »Inskription«, Sachlagen erscheinen als »Texturen«, und die Kultur insgesamt erscheint als zu lesender »Text«[17]. Das solcherlei so erscheint, setzt eine intellektuelle Distanznahme voraus, die vom Beobachterstandpunkt her, aus der Dis-

---

15 | M. Heidegger: Technik, S. 27.

16 | Martin Heidegger: Vorträge und Aufsätze, Pfullingen 1954. Sehen wir an dieser Stelle einmal davon ab, dass eine Angst vor dem Tode uns auf ein Selbstsein verweist, welches in dieser Angst gerade erfährt, dass es sich auf die Selbstverständlichkeit seiner Lebenswelt nicht verlassen kann. Denn diese Argumentationslinie aus »Sein und Zeit« findet sich weder beim späten Heidegger, noch bei Husserl, noch bei Blumenberg. So muss auch Blumenberg schließlich konzedieren, dass die Phänomenologie allenfalls die »Radikalität der Frage« aufgeworfen hat, die Frage »nach dem geschichtlichen Aufbrechen des Motivs und des Willens zu dieser Steigerung der Endlichkeit« (H. Blumenberg: Lebenswelt, S. 31), also der Einsicht, dass das »technische Kontingenzmanagement selbst als kontingent begriffen« wird. Wie ließe sich aber diese Frage beantworten?

17 | Stellvertretend Michel Foucault: Dispositive der Macht. Über Sexualität, Wissen und Wahrheit, Berlin 1978, S. 128, Jenseits von Strukturalismus und Hermeneutik, Frankfurt/Main 1987, S. 254; Clifford Geertz: Dichte Beschreibung. Beiträge zum Verstehen kultureller Systeme, Frankfurt/Main 1987, S. 46.

tanz eines nicht mehr Involviertseins in »große Erzählungen« von Fortschritt und Emanzipation, ein Gegenüber als fremd erfährt bzw. dazu auffordert, dieses als fremd zu erfahren. Bedeutsamkeiten sind nicht mehr im Lichte von vorausgesetzter Bedeutung zu interpretieren, sondern neu zu sortieren in dem Sinne, dass Binnenstrukturen, Formationen, Ein- und Ausgrenzungen ersichtlich werden, die nicht einer »vernünftigen Wirklichkeit« zugehören, also nicht unter dem »Filter« und nach Maßgabe einer sich selbst reflektierenden Vernunft ausgewählt, gewichtet, in logischen Genesen verortet, in Systeme eingebaut werden, die nach dem Prinzip von Bedingungsverhältnissen des sich selbst erschließenden und vervollkommnenden Handelns der Vernunft im hegelschen Sinne strukturiert sind. Die Philosophie eines solchen Ansatzes findet sich in Jacques Derridas Darlegungen zur Schrift und Schriftlichkeit überhaupt. Die »Dekonstruktion«, unter der ein Vorgehen begriffen wird, das gerade nicht methodisch sein darf (weil es dann selbst ja unter dem Ideal einer maschinellen Konstruktion stände – Husserl: »Methode als eine offenbar sehr Nützliches leistende und darin verlässliche Maschine«[18]) dient gerade dazu, »Spuren zu sichern«[19], die in Gestalt jener Signaturen und Einschreibungen sichtbar sind.[20] Die Spuren, als die jene Signaturen und Einschreibungen gedeutet werden sollen, dürften dann wohl eher nicht solche des ganz Anderen der vernünftigen Konstruktion sein, sondern dessen, was sich als Unverfügbares relativ zum jeweiligen Verfügungsanspruch erhellt.

Wie kann aber Unbestimmtheit eine Signatur haben? Ist Signatur dann nicht eher Ausdruck eines aufdringlich Bestimmten, das sich zu Wort meldet, weil es mit einem bestimmten Anspruch auf Bestimmung kollidiert oder sich diesem verweigert? Unbestimmtheit wäre dann ein Reflexionsbegriff, der das Eingeständnis eines gescheiterten Bestimmungsanspruches signalisiert. Oder eines Bestimmungsanspruches, der – um auf Blumenberg zurückzukommen – im Modus des (bequemen) Verzichtens oder des (anstrengend-schöp-

»Wirkliche Virtualität«

---

18 | E. Husserl: Krisis der europäischen Wissenschaften, in: Husserliana, Bd. VI, S. 52.

19 | Michel Foucault: Die Ordnung der Dinge, Frankfurt/Main 1974, S. 23f., vgl. Christoph Hubig: »›Dispositiv‹ als Kategorie«, in: Intern. Zeitschrift für Philosophie 1 (2000), S. 34–47.

20 | Sehen wir an dieser Stelle einmal davon ab, dass »Textur« und »Text« wie »Technik« und »Techne« auf die gemeinsame Wurzel von »Gewebe« und »Zusammengefügtes« verweisen, welches seit den Entstehungsmythen der Technik bei Hephaistos und Athene das Spezifikum des Herstellten und Verfertigten mit sich führt. »Dekonstruktion« hieße dann: Vernichtung des Textes oder der Textur auf der Suche nach, ja wonach? Vgl. hierzu Christoph Hubig: Mittel, Bielefeld 2002.

ferischen) Spiels oder Variierens aufgegeben ist. Betrachten wir zunächst die ›subjektive‹ Seite: Wenn Unbestimmtheit als nicht mehr bewusste Bestimmtheit die Selbstverständlichkeit der neuen technologischen Lebenswelt ausmachen sollte, hat sie keine Signatur. Wenn sie sich irgendwie störend zu Wort meldet, weil etwas nicht Gewusstes (etwa als Überraschungseffekt) seine Spur hinterlässt, hat sie eine Signatur, deren Bestimmung und Bestimmtheit fraglich ist, eine solche aber möglicherweise provoziert. Wir finden hier die Paarung »nicht mehr Bestimmtheit« und »noch nicht Bestimmtheit«.

Dem gegenüber wäre eine ›objektive‹ Unbestimmtheit zu unterscheiden: Sie resultiert aus der Regulationsleistung der technischen Systeme, die wir zwischen uns und die Widerfahrnisse einer ›natürlichen Natur‹ gebaut haben, eben gerade in der Absicht, uns von dem Nicht-Disponiblen, den Widerfahrnissen und Überraschungen abzuschotten, dem ›Kontext‹, den wir nur so weit zulassen, als er bereits ›dekontextualisiert‹ ist, d.h. unter den Eigenschaften vorgestellt wird, mit denen umzugehen wir beabsichtigen oder genötigt sind, wenn wir überhaupt handeln wollen. Das haben ja Wissenschaft und Technik gemeinsam, und deswegen ist keine von beiden als ›Anwendung‹ der jeweils anderen zu sehen, sondern sie stehen gemeinsam unter dem Ideal von Wiederholbarkeit, Erwartbarkeit, welche die grundlegende Voraussetzung von Planen überhaupt ist. Die Isolation von Störparametern im Modus des Regulierens beim Experiment ist daher völlig analog derjenigen Regulation, mittels derer wir technische Steuerungsprozesse von störenden Umwelteinflüssen unabhängig machen, somit gelingbar werden lassen. Das Grundprinzip dieser Analogie hat bereits Aristoteles erkannt, wenngleich er *seine* regulierende und steuernde Natur noch nicht als eine unter dem technomorph modellierenden menschlichen Zugriff stehende erachtete.[21] Daher nimmt es kein Wunder, wenn unser Nichtwissen mit dem Wissen steigt, wenn eben gerade das Wissen dadurch gewonnen wird, dass es sich selbst im Modus der Isolation und Abtrennung modelliert. Sicheres Wissen verdankt sich gerade einer objektiven *Ausgrenzung* unter dem Ideal der Sicherheit/Wiederholbarkeit, die in ihrem Bereich das Kontingente nicht zulässt und trivialer Weise das Kontingente als das Ungewusste/Unbestimmte zurücklässt. Das Unbestimmte ist dann das Unselbstverständliche, mit dem wir nichts zu tun haben wollen. Dieses hinterlässt per se ebenfalls keine positive

---

21 | Vgl. Christoph Hubig: »Technomorphe Technikphilosophie und ihre Alternativen«, in: Renate Dürr, Gunter Gebauer, Matthias Maring, Hans-Peter Schütt (Hg.): Pragmatisches Philosophieren. Festschrift für Hans Lenk, Münster 2005; »Abduktion als Strategie des Problemlösens«, in: Gerhard Banse/Günter Ropohl (Hg.), Wissenskonzepte für die Ingenieurpraxis, Düsseldorf 2004, S. 131–145.

Signatur, sondern allenfalls eine Signatur *ex negativo*, wenn wir im *»Wirkliche* Modus der Reflexion unsere Signaturen zweifelhaft werden lassen, *Virtualität«* damit »spielen« und dann dieses Spiel nicht weiterführbar erscheint, zerbricht, scheitert, uns z.b. in die berühmten Paradoxien der Quantenphysik führt. Finden wir ein zweites: Unter dem »Willen zum Willen« (Heidegger[22]), dem rechnenden und sichernden Vorstellen perpetuieren wir die Regulationsleistungen unserer Systeme immer höherstufig, was zu einer Flexibilisierung der Systeme führt. D.h., die Regulationsleistungen werden ihrerseits zunehmend von komplexeren Systemen erbracht. Diese Regulationssysteme verhalten sich reflexiv zu den objektstufigen Systemen mit ihrer simplen Steuerung und Regelung. Diese Reflexivität ist nicht mit den Termen eines niederstufigen Systems beschreibbar, sie erscheint als »emergent«. »Emergent« meint: unbestimmt relativ zu den Determinanten des Funktionierens des jeweils niederstufigen Systems. (Wenn sie in den Kanon der Systemdeterminanten des niederstufigen Systems aufgenommen werden könnten, bedürfte dieses ihrer nicht und könnte die Regulationsleistung selbst erbringen.) Mit der erbrachten höherstufigen Regulationsleistung geht also per se einher, dass diese relativ zu der Determination des niederstufigen Systems unbestimmt ist. Ihre »Signatur« kann dann nur eine zweifache sein: entweder der Erhalt des niederstufigen Systems oder dessen Zerstörung mangels Regulationsleistung des höherstufigen Systems. Das ist die »falsifikatorische Asymmetrie« (Walther Ch. Zimmerli) – ein Aspekt der Problematik der langfristigen Technikfolgen.

Unbestimmtheit hat also im strikten Sinne keine Signatur. Sie hat – vom Standpunkt der Reflexion her gesehen – eine Nicht-mehr-Signatur oder eine Noch-nicht-Signatur (subjektiv) oder (objektiv) eine Ex-negativo-Signatur (demonstrativ fehlende Signatur) oder eine »Nicht-Signierbarkeit/Emergenz«.

Ist solcherlei nun ein Phänomen von Technik in einer radikalen Moderne (die die Bemächtigung ihrer Umwelt immer weiter vorantreibt) oder einer reflexiven Moderne (die sich ihres Nichtwissens zu vergewissern sucht) oder einer Postmoderne (die durch Dekonstruktion an ein wie immer Vor-Konstruktives heranzukommen sucht und dabei so etwas wie eine andersartige Technik, etwa Foucaults Strategik ohne strategisches Subjekt[23] findet)? Ich vermag hier jedenfalls kein Spezifikum moderner Technik zu sehen, allenfalls etwas, was aus einem bestimmten Denken, einem bestimmten Leitbild von Wissenschaft und Technik (seit dem galileischen Paradigma) heraus in dieser Weise formulierbar wird. Denn die Technik war von ihren ersten Anfängen in der Agrikultur an immer auch und gerade System,

---

22 | Vgl. Fußnote 16.
23 | M. Foucault: Dispositive der Macht, S. 132.

weil technisches Handeln nicht im Modus einer »Zufallstechnik«[24], die ihren Namen nicht verdient, bloß der Optimierung singulärer Vollzüge diente, sondern auch und gerade immer der Sicherstellung solcher Vollzüge, wie sie bereits Aristoteles als weiteres Wesensmerkmal von Technik, nämlich der »Bevorratung« von Mitteln »gefasst hat«: Zur Sicherheit, Wiederholbarkeit, Berechenbarkeit planmäßigen Handelns wurden ja Äcker, Bewässerungssysteme, Siedlungen angelegt; Arbeitsteilung und Rolleneinnahme, standardisierte Kommunikation, Speicherung von Stoffen, Kräften und Wissen zeitigten eben die negativen Signatureffekte, die angesichts modernster Technik reflektiert werden. Die Dialektik von Bestimmtheit und Unbestimmtheit bestand immer; Technik war immer bereits Gestell, wenngleich sie anfangs anders konzeptualisiert wurde[25]; gelingendes und nicht gelingendes Handeln wurde immer im Horizont *konzeptualisierter* Bestimmtheit beurteilt, Erfolgreichsein oder Scheitern hingegen waren niemals abkoppelbar vom realen Bereich des Unbestimmten zusätzlicher Bedingungen und Einflussfaktoren, mithin auch nicht vorab eindeutig dem Gelingen oder Nicht-Gelingen zuordenbar. Dass im Zuge der technisch-zivilisatorischen Entwicklung sowohl Gelingen und Erfolgreichsein als auch Misslingen und Scheitern umfänglicher werden, lässt sich nicht auf ein fixierbares Binnenverhältnis zwischen ihnen zurückführen. Es hat seine Wurzeln in einer Kontingenz, die eben das wissenschaftlich-technische Kontingenzmanagement nicht abzubauen vermag – sonst gäbe es jene neueren Katastrophen, von Heidegger als das neue »ungeheure Leid«[26] apostrophiert, nicht. Stehen sie möglicherweise unter den selben Bedingungen, die die großen Erfolge gewährleisten? Zur Beantwortung dieser Frage soll die Dialektik zwischen Bestimmtheit und Unbestimmtheit nun weiter untersucht werden.

Das klassische Modell:
Technik als Inbegriff der Mittel und als Medialität –
Die Rolle der Spuren

Auf der Suche nach einer Antwort auf die Frage, warum eine jeweils neue Selbstverständlichkeit der Technik fraglich werden kann, warum sie als Bedrohung oder gar »ungeheures Leid« empfunden werden mag und dann zum Gegenstand der Variation oder der Verweigerung unter der vorauszusetzenden reflexiven Distanz wird, und

---

24 | Ortega y Gasset: Betrachtungen, S. 93ff.
25 | Christoph Hubig: »Techne und Gestell – Aristoteles' und Heideggers Nachdenken über Technik«, in: Festschrift für Günther Bien (i. Dr.), 2005.
26 | Siehe Fußnote 16.

ob sich hier nicht vielleicht doch eine neue Konstellation (als Be- »*Wirkliche* drohlichkeit oder als Chance) ergibt, setzen wir nochmals am klassi- *Virtualität*« schen Konzept von Technik an.

Begreift man Technik als Inbegriff der Mittel (nicht bloß der Artefakte im engeren Sinne, sondern auch der gestalteten Situationen ihres Einsatzes, der entwickelten Handlungsschemata dieses Einsatzes, der erworbenen Fähigkeiten und Fertigkeiten etc.), so gerät leicht die eigentümliche Verbindung zwischen Mitteln und Zwecken aus dem Blick.[27] Denn zum einen sind Mittel nicht per se Mittel, sondern nur auf der Basis einer Bindung an mögliche Zwecke, wie es bereits die beiden konstitutiven Kriterien (Intensionen) für Mittelhaftigkeit zeigen: Effizienz als optimales Verhältnis von Aufwand und Ertrag (welchen Ertrages?), Effektivität als Zweckdienlichkeit. Zum anderen gehört es zur Intension von Zweck (neben dem Gekannt- und Gewolltsein), dass er für *herbeiführbar* erachtet wird; andernfalls sprechen wir von bloßen Wünschen, Visionen etc. und sehen davon ab, sie zu Zwecken des Handelns zu machen. Das bedeutet nicht, dass beide als notwendige Bedingungen jeweils vorliegen müssten, damit wir sie jeweils als Mittel oder Zweck bezeichnen; wir können Mittel zur Realisierung von Zwecken suchen oder Zwecke für den Einsatz von Mitteln (z.B. unter ›Amortisationsdruck‹). Es muss jedoch eine Vorstellung möglicher Mittelhaftigkeit oder Zweckhaftigkeit gegeben sein, innerhalb derer die Verwirklichung angegangen wird bzw. als angehbar erachtet wird. »Technik fragt nach dem, was sein kann.«[28] Das Modalgefälle zwischen möglicher Mittelhaftigkeit und Zweckhaftigkeit, Dienlichkeit und Herbeiführbarkeit zu den wirklichen Mitteln und Zwecken zeigt, dass eine zu enge Auslegung von Technik als Inbegriff der Mittel die Pointe verfehlt, dass Technik einen Möglichkeitsraum ausmacht. Ein vorkommendes, gegebenes technisches X als Mittel muss daher immer auch und gerade als *Medium* erachtet werden, sodass Mittel und Medien nicht extensional geschieden, sondern jeweils nach Maßgabe ihrer Konzeptualisierung auseinander zu halten sind: Ein gebautes Haus ist Mittel zum Schutz vor der Witterung, zugleich Medium bestimmter Weisen des Wohnens, ein Hammer ist Mittel zum Einschlagen von Nägeln und Medium eines weiten Spektrums der möglichen Herstellung weiterer Weltbezüge ästhetisch-anmutender, praktischer (konstruktiv oder destruktiv) oder i.e.S. kognitiver Natur (der berühmte Hammer in der Hand des kleinen Jungen, mittels dessen er die Welt erschließt). Dieser Möglichkeitsraum ist jeweils strukturiert nach Maßgabe der Pfadabhängigkeit des Mitteleinsatzes (Bedingungs-

---

27 | Vgl. zum Folgenden: Ch. Hubig, Mittel.
28 | Ernst Cassirer: »Form und Technik«, in: Symbol, Technik, Sprache, Hamburg 1985, hier S. 81.

Christoph hierarchien), dies macht die Methode aus (*methodos* = Weg), sodass
Hubig die »Welt« als »pointierte Weltstruktur« (Husserl) erscheint, als jeweils in dieser Bestimmtheit verengter Gegenstandshorizont. Innerhalb dieser Weltstruktur werden nun nicht, wie bereits erwähnt, singuläre Handlungsvollzüge bloß technisch optimiert, sondern Technik ist zugleich darauf aus, die Bedingungen des Einsatzes, also die Möglichkeit des methodischen Handelns, ihrerseits abzusichern, indem diese Bedingungen kontrolliert, gesichert, geschützt, also von Kontingenz befreit und damit im strengen Sinne erst als Bedingungen konstituiert werden. Dazu ist Technik neben der Steuerung bestimmter Effekte als Zwecke auf Regelung aus, die diese Steuerung von Umwelteinflüssen *a limine* unabhängig zu machen sucht. Das gilt für die Wissenschaft genauso, die die Effekte experimenteller Inputs sucht, wie für die Technik, die für vorgestellte Effekte die notwendigen Inputs eruiert. Dabei gilt: »Es drückt sich [im technischen Vorgehen] eine assertorische Gewissheit aus, deren letzte Beglaubigung [...] im [...] Produzieren bestimmter Gebilde zu suchen ist.«[29] Dieses Gebilde ist – wenn man so will – die Signatur des Vorgehens, und zwar als Signatur einer Bestimmtheit, als Spur. Mit Hegel[30] können wir den Ort dieser Bestimmtheitssignatur im Gesamtkonzept technischen Handelns genauer erfassen: Mit dem produzierten Gebilde, das Hegel als »objektiver Zweck« bezeichnet, also als vergegenständlichtes Handlungsresultat, geht nämlich die Erfahrung einer Differenz zwischen diesem Ergebnis und dem ursprünglich im Handlungsschema konzeptualisierten, vorgestellten »subjektiven Zweck« einher. Denn dieser Zweck, gedacht als reale Möglichkeit, als »An-Sich«, ist immer abstrakt, nicht in der Fülle sämtlicher Eigenschaften seiner wirklichen Realisierung vorstellbar. Betrachten wir seine wirkliche Realisierung als Exemplifikation oder Instantiierung jenes Konzeptes, so entbirgt sich hier ein »Auch von Eigenschaften«, als welche Hegel das Medium definiert[31], nämlich die spezifischen Eigenschaften der Wirkung real eingesetzter Mittel, die sich in das Resultat »fortschreiben«[32]. Dass diese Eigenschaften als solche des realen Mittels gefasst sind (in Formulierungen wie »überschüssig«, »hypertroph«, »Kuppelprodukt«, aber auch »defizitär«, »suboptimal« etc.), ist Resultat eines abduktiven Schlusses vom Befund auf vorausliegende Bedingungen seines Zustandekommens, auf die Me-

---

29 | Ebd.
30 | Georg Wilhelm Friedrich Hegel: Wissenschaft der Logik, in: Georg Lasson (Hg.), Sämtliche Werke, Bd. 2, Hamburg 1969, S. 391–406.
31 | Georg Wilhelm Friedrich Hegel: Phänomenologie des Geistes, hg. v. Johannes Hofmeister, Hamburg 1952, S. 91.
32 | Vgl. Sybille Krämer: »Das Medium als Spur und als Apparat«, in: dies. (Hg.), Medium, Computer, Realität, Frankfurt/Main 1987, S. 73–94.

dialität des Mittels als wie auch immer partiell zweckverunmögli- »*Wirkliche* chend oder zwecküberermöglichend.³³ Auf der Basis dieses abdukti- *Virtualität*« ven (Reflexions-)Schlusses vergewissert sich die Vernunft über das Andere des Mittels, vermag sich mithin von der singulären Realisierung des Mittels zu distanzieren, muss sich also nicht dem Mechanismus (des Verstandes – s.o. Husserl) überlassen, sondern setzt das Handeln dazu ein, sich *ex negativo* über sich selbst zu vergewissern. Deshalb führt hier in diesem Kontext Hegel in der Logik erstmals den Begriff der »List« der Vernunft ein, die die Abstraktheit ihrer konzeptualisierten Zwecke »aus der Tat« kennen lernt und damit den Modus ihrer Selbstentäußerung sich erschließt. Sie wird sich selbst »vermittelt unmittelbar«³⁴. Das realisierte Resultat, die »Bestimmtheitssignatur«, ist also eine Spur, auf der der abduktive Schluss (als Detektivschluss) ansetzt. Diese kann in zweierlei Weise begriffen werden³⁵: als Spur von … (qua überschüssigen oder defizienten Eigenschaften des Zwecks) der Medialität, der *Unterschiede*, die sie in ihrer Realisierung zeitigt, aber auch und zugleich als Spur für …, »Bahnung«³⁶ des technischen Handelns, also die Struktur des Möglichkeitsraums, den Inbegriff der Wege (Methoden), mithin das konzeptualisierte Medium als Möglichkeitsraum der *Vorstellbarkeit* von Mitteln und Zwecken. Letzteres ist die Basis für Unterscheidbarkeit überhaupt. Bei näherer Betrachtung der Schriften Jacques Derridas lässt sich leicht feststellen, dass seine Verwendung von Spur (*trace*) genau jene beiden Sinndimensionen umfasst. Schriftlichkeit überhaupt (Urschrift) manifestiert sich in generalisierter Schrift, die différance als Unterscheidbarkeit beinhaltet, sowie in konkreter Schrift, die die Unterschiede als identifizierbare Unterschiede – »différence« – zeitigt³⁷. Jede Spur, der wir uns gegenüber sehen, hat diese doppelte Dimension: Sie ist Glied einer différance als Unterscheidbarkeit und einer différence als Unterschied. Während »Urschrift« das Organisationsprinzip qua Schriftlichkeit ausdrückt, ist »generalisierte Schrift« die Bahnung für die jeweilige Aktualisierung von différance als différence, welche dann als Spur von … ihre Organisationsform exemplarisch ersichtlich werden lässt, sofern man nicht dem trügerischen Eindruck von Unmittelbarkeit unterliegt

---

33 | Vgl. Fußnote 21.
34 | Helmuth Plessner: Die Stufen des Organischen und der Mensch, Frankfurt/Main 1981, S. 396ff.
35 | Vgl. zum Folgenden: Christoph Hubig: »Medialität und Möglichkeit«, in: Scientia poetica 7 (2003), S. 187–209.
36 | Eugen Fink: Nähe und Distanz. Phänomenologische Vorträge und Aufsätze, Freiburg, München 1976, S. 184ff., vgl. Jacques Derrida: Die Schrift und die Differenz, Frankfurt/Main 1976, S. 308.
37 | Jacques Derrida: Grammatologie, Frankfurt/Main 1976, S. 308.

Christoph Hubig (sich also an das Resultat verliert), sondern dieses dekonstruiert.[38] In Ansehung jenes Doppelcharakters lassen sich dann auch die rätselhaften Formulierungen Derridas von einer Auslöschung der Spur durch sich selbst[39] deuten: Als gegenwärtige negiert die Spur das Vergangene als Vergangenes, von dem sie doch Spur sein soll. Mit Walter Benjamin: »Die Spur ist Erscheinung einer Nähe, sofern das sein mag, was sie hinterließ [...]. In der Spur werden wir der Sache habhaft.«[40] Die technische Reproduzierbarkeit lässt die Reproduktionen dem Rezipienten quasi »entgegenkommen«[41]. Technische Reproduzierbarkeit – ein redundanter Ausdruck, wie wir gesehen haben, lässt diese Konzeptualisierung von Spur zum Gegenbegriff von »Aura« werden, die das perpetuierte Spannungsverhältnis von Ferne und Nähe ausdrückt. Wird Spur hingegen als »Spur für ...«, für das Vorausliegende gefasst, ist die Gegenwärtigkeit, das »Habhaftwerden«, ausgelöscht, ist die Spur also in anderer Weise Auslöschung ihrer selbst. Wer die Welt nur im Blick auf die Möglichkeit ihres Seins betrachtet, verliert den konkreten Weltbezug.[42] Das ist der Doppelcharakter der Materialität von Zeichen, sofern sie als Signaturen auftreten und Medialität ›zeigen‹. Ist solcherlei jedoch in der (möglicherweise trügerischen) Selbstverständlichkeit technisierter Lebenswelt noch gegeben? Wie und wodurch würde ein dekonstruierender und auf der Basis der Dekonstruktion abduktiv-reflektierender Umgang mit den Signaturen evoziert? Verschärft sich nicht möglicherweise das Problem, wenn die »Selbstauslöschung« der Spur gemäß dem Derrida-Theorem uns nicht mehr in jene Dialektik verweist, sondern die *Technik* bereits so angelegt ist, dass sie unausweichlich zum Verlöschen ihrer Spuren (siehe Marc Weiser oben)

---

38 | Dies spricht gegen die Interpretation von Spur als bloßer Äußerlichkeit/Abdruck, wie sie Mersch vornimmt: Dieter Mersch: Was sich zeigt. Materialität, Präsenz, Ereignis, München 2002, S. 11.

39 | Jacques Derrida: Randgänge der Philosophie, Wien 1988, S. 48.

40 | Walter Benjamin: Allegorien kultureller Erfahrung (Passagen-Werk), Leipzig 1984, S. 88.

41 | Walter Benjamin: »Das Kunstwerk im Zeitalter seiner technischen Reproduzierbarkeit«, in: Allegorien, a.a.O., S. 411.

42 | Entsprechend, so Derrida, ließe sich Husserls Trennung zwischen Ausdruck und Anzeichen – aus dessen »Logischen Untersuchungen« – nicht aufrecht erhalten, da »Ausdruck« in seiner Bindung an Iterativität (der Anzeichen seiner) sich als supplement, als surplus, erweist auf der Basis eines ihm je eigenen Anzeichens (über die ihn exemplifizierenden hinaus). Dieses Anzeichen als Anzeichen von »Ausdruckshaftigkeit« findet sich überschüssig in der »Exteriorisierung« der Spur (genauer: der Spur für ...), nämlich des Dingcharakters von Zeichen sowohl in ihrer irreduziblen Mittelhaftigkeit zur Vergegenwärtigung als auch einer Autonomie, die die Möglichkeit der Bezugnahme bestimmt.

führt, führen will oder führen soll? Den Grund für eine solche Ent- »*Wirkliche* wicklung können wir in einem Zug der Kulturalisierung finden, die *Virtualität*« ich als Virtualisierung bezeichne.

Kulturalisierung als Virtualisierung – Der Verlust der Spuren

Wenn wir uns in einer ersten Annäherung an dem geläufigen Konzept von Virtualität orientieren, »being in effect, but not in [real] appearance« (Oxford Dictionary), dann fällt sofort die Parallele zu Husserl ins Auge: dass die (kulturelle) »Praxis, die Theorie heißt«, ihre Leistung im Zuge einer Verdeckung ihres Ursprungs (ursprünglicher Lebenswelt) erbringe. Mit der kulturellen Sicherung der Handlungsbedingungen ging nämlich einher, dass diese Handlungsbedingungen selbst nicht mehr für die Handelnden disponibel sind (siehe die ursprünglichen Formen dieser Sicherung in Gestalt von Tabuisierung, unverletzbaren Wohn-, Ernte- und Heiratsregeln). Diese »Herausforderung« durch derartige »sekundäre Systeme«[43] als »Herausforderung des Gestelles« (Heidegger) an das Sich-Stellen der Handelnden ist gegeben, sofern die Handelnden sich nicht der Gratifikationen der Systeme begeben wollen. Das »Versammelnde des Stellens« (Heidegger) betrifft also sowohl die Technik als auch die technisch Handelnden. Indem die Systemfunktionen an Artefakte in ihrer Systemizität delegiert werden, entsteht jene eben erwähnte »Inkonsequenz« (Husserl): Die ursprünglichen Vollzüge, in deren Verlauf sich die Systeme konstituiert haben, geraten gleichsam in Vergessenheit, das Gestell tritt uns nicht mehr als »vorgestellter Gegenstand«[44] gegenüber, gleichwohl *wirkt* es in Gestalt der Sicherstellung gewisser Handlungsvollzüge. Deren Schemata sind in dieser Hinsicht unvollständig; das Bewirken wird reduziert auf Veranlassen. Wie bereits erwähnt, kann dieser Effekt der Technik, der nicht mehr als vorgestellte Gegenständlichkeit existiert, positiv als neue Selbstverständlichkeit einer Sicherheit von Routinen (Technik als Kontingenzmanagement, als »sekundäre Codierung«[45]) interpretiert werden oder – aufgrund noch zu klärender Phänomene – pessimistisch als Auslieferung an systemische Effekte (Emergenz) oder Effekte der Systemumwelt, sofern die Systeme deren Komplexität nicht oder nicht hinreichend ›reduzieren‹. Aber nicht nur eine (extensionale) Unvollständigkeit der Mittel in den expliziten Handlungsschemata,

---

43 | Hans Freyer: Theorie des gegenwärtigen Zeitalters, Stuttgart 1955, S. 88ff.
44 | M. Heidegger: Technik, S. 16.
45 | Niklas Luhmann, vgl. Fußnote 7.

in denen die Bedingungen der Mittel nicht mehr aufgenommen sind, macht eine Virtualität aus, in der eine authentische Urheberschaft oder ein authentischer Anfang der Vollzugsbedingungen nicht mehr ersichtlich sind. Vielmehr muss – und dies zeigt auch die Entwicklung –, da jede Regulationsleistung ihrerseits abzusichern ist, die Bedingungsverkettung der Mittel immer komplexer werden, um den durch eine Regulationsleistung systemischer Art jeweils neu evozierten potentiellen Umweltprovokationen gerecht zu werden. Der Möglichkeitsraum des Medialen als Ermöglichungsraum muss immer weiter ausdifferenziert werden. Mit dieser Ausdifferenzierung geht aber einher – wie bereits Hegel im System der Bedürfnisse seiner Rechtsphilosophie ausgeführt hat –, dass die Mittel selbst, also die konkreten Handlungsvollzüge, immer abstrakter und einseitiger werden, sodass auch eine intentionale Unvollständigkeit der Handlungsschemata zu bemerken ist: Die Ermöglichungsleistung der Arbeitsteilung besteht ja gerade darin, dass die Wahrnehmung der Systemfunktionen ausdifferenziert und partialisiert wird.

Die Delegation der Verkettung von Mitteln und Zwecken an artefaktgestützte Systeme kann nun in doppelter Weise vollzogen werden: Zentriert auf die Mittel wird sie an Apparate delegiert, die die Effizienz erhöhen, die darüber hinaus vom Einsatz der Mittel zu entlasten vermögen oder diesen Einsatz unterstützen (Assistenzsysteme) und überdies qua Wahrnehmung von Überwachungsfunktionen die Sicherheit des Mitteleinsatzes gewährleisten und sein Gelingen garantieren. Zentriert auf die Medialität der Technik kann eine Delegation dahingehend stattfinden, dass Systeme gleichsam als höherstufige Apparate den Handlungsraum selbst in eine bestimmte Gestalt bringen, ›in-formieren‹ dahingehend, dass der Handlungsraum bereits höherstufige Zweck-Mittel-Bindungen enthält, etwa in Form von Koordinationsmechanismen des Mitteleinsatzes, die unter bestimmten Zwecken stehen, oder durch automatisch vollzogene Adaption sowohl der Verfügbarkeit von Mitteln als auch möglicher Zweckbindung der Mittel in Adaption an sich verändernde Problemlagen oder neu auftretende Umwelteffekte.[46] Wenn also Systeme derart gestaltet werden, dass bereits die Medialität reguliert wird (typisches Beispiel ist das Ubiquitous Computing, das darauf abzielt, unsere Handlungsumgebung selbst ›intelligent‹ zu machen), dann wird nicht nur eine Technik ›selbstverständlich‹, sondern die *Medialität* des Technischen wird in einer Weise ›selbstverständlich‹, die nicht mehr erlaubt, jenseits ihrer konkurrierenden Weltbezüge positiver oder negativer Art (als Defizienzerfahrungen) zu konstituieren. Weil

---

46 | Vgl. Christoph Hubig: »Selbstständige Nutzer oder verselbstständigte Medien – Die neue Qualität der Vernetzung«, in: F. Mattern (Hg.), Total vernetzt, S. 211–230.

die Differenzerfahrung zwischen vorgestellten und realisierten Zwecken – gemäß dem ›klassischen Modell‹ technischen Handelns – insofern verloren geht, als die Vorstellbarkeit von Mitteln und Zwecken selbst schon in Systemen angelegt ist, wird gleichsam der Korrekturmechanismus in die Systeme verlegt und die Chance einer Selbstvergewisserung der Handlungsvernunft geht verloren. Die Lebenswelt wird selbst virtualisiert, da ihre appearance, d.h. die Wahrnehmbarkeit authentischer Ursprünge ihrer Gestaltung, zugunsten der Funktionalität ihrer Effekte aufgegeben ist. Unsere theoretischen und praktischen Weltbezüge wären dann im Grenzfall insgesamt virtualisiert.

»Wirkliche Virtualität«

Was die theoretischen Weltbezüge betrifft, ist dies daran ablesbar, dass die Vorstellung von zukünftigen Sachverhalten als Zweckkandidaten zunehmend auf der Basis von Simulationen und bildgebenden Verfahren stattfindet, wodurch virtuelle *Realitäten* konstituiert werden, Sachlagen, deren Bestimmungsgrößen für denjenigen, der sich auf solche virtuelle Realitäten bezieht und mit ihnen in Gestalt eines Probehandelns ›interagiert‹, nicht mehr auf die konstruktionskonstitutiven Parameter, Datenmengen und deren Validität und Vollständigkeit rückführbar ist. Während im Zuge einer klassischen Kulturalisierung als Virtualisierung sich selbstverständlich bereits auch Handlungsumgebungen als ›in-formiert‹ herausgebildet haben, so z.B. etwa ein Trampelpfad, der die Spur für ... gelingendes Vorwärtskommen darstellt, so beruhte diese Virtualisierung doch auf rekonstruierbaren Bewährtheitstraditionen, zu denen man sich seinerseits in ein Verhältnis setzen konnte. Die inzwischen üblich gewordene Situation untereinander konkurrierender Simulationen zukünftiger Realitäten zeigt, dass sich die Problematik verändert hat (Expertendilemma). Die hoch artifizialisierte Selbstverständlichkeit der neuen Lebenswelten schlägt um in eine Nicht-mehr-Verständlichkeit, weil die Selbstverständlichkeiten untereinander konkurrieren.

Was die praktischen Weltbezüge angeht, sehen wir uns zunehmend mit der Notwendigkeit konfrontiert, mit Effekten zu interagieren, also virtuellen *Wirklichkeiten*, von denen direkte Anmutungen und Direktiven ausgehen, die nicht mehr als solche dahinter stehender Systeme erkennbar sind. So wie wir beim Träumen realen Effekten mit fraglicher Urheberschaft unterliegen, interagieren wir in zahlreichen Bereichen unserer Alltagswelt bereits mit Effekten virtueller Ursachen, deren Urheberschaft nicht mehr als authentifizierbar erscheint. Dies lässt sich exemplarisch an Kommunikationsprozessen im Feld der Werbung und des Marketings, welches inzwischen weite Bereiche des Sozialen und Politischen mit umfasst, vorzüglich erkennen, und auch hier lässt sich der Unterschied zu ›klassischen‹ Interaktions- und Kommunikationsprozessen, die natürlich auch immer medial vermittelt und in dieser Hinsicht virtuell sind, ausma-

Christoph chen: Die Virtualität einer ›natürlichen Interaktion/Kommunika-
Hubig tion‹, die durch das Medium bewegter Luft beispielsweise oder die
Verfasstheit von Zeige-, Sprech- und Hörorganen verzerrt sein kann,
lässt sich auf der Basis von Bewährtheitstraditionen durchaus authentifizieren. Diese Möglichkeit nun wird abgebaut insbesondere auch dadurch, dass der oben erwähnte Vereinseitigungseffekt des artifiziellen Mitteleinsatzes in komplexen Systemen nicht mehr erlaubt, dass ein *parallel* vorgenommener Mitteleinsatz, wie er sich beispielsweise in den parallel geführten Kommunikationskanälen natürlicher Kommunikation zeigt, eine wechselseitige Modifikation und Korrektur der einzelnen Mitteleinsätze erlaubt.

Eine solche Technik, die ich als »transklassische Technik« (in einer anderen Begriffsverwendung als bei Max Bense[47]) bezeichne, führt zu einem neuartigen Verlust von Spuren, jenseits dessen, was Derrida bedacht hat: Denn die Basis der Abduktion (von Spuren auf die Medialität der Mittel) entfällt, weil die Defizienzerfahrungen zwischen vorgestelltem und realisiertem Zweck nicht mehr dem Subjekt eignet, da dessen Zweckvorstellung bereits systemisch präformiert ist. Entsprechend sind die Schemata verdeckt, unter denen irritierende Befunde für die Handelnden identifizierbar wären. Angesichts eines überraschend beim Handeln in den informierten Handlungsumgebungen gezeigten Effektes ist es für den Handelnden nicht mehr möglich, diese Überraschung auf eigene Kompetenz oder Inkompetenz oder das Handeln anderer Subjekte (im Zuge der durch die Systemkoordination vorgenommenen »anonymen Vergemeinschaftungen«) oder absichtsvoll wirkende systemische Strategien (z.B. der Koordination) oder eine Überschreitung der Leistungsgrenzen der Systeme zurückzuführen. Dadurch wird die Bildung von Bewährtheitstraditionen (»aus Fehlern lernen«) sowie die Möglichkeit einer Distanznahme hierzu, eine Reflexion, erschwert oder sie entfällt ganz. Mangels zuordenbarer Widerstandserfahrungen wird die Herausbildung und Fortschreibung eigener Kompetenzen eingeschränkt oder verunmöglicht, weil sich Kompetenzen nur und gerade in der Erfahrung und im Zuge der Versuche der Bewältigung von Widerstandserfahrungen herausbilden können. Die Antizipierbarkeit einer Techniknutzung im Zuge planvollen Handelns sowohl durch die Entwickler und die Nutzer schwindet, weil die Regulationsleistungen adaptiver Systeme nicht mehr erfordern, dass das Handeln routiniert, unter vom common sense getragenen Schemata, unter Profilen oder Stereotypen stattfinden muss. Das hatte als ursprüngliche Einschränkung zugleich aber die Herausbildung von Erwartungen und Erwartungserwartungen ermöglicht. Die einzig herausbild-

---

47 | Max Bense: Technische Existenz, Stuttgart 1949.

bare Erwartung ist diejenige, dass das System alles schon irgendwie »*Wirkliche* regeln wird. *Virtualität*«

Insofern ist diese Unbestimmtheit transklassischer Technik affirmativ und »autokatalytisch«[48]. Sie schreibt sich selber fort als Medialität, die sich gleichsam selber reguliert, wobei dieses »selber« aus der Sicht der niederstufigeren Handlungssysteme und der in ihnen agierenden Subjekte als solches erscheint. Sie wird, wie es Edgar Fleisch[49] ausgedrückt hat, nicht mehr zu einer virtuellen Wirklichkeit, sondern zu »realer [gemeint ist: wirklicher] Virtualität« einer in dieser Weise technisierten Lebenswelt. Damit soll zum Ausdruck kommen, dass diese wirkende Lebenswelt uns erfasst auf der Basis einer bereits gegebenen technischen Vermittlung, deren Ursprungsbedingungen für den einzelnen nicht mehr disponibel, eben wirkliche Virtualität ist. Ein plattes, aber aussagekräftiges Beispiel hierfür findet sich in den zur Verkaufsförderung installierten Cyber-Space-Situationen, in denen ein virtuelles Bekleidungsstück in verschiedenen Kontexten getragen und seine Wirkung in diesen Kontexten

---

48 | Gerhard Gamm: »Technik als Medium. Grundlinien einer Philosophie der Technik«, in: Michael Hauskeller u.a. (Hg.), Natursein und Natur erkennen, Frankfurt/Main 1998, S. 103.

49 | Edgar Fleisch/Markus Dierkes: »Betriebswirtschaftliche Anwendungen des Ubiquitous Computing – Beispiele, Auswirkungen und Visionen«; in: F. Mattern (Hg.): Total vernetzt, S. 143–157, hier S. 146f.: »Mark Weiser hat UbiComp als das Gegenteil der virtuellen Realität (VR) beschrieben. Das Ziel der VR ist die hinreichend genaue Abbildung eines Ausschnitts der realen Welt in digital verarbeitbare Modelle etwa zum Zweck der Simulation. In der VR können Modell (z.B. Flugsimulator) und reale Welt (z.B. simuliertes Flugzeug) ohne Interdependenzen nebeneinander existieren. Ziel des UbiComp ist dagegen die ›Veredelung‹ der realen Welt mit Hilfe von Informationsverarbeitung. [...]. Beispielsweise können aktive [...] Transponder, je nach Anwendungsfall, mit unterschiedlichen Sensoren ausgestattet werden, um den Status ihres Kontextes (Mutterobjekt, Umgebung oder Nachbarobjekte) direkt am POC [*point of creation*] zu erfassen und weiterzumelden. Wenn Temperatursensoren eine lückenlose Überwachung einer Kühlkette für Lebensmittel ermöglichen oder Beschleunigungssensoren in Autos bei einem Unfall automatisch Polizei und Rettung alarmieren, wird die virtuelle Welt der Informationsverarbeitung zunehmend in die Realität, d.h. in die sichtbare Welt physischer Vorgänge transferiert. Der Weg zu einer solchen etwas plakativ formulierten ›realen Virtualität‹ lässt sich in drei Stufen beschreiben. Kennzeichnend für die erste Stufe ist die gegenwärtige manuelle und modellbasierte Informationsgenerierung bzw. Entscheidungsfindung. Die zweite Stufe unterscheidet sich von der ersten Stufe durch die automatisierte Kontexterfassung, die eine faktenbasierte Entscheidungsfindung erlaubt. Die dritte Stufe steht für die zunehmende Delegation der Entscheidungsfindung und -umsetzung an die smarten Dinge der realen Welt.«

ausprobiert werden kann, Kontexten, die in ihrer Auswahl und qualitativen Ausprägung ihrerseits auf Systemdirektiven beruhen, für die bestimmte anonym erhobene Informationen über den potentiellen Käufer maßgeblich waren. Es ist entsprechend damit zu rechnen, dass mögliche Enttäuschungserfahrungen des Nutzers (hier des potentiellen Käufers) bereits systemfunktional sind, also nicht ›seine‹ Erfahrungen sind.

Das Scheitern der klassischen »List der Vernunft« und ein neuer Pragmatismus

Die Hochtechnologien zeitigen einen neuen Verlust der Spuren, eine neue Art von Unbestimmtheit, weil in immer geringerem Maße die Ursprungsbedingungen, die technisches Handeln sichern sollen, authentifizierbar sind. Die »Bestimmtheitssignatur« von Handlungseffekten wird zur Unbestimmtheitssignatur systemischer Effekte. Es entfällt hier sowohl die Möglichkeit, dass die handelnde Vernunft aufgrund ihrer Defizienzerfahrungen sich ihrer selbst vergewissert, als auch und gerade die Hoffnung, dass im Modus der Dekonstruktion Strategien, wenn auch ohne strategisches Subjekt (Foucault s. o.) oder die Verfasstheiten von Organisationsprinzipien als »genereller Schrift« (Derrida s.o.) ersichtlich würde. Denn der Horizontcharakter einer Medialität als Möglichkeit (als Possibilität oder als Potentialität/Performanz des Medialen)[50] steht uns als Wirklichkeit in Gestalt wirklicher Virtualität gegenüber. So finden eben beim bereits erwähnten Ubiquitous Computing die Interaktionen nicht mehr *mittels* Artefakten, sondern *mit* bereits informierten Artefakten statt. Analog bestehen etwa auf dem Feld der grünen Gentechnik die Probleme im wesentlichen darin, dass die ausgelösten Prozesse nicht mehr auf entscheidbare anthropogene Inputs hin zu identifizieren sind, was ein »Monitoring«, eine begleitende Überwachung der Effekte, erschwert, weil nicht klar ist, welche Effekte Systemeffekte oder Systemumwelteffekte oder systemunabhängige Effekte sind, also nicht klar ist, ob ein im Zuge des Monitoring erfasster Effekt klar auf einer Funktionalität oder Disfunktionalität des Systems beruht oder ein Effekt ist, der unabhängig von den systemischen Effekten aufgetreten wäre und allenfalls im Code eines anderen Systems adäquat formulierbar ist. Und so sehen wir uns im Bereich der Nanotechnologie vor ähnlichen Problemen, weil im Rahmen der bildgebenden Verfahren die technisch indizierten »size-dependent-properties« von Atomen und Molekülen und die hierdurch ausgelösten Selbstorganisationsprozesse auf weitere properties nicht abschätzbar

---

50 | Vgl. Ch. Hubig, Medialität und Möglichkeit, S. 195.

sind, weil bereits die Verfahren ihrer Erfassung auf die Erfassung von »device-properties« abgestellt sind und ihre (funktionale) Rechtfertigung in den Systemen finden. Die »Pointierung der Weltstruktur« ist nicht mehr, wie es Husserl forderte, frei zu variieren, um auf diese Weise eine Einklammerung der variierenden Instanz im Modus einer »Reduktion« auf ein transzendentales Subjekt analog zur hegelschen Vernunft zu gewinnen. Die Virtualität ist wirklich geworden und nicht mehr wie auch immer zu überbieten. Eine »Bestimmtheitssignatur« auf der Basis jener systemeigenen Pointierungen wird gerade nicht mehr zur »Unbestimmtheitssignatur«, weil diese Pointierungen etwa ihren Ursprung nicht mehr kennen oder dieser Ursprung verdeckt wäre. Vielmehr wird die Rede von einem solchen Ursprung selbst sinnlos, weil das Vorausliegende und das Gezeitigte nicht mehr zu unterscheiden sind. Die hochtechnologischen Systeme weisen kein Modalgefälle mehr auf, wie es sich in den derridaschen Metaphern von einer Urschrift über die generalisierte Schrift zur Schrift bzw. von der différance zur différence darstellte, sondern sie sind in Gänze Wirklichkeit und alle uns erscheinenden Modalgefälle sind Manifestationen dieser Wirklichkeit.

»Wirkliche Virtualität«

Damit verliert die Zeitigung der Systemeffekte den Charakter von Signatur überhaupt – entsprechend hätte die Unbestimmtheit transklassischer Technik (im oben bezeichneten Sinne) keine Signatur mehr. Das »Rettende, das mit dieser Gefahr wächst« (Heidegger), findet sich jedoch noch: wenn auch nicht in Gestalt von Signaturen, so jedoch in Gestalt von Symptomen, deren Wichtigstes interne Konkurrenzen der virtuellen Realitäten (Pluralismus der Simulationen) sowie der virtuellen Wirklichkeiten (Wechselspiel von Anmutungen) sind. Anstelle der Möglichkeit, die Position einer »List der Vernunft« zu beziehen, einer Vernunft als »Trieb des Bestimmens«, der sich über seine Enttäuschungen entfaltet, sehen wir uns als Subjekte in der Position, notwendigerweise eine ungesicherte Als-ob-Position einzunehmen und allenfalls dieses »Als-ob« zu ›sichern‹. Dies hat Konsequenzen, die uns zu einem neuen Pragmatismus verurteilen: Denn eine Chancen- und Risikoabschätzung, wie sie im Bereich klassischer Technik als möglich zu unterstellen war, entfällt, weil zum einen eine Basis für entsprechende Wahrscheinlichkeitsannahmen nicht mehr gegeben ist aufgrund des Abbaus von Stereotypen und der Adaptivität von Systemen, einer nicht mehr überschaubaren Systemdynamik (Emergenz) sowie aufgrund der zunehmend nur noch in den Systemen selbst fundierten Möglichkeit des Auffälligwerdens von Ereignissen. Zum anderen wird im Zuge der »wirklichen Virtualität« die Qualifizierung von Nutzen und Schaden trügerisch, weil die Intuitionen nicht mehr in einem Verhältnis *zu* den Systemen, sondern *unter* den Präformierungen der Systeme selbst stehen. Mangels rekonstruierbarer Organisationsprinzipien, auf die unser Unterschei-

den zu beziehen wäre, müssen daher Grenzen *gesetzt* werden, und eine ›Sicherstellung‹ des Handelns wäre durch eine solche Grenzsetzung zu garantieren. Es wäre also darauf abzuzielen, dass ein weitest möglicher Erhalt eines Chancen- und Risiko*managements* gewährleistet wird, in Erwartung überraschender Effekte, die im Zuge einer Chancen- und Risiko*abschätzung* nicht mehr erfassbar sind, mit denen wir uns aber auseinandersetzen können wollen, mit denen wir umgehen können wollen. Unsere theoretischen und praktischen Weltbezüge wären somit unter die pragmatische Maxime des Charles Sanders Pierce zu stellen »zu überlegen, welche Wirkungen, die denkbarer Weise praktische Relevanz haben könnte, wir dem Gegenstand unseres Begriffs [unserer Regeln, Erklärungen, Erklärungsstrategien] in unserer Vorstellung vorschreiben. Dann ist unser Begriff dieser Wirkung das Ganze unseres Begriffs des Gegenstandes«[51].
M.a.W.: Die radikale Virtualisierung als Effekt der Kulturalisierung, die höherstufige Unbestimmtheit, die sich nicht mehr in Signaturen, sondern nur noch in Symptomen bemerkbar macht, wäre im Modus der Setzung von Grenzen aufzuhalten. Solcherlei ist motiviert im Willen nach Erhalt unserer Herausbildung von Kompetenzen qua zuordenbarer Widerstandserfahrungen, im Willen zur Ermöglichung von Weltbezügen, die sich wenigstens subjektiv noch als solche erachten und im Willen zu einer Sozialität, die auf Anerkennungsakten und nicht auf dem Verweis auf den Erhalt von Funktionsbedingungen basiert. Eine solche Haltung verabschiedet in der Tat die großen Erzählungen der Technikphilosophie in ihrer Einbettung in die allgemeine Emanzipationsgeschichte (und ist in diesem Sinne postmodern); sie ist jedoch in einem anderen Sinne ›modern‹, und zwar in demjenigen, in dessen Zusammenhang das Attribut »modern« zum ersten Mal prominent auftrat, nämlich in Verbindung mit der »devotio moderna«, einer modernen Selbstbescheidung angesichts der auftrumpfenden spätmittelalterlichen Metaphysiken, die sich in ihrer Konkurrenz und in ihrem Pluralismus zum Gegenstand der Kritik und des Spottes der Humanisten machten. Wenn sich Moderne nicht mehr als Projekt der Selbstermächtigung begreift, sondern als Projekt der Selbstbescheidung, ist eine solche Haltung durchaus – wie im ursprünglichen Sinne – modern (nicht einmal »reflexiv-modern«[52]), weil sie in ihrer radikalen Kritik selbst die Möglichkeiten einer Reflexion, sei sie nun hegelscher Modellierung oder als Dekonstruktion gefasst, in Frage stellt. An die Stelle einer metaphysisch angelegten

---

51 | Charles Sanders Peirce: Collected papers, Bristol, Dulles 1998, Bd. 5, S. 402, Bd. 8, S. 191.

52 | Ulrich Beck: »Wissen oder Nicht-Wissen? Zwei Perspektiven reflexiver Modernisierung«, in: Ulrich Beck u.a. (Hg.), Reflexive Modernisierung, Frankfurt/Main 1996, S. 289–314.

Technikphilosophie im Großen tritt dann eine Ethik der Technik im »*Wirkliche* Kleinen als »provisorische Moral«[53], sofern wir nicht im neuen Para- *Virtualität«* dies der Hochtechnologien aufgehen wollen und unsere Intelligenz an unsere Handlungsumwelt abgeben.

Zusammenfassung

Erstens: Während in verkürzter Sichtweise Technik als Inbegriff rational organisierter Handlungsmittel bzw. ihres Einsatzes erachtet wird, untersucht eine Reflexion der Technik als Medium, wie das System der Mittel den Möglichkeitsraum für die Wahl von Mitteln und Zwecken abgibt. Diese Medialität der Technik wird abduktiv erschlossen über die ›Spuren‹, die der Mitteleinsatz bei der Realisierung von Zwecken hinterlässt: über deren Eigenschaften jenseits der ursprünglich konzeptualisierten, insbesondere bei abweichender oder misslungener Zweckrealisierung.

Zweitens: Der Prozess der Kulturalisierung des Menschen basiert auf der Ausdifferenzierung des Systems/Raums technischer Mittel. Mit steigender Realisierbarkeit von Zwecken mindert sich die Disponibilität jeweils vorausliegender einzelner Elemente der immer komplexer werdenden Mittelverkettungen für die handlungsausführenden Individuen, sowohl was die Vorstellung jener Mittel als Gegenstand als auch ihre Verfasstheit als Objekt eines verändernden Zugriffs betrifft. Wirkungen werden genutzt, ohne dass die wirkenden Instanzen selbst explizite Komponenten des jeweiligen Handlungsschemas sind, sondern bloß noch als diese ermöglichend hypostasiert werden. Solcherlei meint »Virtualität«.

Drittens: Unter Bezug auf die Begriffstradition, die unter »Realität« alles begreift, was der Fall ist, und unter »Wirklichkeit« die Gesamtheit von Wirkungszusammenhängen, bezeichnen wir als »virtuelle Realität« Inhalte von Vorstellungsbereichen, die über komplexe technische Mittelverkettungen produziert werden (Simulationen) sowie als »virtuelle Wirklichkeiten« die solchermaßen produzierten Wirkungen. Solange über die Wahrnehmung von Spuren der Medialität ein Abgleich der Rahmenkonzepte des Handelns (›Vernünftigkeit‹) und der ›Wirklichkeit‹ qua Erfahrung von Widerständigkeit stattfindet, kann das Handlungssubjekt sich seiner selbst vergewissern (»vermittelte Unmittelbarkeit«). Soweit jedoch im Zuge der Kulturalisierung als zunehmender Virtualisierung die neuen technischen Systeme die Welt nicht mehr (regulativ) überformen mit der Chance des Scheiterns, sondern Handlungswelten selbst konstituie-

---

53 | Vgl. hierzu weiterführend: Christoph Hubig: »Ethik der Technik als provisorische Moral«, in: Jahrbuch für Wissenschaft und Ethik 6 (2001), S. 179–201.

Christoph Hubig ren und adaptiv fortschreiben, verlieren als abweichend empfundene Resultate den Charakter als »Spuren von ...«: Die Zuordnung ihrer Eigenschaften zum Wirken der Systeme, der Subjekte oder ihren Interaktionspartnern wird verunmöglicht, mithin eine Reflexion von Medialität. Virtuelle Wirklichkeit wird zu wirklicher Virtualität – die ›smarte Welt‹ kommunizierender ›quasi-autonomer‹ Dinge ist Wirklichkeit und nichts anderes. Diese (subjektive) Unbestimmtheitssignatur der Technik ist affirmativ, »autokatalytisch«.

Viertens: Barg die Tradition die Gefahr, Handeln, Denken und Welt technomorph unter der Idee der Herstellung durch eigens verfertigte Mittel zu denken und eine Reflexion auf deren Möglichkeit und ihre Bedingungen jenseits derartiger Rationalität nur als »Alsob-Konstruktion« zuzulassen, finden wir uns jetzt zunehmend in der Situation, sowohl jenem Rationalitätsideal als auch seiner ex-negativo-Reflexion die Basis zu entziehen. Die Unbestimmtheitssignatur universeller Technik wird zur Unbestimmtheitssignatur universeller technisierter Welt. Diese hätte dann keinen Ort mehr für eine »List der Vernunft«, sondern zwingt uns in den Pragmatismus einer provisorischen Moral.

Technik und Phantasma
Das Begehren des Mediums
Marc Ziegler

Zeitgenössische philosophische Technikanalysen unterschiedlicher Ausrichtung verweisen gemeinsam auf einen Umstand, der sich als das *Entzogensein von Handlungsursachen* beschreiben lässt. Christoph Hubig deutet das Virtuellwerden der Technik und den Übergang von einem klassischen zum transklassischen Technikverständnis als das Verlustiggehen nachvollziehbarer Handlungsspuren in technikbasierten Handlungskontexten. Andreas Hetzel nimmt das Auseinandergehen von Handlungsvollzügen und traditionellen Handlungskonzepten zum Ausgangspunkt seiner Überlegungen zu einem Denken von Technik als Dispositiv. Und Klaus Günther analysiert die Schwierigkeiten, (juridische) Verantwortung in Netzwerken zu verorten, um somit bestimmten sozialen Akteuren Verantwortung zuzuschreiben.[1]

Wie lässt sich ein zeitgenössischer Begriff von Wirklichkeit denken, der dieses Entzogensein der Handlungsursachen zu seiner Voraussetzung nimmt? Ich möchte im Hinblick auf die Kategorien Technik, Gesellschaft und Subjektivität dieser Frage nachgehen.

In einem ersten Schritt sollen zunächst begründungstheoretische Fragen aufgeworfen werden, die das Verhältnis von Technik und Gesellschaft betreffen. Es geht mir hier darum, Plausibilitätsbegründungen für ein auf *Nichtverortbarkeit, Nichtfeststellbarkeit und Unbestimmbarkeit* basierendes Verhältnis von Technik und Gesellschaft zu entwickeln. In einem zweiten Schritt möchte ich idealtypische Bestimmungsmerkmale des Mediumsbegriffs vorstellen. Ich lege das Medium im Sinne eines reflexionstheoretisch aufgefassten *verschwindenden Vermittlers* aus, dessen ontologischer Status im Vagen bleibt. Dies stellt die Grundlage für eine Reformulierung des Ver-

---

1 | Ich beziehe mich hierbei auf die Beiträge von Christoph Hubig, Andreas Hetzel und Klaus Günther in diesem Band.

hältnisses von Technik und Gesellschaft im Konzept einer ontologisch prekären Medialität des Mediums bereit. Daran schließt sich in einem dritten Schritt eine an Lacans Psychoanalyse angelehnte Lesart des Phantasmabegriffs an. Von da aus lässt sich der phantasmatische Kern der Technik fokussieren. Dabei rückt der Vermittlungsaspekt des Mediums erneut in das Zentrum der Auseinandersetzung. Abschließend frage ich nach der intersubjektiven Ebene der Subjektivität und dem Begehren. Das Begehren ist in sich gespalten und korreliert mit den Produktionsformen des zeitgenössischen Kapitalismus.

Nichtfeststellbarkeit von Technik und Gesellschaft

Meine erste (paradoxe) These lautet, dass es genauso gut möglich ist, von Technik und Gesellschaft als zwei voneinander unterscheidbaren Größen zu sprechen – wiewohl es ebenso unmöglich ist, Technik und Gesellschaft als zwei von einander unabhängige Größen begreifen zu können.

Die Argumente, die für eine Unterscheidbarkeit von Technik und Gesellschaft sprechen sind:

1. Die Gewohnheit: Wir sind es gewohnt, Gesellschaft und Technik als voneinander unterschieden aufzufassen. Wenn einmal ein elektrisches Gerät nicht funktioniert, dann machen wir im Regelfall nicht die Gesellschaft, sondern die Technik dafür verantwortlich.
2. Es gibt eine normative, nicht letztbegründbare Ablehnung, gesellschaftliches Handeln als technisches Handeln verstehen zu wollen. In einer Hermeneutik des Alltags, in den alltäglichen Selbstverständigungspraktiken der Menschen, gibt es einen Abschottungsmechanismus, der erfolgreich die technische Ebene gesellschaftlicher Selbstvermittlung ausblendet und sich ihr gegenüber behauptet.
3. Für gewöhnlich wird die Technikvermitteltheit des Handelns nicht als solche wahrgenommen. Wo Technik funktioniert, spielt sie im Lebensvollzug der Menschen eine nur sehr untergeordnete Rolle. Der Mensch reagiert jedoch mit Angst und Schrecken auf gewisse sozial implementierte Techniksysteme: Waren es im Zeitalter der Industrialisierung die großen Maschinen, die zu einer Entfremdung des Arbeiters von seiner Arbeit und dem Arbeitsprodukt geführt haben, so wurde dieses Ablehnungsparadigma bis in die 60er Jahre hinein facettenreich weitergeführt, um dann durch die zumeist angstbesetzten Reaktionen auf die Atomtechnologie abgelöst zu werden.

Die Umgangsweisen mit Technik sind aber auch durch eine Hybris *Technik und* gekennzeichnet. Sie besteht in dem Glauben, mit Hilfe der Technik *Phantasma* Omnipotenzvorstellungen Wirklichkeit werden zu lassen. Aus dieser *Das Begehren* Perspektive erscheinen die Maschinen der Industrialisierung als rie- *des Mediums* sige Emanzipationsquellen im Kampf gegen eine widerspenstige Natur. Und die Atomspaltung entfesseltet nicht nur grenzenlose Mengen an frei werdender Energie, sondern auch die Machbarkeits- und Zerstörungsphantasien der Menschen.

Der alltägliche, wie auch der durch extreme Erwartungen oder Ängste geprägte Bezug zur Technik bleibt allerdings ein Bezug, der ein außertechnisches Verhalten ermöglicht oder zu seiner Voraussetzung hat. Denn – darauf hat Heidegger[2] hingewiesen – weder die Gleichgültigkeit, die Furcht oder die Lust an der Technik sind selbst technischer Herkunft. Ebenso wenig der soziale Umgang, der durch diese Affekte mit ausgelöst wird: Der Umgang mit Technik ist nichttechnisch, er ist eine Sache von Marketing, politischer Strategie, wirtschaftlicher Kalkulation, annehmendem oder ablehnendem Konsumverhalten usw.[3]

Ein vierter Grund, der dafür spricht, Technik und Gesellschaft als voneinander unterscheidbare Größen zu verhandeln, kommt aus einer nahezu entgegengesetzten Richtung: In Rückgriff auf William F. Ogburn lässt sich im Prozess der sozialen Implementierung neuer Technologien das Phänomen des »cultural lag« beobachten: das Hinterherhinken der Gesellschaft hinter technischen Erfindungen.[4] Es braucht eine gewisse Zeit, bis sich bestimmte Technologien als sozial verträglich erweisen oder bis sich eine Gesellschaft auf eine Technologie als Teil ihres alltäglichen Umgangs eingerichtet hat. Ob man die These vom »cultural lag« nun eher technikdeterministisch oder als wechselseitige Beeinflussung von Technik und Gesellschaft verstehen möchte, sie verweist auf ein nichtsoziales Moment an der Technik, das es erlaubt, von Technik und Sozialem als zwei voneinander unterschiedenen Größen zu sprechen.

Diesen Argumenten stehen Überlegungen gegenüber, die ein Verschmelzen, ein Ineinandergreifen oder auch ein in sich Vermitteltsein von Technik und Gesellschaft nahe legen.

Erstens: Die philosophische Anthropologie um Arnold Gehlen und Helmuth Plessner hat mit der These gebrochen, es gäbe einen vorkulturellen, nicht-technisch vermittelten Urzustand des Men-

---

2 | Vgl. Martin Heidegger: Die Technik und die Kehre, Pfullingen 1963.
3 | Cornelius Castoriadis spricht diesbezüglich von »nicht-eindeutigen Beziehungen« zwischen Technik und Gesellschaft. Vgl. Cornelius Castoriadis: »Technik«, in: Durchs Labyrinth. Seele, Vernunft, Gesellschaft, Frankfurt/Main 1983, S. 195–219.
4 | Vgl. William Fielding Ogburn: Kultur und sozialer Wandel, Neuwied 1969.

schen Menschsein und ein technisches Selbst- und Weltverhältnis sind danach sozusagen »gleichursprünglich«. Menschliche Subjektivität bzw. Intersubjektivität trägt von allem Anfang an eine technische Markierung in sich. Helmuth Plessner spricht diesbezüglich von einer »natürlichen Künstlichkeit«[5], und bei Arnold Gehlen heißt es: »Es gibt keine Wildform des Menschen.«[6]

Zweitens: Die Aufgabe einer der Zivilisation vorgelagerten Natürlichkeit als normativem Fluchtpunkt von Gesellschaftskritik eröffnet einen anderen Blick auf die Entfremdungsthese; also auf das Argument, dass sich die unterschiedlich starken zivilisatorischen Leiden des Menschen zurückführen lassen auf Formen eines von sich selbst entfremdeten Lebens. Die These von der Entfremdung des menschlichen Lebens durch Technik lässt sich *entweder* nicht halten *oder* radikalisiert sich: Denn die Entfremdungsthese braucht, um sich stabilisieren und rechtfertigen zu können, immer auch einen normativen Gegenpol des Nichtentfremdetseins. Wenn nun aber der Riss zwischen Natur und Kultur, Natur und Technik, keiner ist, der sich durch eine spezifische Übermacht des Kulturellen oder Technischen historisch erst ausdifferenziert, sondern durch die menschliche Subjektivität selbst verläuft, zielt die Entfremdungsthese gleichsam ins Leere. Sie rekurriert dann auf ein Verhältnis des Menschen zur Natur, das der Mensch als ein in sich paradox strukturiertes natürlichkünstliches Wesen nie eingenommen hat, und das er besser auch nie versucht, einzunehmen. Der rousseauistische Ruf »Zurück zur Natur« droht damit, wie verschiedentlich festgehalten, in Barbarei umzuschlagen. – Die Entfremdungsthese läuft einerseits also ins Leere, andererseits lässt sie sich auch ins Extrem steigern: Der Mensch lebt immer schon in spezifischen Formen der Entfremdung. Es gibt demnach keinen nichtentfremdeten Zustand des Menschen.[7] Auf jeder Stufe seiner kulturellen und zivilisatorischen Entwicklung artikuliert sich die Entfremdung neu, und der Mensch muss immer wieder neue Wege suchen, die Aufgabe dieser Entfremdung gut zu meistern. Es ließe sich daher ein praktisch normativer Gedanke aus der Radikalisierung der Entfremdungsthese entwickeln. Es ginge dann nicht darum, die Entfremdung abstreifen zu wollen, sondern den Umgang mit Entfremdung zu positivieren und zum Ausgang einer Theorie des guten Lebens zu nehmen.[8]

---

5 | Vgl. Helmuth Plessner: Die Stufen des Organischen und der Mensch, Berlin 1965, S. 309–321.

6 | Vgl. Arnold Gehlen: Anthropologische und sozialpsychologische Untersuchungen, Reinbek bei Hamburg 1983, S. 58.

7 | Vgl. hierzu bspw. Jean-François Lyotard: Ökonomie des Wunsches, Bremen 1984.

8 | Vgl. dazu Gerhard Gamm: Nicht nichts. Studien zu einer Semantik des

Ein drittes Argument, das für die These eines unlösbaren, wechselseitigen Durchdringungsverhältnisses von Technik und Gesellschaft spricht, liefern die Arbeiten von Bruno Latour. Latour macht den Begriff der technischen Vermittlung stark.[9] Er führt überzeugend aus, dass eine Technik- oder Wissenschaftssoziologie unterkomplex verbleibt, die versucht, auf einer begründungstheoretischen Ebene die Trennung zwischen menschlichem Subjekt und technischem Artefakt aufrecht zu erhalten, selbst wenn dabei nach der Handlungsfähigkeit von Maschinen gefragt wird. Latour argumentiert, dass erst in der Verbindung von menschlichem Handeln und technischem Artefakt wirklich neue Handlungsoptionen eröffnet werden. Handlungsoptionen, die weder alleine dem Menschen, noch dem Artefakt zuzusprechen sind. In der Verschmelzung von Mensch und Technik entstehen neue Aktanten, die sich ihrerseits mit anderen Aktanten verbinden können und damit sozio-technische Hybridisierungsformen und Aktantennetzwerke bilden, die sich einer abschließenden Klassifikation entziehen und innersystemische Schließungen unterlaufen. Um das zu illustrieren: Einem Menschen mit einer Pistole eröffnen sich völlig neue Handlungsoptionen, die weder einem Menschen ohne Pistole, noch einer Pistole ohne Menschen gegeben sind. Erst dem Mensch-Pistole-Aktanten eröffnet sich ein erweiterter Möglichkeitshorizont. Mit seinem Auftreten ruft er eine ganze Reihe an weiteren Aktanten und Interaktionen auf den Plan: Bewaffnete Polizisten und Militärs, Waffenproduzenten und Waffenverkäufer, die damit verbundene Praxis des legalen und illegalen Waffenkaufs, soziale Institutionen wie die Rechtsprechung, Bürgerrechtsbewegungen, Versicherungen und Versicherungsschwindler u.ä.m. Sie alle sorgen dafür, dass unser Pistole-Mensch-Aktant nicht im luftleeren Raum, sondern im Rahmen eines um- und ausgreifenden sozio-technischen Netzwerkes seine Handlungsoptionen zum Einsatz bringen kann. Mit anderen Worten: Ein Aktant ist immer schon eingebunden in eine Kette kontingenter und reflexiver Handlungen, Praktiken, Institutionen und weiterer Aktantenbildungen, ohne dabei als einzige determinierende Kraft die Konsequenzen seines Handelns vollständig überblicken zu können.

Nachdem ich nun einige Argumente genannt habe, die einerseits für eine getrennte Betrachtungsweise von Technik und Gesellschaft, andererseits gegen ihre Trennbarkeit sprechen, möchte ich nun weniger die einen Argumente gegen die anderen ausspielen, als viel-

---

Unbestimmten, Frankfurt/Main 2000. Vgl. hierbei v.a. die Studien über *die normative Kraft des Unbestimmten*.

9 | Vgl. Bruno Latour: »Über technische Vermittlung. Philosophie, Soziologie, Genealogie«, in: Werner Rammert (Hg.), Technik und Sozialtheorie, Frankfurt/Main, New York 1998, S. 29–81.

Marc mehr dafür votieren, beide Perspektiven produktiv aufeinander zu
Ziegler beziehen. Die Frage nach der Trennbarkeit oder Nichttrennbarkeit
von Technik und Gesellschaft zeigt sich dann unterkomplex gestellt.
Eine Entweder-oder-Entscheidung grenzt zwangsläufig Aspekte aus,
die zu einem guten Verständnis von Technik und Gesellschaft beitragen können. Im Unterschied dazu plädiere ich dafür, das Verhältnis
von Technik und Gesellschaft in einem framing von Unverortbarkeit,
Nichtfeststellbarkeit und Unbestimmtheit zu reformulieren. Unbestimmtheit soll hier nicht im Sinne einer einfachen Unterbestimmtheit des Verhältnisses verstanden werden, sondern im Gegenteil, im
Sinne einer vielfach in sich gebrochenen, also reflexiven Überdeterminiertheit.

Medium, Medialität und Vermittlung

Wie nun lässt sich dies Verhältnis von Technik und Gesellschaft begründungstheoretisch genauer denken?

Zur Beantwortung dieser Frage werde ich im Folgenden einige
idealtypische Eigenschaften, die dem Mediumsbegriff zugeschrieben
werden, ausführen.

Einem gängigen Mediumsverständnis nach wird das Medium als
eine zumeist technische Größe begriffen, als ein Instrument der Informations-, Daten- oder Kommunikationsverarbeitung. Der Mensch
bedient sich der Medien und nutzt sie als Erfüllungsmittel für seine
Zwecke. Das Telefon nutzt er, um räumliche Distanzen in der Kommunikation von Mensch zu Mensch zu überwinden, das esoterische
Medium dient ihm zur Kontaktaufnahme mit der jenseitigen Welt
und mit dem Fernsehen holt er sich an Diesseitigkeit ins Haus, was
ihm beliebt. Gleiches ließe sich über das Internet sagen, und sicherlich könnte diese Reihe mit nur wenig Anstrengung recht lange weitergeführt werden. Ein solcher Mediumsbegriff arbeitet mit einem
der Aufklärung entlehnten und auf das einzelne Individuum kaprizierten Subjektbegriff. Ihm wird zugetraut, in Transparenz des eigenen Wollens souverän mit der ihn umgebenden dinglich verfassten
Umwelt zu agieren. Das Medium ist im Rahmen eines solchen Verständnisses ein dem Handeln der Subjekte Zuhandenes unter anderen. Der Instrumentalitätscharakter dominiert den Blick; und die
Herrschaft des Menschen wird durch die Medialität des Mediums
nicht berührt, sondern das Medium erfüllt die Funktionen, die ihm
vom Menschen zugesprochen werden.

Diese noch sehr unterkomplexe Sichtweise auf das Medium erhält eine erste interne Differenzierung, indem auf die Medialität des
Mediums reflektiert wird. Das Medium wird darin seiner puren Passivität enthoben. Es wird aufgefasst als eine in den medialen Prozess

aktiv eingreifende Kraft oder Macht. Das Medium transportiert demnach nicht nur Inhalte und verbleibt diesen selbst äußerlich, sondern wirkt formend auf diese ein: So reduziert das Telefon die Kommunikation auf den elektrischen Transport menschlicher Stimmen, das Fernsehen führt Bilder und Töne in einer Weise zusammen, die es in der außermedialen Welt so nicht gibt, etc. Das Medium verliert in dieser Reflexion seine soziale Unschuld, es wird anrüchig, und in der Tat hat die Gesellschaftskritik sich lange an der manipulierenden Kraft des Mediums abgearbeitet. Auf dieser Ebene wird der reine Objektstatus des Mediums suspekt. Das, was ein technisches Gerät, bzw. der systemische Zusammenschluss verschiedener Apparattypen zu leisten vermag, wird mit Blick auf das Medium um noch unbekannte neue Horizonte erweitert. Insofern entzieht sich das Medium der Verfügungsgewalt des Menschen. Er begreift es zwar nicht als eine Maschine, an die er als Arbeitskraft nur angeschlossen ist, erfährt sich aber, wenn auch zeitlich später als zur Industrialisierung, gegenüber der Transfigurationsleistung des Mediums als ein zunehmend entmachtetes Subjekt. Zu dieser Entmachtung gehört die Emanzipation der Medienereignisse. Sie etablieren eine – wie Baudrillard es nennt – »Rede ohne Gegenrede«[10] und inszenieren einen »Aufstand der Zeichen«, der letzten Endes zum Verstummen des Subjekts, zu dessen Verschwinden im Text und zum »Tod des Autors«[11] führt. Die Reflexion auf die Medialität des Mediums wirkt damit zurück auf das soziale Verhältnis von Mensch und Medium. Was zunächst so aussah, als wenn es sich nur im Innern des Mediums abspiele, hat nun mit der Wirkungskraft der Medialität des Mediums immer schon die Grenzen des Mediums auf seine Anwender hin überschritten. Es ist nicht mehr das über ein Instrument verfügende autonome Subjekt, sondern dieses sieht sich durch das Medium herausgefordert und beginnt, sich als dessen Interaktionspartner neu zu definieren. Indem das Subjekt nicht mehr instrumentell handelnd über die Medien verfügt, sondern mit ihnen in Interaktion tritt, nimmt das interaktionistische Subjekt Abschied von einer dogmatisch gewordenen Kritik, die in einer Anklage- und Ablehnungsgeste gegenüber der Anonymität der Technik erstarrt ist.[12]

Technik und Phantasma
Das Begehren des Mediums

---

10 | Jean Baudrillard: »Requiem für die Medien«, in: Kool Killer oder der Aufstand der Zeichen, Berlin 1978, S. 83–118.
11 | Vgl. Roland Barthes: »La Mort de l´Auteur«, in: Essais Critiques, Bd. IV, Paris 1984, S. 61–67. Auf deutsch übersetzt in: Fotis Jannidis (Hg.), Texte zur Theorie der Autorschaft, Stuttgart 2000, S. 185–193. Vgl. ebenso Michel Foucault: »Was ist ein Autor?«, in: Schriften zur Literatur, Frankfurt/Main 2003.
12 | Zur techniksoziologischen Interaktionsdebatte vgl. Werner Rammert (Hg.): Können Maschinen handeln? Soziologische Beiträge zum Verhältnis von Mensch und Technik, Frankfurt/Main, New York 2002.

Marc   Zur gleichen Zeit vervielfältigen sich die Medien und verankern
Ziegler sich zusehends in den Selbstverständigungsstrukturen der Gesellschaften, und dies über die Grenzen der westlichen Welt hinaus. Neben und hinter jeder Kritik haben sich die Medien als historische Apriori der Gesellschaft einen Status der Unhintergehbarkeit geschaffen. Mit dieser gewordenen Apriorizität mediumsgebundener gesellschaftlicher Selbstverständigung hat sich zugleich ein Wandel in dem Medium als Ganzem vollzogen. Es geht nicht mehr nur um eine Veränderung durch die Medialität des Mediums, sondern es handelt sich nun um das Medialwerden eines ganzen Horizonts der sowohl individuellen als auch gesellschaftlichen Selbst- und Weltbezüge. Die von der Systemtheorie stets beschworene Anschlussfähigkeit wird in einem Medium, das nunmehr wesentlich gesellschaftliche Vermittlungsstruktur ist, in jedem Moment der pulsierenden gesellschaftlichen Interaktion aufs Neue verwirklicht.[13]

Dieser Begriff des Mediums entzieht sich einer Klassifikation von an sich unterschiedenen Medientypen. Die von einander differenten Medien sind, indem sie sich historisch verwirklichen, in dem neuen Begriff des Mediums mit aufgegangen. Es geht hier nicht mehr um Telefon, Fernsehen, Internet als einander distinkte Medien, sondern es geht darum zu verstehen, was es heißt, dass sie im Prozess gesellschaftlicher Entwicklung nicht mehr wegzudenken sind. Mit anderen Worten: Es geht um ihre Naturalisierung. Das Medium wird durch den alltäglichen Umgang, durch die zahllosen Interaktionen, nicht mehr als Medium wahrgenommen. Es umfasst somit nicht mehr nur die Interaktion mit den einzelnen Massenmedien, sondern erstreckt sich auf die Gesamtheit aller sozialer Interaktion, die mit und durch Technik stattfindet. Es bildet eine neue Form von Allgemeinheit aus, deren Wirklichkeit sich in den unterschiedlichen Durchdringungsgestalten von Gesellschaft und Technik dynamisch artikuliert findet. Diese Allgemeinheit ist ohne eine Zentralität, ohne eine Mitte, oder um mit Nietzsche paradox zu sprechen: »Die Mitte ist überall«[14]. Eine solche Mitte ohne Mitte ist aus einer begriffslogischen Perspektive das Charakteristikum einer in sich gebrochenen Totalität. Die in potentiell unendlich viele dezentralisierte Knotenpunkte zerfallende Mitte ist nichts anderes als der Prozess dieses Zerfallens selbst. Insofern ist das Medium, das ich hier zu bestimmen versuche, reine Tä-

---

13 | Die hierbei zentralen Leitkonzepte der Gesellschaftsanalyse bestimmen sich über die Begriffe Netzwerk, Globalisierung, Informationalisierung und Flexibilisierung. Vgl. exemplarisch dazu Manuel Castells: Das Informationszeitalter, Bd. 1, Der Aufstieg der Netzwerkgesellschaft, Opladen 2003.

14 | Friedrich Nietzsche: »Also sprach Zarathustra«, in: Giorgio Colli/Mazzino Montinari (Hg.), Friedrich Nietzsche – KSA, Bd. 4, München, Berlin, New York 1988, S. 273.

tigkeit oder auch reine Performativität. Aber keine Tätigkeit im Sinne einer mit Teleologie durchdrungenen Handlung. Es steckt kein Gott und kein souveränes Handlungssubjekt in dem Medium. Ebenso lässt sich kein eindeutiger Index des Guten, kein archimedischer Punkt normativer Richtigkeit an ihm ausmachen. Das Medium ist vielmehr durchdrungen von dem, was in Anschluss an Lukács »transzendentale Obdachlosigkeit«[15] genannt werden kann. Das Medium trägt die historische Erfahrung der Barbarei des 20. Jahrhunderts in sich. Es transportiert aber auch die gesamte phantasmatische Bilderwelt einer Erlösung des Menschen von sich selbst durch Technik. – Das Medium stellt eine absolute Monstrosität dar; es spinnt das Netz der Wirklichkeit in einer unablässigen Produktion der Differenzen, ohne selbst als eine Positivität darin zu erscheinen. Die Immanenz, die es erzeugt, ist eine, die sich nicht in sich selbst beruhigt, sondern die in jeder ihrer Fasern dazu bereit ist, über sich hinauszuschießen, zu expandieren und das Dasein auf ein experimentell und bisher noch nicht erprobtes Neues hin zu öffnen und zu erweitern. – Das Medium transportiert einerseits keine ihm fremden Inhalte, es ist nicht ein Transportmedium für anderes, sondern es kommuniziert im Wesentlichen seine eigene Kontingenz. Andererseits tritt das Medium nirgendwo als Medium phänomenal in Erscheinung. Das Medium ist daher nie es selbst. An keinem Ort können wir dem Medium begegnen oder es im Bereich der empirisch erfahrbaren Wirklichkeit dingfest machen. Es lässt keine Kartographie seiner selbst zu, und in diesem Sinne gesprochen ist das Medium nur, indem es nicht ist.

Ein Medium, das ist, indem es nicht ist. Darauf läuft diese Bestimmungsbeschreibung hinaus. Um es kurz zu machen: Meine zweite These lautet, dass die begründungstheoretischen Fragen nach dem Verhältnis von Technik und Gesellschaft in die Explikation eines Mediumsbegriffes münden, dessen ontologischer Status prekär bleibt. Ein Mediumsbegriff, der in gewisser Weise nichts anderes als die eigene Selbstauflösung im Akt der Selbstsetzung betreibt. Ein so verstandener Mediumsbegriff fasst Technik und Gesellschaft nichtdeterministisch in sich, ohne sich als eine eigene, dinghafte Entität, als ein bleibendes Drittes zu setzen. Mit anderen Worten: Das Medium fungiert als ein verschwindender Vermittler, es ist »nicht nichts« (Gerhard Gamm). Diesen Mediumsbegriff möchte ich in erster Linie als einen Reflexionsbegriff und nicht als einen Begriff der empirischen Anschauung betrachten. Seine Aufgabe besteht darin, einen Beitrag zur Begründungstheorie zu leisten und die Voraussetzungslogik der Technisierung der Gesellschaft bzw. der Vergesellschaftung der Technik aufzuhellen.

Technik und Phantasma Das Begehren des Mediums

---

15 | Georg Lukács: Die Theorie des Romans. Ein geschichtsphilosophischer Versuch über die Formen der großen Epik, Neuwied und Berlin 1971, S. 32.

Marc Ziegler **Die Produktivität der Phantasmen**

Ich komme jetzt zum dritten Punkt und damit zum Begriff des Phantasmas. Es konkurrieren mindestens drei unterschiedliche Phantasma-Begriffe miteinander:

1. Unter Phantasmen lassen sich handlungsstrukturierende Ansichten verstehen. Das Phantasma fungiert dann als eine Ideologie, als ein Ensemble an »Belief-Strukturen«[16], das sich zwar ausdrücken lässt, von dem sich zu lösen aber nicht leicht fällt. Beispiele hierfür wären: Überzeugungen aller Art, aber auch Lebensstile. Man könnte dann etwa von dem Phantasma der Jugendlichkeit sprechen, das darüber entscheidet, ob eine bestimmte Personengruppe Zugang zum Arbeitsmarkt erhält oder nicht.
2. Der Phantasma-Begriff benennt darüber hinaus eine Wirklichkeit, in der zwischen illusionären und nicht-illusionären Zuständen nicht mehr unterschieden werden kann. So wird im Kino eine Wirklichkeit geschaffen, die auf der abgestimmten Tätigkeit mehrerer illusionsstiftender Apparate beruht. Aber man wird dem Phänomen Kino nicht gerecht, wenn man es auf die Techniken von Filmrolle, Filmprojektor und Leinwand reduziert. Analog dazu ist ein Buch mehr als die mit Buchstaben gefüllten Seiten. Dazu kommen noch die gesamten Diskurse, die über Filme und über Bücher geführt werden: Welchen Wirklichkeitsstatus haben sie? Die Vermischung von illusionären und nichtillusionären Praktiken stellen hier kein epistemologisches Problem dar; sie werden in der Regel auch nicht als moralisch verderblich aufgefasst. In ihnen findet man eher gewisse Bedingungsmöglichkeiten für kulturelle Selbstverständigungspraktiken. Man könnte auch sagen, dass ein so verstandener Phantasma-Begriff die irreduzible und produktive Rolle der Einbildungskraft betont. Die technikrelevanten Bereiche, die heute diesbezüglich am meisten erforscht und diskutiert werden, sind die Virtuelle Realität und der Cyberspace.
3. Ein dritter Phantasma-Begriff findet sich in dem Umkreis der Psychoanalyse nach Lacan. Hier wird er auf einer subjektkonstituierenden Ebene angesetzt. Da ich diesen Phantasma-Begriff am brauchbarsten finde, möchte ich ihn hier ein wenig näher erläutern.

Die Psychoanalyse hat, beginnend mit Freud, eine ganze Reihe von Subjektbegriffen entworfen. Sie stimmen bei aller Divergenz darin

---

16 | Vgl. Gernot Böhme: Weltweisheit, Lebensform, Wissenschaft. Eine Einführung in die Philosophie, Frankfurt/Main 1994. Hier S. 40.

überein, dass das menschliche Subjekt nicht als ein Ganzes, Abgeschlossenes, harmonisch mit sich selbst lebendes zu denken ist. Freud hat mit Blick auf die Kraft des Unbewussten dem Subjekt nicht nur die Herrschaft über sich selbst abgesprochen, sondern forthin den Bereich der menschlichen Psyche stets neu in antagonistischen und der Kriegssprache entlehnten Metaphern geschildert (»psychische Besetzung«, »Fluchtversuch der Liebesregung«, »Gegenbesetzung«, »Ausdehnung der Herrschaft des Unbewussten«, »Abwehrmechanismus«, »Einbruchspforte der verdrängten Triebregung«)[17]. Wie auch immer Freud die Kampfzonen des Selbst reformuliert, es bleibt die Einsicht bestehen, dass sich das Subjekt der Psychoanalyse, wenn überhaupt, dann als ein in sich zerrissenes bestimmen lässt.

Lacan nimmt die Zerrissenheit des Subjekts von Freud auf, re-definiert es allerdings vor dem Hintergrund der strukturalistischen Sprachphilosophie de Saussures[18] und Roman Jakobsons[19]. Lacan bestimmt dabei das Subjekt als das, was einerseits dem entsubjektivierenden, entindividualisierenden System der Sprache unterworfen ist, andererseits denkt er das Subjekt als quer zur Sprache stehend. Es kommt zu einer Verdopplung des Subjekts, zu einem Subjekt der Aussage und zu einem ausgesagten Subjekt. Diese Verdopplung lebt von einer negativen Dialektik, die darin besteht, dass sich das Subjekt einer Aussage nie vollständig in dem ausgesagten Subjekt wiederfindet. Um dies zu verdeutlichen: Bei allen Versuchen, etwas Verbindliches über uns auszusagen, machen wir die Erfahrung, dass wir uns nur schwer mit den Aussagen identifizieren können, die wir über uns machen. Entweder sagen wir zu viel oder zu wenig. Selbst da, wo wir glauben, den uns wichtigen Punkt getroffen zu haben, stellen wir fest, dass dieser Punkt in den Interpretationen anderer plötzlich eine Wendung erfährt, die uns die Sicherheit nimmt, die wir bisher zu haben glaubten. Wir sehen uns daraufhin erneut dazu aufgefordert, Rechenschaft über uns selbst abzugeben. Insofern verfügen wir nie über die Sprache, sondern es ist in einer gewissen Weise die Sprache, die über uns verfügt. Denn jede Aussage, die ein Subjekt über sich trifft, ist eine Objektivierung des Subjekts, in der es nicht nur aufgeht, sondern der gegenüber es sich unvordenklich entzieht. Es bleibt Subjekt durch alle sprachlichen Objektivierungen hindurch, die es aus sich entlässt. Das Subjekt wird sich zu keinem Zeitpunkt

Technik und Phantasma Das Begehren des Mediums

---

17 | Sigmund Freud: »Das Unbewußte«, in: Studienausgabe, Bd. 3, Psychologie des Unbewußten, Frankfurt/Main 2000, S. 119–173.
18 | Vgl. Ferdinand de Saussure: Grundfragen der allgemeinen Sprachwissenschaft, Berlin, New York 2001.
19 | Hierbei v.a. Jakobsons Begriff der Verschiebung (»shifter«). Vgl. Roman Jakobson: »Shifters, Verbal Categories, and the Russian Verb«, in: Selected Writings II, Word and Language, Paris 1971, S. 239–259.

Marc völlig in Sprache auflösen. Es verbleibt – mit Schelling gesprochen –
Ziegler ein nie aufgehender subjektiver Rest, der zwar nach Versprachlichung bzw. Symbolisierung drängt, der sich paradoxer Weise aber der Versprachlichung entzieht, in der Sprache nicht aufgeht und an der Sprache scheitert. Etwas verkürzt ließe sich sagen, dass Lacan an diesem heiklen Punkt das Unbewusste ansetzt.

Die Funktion des Phantasmas geht aus dieser Gespaltenheit des Subjekts hervor. Seine Aufgabe besteht darin, diese Gespaltenheit zu überdecken, den Schein eines Ganzen zu erzeugen. In einem nichtpathologischen Sinn haben wir mit dieser Ganzheit wenig Probleme. Die phantasmatische Suggestion einer Vollständigkeit unseres Selbst ist beinahe die Voraussetzung dafür, dass wir im Alltag dazu befähigt sind, Ich zu sagen. Das Phantasma lässt uns regelmäßig vergessen, dass wir uns gegenüber der Sprache, auf die wir angewiesen sind, in einer permanenten Mangelsituation befinden. Ich möchte hier den ganz grundlegenden imaginativen Charakter des Phantasmas betonen, der weit über das Bündel an Belief-Strukturen hinausreicht und die Einbildungskraft des Menschen der labilen Konstruktion des Subjekts nicht nur aufsetzt, sondern diese mit der Subjektivität selbst verschmilzt. Der Blick auf uns selbst und die uns umgebende Welt ist somit nie nur ein rein faktischer. Der phantasmatische Überschuss hat sich vor jeder bewussten Wahrnehmung immer schon in unsere Selbst- und Weltverhältnisse eingewoben. Wie stark das Phantasma in der Subjektivität des Menschen wurzelt, lässt sich erfahren, indem man den therapeutischen Versuch unternimmt, dieses Phantasma in der eigenen Subjektivität zu durchkreuzen. Dies stellt einen meist mit starkem Leiden verbundenen, zeitaufwendigen Prozess dar, dessen Ausgang im Ungewissen liegt und bei dem die Gefahr gegeben ist, dass der Versuch aufs Heftigste misslingt und der Patient schadenbehafteter die Therapie verlässt, als er in sie hineinging.

Phantasmatisches Überdeterminiertsein der Technik

Wenn sich mit Hilfe der Psychoanalyse Lacans eine im Intersubjektiven verankerte begehrende Subjektivität denken lässt, die bis in ihre innersten Regungen hinein phantasmatisch überdeterminiert ist, so bleibt zu fragen, inwiefern damit auch der phantasmatische Kern von Technik selbst verstehbar gemacht werden kann.

Der subjektphilosophisch motivierte Rückgriff auf die Psychoanalyse Lacans kann nämlich nicht erklären, wieso es gerade die Technik ist, die sich für eine solche Projektionsfläche so hervorragend eignet. Man könnte daher ungefähr so argumentieren: Es muss etwas an der Technik geben, dass das phantasmatische Potential des Menschen mit einer starken Kraft oder Macht an sich bindet und das in *Technik und* der Lage ist, von sich aus einen Einfluss auf den Konstitutionspro- *Phantasma* zess der Subjektivität auszuüben. Dabei handelt es sich aber um ei- *Das Begehren* nen Einfluss, der nicht deterministisch, kausal oder ursächlich ver- *des Mediums* standen werden sollte. Es gibt m.e. keinen Grund, in einen Technikdeterminismus, also in den Glaube, dass die Technik gesellschaftliche Prozesse total bestimme, zurückzufallen. Dazu liegen die Gründe, die gegen einen Technikdeterminismus sprechen, zu offen auf der Hand (vgl. Abschnitt I. dieses Textes). Es ginge dann eher darum, ein Wirkungsmoment von Technik auszumachen, das jenseits aller Projektionskraft und Phantasmenbildung des Menschen geschickt dazu ist, das Begehren des Menschen auf sich auszurichten. Eine der Technik zuzuschlagende Eigenschaft eben, die die Einbildungskraft des Menschen auf sich lenkt.

Darauf ließe sich so antworten: Der Ermöglichungscharakter von Technik stellt eine solche Eigenschaft dar. Denn: Technik lässt sich nicht auf einen festen, gegebenen Bestand reduzieren. Im Gegenteil: Mit Technik ist immer auch die tatsächliche Möglichkeit (mit-)gegeben, das Bestehende zu verändern. Möglichkeit und Wirklichkeit stehen sich also nicht neutral gegenüber. Vielmehr arbeitet im wirklichen Umgang mit Technik ein technisch induzierter Möglichkeitssinn immer schon mit. Technik gestaltet nicht nur das Vorhandene als ein Wirkliches. Indem Technik gestaltet, wirkt ein ganzes Set an Möglichkeitswelten mit. Ohne einen Bezug zu sowohl möglichen als auch unmöglichen Möglichkeiten wäre kein Kalkulieren und Abschätzen, Planen und Verwerfen möglich. Man könnte sagen, wir sind in den praktischen Lebensvollzügen auf das Aufgreifen von Möglichkeiten angewiesen. Aber nicht nur in dem Sinn, dass wir uns Möglichkeitswelten bloß sozusagen kognitiv vorstellen. Es wäre verfehlt, den Möglichkeitssinn allein der Einbildungskraft des Menschen zuzuschreiben. Der Möglichkeitssinn haftet ebenso an der Wirklichkeit der technischen Artefakte, auf die sich die Bilder malende Einbildungskraft stützen muss.

Das unterstreicht aber – reflexiv gewendet – nur die grundlegende Rolle der Einbildungskraft in der Konstitution der Wirklichkeit. Auch wenn Ermöglichung eine Bestimmung der Technik darstellt, so entfalten sich die Möglichkeiten nur an, mit und durch Subjekte, die diese Möglichkeiten *als* Möglichkeiten wahrnehmen. Wenn die genuin technische Eigenschaft, die das Begehren an Technik knüpft, die immense Negativität des technisch Möglichen darstellt, so bleibt dieses Mögliche rückgebunden an das Begehren des Menschen und dessen phantasmatische Kraft. Was technisch möglich ist, wird sozial bestimmt. Aber diese soziale Bestimmung des Möglichkeitssinns von Technik ist nicht (ausschließlich) das Ergebnis einer Verhandlung, einer bewusst oder unbewusst getroffenen Entscheidung, auch nicht

Marc (nur) das Resultat einer Handlung, sondern (v.a. auch) die Artikula-
Ziegler tion eines bestimmten Begehrens.

Es gibt also weder einen diskret bestimmbaren phantasmatischen Kern der Technik, noch eine begehrende Subjektivität, die sich in der phantasmatischen Überdeterminiertheit vollständig erschöpft. Es wäre m.E. daher gewinnbringender, solche Verortungsversuche zugunsten eines Konzepts von Vermittlung fallen zu lassen, das die Verbindung von Subjektivität und Technik in das Zentrum der Betrachtung rückt. Wenn die phantasmatische Kraft nicht mehr alleine in der Subjektivität bzw. der Technik zu lokalisieren ist, muss sie in einer dritten Größe verortbar sein. In einer Größe allerdings, die nur paradox zu bestimmen ist, da sie einerseits zwar als Vermittlungsinstanz zwischen Subjektivität und Technik am Wirken ist. Die aber andererseits über keinen eigenen phänomenalen Status verfügt. Eine Größe, die sich per se der empirischen Erfassbarkeit entzieht. Eine Größe ohne bestimmbare quantitative oder qualitative Ausmaße. Eine Größe ohne Größe also, die nichts anderes ist als Vermittlungstätigkeit. Eine Vermittlung, die aufgeht in dem, was sie vermittelt. Sozusagen eine Vermittlung ohne Rest, eine reine Vermittlung. Sie ist damit weder die Ursache dessen, was sie vermittelt, noch dessen Grund, auf den sich das Vermittelte selbstversichernd rückbeziehen könnte. Denn was wir sinnlich erfahren, begegnet uns *als* sinnliche Erfahrung in erster Linie unvermittelt. Die Welt tritt uns als eine gegenständlich verfasste gegenüber. Aber wie schon das 1. Kapitel von Hegels »Phänomenologie des Geistes«[20] lehrt, ist dieses Verhaftetsein in einer vermeintlichen durch die Sinne gestifteten Gewissheit einem Schein geschuldet. Bezogen auf das, was ich hier als Vermittlung zu bestimmen versuche, könnte man sagen, dass dieser von Hegel attestierte Scheincharakter der sinnlichen Gewissheit gerade darin besteht, dass die Vermittlungstätigkeit des Geistes in der sinnlichen Wahrnehmung vergessen wird. Sie wird deshalb vergessen, weil sie als Vermittlung nicht wahrgenommen werden kann, weil sie sich der Wahrnehmbarkeit entzieht. Aber nur durch den permanenten Entzug der Vermittlungstätigkeit kann uns die Welt als eine gegenständlich Unvermittelte sinnlich wahrnehmbar entgegentreten. Es ist (u.a.) diese Invisibilisierungsstruktur der Vermittlung, die es erfordert, zur Verhältnisbestimmung von Subjektivität und Technik über den Bereich des Empirischen hinaus zu gehen. An die Stelle eines Subjekt-Objekt-Dualismus muss daher eine sozialphilosophische Vermittlungslogik treten, die in der Lage ist, die energetischen Besetzungen des Begehrens und die dazu gehörende phantasmatische Bilderwelt *zwischen* Subjektivität und Technik zu bestimmen. Ein

---

20 | Georg Wilhelm Friedrich Hegel: Phänomenologie des Geistes, in: Werke in 20 Bänden, Bd. 3, Frankfurt/Main 1996.

solcher sozialphilosophischer Ansatz kann unter dem Leitbegriff des Mediums durchgeführt werden. Das Verhältnis von Technik und Gesellschaft lässt sich dann unter der Leithinsicht des *Begehrens des Mediums* fassen.

Technik und Phantasma

Das Begehren des Mediums

Begehren und Herausfordern

Abschließend möchte ich diese Ausführungen um eine Überlegung ergänzen, in der ich aus einer etwas gewendeten Perspektive das Verhältnis von Subjektivität, Begehren und Gesellschaft hinterfrage. Moderne Subjekttheorien standen und stehen immer auch vor der Aufgabe, das einzelne und besondere Subjekt mit der Allgemeinheit verbunden zu denken. Während z.B. Kant im Begriff des Sittengesetzes den allgemeinen Begriff der Menschheit mit der einzelnen empirisch handelnden Person zusammenschloss,[21] glaubt – um ein zweites Beispiel zu geben – der Sozialbehaviorist George Herbert Mead, über die Konstruktion eines »verallgemeinerten Anderen«[22] die Handlungsstruktur einer zugleich moralischen und rationalen Allgemeinheit in das Selbstverhältnis des Einzelnen spielerisch nachahmend implementieren zu können. Ich möchte hier nicht die unterschiedlichen Theorien entfalten und miteinander konkurrieren lassen, sondern nur plausibilisieren, inwiefern jede Subjektphilosophie an zentralen normativ-praktischen Stellen auf die Frage nach der Intersubjektivität des Subjekts Antworten geben muss.

Ich behaupte, dass eine zeitgenössische Subjektphilosophie diesbezüglich nicht umhin kommt, das Verhältnis von Einzelnem und Allgemeinen in den wechselseitigen Konstitutions- und Produktionsbedingungen von Subjektivität und Kapitalismus zur Darstellung zu bringen.

Es lässt sich zeigen, dass die Wandlungsfähigkeit des Kapitalismus sich einer fast schon wunderbaren Fähigkeit verdankt, systemisch die an ihn adressierte Kritik für seine Zwecke umzudeuten und nutzbar zu machen.[23] Wurde in den 60er und 70er Jahren des vergangenen Jahrhunderts die mangelnde Kreativitätsentfaltung, die autoritäre Kontrolle sowie die auf statische Routine ausgerichteten Arbeitsabläufe kritisiert, so speist sich der Kapitalismus heute gerade aus einer verstärkten Zugriffnahme auf die kreativen Potenti-

---

21 | Immanuel Kant: »Grundlegung zur Metaphysik der Sitten«, in: Werke, Bd. 4, Schriften zur Ethik und Religionsphilosophie, Darmstadt 1983.
22 | George Herbert Mead: Geist, Identität und Gesellschaft aus der Sicht des Sozialbehaviorismus, Frankfurt/Main 1968, S. 194–206.
23 | Vgl. Luc Boltanski und Ève Chiapello: Der neue Geist des Kapitalismus, Konstanz 2003.

ale der Arbeiter und Angestellten. Luc Boltanski und Ève Chiapello fassen dieses Phänomen unter dem Stichwort der »Künstlerkritik« zusammen. Die Effektivitätsausschöpfung der Arbeitskraft soll heute durch projektorientierte Eigeninitiative vergrößert werden; die Installation und Förderung kommunikativer Strukturen bei gleichzeitiger Verflachung bestehender Betriebshierarchien dient dabei der Erzeugung synergetischer Effekte. Arbeitsabläufe werden dynamisiert und stets den aktuellen Anforderungen gemäß umgestellt. Die Werktätigen werden nicht mehr, wie in den Hochzeiten des Fordismus, als mehr oder weniger gut bezahlte und an den industriellen Maschinenbetrieb durch manuelle oder geistige Arbeit angeschlossene Arbeitskräfte verstanden, sondern sie werden als kreative, intelligente Mitarbeiter, als eigenständig in wechselnden Gruppen und Projekten agierende Arbeitskraftunternehmer[24] geschätzt. Und in beruflichen Weiterbildungsseminaren findet die Förderung ihrer affektiven, kommunikativen und sozialen Kompetenzen statt. Mit anderen Worten: Subjektivität wird – zumindest der Tendenz nach – zum Rohstoff, der unmittelbar in die Produktionsabläufe des sozialen und ökonomischen Marktes eingespeist wird; der flexibel gemachte Mensch wird zu einem Warenprodukt unter anderen.[25]

Die Effizienzsteigerungsstrategien des Marktes greifen allerdings nicht mehr nur in der Form eines autoritären Disziplinarregimes sozusagen von außen auf die Ressourcen des Einzelnen zurück. Ihnen steht ein Subjekt zur Seite, das sich – so meine These – von sich aus den Anforderungen des Marktes bereitwillig öffnet. Heideggers These von dem Herausforderungscharakter der Technik[26] hat heute eine spezifische Wendung erfahren: Der Mensch ist nicht mehr das entmachtete und passivische Dasein, das von der Technik als Gestell im Verbund mit Natur und Artefakt zusammen herausgefordert wird. Entgegen dem ist die Herausforderung zu einem spezifischen Charakterzug heutiger Subjektivität geworden. Und dies in dem Sinn, dass sich Subjektivität in den Begriffen des Herausforderns selbst definiert: Das Sich-Herausfordern hat sich als ein Begehren in ihm eingerichtet. Es sehnt sich nach jenen vom Markt angebotenen offenen Projekten, die es mit seinen Affekten auszufüllen vermag. Der

---

24 | Zum Begriff des Arbeitskraftunternehmers vgl. G. Günther Voss und Hans J. Pongratz: »Der Arbeitskraftunternehmer. Eine neue Grundform der Ware Arbeitskraft?«, in: Kölner Zeitschrift für Soziologie und Sozialpsychologie 50 (1998), Heft 1, S. 131–158.

25 | Zur Rolle des Affekts in den zeitgenössischen Produktionsformen der »immateriellen Arbeit« sowie dem stärker werdenden Zugriff des Kapitalismus auf die Subjektivität vgl. Michael Hardt und Antonio Negri: Multitude. Krieg und Demokratie im Empire, Frankfurt/Main, New York 2004.

26 | Vgl. M. Heidegger: Die Technik und die Kehre, Pfullingen 1963.

temporäre Charakter der projektbasierten Arbeit wird dabei einerseits als eine auf Dauer gestellte Unsicherheit in Bezug auf die eigene Zukunft erlebt. Sie eröffnet aber auch affektiv positiv besetzte neue Möglichkeitshorizonte der Selbstverwirklichung und das Kennenlernen neuer sozialer Umwelten. Das Selbstbild ist auf ungleich intensivere Weise mit der eigenen Arbeit verknüpft, als dies noch in fordistischen Arbeitsverhältnissen der Fall gewesen war. Verdrängt werden hingegen real existierende Gefahrenpotentiale, die gleich einem Damoklesschwert über dem Begehren nach Mitteilungen des Selbst, Aufmerksamkeit von anderen und leistungsbezogener Anerkennung schweben: Burn-Out, Depressionen, Einsamkeit und Nicht-Anerkennung sowie Arbeitsunfähigkeit stellen diese möglichen Gefahren dar.[27]

Technik und Phantasma Das Begehren des Mediums

Ich halte es für verfehlt, hier von einer einseitigen Durchdringung der Subjektivität durch den Kapitalismus zu sprechen, sondern sehe eher ein durch die Struktur heutiger Subjektivität mitverantwortetes Kollabieren sozialer Antagonismen am Werk: Die Widersprüche zwischen Ausbeutung und Nichtausbeutung, Arbeits- und Nichtarbeitszeit, Eigen- und Fremdinteresse fallen in sich zusammen. Daraus entstehen – wiederum: zumindest der Tendenz nach – neue, unmittelbar produktiv werdende Bereiche des Ununterscheidbaren: Nichtausbeutung ist Ausbeutung, das Eigeninteresse dient ebenso einem Fremdinteresse, uneigennützige Freundschaftlichkeit wird zum strategischen Verhalten bei der Herstellung neuer Geschäftskontakte; die Ausbildung der eigenen Persönlichkeit findet ihren Ausdruck in erfolgsorientierten Anerkennungspraktiken. Oder, ins Extrem getrieben:»Freiheit ist Sklaverei«, wie es bei George Orwell heißt.[28]

Bei diesem Kollaps der Widersprüche bleibt es allerdings nicht stehen. Die Bewegung der (negativen) Dialektik geht, entgegen den Annahmen Baudrillards und Deleuzes, weiter. Der Kollaps führt nicht zur vielfach vorgetragenen Eindimensionalitätsthese,[29] sondern – subjektphilosophisch gesehen – richtet sich in diesem Zusammenbruch das Begehren nach Arbeit und Anerkennung stets aufs Neue wieder auf. Das phantasmatische Spiel der starken Affekte entzündet sich erst da, wo das auf Konstanz ausgerichtete Lustprinzip einer übermäßigen Destabilisierung ausgesetzt, oder, mit anderen Worten, herausgefordert wird. Daher noch einmal: Dieses Herausfordern er-

---

27 | Zur Neubewertung der Depression heute vgl. die äußerst instruktive Untersuchung von Alain Ehrenberg: Das erschöpfte Selbst. Depression und Gesellschaft in der Gegenwart, Frankfurt/Main, New York 2004.
28 | Vgl. George Orwell: 1984, Berlin 1998.
29 | Wie sie am bekanntesten von Herbert Marcuse vorgetragen worden ist. Vgl. Herbert Marcuse: Der eindimensionale Mensch, München 1967.

Marc leidet das Subjekt nicht nur von außen. Es wird von seinem eigenen
Ziegler Begehren dazu genötigt. Das Begehren ist in sich gebrochen: In dem es sich in immer neue Projekte verausgabt, findet das Subjekt in der Herausforderung nicht die Anerkennung, die es sich ersehnt. So sehr das Begehren das Subjekt herausfordert, so wenig findet sich das Subjekt in der Herausforderung letztlich wieder. Man könnte sagen: Es gibt ein Subjekt der Herausforderung und ein herausgefordertes Subjekt, und beide sind nicht miteinander in Deckung zu bringen.

AUFGEKLÄRTE UNHEILSPROPHEZEIUNGEN
VON DER UNGEWISSHEIT ZUR UNBESTIMMBARKEIT TECHNISCHER FOLGEN
Jean-Pierre Dupuy

Das Wort »bestimmt«[1] bleibt im Deutschem grundsätzlich unbestimmt. Es kann entweder »festgelegt«[1] im Sinne von »entschieden« oder »entschlossen« bedeuten, darüber hinaus aber auch »gewiss«[1], d.h. »außer Zweifel« und »sicher«[1]; schließlich kann es mit »genau«[1], d.h. »präzise«, »spezifiziert« und »ausdrücklich« umschrieben werden. Es war ein Geniestreich von Werner Heisenberg, sein berühmtes physikalisches Prinzip »Unbestimmtheitsrelation« zu nennen: Dank der Unbestimmtheit der deutschen Terminologie musste er sich nicht entscheiden, welche Interpretation der Quantenphysik aus seiner Sicht die bessere sei: Ungewissheit oder Unbestimmtheit. Der Unterschied ist wesentlich: Ungewissheit bezieht sich auf die *epistemische* Domäne, auf unser Wissen über das jeweils beobachtete System, während Unbestimmtheit die *ontologische* Domäne betrifft, die Ebene der Sachen selbst. Im Französischen und Englischen sind wir nicht in dieser glücklichen Lage und müssen uns festlegen. Am häufigsten wird Heisenbergs Prinzip hier »Principle of Uncertainty« [Unschärferelation] genannt, nur selten spricht man vom »Principle of Indeterminacy« [Unbestimmtheitsprinzip]. Ausgehend von meiner eigenen Interpretation der Quantentheorie würde ich die zweite Variante bevorzugen, aber das steht hier nicht zur Debatte. Ich möchte im Folgenden nicht über Quantentheorie sprechen, sondern über menschliche Angelegenheiten.

Der Katastrophe ins Auge sehen

Mein Thema ist die *Unbestimmtheit* in Bezug auf das Überleben der Menschheit. Mit der Erfindung der Atombombe wurden wir in die La-

---

1 | Im Original deutsch (d.Ü.).

Jean-Pierre Dupuy ge versetzt, uns selbst auszulöschen. In einem kürzlich erschienenen phantastischen Buch prognostiziert der britische Astronom Sir Martin Rees, der nebenbei bemerkt Newtons Lehrstuhl an der Universität Cambridge innehat, dass die Wahrscheinlichkeit eines Überlebens der Menschheit bis zum Ende des einundzwanzigsten Jahrhunderts nicht mehr als 50 Prozent beträgt. Schon der Titel seines Buches ist deutlich, der Untertitel noch deutlicher: *Unsere Letzte Stunde. Die Warnung eines Wissenschaftlers: Wie in diesem Jahrhundert Terror, Fehler und Umweltkatastrophen die Zukunft der Menschheit hier auf der Erde und auch jenseits davon bedrohen.*[2] Sir Martin warnt uns:

»Unsere zunehmend vernetzte Welt ist durch neue Risiken verwundbar, durch Bio- und Cyberspace-Technologien, durch Terrorismus und menschliches Versagen. Die Gefahren, die von der Technologie des einundzwanzigsten Jahrhunderts ausgehen, könnten sich als schwerwiegender und hartnäckiger erweisen als der nukleare Overkill, der uns in den vergangenen Jahrzehnten bedrohte. Und die Bedrohung des globalen Ökosystems durch die menschliche Zivilisation stellt eine größere Gefahr dar als die uralten Risiken von Erdbeben, Vulkanausbrüchen und Asteroideneinschlägen.«

Sir Martin steht mit seiner Warnung keineswegs allein da. Bereits im Jahr 2000 schreibt der exzellente amerikanische Computerwissenschaftler Bill Joy, dem nicht gerade der Ruf eines ›verantwortungslosen Linken‹ anhaftet, eine berühmt gewordene Stellungnahme unter dem Titel *Warum die Zukunft uns nicht braucht. Die mächtigsten Technologien des 21. Jahrhunderts – Robotik, Gentechnologie und Nanotechnologie – verwandeln den Menschen in eine bedrohte Art.*[3]

Auch wenn wir weniger pessimistisch sein wollen als diese beiden großen Wissenschaftler bleibt, dass wir mit unserer Lebensweise langfristig gesehen dem Abgrund entgegensteuern. Es ist kaum vorstellbar, dass wir unseren momentanen Lebensstil noch weitere fünfzig Jahre beibehalten können. Viele von uns werden dann nicht mehr leben. Unsere Kinder sind aber noch da. Wenn sie uns wirklich etwas bedeuten, dann ist es höchste Zeit, dass wir unsere Augen für das öffnen, was sie erwartet. Es gibt drei zentrale Argumente für diese Prognose.

Zum ersten werden wir nicht mehr lange über billige fossile Brennstoffe verfügen. Wenn uns so bevölkerungsreiche Länder wie

---

2 | Our Final Hour. A Scientist's Warning: How Terror, Error and Environmental Disaster Threaten Humankind's Future in this Century – on Earth and Beyond, New York 2003.

3 | Wired, April 2000. – Bill Joy ist der Erfinder der Java-Programmiersprache, die vielen Internetanwendungen zu Grunde liegt.

China, Indien und Brasilien auf unserem Entwicklungsweg folgen, wird der weltweite Energiebedarf sehr schnell ansteigen. Es ist schwer zu sagen, mit welchen Mitteln oder mit welcher Legitimation wir diese Länder aufhalten könnten. Zum zweiten konzentrieren sich diese Ressourcen in den politisch unruhigsten Regionen der Erde: im Mittleren Osten und in den islamischen Staaten, die aus ehemaligen Republiken der Sowjetunion hervorgegangen sind. Sobald diese beiden ersten Faktoren, wie spät auch immer, allgemein erkannt werden, wird die Welt von Panik ergriffen, die Preise werden in den Himmel schießen und die Krise wird sich noch verschärfen.

Aufgeklärte Unheilsprophezeiungen

Der dritte Grund ist sicherlich der schwerwiegendste. Nicht eine Woche vergeht ohne ein neues Anzeichen für den Klimawandel, welches bestätigt, worin sich alle Fachleute längst einig sind: Die globale Erwärmung findet statt, sie geht wesentlich auf menschliches Handeln zurück und ihre Auswirkungen werden weit schlimmer sein als alles, was wir uns bisher vorstellen können. Die Experten auf diesem Gebiet bescheinigen durchgängig, dass die Ziele des Kyoto-Protokolls, die von den Vereinigten Staaten mit Füßen getreten werden, lächerlich sind im Vergleich zu dem, was wirklich geleistet werden müsste, um den Anstieg des Kohlendioxid-Gehalts in der Atmosphäre einzudämmen: Wir müssten den Ausstoß von Treibhausgasen heute mindestens um die Hälfte reduzieren. Aktuelle Prognosen sagen dagegen voraus, dass die Emissionen aufgrund der Trägheit des Systems mindestens bis ins Jahr 2030 weiter ansteigen werden. Die notwendige Bedingung für eine erfolgreiche Intervention bestünde darin, die Schwellenländer davon abzuhalten, unserem westlichen Modell permanenten Wachstums zu folgen. Wenn die Industrienationen sich keinen Verzicht auferlegen, hat dieser Appell allerdings nicht die geringste Chance, gehört zu werden. Amerika hat sich nicht nur durch seinen Anteil an der Vergiftung des Planeten schuldig gemacht, sondern mehr noch durch die Unterlassung jeder noch so minimalen Geste des Verzichts. Zumindest in ihrem Zynismus sind die Amerikaner konsequent: Sie machen keine Anstalten, ihre Lebensweise, die sie mit »Freiheit« assoziieren, aufzugeben. Aber auch die Scheinheiligkeit der europäischen Regierungen ist nur schwer zu akzeptieren: Sie versprechen, das Kyoto-Protokoll umzusetzen, aber sie vermeiden ängstlich, ihre Bürger darüber aufzuklären, dass dies nur ein kleiner erster Schritt sein kann und dass wirkliche Fortschritte nur durch einen völligen Wandel unserer Lebensweise erzielt werden könnten.

Eine allgemeine Wissenschaftsgläubigkeit lähmt uns. Bald schon, so munkelt man an allen Ecken und Enden, werden die Ingenieure eine Methode finden, die Hindernisse zu überwinden, die auf unserem Weg liegen. Nichts ist weniger gewiss. Niemand will akzeptieren, dass nicht eines der von einschlägigen Experten entworfenen Szena-

Jean-Pierre Dupuy rien eine realistische Antwort auf die Frage liefert, wie wir die Mitte des einundzwanzigsten Jahrhunderts erreichen können. Langfristig gesehen stehen wir zwar vor einer bedeutenden wissenschaftlichen und technologischen Revolution: dem Aufkommen der Nanotechnologie, die auf der Manipulation von Materie auf atomarem Niveau basiert; es ist nicht unwahrscheinlich, dass diese Technologie einige der Hindernisse wird ausräumen können, die uns jetzt im Weg stehen, indem sie es etwa ermöglicht, Sonnenenergie effizienter zu nutzen. Aber es ist nicht weniger wahrscheinlich, dass sie neue Risiken mit sich bringt, die die Technologen selbst heute schon als »beträchtlich« einschätzen.

So stehen wir mit dem Rücken an der Wand. Wir müssen uns entscheiden, was uns wichtiger ist: unser ethischer Anspruch auf eine Gleichheit aller Menschen oder das Fortschreiten auf den vertrauten Pfaden gesellschaftlicher Entwicklung. Entweder isoliert sich der privilegierte Teil der Welt vom Rest, was zunehmend bedeutet, dass er sich mit verschiedenen Schutzschilden gegen Aggressionen wappnen muss, die durch die Wut der Ausgegrenzten und Anteilslosen immer heftiger werden; oder wir müssen eine neue Art von Beziehung zur Welt, zur Natur sowie zu den Dingen und Lebewesen etablieren, die sich universalisieren, d.h. für die gesamte Menschheit zum verbindlichen Modell erklären lässt.

Nichts von dem, was ich gerade ausgeführt habe, ist nicht schon längst bekannt. Die Experten wissen es. Aber sie sehen ihre Funktion nicht darin, sich direkt an die Öffentlichkeit zu wenden. Sie wollen keine Panik auslösen.[4] Sie haben sich folglich darauf beschränkt, die einander regelmäßig ablösenden Regierungen zu informieren. Vergebens! Die politische Klasse ist im allgemeinen ungebildet in wissenschaftlichen und technischen Angelegenheiten und in jedem Fall konstitutiv kurzsichtig, sowohl zeitlich (sie regieren allenfalls ein paar Jahre), als auch räumlich (sie müssen sich an die Grenzen nationaler Souveränität halten); die Politiker haben insofern nichts zu diesem Thema zu sagen.

Wenn ein Ausweg gefunden werden soll, dann muss das ganz offensichtlich auf der politischen Ebene geschehen. Doch wir werden im immer gleichen politischen Sumpf stecken bleiben, wenn wir nicht erst radikal unsere Ethik umstellen. In seinem bahnbrechenden Buch *Das Prinzip Verantwortung*[5] erklärt der deutsche Philosoph Hans Jonas, warum wir eine neue Ethik benötigen, wenn wir unter Bedingungen einer »technologischen Zivilisation« unser Verhältnis zur Zukunft umsichtig gestalten wollen. Diese »Ethik *für* die

---

4 | Vgl. Jean-Pierre Dupuy, La Panique, Paris 2003.

5 | Vgl. Hans Jonas, Das Prinzip Verantwortung. Versuch einer Ethik für die technologische Zivilisation, Frankfurt/Main 1984.

Zukunft« – also keine zukünftige Ethik, sondern eine Ethik der Zukunft, d.h. eine Ethik, deren wesentlicher *Gegenstand* die Zukunft ist – geht von einer philosophischen Aporie aus. Auf Grund des möglichen Ausmaßes der Folgen unseres technologischen Handelns sind wir streng dazu verpflichtet, diese Konsequenzen zu berücksichtigen, sie vorwegzunehmen, abzuschätzen und unsere Entscheidungen auf diese Schätzungen zu stützen. Philosophisch gesprochen bedeutet dies, dass wir es uns, wenn viel auf dem Spiel steht, nicht leisten können, eine deontische[6] Position als maßgebende moralische Doktrin gegenüber einem ethischen Konsequentialismus[7] vorzuziehen. Allerdings verhindern genau dieselben Gründe, die den Konsequentialismus auf den ersten Blick so überzeugend machen und uns dazu anhalten, bei unseren Handlungen die zukünftigen Handlungsfolgen zu berücksichtigen, dass wir dies auch wirklich tun. Es ist sehr gefährlich, komplexe Prozesse zu entfesseln; sie erfordern Voraussagen und machen sie zugleich unmöglich. Eines der wenigen unangreifbaren und universellen ethischen Prinzipien lautet, dass jedes *Sollen* ein *Können* impliziert. Es kann keine Verpflichtung dazu geben, etwas zu tun, was man nicht tun kann. Allerdings konfrontiert uns die technologische Zivilisation ganz entschieden mit einer Verpflichtung, der wir nicht nachkommen können: die Zukunft vorwegzunehmen. Genau hierin besteht die ethische Aporie.

Aufgeklärte Unheilsprophezeiungen

Gibt es einen Ausweg? Das Credo von Jonas, das ich teile, lautet, dass jede Ethik auf eine Metaphysik verweist. Nur durch einen radikalen Wandel unserer Metaphysik könnten wir der ethischen Aporie entkommen. Das größte Manko der heutigen Metaphysik der Zeit scheint unsere Vorstellung von der *Zukunft als etwas Unwirklichem* zu sein. Aus unserem Glauben an die Willensfreiheit – wir können immer auch anders handeln – folgern wir, dass die Zukunft *nicht wirklich* ist. Philosophisch gesprochen: »Zukünftige Möglichkeiten«, d.h. Aussagen über Handlungen, die freie Subjekte in der Zukunft ausführen werden (etwa »John wird seine Schulden morgen zurückzahlen«), werden so behandelt, als ob sie keinen Wahrheitswert besitzen. Sie sind weder wahr noch falsch. Wenn die Zukunft nicht wirklich ist, dann kann sie ihre Schatten auch nicht auf die Gegenwart werfen. Sogar wenn wir wissen, dass eine Katastrophe bald eintreten wird, glauben wir es nicht: Wir glauben nicht, was wir wissen. Wenn die Zukunft nicht wirklich ist, dann gibt es nichts in ihr, was wir fürchten oder hoffen sollten.

---

6 | Eine deontische Ethik bewertet die Richtigkeit einer Handlung in Begriffen ihrer Konformität mit einer Norm oder Regel wie dem Kantschen kategorischen Imperativ.

7 | Der Konsequentialismus betont, dass in der Bewertung von Handlungen vor allem ihre Folgen und Nebenfolgen für alle Betroffenen zählen.

Jean-Pierre Dupuy Die Ableitung der Unwirklichkeit einer Zukunft aus der Willensfreiheit ist ein einfacher logischer Fehler; wir müssten allerdings einen immensen philosophischen Aufwand betreiben, um diesen Fehler nachzuweisen.[8] Hier werde ich mich darauf beschränken, eine alternative Metaphysik zu skizzieren, die die These der Willensfreiheit mit einer »harten« Version der Realität der Zukunft vereinbar macht.

Ernst zu nehmende Schwächen des »Vorsorgeprinzips«

Aber wir haben ja das »Vorsorgeprinzip«! Alle Ängste unserer Epoche scheinen Linderung in einem Wort gefunden zu haben: Vorsorge. Die begriffliche Untermauerung der »Vorsorge« ist allerdings, wie ich im Folgenden zeigen werde, äußerst brüchig.

Erinnern wir uns zunächst an das im Maastricht-Vertrag formulierte Vorsorgeprinzip: »Unwägbarkeiten des gegenwärtigen wissenschaftlichen und technologischen Wissens dürfen wirksamen und angemessenen Maßnahmen nicht im Wege stehen, die darauf abzielen, dem Risiko einer schwerwiegenden und unumkehrbaren Umweltbelastung im Rahmen akzeptierbarer Kosten vorzubeugen.« Dieser Text ist hin- und hergerissen zwischen der Logik ökonomischer Erwägungen und dem Bewusstsein, dass sich die Bedingungen der Entscheidungsfindung radikal geändert haben. Auf der einen Seite sehen wir die vertrauten und beruhigenden Vorstellungen von Effizienz, Angemessenheit und vertretbaren Kosten; auf der anderen Seite steht die Betonung des Nichtwissens sowie der Schwere und Irreversibilität der möglichen Schäden. Nichts wäre einfacher, als sich darauf zurückzuziehen, dass wir, wenn die Wissenschaft sich nicht sicher ist, nicht sagen können, welche Maßnahme (nach welchem Maßstab?) wir aufgrund eines Schadens einleiten sollen, der gänzlich unbekannt ist und von dem man insofern auch nicht sagen kann, ob er schwerwiegend oder unumkehrbar sein wird; darüber hinaus kann niemand abschätzen, was eine angemessene Vorbeugung kosten würde; noch auch sagen, wie wir uns, wenn die Kosten »in-

---

8 | Vgl. mein Buch Pour un catastrophisme éclairé, Paris 2002; siehe auch Jean-Pierre Dupuy, »Philosophical Foundations of a New Concept of Equilibrium in the Social Sciences: Projected Equilibrium«, in: Philosophical Studies 100, 2000, S. 323–345; Jean-Pierre Dupuy, »Two temporalities, two rationalities: a new look at Newcomb's paradox«, in: P. Bourgine et B. Walliser (Hg.), Economics and Cognitive Science, Pergamon 1992, S. 191–220; Jean-Pierre Dupuy, »Common knowledge, common sense«, in: Theory and Decision 27, 1989, S. 37–62; Jean Pierre Dupuy (Hg.): Self-deception and Paradoxes of Rationality, in: C.S.L.I. Publications, Stanford University 1998.

akzeptabel« sind, zwischen dem Prosperieren der Wirtschaft und dem *Aufgeklärte* Gebot, einer möglichen Katastrophe vorzubeugen, entscheiden sol- *Unheils-* len. Statt mich über diese Punkte weiter zu verbreiten, werde ich *prophezeiungen* drei schwerwiegende Gründe dafür präsentieren, dass Vorsorge keine wirklich gute Lösung ist und besser auf Eis gelegt werden sollte. Gleichzeitig werde ich versuchen nachzuvollziehen, warum eines Tages das Bedürfnis aufkam, die vertraute Vorstellung davon, wie einer Gefahr vorzubeugen sei, einem neuen Konzept aufzuhalsen: der Vorsorge. Warum reicht in der gegenwärtigen Situation von Risiken und Bedrohungen die traditionelle Vorbeugung nicht länger aus?

Erstens: Die erste Unzulänglichkeit, die das Konzept der Vorsorge ernstlich lähmt, besteht darin, dass es die Art von Ungewissheit nicht richtig beurteilt, mit der wir derzeit konfrontiert werden. Der amtliche französische Bericht über das Vorsorgeprinzip[9] führt eine interessante Unterscheidung zwischen zwei Typen von Risiken ein: »bekannte« Risiken und »potenzielle« Risiken. Diese Unterscheidung korrespondiert derjenigen von Vorbeugung und Vorsorge (und untermauert sie): Vorsorge bezieht sich auf potenzielle, Vorbeugung auf bekannte Risiken.

Ein genauerer Blick auf den erwähnten Bericht zeigt, erstens dass der Ausdruck »potenzielles Risiko« schlecht gewählt wurde, da er kein Risiko bezeichnet, das als solches erst noch erkannt werden müsste, sondern ein hypothetisches Risiko, das Gegenstand einer Vermutung ist; zweitens: dass die Unterscheidung zwischen »bekannten Risiken« und »hypothetischen Risiken« (der Begriff, den ich bevorzuge) der alten ökonomischen Unterscheidung zwischen Risiko und Ungewissheit entspricht, die John Maynard Keynes und Frank Knight 1921 unabhängig voneinander vorschlugen. Ein Risiko kann im Prinzip in Begriffen objektiver Wahrscheinlichkeiten quantifiziert werden, die auf wahrnehmbaren Häufigkeiten basieren; wo eine solche Quantifizierung nicht möglich ist, betritt man den Bereich der Ungewissheit.

Im Gefolge des von Leonard Savage in den fünfziger Jahren des letzten Jahrhunderts erfolgreich eingeführten Begriffs subjektiver Wahrscheinlichkeit und der entsprechenden, als Bayesianismus[10] bekannten Theorie von Entscheidungen unter Bedingungen des Nichtwissens wurden die Wirtschaftswissenschaft und die ihr zu

---

9 | Le Principe de précaution (Bericht an den Premierminister), Paris 2000.
10 | Der Bayesianismus ist ein häufig diskutiertes Modell für induktives Schließen in der zeitgenössischen Logik, Entscheidungstheorie und Statistik. Rationales Schließen wird hier über die Zuweisung von subjektiven Wahrscheinlichkeiten an alternative Möglichkeiten und einer sich daran anschließenden Korrektur dieser Wahrscheinlichkeitserwartung an der Erfahrung erklärt. (A.d.Ü.)

Jean-Pierre Dupuy Grunde liegende Entscheidungstheorie dazu gezwungen, die Unterscheidung von Risiko und Ungewissheit aufzugeben. In Savages Begriffssystem entsprechen Wahrscheinlichkeiten nicht mehr länger einer in der Natur liegenden Regelmäßigkeit, sondern einfach der Kohärenz, die die Entscheidungen eines bestimmten Akteurs an den Tag legen. Philosophisch gesprochen wird jede Ungewissheit als eine *epistemische* Ungewissheit betrachtet, als eine Unsicherheit, die sich mit dem Wissensstand des Akteurs verbindet. Es ist leicht zu sehen, dass die Einführung von subjektiven Wahrscheinlichkeiten die Grenzen zwischen Risiko und Ungewissheit, zwischen Risiko und Risiko des Risikos sowie zwischen Vorbeugung und Vorsorge aufhebt. Wenn eine Wahrscheinlichkeit unbekannt ist, wird ihr »subjektiv« ein Wahrscheinlichkeitswert zugesprochen. Daraufhin werden die Wahrscheinlichkeiten nach den Regeln der Wahrscheinlichkeitsrechnung ermittelt. Hier besteht kein Unterschied mehr zu Fällen, in denen objektive Wahrscheinlichkeiten von Anfang an feststehen. Die einem Nichtwissen geschuldete Ungewissheit wird auf der gleichen Ebene behandelt wie die intrinsische Ungewissheit auf Grund der zufälligen Natur der zur Debatte stehenden Ereignisse. Risikoökonomen und Versicherungsmathematiker sehen keinen Unterschied zwischen Vorbeugung und Vorsorge; sie reduzieren Vorsorge auf Vorbeugung (im Sinne einer Risikoanalyse und -bewertung). Man kann heute überall beobachten, wie Anwendungen des »Vorsorgeprinzips« auf eine aufgemotzte Version der »Kosten-Nutzen-Analyse« heruntergekocht werden.

Es ist dringend geboten, gegen diesen herrschenden Ökonomismus die Idee zu verteidigen, dass sich nicht alle Probleme auf epistemische Ungewissheit zurückführen lassen. Man könnte von einem philosophischen Standpunkt aus dafür plädieren, dass diese Reduktion nicht wirklich funktioniert. Die meisten europäischen Sprachen verwenden die Metapher des Würfelwurfs zur Bezeichnung des Glückens und Missglückens. Heute wird der Würfelwurf als physikalisches Phänomen interpretiert: als ein instabiles deterministisches System, das sehr empfindlich auf seine Ausgangsbedingungen reagiert und deswegen nicht vorhersagbar ist. In der heute üblichen Ausdrucksweise stünde der Würfelwurf für ein »deterministisches Chaos«. Ein allwissendes Wesen – der Laplacesche Dämon, ein hypothetischer Mathematiker-Gott – wäre fähig vorauszusagen, auf welche Seite der Würfel fallen wird. Könnte man dann nicht sagen, dass alles, was für uns (aber nicht für diesen Mathematiker-Gott) ungewiss ist, dies nur aufgrund eines uns fehlenden Wissens ist? Und dass diese Ungewissheit deswegen epistemisch und subjektiv ist?

Eine andere Schlussfolgerung wäre richtig. Wenn ein zufällig auftretendes Ereignis für uns unvorhersagbar ist, liegt das nicht an einem Mangel an Wissen, der durch umfassendere Forschung überwunden werden könnte; es liegt vielmehr daran, dass nur eine un- *Aufgeklärte* endliche Rechenmaschine eine Zukunft voraussagen könnte, die wir *Unheils-* unter Bedingungen unserer Endlichkeit niemals werden vorwegneh- *prophezeiungen* men können. Unsere Endlichkeit kann aber ganz offensichtlich nicht auf der gleichen Ebene wie der Stand unseres Wissens behandelt werden. Endlichkeit ist eine konstante Grundbedingung des menschlichen Daseins; der Stand unseres Wissens ist kontingent und kann sich in jedem Moment ändern. Wir liegen deshalb richtig, wenn wir *unsere* Ungewissheit in Bezug auf das Eintreten eines Ereignisses als eine objektive Ungewissheit behandeln, auch wenn diese Ungewissheit für einen unendlichen Beobachter verschwinden würde. Deshalb ist unsere Lage in Bezug auf neue Bedrohungen eine Lage objektiver, also nicht nur epistemischer Ungewissheiten. Neu ist hier, dass wir es nicht mehr mit einem zufällig auftretenden Ereignis zu tun haben. Wir befassen uns mit keinem Zufallsereignis, da jede der Katastrophen, die wie Damoklesschwerter über unserer Zukunft schweben, als singuläres Ereignis betrachtet werden muss. Die Art von Risiko, die uns heute begegnet, ist weder epistemisch ungewiss noch willkürlich; vom Standpunkt der klassisch-ökonomistischen Unterscheidungen aus gesehen wäre diese Art von Risiko ein Monster. Sie fordert eine besondere Behandlung ein, die ihr das Vorsorgeprinzip nicht geben kann.

Drei Argumente rechtfertigen die Behauptung, dass die Ungewissheit hier nicht epistemisch ist, sondern in der Objektivität der Beziehung zwischen uns und den Phänomenen wurzelt. Das erste Argument hat mit der Komplexität von Ökosystemen zu tun. Diese Komplexität verleiht ihnen eine außergewöhnliche Widerstandsfähigkeit, aber paradoxerweise auch eine hohe Anfälligkeit. Sie können sich gegenüber vielen Arten von Störungen erhalten und finden Wege der Anpassung um ihre Stabilität zu behaupten. Dies gilt allerdings nur bis zu einem gewissen Grad. Jenseits einer kritischen Schwelle verwandeln sich Ökosysteme abrupt. Nach dem Modell von Phasenänderungen der Materie brechen sie vollkommen zusammen oder bilden andere Arten von Systemen aus, die für uns Menschen sehr unerwünschte Eigenschaften haben können. In der Mathematik werden solche Diskontinuitäten oder Umschlagpunkte *Katastrophen* genannt. Dieser plötzliche Verlust der Fähigkeit zu überleben, verleiht Ökosystemen eine Eigentümlichkeit, die kein Ingenieur in ein technisches System einbauen könnte, ohne damit sofort seinen Job zu verlieren: Die Alarmzeichen läuten erst dann, wenn es bereits zu spät ist. Solange die kritische Schwelle in einiger Entfernung liegt, können Ökosysteme ungestraft grob behandelt werden. In diesem Fall scheinen Kosten-Nutzen-Analysen sinnlos oder liefern nur ein im Voraus bekannte Ergebnisse; es gibt hier nichts, was die Kostenseite der Waage niederzudrücken vermöchte. Aus diesem Grund ha-

Jean-Pierre Dupuy ben die Menschen über Jahrhunderte die Auswirkungen ihrer zivilisatorischen Entwicklung auf die Umwelt ignoriert. Aber auch wenn die kritische Schwelle näher kommt, werden Kosten-Nutzen-Analysen sinnlos. In dieser Situation ist es *unbedingt* geboten, sie um keinen Preis zu überschreiten. Wir sehen, dass ökonomische Kalkulationen hier nutzlos oder bedeutungslos sind und zwar aus Gründen, die nicht mit einem vorläufigen Nichtwissen zu tun haben, sondern mit den objektiven und strukturellen Eigenschaften von Ökosystemen.

Das zweite Argument betrifft Systeme, die der Mensch selbst geschaffen hat, etwa technische Systeme die mit Ökosystemen interagieren und Hybridsysteme ausbilden. Technische Systeme weisen Eigenschaften auf, die sich von denen der Ökosysteme deutlich unterscheiden. Dies folgt aus der wichtigen Rolle, die positive Rückkopplungsschleifen in ihnen spielen. Kleinere Schwankungen in einem frühen Stadium des Systems können sich später verstärken und seine Entwicklung in eine absolut unvorhergesehene und vielleicht sogar katastrophische Richtung lenken, die aus der Innenperspektive des Systems in der Gestalt des Schicksals auftritt. Dieser Typus von Dynamik oder Geschichte ist ganz offensichtlich unmöglich vorauszusehen. Auch in diesem Fall folgt der Mangel an Wissen nicht aus einem Zustand, der verändert werden könnte, sondern aus strukturellen Eigenschaften der Dinge. Die Nicht-Vorhersagbarkeit ist hier *prinzipieller* Natur.

Die Ungewissheit über die Zukunft ist noch aus einem dritten, logischen Grund eine *prinzipielle* Ungewissheit. Jede Art von Voraussage über den künftigen Zustand der Dinge, der von einem künftigen Wissen abhängig ist, bleibt deshalb unmöglich, weil die Antizipation dieses Wissens bedeuten würde, es aus seinem Kontext in der Zukunft zu reißen und in die Gegenwart zu verpflanzen. Ein schlagendes Beispiel hierfür wäre die Unmöglichkeit vorauszusehen, wann eine Spekulationsblase platzen wird. Diese Unfähigkeit hat nichts mit der mangelnden Qualität wirtschaftlicher Analysen zu tun, sondern mit dem Wesen der Antizipation von Zukunft. Nicht der unbefriedigende Stand unserer ökonomischen Erkenntnisse oder Informationen ist für diese Unfähigkeit verantwortlich zu machen, sondern die Logik. Wenn der Zusammenbruch der Spekulationsblase oder, allgemeiner gesprochen, der Ausbruch einer Finanzkrise, vorweggenommen werden könnte, dann würde das Ereignis genau in dem Augenblick eintreten, in dem es vorausgesagt wird, und nicht am vorausgesagten Datum. Jede Voraussage über die Sache würde sich exakt im Moment ihrer Veröffentlichung selbst dementieren.

Wenn das Vorsorgeprinzip fordert, dass die »Desiderate des gegenwärtigen wissenschaftlichen und technologischen Wissens nicht dazu führen dürfen, bestimmte Entwicklungen zu verzögern [...]«, dann ist klar, dass es sich von Anfang an auf den Boden epistemischer Ungewissheit begibt. Hier wird unterstellt, dass wir genau wissen, wann wir uns in einer Situation des Nichtwissens befinden. Ein Grundsatz der epistemischen Logik besagt, dass ich immer dann, wenn ich p nicht kenne, weiß, dass ich p nicht kenne. Sobald wir uns allerdings aus dem begrifflichen Rahmen der epistemischen Logik befreien, müssen wir die Möglichkeit einräumen, dass wir auch nicht wissen können, dass wir etwas nicht wissen. Eine analoge Situation finden wir im Bereich der Wahrnehmung vor: im blinden Fleck, jenem Gebiet der Netzhaut, in das der Sehnerv mündet. Genau im Zentrum unseres Sehfeldes sehen wir nicht, aber unser Gehirn verhält sich so, dass wir nicht sehen, dass wir nicht sehen. In Fällen, in denen das Nichtwissen impliziert, dass das Nichtwissen selbst nicht gewusst wird, können wir unmöglich sicher sein, ob den Bedingungen für die Anwendung des Vorsorgeprinzips entsprochen worden ist oder nicht. Wenn wir das Prinzip auf sich selbst anwenden, wird es sich selbst dementieren.

Zudem legt die Formulierung »auf dem Stand des gegenwärtigen wissenschaftlichen und technologischen Wissens« nahe, dass Anstrengungen auf dem Gebiet wissenschaftlicher Forschung das in Frage stehende Nichtwissen überwinden könnten, welches somit als ausschließlich kontingent angesehen wird. Man kann darauf wetten, dass eine »Politik der Vorsorge« unvermeidlich mit einem Gebot zu mehr Forschungsanstrengungen einhergehen wird – als ob die Kluft zwischen dem, was gewusst wird, und dem, was gewusst werden müsste, durch eine zusätzliche Anstrengung geschlossen werden könnte. Aber wir stoßen häufig auf Fälle, in denen gerade der Fortschritt des Wissens die Ungewissheit in Bezug auf eine mögliche Entscheidung noch steigert; im Rahmen epistemischer Ungewissheit wäre das vollkommen unbegreiflich. Mehr zu lernen bedeutet manchmal, verborgene Komplexitäten zu entdecken, die uns dazu zwingen einzusehen, dass der Glaube an unsere Fähigkeit zur Beherrschung der Situation teilweise illusorisch war.

Zweitens: Die zweite ernst zu nehmende Unzulänglichkeit des Vorsorgeprinzips besteht darin, dass es – unfähig, sich aus dem normativen Horizont des Wahrscheinlichkeitskalküls zu befreien – den springenden Punkt ethischer Normativität in Entscheidungssituationen, die von einem Nichtwissen geprägt sind, nicht erfassen kann. Ich beziehe mich hier auf das Konzept des »moralischen Zufalls« von Bernard Williams. Ich werde es mit der Hilfe zweier kontrastierender Gedankenexperimente einführen. Im ersten Beispiel muss man mit geschlossenen Augen in eine Urne greifen, die eine unbegrenzte Menge von Kugeln enthält und eine beliebige davon herausziehen. Zwei Drittel der Kugeln sind schwarz und nur ein Drittel weiß. Die

Aufgeklärte Unheilsprophezeiungen

Jean-Pierre Person wettet nun auf die Farbe der Kugel. Offensichtlich sollte man
Dupuy auf Schwarz setzen. Und wenn man eine weitere Kugel herausnimmt, sollte man das wieder tun. Man sollte *immer* auf Schwarz setzen, auch wenn man voraussehen kann, dass es in durchschnittlich einem von drei Fällen eine falsche Vermutung sein wird. Angenommen, man zieht eine weiße Kugel und sieht, dass die Vermutung falsch war. Rechtfertigt diese *aposteriori*-Entdeckung eine retrospektive Einstellungsänderung hinsichtlich der Wette, die man eingegangen ist? Nein, natürlich nicht; es war richtig, Schwarz zu wählen, selbst dann wenn eine weiße Kugel gezogen wurde. Wo Wahrscheinlichkeiten im Spiel sind, können Informationen, sobald sie verfügbar werden, keine rückwirkende Auswirkung auf die eigene Einschätzung der Rationalität einer Entscheidung angesichts einer ungewissen oder riskanten Zukunft haben. Dies ist eine spezifische Beschränkung von Wahrscheinlichkeitsurteilen, die, wie wir gleich sehen werden, keine Entsprechung im Bereich moralischer Urteile hat.

Ein Mann verbringt den Abend auf einer Cocktailparty. Obwohl er sich vollauf bewusst ist, dass er zu viel getrunken hat, beschließt er, mit seinem Auto nach Hause zu fahren. Es regnet, die Straße ist nass, die Ampel springt auf rot und er tritt auf die Bremse – aber ein bisschen zu spät: Das Auto kommt, nachdem es ins Schleudern gerät, *kurz hinter* einem Zebrastreifen zum Halten. Zwei Szenarien sind nun möglich: Entweder überquert niemand den Zebrastreifen und unser Mann kommt mit dem Schrecken davon. Oder er überfährt ein Kind, das an seinen Verletzungen stirbt. Das Urteil des Gesetzes, aber natürlich auch das der Moral, wird in beiden Fällen sehr unterschiedlich ausfallen. Noch eine Modifikation des Szenarios wäre denkbar: Der Mann ist nüchtern. Er tut nichts Verwerfliches. Aber er überfährt ein Kind mit tödlichen Folgen (oder, im anderen Fall, eben nicht). Auch hier wird das unvorhersagbare Ereignis darauf zurückwirken, wie andere Personen und der Mann selbst sein Verhalten vor dem Unfall beurteilen.

Ich möchte nun ein komplexeres Beispiel anführen, dass sich der britische Philosoph Bernard Williams[11] ausgedacht hat; ich werde das Beispiel ein wenig vereinfachen. Ein Maler – wir nennen ihn der Einfachheit halber »Gauguin« – entscheidet sich, seine Ehefrau und seine Kinder zu verlassen und nach Tahiti zu reisen; dort möchte er ein ›anderes‹ Leben führen, das ihm, wie er hofft, erlaubt, diejenigen Meisterwerke zu malen, die zu erschaffen sein innerstes Bestreben ist. Ist das moralisch korrekt? Williams plädiert sehr subtil dafür, dass jede mögliche Rechtfertigung seiner Entscheidung nur retrospektiv erfolgen kann. Nur der Erfolg oder Misserfolg seines Wagnis-

---

11 | Bernard Williams, Moralischer Zufall. Philosophische Aufsätze 1973–1980, übers. v. André Linden, Königstein 1984.

ses wird es uns – und ihm – ermöglichen, sich ein Urteil zu bilden. *Aufgeklärte* Dennoch hängt es teilweise vom Glück ab, ob Gauguin ein Maler bzw. *Unheils-* Genie wird oder nicht – von denjenigen Zufälle, die darüber ent- *prophezeiungen* scheiden, ob wir wirklich werden, was wir zu werden träumen. Wenn Gauguin seine Entscheidung trifft, kann er nicht wissen, welche Überraschungen die Zukunft für ihn auf Lager hat. Zu sagen, dass er sich auf eine Wette einlässt, wäre reduktionistisch. In seiner paradoxalen Verfasstheit liefert uns das Konzept des »moralischen Zufalls« genau diejenigen Mittel, die uns bisher fehlten, um zu verstehen, was bei Entscheidungen unter Bedingungen des Nichtwissens auf dem Spiel steht.

Wie Gauguin in Bernard Williams' Beispiel, aber auf einer völlig anderen Relevanzebene, hat auch die Menschheit als kollektives Subjekt eine Wahl in Bezug auf ihre Entwicklungsmöglichkeiten getroffen, die sie dem moralischen Zufall unterstellt. Es kann sein, dass ihre Wahl zu großen und unumkehrbaren Katastrophen führen wird; es ist aber auch möglich, dass sie die Mittel finden wird, sie abzuwenden. Niemand kann sagen, wie wir die Katastrophen umschiffen können. Das Urteil könnte nur retrospektiv erfolgen. Wenn wir das Urteil auch nicht selbst antizipieren können, so können wir doch zumindest einsehen, dass es davon abhängen muss, was wir wissen werden wenn der »Schleier des Nichtwissens«, der über der Zukunft liegt, einst gelüftet sein wird. Somit haben wir noch Zeit sicherzustellen, dass unsere Nachfahren niemals »*zu spät!*« sagen müssen – ein »zu spät!«, welches bedeuten würde, dass kein menschliches Leben mehr möglich ist, das diesen Namen verdient hat.

Drittens: Der dritte und wichtigste Einwand gegen das Vorsorgeprinzip steht noch aus. Er liegt darin, dass wir, indem wir das wissenschaftliche *Nichtwissen* betonen, die Natur des Hindernisses falsch deuten, das uns davon abhält, die Katastrophe in den Blick zu nehmen und verantwortlich zu handeln. Dieses Hindernis ist kein wissenschaftliches oder sonst wie geartetes Nichtwissen; das Hindernis liegt vielmehr in unserer Unfähigkeit zu glauben, dass der schlimmste Fall eintreten wird.

Stellen wir uns einmal die einfache Frage, wie die Praxis der Regierenden aussah, bevor das Vorsorgeprinzip aufkam. Betrieben sie eine Politik der *Vorbeugung* von Katastrophen, dergegenüber die *Vorsorge* als innovativ beurteilen werden könnte? Ganz und gar nicht. Sie warteten einfach darauf, dass die Katastrophe eintrat, bevor sie aktiv wurden – so als ob die Katastrophe selbst die einzige faktische Grundlage dafür bilden würde, die Katastrophe prognostizieren zu können.

Selbst wenn man weiß, dass sie stattfinden wird, glaubt man

Jean-Pierre nicht an die Katastrophe: Das ist das Haupthindernis. Auf der Grund-
Dupuy lage von zahlreichen Beispielen definierte ein englischer Wissenschaftler ein »inverses Prinzip der Risikobewertung«: Die Bereitschaft einer Gesellschaft, die Existenz eines Risikos anzuerkennen, scheint davon abzuhängen, wie weit sie auf mögliche Lösungen vertraut. In Frage zu stellen, was wir über einen langen Zeitraum als Fortschritt anzusehen gelernt haben, würde derart enorme Konsequenzen mit sich bringen, dass wir nicht an die bevorstehenden Katastrophen glauben. Ungewissheit spielt hier keine oder nur eine sehr geringe Rolle. Sie dient allenfalls als Alibi.

Zusätzlich zu Fragen der Psychologie bringt der Problemkreis künftiger Katastrophen die gesamte Metaphysik der Zeit mit ins Spiel. Die Welt erlebte die Tragödie des 11. September 2001 weniger als das Einbrechen von etwas Sinnlosem und Unmöglichen in unsere Wirklichkeit, sondern vielmehr als die plötzliche Verwandlung einer Unmöglichkeit in eine Möglichkeit. Es wird immer wieder gesagt, dass nun der größte Schrecken möglich geworden sei. Wenn das jetzt möglich geworden ist, dann war es früher nicht möglich. Und dennoch, so wendet der Common Sense ein, muss es, wenn es passiert ist, auch möglich *gewesen sein*.

Henri Bergson beschreibt, was er am 4. August 1914 empfand, als er erfuhr, dass Deutschland Frankreich den Krieg erklärt hatte: »Trotz meines Schockes, und meines Glaubens, dass ein Krieg selbst im Fall eines Sieges eine Katastrophe wäre, fühlte ich [...] eine Art von Bewunderung für die Leichtigkeit, mit der der Wandel vom Abstrakten zum Konkreten vonstatten ging: Wer hätte gedacht, dass eine so ehrfurchtgebietende Möglichkeit mit so wenig Aufhebens in die Wirklichkeit eintreten würde? Dieser Eindruck von Einfachheit überwog alles.« Diese unheimliche Vertrautheit kontrastiert scharf mit den Gefühlen, die *vor* der Katastrophe dominierten. Bergson erschien der Krieg zuvor als »zugleich wahrscheinlich und unmöglich: eine komplexe und widersprüchliche Vorstellung, welche genau bis zu jenem schicksalsschweren Datum fortbestand«.

Bergson löst diesen scheinbaren Widerspruch sehr schnell auf. Die Erklärung stellt sich ein, wenn er über ein Kunstwerk nachdenkt. Er schreibt: »Ich glaube, dass der Künstler zugleich das Mögliche wie das Wirkliche schafft, wenn er seinem Werk zum Sein verhilft.« Man zögert, diese Reflexion auf ein Werk der Zerstörung zu übertragen. Und dennoch ist es auch möglich, von Terroristen zu sagen, dass sie das Mögliche und das Wirkliche gleichzeitig schaffen.

Katastrophen zeichnen sich durch eine in einem gewissen Sinne inverse Zeit aus. Als ein Ereignis, das aus dem Nichts hervorbricht, wird die Katastrophe möglich nur durch ihre »Selbstermöglichung« (um einen Begriff Sartres zu verwenden, der in diesem Punkt ein Schüler Bergsons war). Und das ist genau die Quelle unseres Problems. Wenn man einer Katastrophe vorbeugen will, dann muss man *Aufgeklärte* an ihre Möglichkeit glauben, bevor sie eintritt. Wenn es andererseits *Unheils-* gelingt ihr vorzubeugen, dann versetzt ihr Nichteintreten die Kata- *prophezeiungen* strophe ins Reich des Unmöglichen und die Vorsichtsmaßnahmen werden im Nachhinein als sinnlos angesehen.

Auf dem Weg zu einer aufgeklärten Form von Unheilsprophezeiung

Motivation

Das schreckliche an der Katastrophe ist nicht nur, dass man nicht an ihr Eintreten *glaubt* obwohl man gute Gründe hat zu *wissen*, dass sie eintreten wird, sondern noch viel mehr, dass sie, wenn sie einmal eingetreten ist, zur normalen Ordnung der Dinge zu gehören scheint. Ihre bloße Wirklichkeit verwandelt sie in eine Banalität. Sie wurde nicht für möglich erachtet, bevor sie sich ereignete; doch sobald sie da ist, wird sie, um im Jargon der Philosophen zu sprechen, ohne zu zögern dem »ontologischen Mobiliar« der Welt zugeschlagen. Bereits weniger als einen Monat nach dem Zusammenbruch des World Trade Center musste die amerikanische Obrigkeit ihre Mitbürger an die außergewöhnliche Schwere des Ereignisses erinnern, damit das Verlangen nach Gerechtigkeit und Rache nicht nachlasse. Das zwanzigste Jahrhundert hat gezeigt, dass die schlimmsten Schandtaten ohne große Schwierigkeiten in das kollektive Bewusstsein aufgenommen werden können. Die vernünftigen und abgeklärten Kalkulationen von Risikomanagern sind ein weiterer Beweis für die erstaunliche Fähigkeit der Menschheit, sich mit dem Unerträglichen abzufinden. Sie sind das auffälligste Symptom jenes unrealistischen Ansatzes, Risiken aus dem Zusammenhang zu isolieren, in dem sie stehen.

Diese Metaphysik der Zeitlichkeit von Katastrophen hindert uns daran, eine angemessene und verantwortungsvolle Form des Handelns auszubilden. Ich habe das insbesondere in meinem Buch *Pour un catastrophisme éclairé* zu zeigen versucht, um gleichzeitig ein Gegenmittel zu genau jener Metaphysik zu entwickeln. Die leitende Idee besteht darin, sich in die Zukunft zu versetzen, um von dort auf unsere Gegenwart zurückzublicken und sie zu bewerten. Ich nenne diese zeitliche *Schleife* zwischen Zukunft und Vergangenheit die Metaphysik der *entworfenen Zeit*. Wie wir noch sehen werden, macht diese Metaphysik nur Sinn, wenn man akzeptiert, dass die Zukunft nicht nur wirklich ist, sondern auch feststeht. Das Mögliche existiert nur als gegenwärtige und künftige Wirklichkeit und diese Wirklich-

Jean-Pierre keit ist in sich selbst eine Notwendigkeit.¹² Präziser gesprochen:
Dupuy Bevor die Katastrophe eintritt, kann sie *nicht* eintreten; erst mit ihrem Eintreten beginnt sie, immer notwendig gewesen zu sein, und deswegen beginnt zugleich die Nicht-Katastrophe, die möglich war, immer unmöglich gewesen zu sein. Die Metaphysik, die ich als Grundlage für einen umsichtigen Umgang mit der Zeit von Katastrophen vorschlage, besteht also darin, sich in die Zeit nach dem Eintreten der Katastrophe zu versetzen und in ihr rückblickend ein Ereignis zu sehen, das *zugleich notwendig und unvorstellbar* ist. Exakt auf dieser Ebene wird das Formular der Unbestimmtheit relevant. Die (Un-)Vorstellbarkeit eines notwendigen Ereignisses gilt nicht länger als Maßstab eines Nichtwissens, das vielleicht nur ein vorläufiges Nichtwissen (eine *Ungewissheit*) sein könnte. Sie ist Teil der Wirklichkeit, einer Wirklichkeit, die nicht vollständig determiniert ist (eine *Unbestimmtheit*).

Diese Ideen sind schwierig und man kann sich fragen, ob es der Mühe wert ist, den Weg durch solche Konstruktionen zu gehen. Doch ich behaupte, dass das Hauptgindernis dafür, dass wir die über der Zukunft der Menschheit schwebenden Bedrohungen (an)erkennen, begrifflicher Natur ist. Wie Albert Einstein einmal sagte, haben wir die Mittel erworben, uns und unseren Planeten zu zerstören, aber wir haben unsere Denkweise nicht verändert.

Grundlegung einer der Zeitstruktur von Katastrophen angemessenen Metaphysik

Das Paradoxon einer »aufgeklärten Unheilsprophezeiung« präsentiert sich folgendermaßen: Um das Bevorstehen einer Katastrophe glaubwürdig zu machen, muss man die »ontologische Kraft« ihrer Einschreibung in die Zukunft vergrößern. Aber dies mit zu großem Erfolg zu tun, würde bedeuten, unser Ziel, die Sensibilität und den Anreiz zum Handeln so weit zu erhöhen, dass die Katastrophe *nicht stattfindet*, aus den Augen zu verlieren. Eine klassische Figur aus der Literatur und Philosophie, der Mörderrichter [killer judge], veranschaulicht dieses Paradoxon. Der Mörderrichter »neutralisiert« (ermordet) Personen, von denen feststeht, dass sie in der Zukunft ein Verbrechen begehen werden; aber diese Neutralisierung hat zur Folge, dass das Verbrechen nicht stattfinden wird.¹³ Intuitiv betrachtet

---

12 | Um die Metaphysik der entworfenen Zeit zu untermauern, muss ich eine neue Lösung für eines der ältesten Probleme der Metaphysik anbieten: Diodorus' Meisterargument [das nichts möglich sei, was nicht auch wirklich werden könnte, A.d.Ü.]. Vgl. Jules Vuillemin, Necessity or Contingency. The Master Argument, Stanford 1996.

13 | Wir denken hier an Voltaires Zadig. Der amerikanische Sciencefiction-

würde sich das Paradox daraus ergeben, dass sich der Misserfolg der in der Vergangenheit getroffenen Voraussage und das künftige Ereignis zu einer im schlechten Sinne unendlichen Schleife zusammenfügen. Aber die Idee einer solchen Endlosschleife macht, wie die metaphysische Infrastruktur des Vorbeugungsdenkens zeigt, im Rahmen unserer gewöhnlichen Metaphysik keinen Sinn. Vorbeugung besteht hier darin, aktiv zu werden um sicherzustellen, dass eine

Aufgeklärte Unheilsprophezeiungen

Sich ereignende Zeit

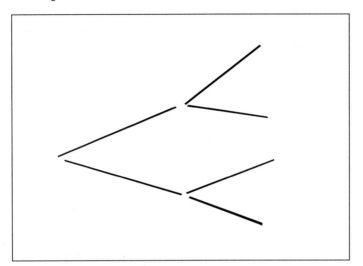

unerwünschte Möglichkeit in das ontologischen Reich von nicht-aktualisierten Möglichkeiten verbannt wird. Die Katastrophe behält, auch wenn sie nicht stattfindet, den Status einer Möglichkeit – nicht in dem Sinne, dass sie sich *nach wie vor* verwirklichen könnte, sondern in dem Sinne, dass sie immer hätte eintreten können. Wenn man ankündigt, dass es zu einer Katastrophe kommt, *um sie damit abzuwenden*, dann ist diese Ankündigung keine *Voraussage* im strengen Sinne: Sie beansprucht nicht zu beschreiben, wie die Zukunft aussehen wird, sondern nur was geschehen würde, wenn wir es versäumen, Präventivmaßnahmen einzuleiten. Hier besteht keine Notwendigkeit, irgendeine Schleife zu schließen: Die angekündigte Zukunft muss sich nicht mit der wirklichen Zukunft decken, die Vorhersage muss sich nicht bewahrheiten, denn die angekündigte oder vorausgesagte »Zukunft« ist überhaupt nicht die wirkliche Zukunft,

---

autor Philip K. Dick hat in seiner Erzählung »Minority Report« eine subtile Variation des Themas abgeliefert. Spielbergs Verfilmung erreicht leider nicht das Niveau der Erzählung.

Jean-Pierre Dupuy sondern eine Möglichkeit, die weder wirklich ist noch sein wird.[14] Dieses vertraute Schema entspricht unserer »gewöhnlichen« Metaphysik, in der sich die Zeit in eine Reihe von Seitenzweigen aufspaltet, wobei die wirkliche Welt genau einen Weg entlang dieser Zweige markiert. Ich habe diese Metaphysik der Zeit »sich ereignende Zeit« genannt; sie ist wie ein Entscheidungsbaum strukturiert (siehe obige Grafik).

All meine Bemühungen waren dem Ziel gewidmet, auf die Schlüssigkeit einer alternativen Metaphysik der Zeit hinzuweisen, die dem unglaubwürdigen Charakter von Katastrophen gewachsen ist, welcher uns daran hindert aktiv zu werden. Ich habe diese Alternative »entworfene Zeit« genannt; sie nimmt die Form einer (nicht im schlechten Sinne unendlichen) Schleife an, in der Vergangenheit und Zukunft einander wechselseitig bestimmen:

Entworfene Zeit

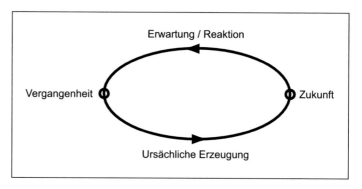

In der entworfenen Zeit wird die Zukunft als feststehend betrachtet, was bedeutet, dass jedes Ereignis, das weder zur Gegenwart noch zur Zukunft gehört, unmöglich wird. Daraus folgt sofort, dass verantwortliches Handeln im Rahmen eines Denkens der entworfenen Zeit niemals die Form der Vorbeugung annehmen kann. Wieder einmal impliziert Vorbeugung, dass das unerwünschte Ereignis, welches man verhindert, eine unverwirklichte Möglichkeit ist. Das Ereignis muss aus unserer Sicht möglich sein, damit wir einen Grund haben zu handeln; aber wenn unsere Handlungen wirksam sind, wird es nicht stattfinden. Dies ist im begrifflichen Rahmen der entworfenen Zeit undenkbar.

Um die Zukunft innerhalb der entworfenen Zeit vorherzusagen,

---

14 | Als Beispiel kann eine jener Stau-Warnungen dienen, deren Zweck genau darin besteht, dass Autofahrer diejenigen Strecken meiden, von denen erwartet wird, dass sie zu stark frequentiert werden.

ist es notwendig, den Fixpunkt der Schleife zu suchen, in dem eine Erwartung (seitens der Vergangenheit hinsichtlich der Zukunft) und eine ursächliche Erzeugung (der Zukunft durch die Vergangenheit) zusammenfallen. Der Vorhersagende, der weiß, dass seine Vorhersagen ursächliche Wirkungen in der Welt hervorrufen werden, muss dem Rechnung tragen, wenn er will, dass die Zukunft seine Vorhersagen bestätigt. Traditionellerweise, d.h. innerhalb eines religiös dominierten Weltbildes, ist dies die Rolle des Propheten, besonders die des biblischen Propheten.[15] Er ist ein außergewöhnliches Individuum, ein Sonderling, der nicht unbeachtet bleibt. Seine Prophezeiungen haben eine Wirkung auf die Welt und den Lauf der Dinge aus rein menschlichen und sozialen Gründen, aber auch deshalb, weil diejenigen die sie hören, glauben, die Worte der Propheten seien die Worte Jahwes; ferner glauben sie, dass diese Worte, die nicht direkt gehört werden können, die Macht haben, genau das geschehen zu lassen, was sie ankündigen. Wir würden heute sagen, dass das Wort des Propheten eine *performative* Macht hat: Indem es Dinge aussagt, bringt es sie zur Existenz. Der Prophet wusste das. Man könnte versucht sein zu folgern, dass der Prophet die Macht eines Revolutionärs hatte: Er spricht in einer solchen Weise, dass sich die Dinge in die Richtung ändern werden, die er ihnen zu geben beabsichtigt. Dies würde allerdings bedeuten, den fatalistischen Aspekt von Prophezeiungen zu unterschlagen: Prophezeiungen beschreiben die kommenden Ereignisse als unveränderlich und unausweichlich. Revolutionäre Prophezeiungen zeichnen sich durch eine höchst paradoxe Mischung von Fatalismus und Voluntarismus aus, die bereits die biblischen Prophezeiungen charakterisiert. Der Marxismus ist das schlagendste Beispiel hierfür.

Allerdings rede ich hier über Prophezeiung in einem ausschließlich weltlichen und technischen Sinn. Prosaischer gesprochen ist der Prophet derjenige, der den *Fixpunkt* des Problems sucht, den Punkt, an dem der Voluntarismus genau dasjenige ausführt, was der Fatalismus vorschreibt. Die Prophezeiung schließt sich selbst in ihren eigenen Diskurs ein; sie sieht sich selbst realisieren, was sie als Schicksal ankündigt. In diesem Sinn gibt es in unseren modernen, demokratischen, wissenschaftlich-technischen Gesellschaften ganze Legionen von Propheten. Die Erfahrung entworfener Zeit wird durch viele Eigenschaften unserer Institutionen nachvollziehbar und anschlussfähig; in letzter Konsequenz wird sie uns sogar aufgedrängt. Überall um uns herum werden mehr oder weniger autoritative Stimmen vernommen, die verkünden, wie die mehr oder weniger nahe

Aufgeklärte Unheils- prophezeiungen

---

15 | Zu seinem und vor allem seiner Landsleute Unglück wurden der antike Prophet (wie die Trojaner Laokoon und Kassandra) nicht geachtet; seine Weissagungen wurden in den Wind geschlagen.

Jean-Pierre Dupuy Zukunft aussehen wird: der Verkehr auf der Autobahn, das Ergebnis der kommenden Wahlen, die Inflations- und Wachstumsraten des nächste Jahres, die Veränderung des Ausstoßes von Treibhausgasen etc. Die *Futurologen* und verschiedene andere Prognostiker, deren Bezeichnung die Vornehmheit des Propheten fehlt, wissen nur zu gut, dass diese Zukunft, die sie uns so ankündigen, als stünde sie in den Sternen geschrieben, eine Zukunft ist, die wir selbst machen. Wir rebellieren nicht gegen das, was als ein metaphysischer Skandal gelten könnte (außer, gelegentlich, in der Wahlkabine). Es ist der Zusammenhang dieser Art von Umgang mit Zukunft, den ich mich herauszustellen bemüht habe.

Das französische Planungssystem, das einst von Pierre Massé entwickelt wurde, stellt das beste mir bekannte Beispiel dafür dar, was es bedeutet, die Zukunft innerhalb der entworfenen Zeit vorherzusagen. Roger Guesnerie trifft kurz und bündig den Geist dieses Planungsansatzes, wenn er schreibt, dass er »versuchte durch Diskurse und Forschung ein Bild der Zukunft zu erlangen, das ausreichend optimistisch war, um erstrebenswert erscheinen zu können und ausreichend glaubwürdig war, um Handlungen auszulösen, die seine Realisierung beschleunigen würden«.[16] Es ist leicht zu sehen, dass diese Definition nur innerhalb der Metaphysik der entworfenen Zeit sinnvoll sein kann, deren charakteristische Schleife zwischen Vergangenheit und Zukunft fehlerlos beschrieben wird. Hier wird die Planung auf die Grundlage eines *Bildes* der Zukunft gestellt und wird somit fähig, eine geschlossene Schleife zwischen der ursächlichen Erzeugung der Zukunft und der sich-selbst-erfüllenden Erwartung von der Zukunft zu ziehen.

Hier begegnet uns das Paradoxon der Lösung, die der Unheilsprophet für das Problem anbietet, welches sich aus den über der Zukunft der Menschheit schwebenden Gefahren ergibt. Es ist eine Frage der Einrichtung von Planungsverfahren auf der Grundlage eines negativen Projekts, das eine feststehenden Zukunft unterstellt, *die man nicht will*. Man könnte versucht sein, Guesneries Definition in die folgenden Begriffe zu übersetzen: »mit Hilfe wissenschaftlicher Futurologie und eingedenk menschlicher Ziele ein Bild der Zukunft zu erreichen, das ausreichend katastrophal ist, um abschreckend zu sein und genügend glaubwürdig, um diejenigen Handlungen einzuleiten, die ihre Verwirklichung verhindern« – aber diese Formulierung würde das wesentliche Element verfehlen. Es scheint, dass solch ein Unternehmen von Anfang an von einem kostspieligen Defekt gelähmt werden würde: einem Selbstwiderspruch. Wie kann man, wenn die unerwünschte Zukunft erfolgreich vermieden wurde,

---

16 | Roger Guesnerie, L'Économie de marché, Paris 1996. Die Formulierung ist durchdrungen vom Geist rationaler Erwartungen.

sagen, dass dieser Erfolg möglich wurde, indem man den Blick auf *Aufgeklärte* genau diese Zukunft gerichtet hat? Das Paradoxon bleibt ungelöst. *Unheils-*
Um meine Lösung dieses Paradoxons auszubuchstabieren, wäre *prophezeiungen* es notwendig, in die technischen Details einer metaphysischen Debatte einzusteigen, doch hier ist nicht der Ort, dies zu tun.[17] Ich werde mich darauf beschränken, eine flüchtige Idee des Schemas anzudeuten, auf dem meine Lösung basiert. Alles erschließt sich ausgehend von einem zufälligen Ereignis – einem solchen allerdings, dessen Natur und Struktur sich den traditionellen Kategorien, die wir im zweiten Teil dieses Vortrags diskutierten, nicht fügen.

Das Problem besteht darin zu verstehen, welche Art von Fixpunkt dazu fähig ist, den Abschluss derjenigen Schleife zu garantieren, die die Zukunft mit der Vergangenheit in der entworfenen Zeit verbindet. Wir wissen, dass die Katastrophe nicht die Funktion dieses Fixpunktes ausüben kann: Die Signale, die sie in die Vergangenheit zurücksenden würde, würden Handlungen auslösen, die die katastrophale Zukunft daran hindern einzutreten. Wenn die Abschreckungswirkung der Katastrophe fehlerlos funktioniert, löscht sie sich selbst aus. Damit die Signale aus der Zukunft die Vergangenheit erreichen, ohne ihre Quelle zu zerstören, muss eine *Unvollständigkeit in der Schließung der Schleife*, die in die Zukunft eingeschrieben ist, auftreten. Weiter oben schlug ich eine Modifikation von Roger Guesneries Definition des Anspruchs des französischen Planungssystems vor, um anzudeuten, was als Maxime für eine rationale Form von Unheilsprophezeiungen dienen könnte. Ich fügte hinzu, dass sich diese Maxime, sobald sie ausgesprochen wird, selbst widerlegt. Jetzt können wir sie in einer Weise berichten, die sie vor diesem unerwünschten Schicksal bewahrt. Die neue Formulierung würde lauten: »[...] ein Bild der Zukunft zu erreichen, das ausreichend katastrophal ist, um abschreckend zu sein und genügend glaubwürdig, um diejenigen Handlungen einzuleiten, die ihre Verwirklichung verhindern, *vorbehaltlich des Zufalls*«.

Man möchte vielleicht die Wahrscheinlichkeit des Zufalls (der unvorhergesehenen Ereignisse) quantifizieren. Sagen wir einmal, sie beträgt ein Epsilon, e, was gering oder sehr gering sein soll. Die vorangehende Erklärung kann dann sehr präzise zusammengefasst werden: Weil die Wahrscheinlichkeit e besteht, dass die Abschreckung nicht wirken wird, wirkt sie mit der Wahrscheinlichkeit $1-e$. Was wie eine Tautologie aussehen könnte (im Rahmen der Metaphysik der sich ereignenden Zeit wäre es ganz offensichtlich eine Tautologie) ist hier keine, da die vorangehende Behauptung nicht für $e = 0$ gilt.

---

17 | Ich nehme mir die Freiheit, den interessierten Leser auf die bibliographischen Angaben in der Fußnote 159 meines *Pour un catastrophisme éclairé* hinzuweisen.

Jean-Pierre Dupuy Die Diskontinuität im Falle von $e = 0$ deutet an, dass hier etwas wie ein Unbestimmtheits-Prinzip am Werk ist. Die Wahrscheinlichkeiten e und $1-e$ verhalten sich so wie Wahrscheinlichkeiten in der Quantenmechanik. Man muss sich den Fixpunkt als die *Überlagerung* zweier Zustände vorstellen, von denen der eine im zufälligen und vorher festgelegten Eintreten der Katastrophe besteht, der andere in ihrem Nicht-Eintreten.

Dass die Abschreckung nicht mit einer streng positiven Wahrscheinlichkeit e funktionieren wird, ermöglicht die Einschreibung der Katastrophe in die Zukunft und diese Einschreibung macht die Abschreckung wirksam, *mit einer Irrtumswahrscheinlichkeit von e*. Es wäre allerdings falsch zu sagen, dass es die *Möglichkeit* eines Irrtums mit dem Wahrscheinlichkeitsfaktor e ist, die die Wirksamkeit der Abschreckung garantiert – so als ob der Irrtum und das Ausbleiben des Irrtums zwei Pfade wären, die sich an einer Gabelung voneinander trennen. Es gibt keine sich gabelnden Wege in der entworfenen Zeit. Der Irrtum ist nicht nur möglich, er ist wirklich: Er ist in die Zeit eingeschrieben, so wie die von einem Stift gezogene Linie auf einem Blatt Papier. Die Zukunft steht fest aber sie ist zum Teil unbestimmt. Sie enthält die Katastrophe, aber als ein Unglück bzw. als einen Zufall. Wie der metaphysischste aller Dichter, Jorge Luis Borges, einmal schrieb: »Die Zukunft ist unvermeidlich, aber vielleicht tritt sie nicht ein.«

Mit anderen Worten: Vielleicht kann genau das, was uns bedroht, unsere einzige Rettung sein.

Übersetzung aus dem Englischen von Andreas Hetzel

WOHIN DIE REISE GEHT
ZEIT UND RAUM DER NANOTECHNOLOGIE
Alfred Nordmann

Rastertunnelmikroskopie von Lutz Tröger aus dem Jahr 2001.[1]

Viele Technologien haben Bestimmung und Bestimmtheit erlangt. Unsere Großstädte mit ihren Hochhäusern gründen sich unter anderem auf den Fahrstuhl, der Fahrstuhl seinerseits auf eine dramatische Geste des Beweises seiner Verlässlichkeit.[2] Im New Yorker

---

1 | Trögers Bild erschien in der Ausstellung Grenzflächen 2001 mit Anspielung auf das Motto der Fernsehserie Raumschiff Enterprise »Nanospace: to boldly go where no man has gone before«.
2 | Vgl. Jeannot Simmen und Uwe Drepper: Der Fahrstuhl: Die Geschichte der vertikalen Eroberung, München 1984.

Alfred Nordmann Crystal Palace inszenierte nämlich Elisha Graves Otis 1854 allabendlich einen dramatischen Augenblick, in dem bezeichnenderweise nichts passierte. Auf dem Fahrstuhl stehend durchschnitt er das tragende Seil, aber der Fahrstuhl fiel nicht. Er konnte gar nicht fallen, denn der von Otis erfundene Fahrstuhl ist eine gespannte Feder, die nur darauf wartet, sich im Schacht festzukeilen.[3] Die tägliche Vorführung von Elisha Graves Otis bestand in einem Augenblick höchster Spannung und zugleich größtmöglicher Bestimmtheit. Otis präsentierte sich als ein Gegen-Archimedes: Gebt mir ein Messer und was passiert – hier und jetzt – ist ganz und gar nichts. Das gespannte Seil erschlafft, die Welt bleibt in ihren Angeln und der Fahrstuhl an seinem Platz, die Reise geht nicht weiter, nicht den Schacht hinab und auf keine bevorstehende Katastrophe zu. Dieser Augenblick hat normative Kraft, er ist ein Augenblick der sicheren Wahrheit, auf die sich unser Vertrauen in den Fahrstuhl vernünftigerweise gründet.

Seit 1854 hat sich der Fahrstuhl nicht als sonderlich gestaltungsoffen erwiesen – und dies entspricht vermutlich seiner klaren Bestimmung und Bestimmtheit, ist also gut so. Zwar hat sich seine Sicherheitstechnik unter der Hand durchaus verändert, zwar fahren nun manche Fahrstühle in runden Glasschächten an Außenwänden entlang und doch wissen wir weiterhin ganz genau, wohin die Reise geht, nämlich in den 13. Stock oder das Erdgeschoss. Erst in jüngster Zeit rückte der Fahrstuhl wieder in den Horizont des Unbestimmten – und dies dank der Nanotechnologie. Ihren Visionen zufolge sollen wir nun mit dem Fahrstuhl eine durchaus ungewisse Reise in den Weltraum antreten. Prinzipiell können nämlich so genannte Kohlenstoff Nanoröhrchen zu einem unerhört starken und leichten, praktisch unbegrenzt langen Seil gewunden werden. Befestigen wir ein Ende dieses Seils am Äquator, das andere Ende an einem Satelliten, können wir auch schon mit Gewicht und Gegengewicht an diesem Seil entlang in einer Kabine zum Satelliten aufsteigen.[4] Angesichts dieses Fahrstuhls wissen wir gleich in mehrfacher Hinsicht nicht mehr oder noch nicht, wohin die Reise geht. Wenn wir am

---

3 | In seinem Naturzustand steht dieser Fahrstuhl still. Gespannt wird die Feder durch das Seil, bzw. das Prinzip von Kraft und Gegenkraft. Der Kraft des am Fahrstuhl hängenden Seils entspricht die Kraft des Seils auf den Fahrstuhl. Sie wird genutzt, um die Feder zu spannen und den Fahrstuhl so zu verschlanken, dass er sich im Schacht überhaupt hinauf und hinunter bewegen kann. Reißt das Seil, kehrt der Fahrstuhl sofort in seinen Naturzustand zurück und setzt sich im Schacht fest. Vgl. Alfred Nordmann: »Fusion and Fission, Governors and Elevators« in: Edmund Byrne/Joseph Pitt (Hg.), Technological Transformation: Contextual and Conceptual Implications, Dordrecht 1989, S. 81–92.

4 | Vgl. Anatol Johanson: »Fahrstuhl zu den Sternen«, in: Frankfurter Rundschau vom 31.8.2004, S. 23.

Äquator einsteigen und im Weltraum ankommen, wo sind wir da ei- *Zeit und* gentlich und was sollen wir dort tun? Was würde es bedeuten, wenn *Raum der* das Seil doch einmal reißt und sich um die Erde wickelt?[5] Vor allem *Nanotechnologie* jedoch, wie erwartbar ist dieser Fahrstuhl in den Weltraum eigentlich – handelt es sich hierbei um eine wild spekulative Zukunftsvision oder um eine relativ leicht realisierbare Anwendung der Nanotechnologie? Nicht einmal die hiermit befasste Forschung gibt verlässliche Antworten auf diese Fragen.

Diese Art von Unbestimmtheit macht die Nanotechnologie und andere Schlüsseltechnologien wesentlich aus.[6] Bereits ihre Gründungsdokumente laden uns ein, »ein neues Feld der Physik zu betreten«, und geben das technische Versprechen, dass die Nanotechnologie »vermutlich die Entwürfe und Herstellungsverfahren von praktisch allem ändern wird – von Impfstoffen zu Computern zu Autoreifen und heute noch nicht einmal vorgestellten Objekten«.[7] Während Richard Feynman 1959 aufforderte, den vielen Platz zu nutzen, den es nicht nur im Weltraum, sondern auch »ganz unten« auf molekularer Ebene zu entdecken gibt, platzieren heutige Forscher molekulare Landschaften in kosmische Dimensionen. Somit findet die Unbestimmtheit der Nanotechnologie ihren bildlichen Ausdruck in der Weltreise mit unbegrenztem Horizont und ungewissem Ziel.

Wie immer, wo es etwas noch Unbestimmtes zu bestimmen gilt, ist dies keine bloß faktische Angelegenheit (»wie sieht die einmal realisierte Nanotechnologie eigentlich aus?«), sondern vor allem auch eine normative Frage (»was wird uns im Namen der Nanotechnologie abverlangt, was sollen wir von der Nanotechnologie wollen?«). Bevor wir sagen können, wohin die Reise geht, müssen wir somit einen kritischen Standpunkt behaupten, von dem aus das Ziel der Reise eingeschätzt werden kann. Mit dieser Suche nach einem

---

5 | Vgl. hierzu den Science Fiction Roman von Kim Stanley Robinson: Red Mars, New York 1993.

6 | Dies ist nicht der Ort, um auf den Begriff der ›Schlüsseltechnologie‹ näher einzugehen. So viel jedoch ist offensichtlich bereits im Namen enthalten: Für Technologien, die Schlüssel und Werkzeuge produzieren (Nano-, Bio-, Informations- und Kommunikationstechnologie und womöglich ihre Konvergenz), muss überhaupt erst bestimmt werden, welche Schlösser und somit auch welche Türen mit ihrer Hilfe eigentlich geöffnet werden sollen. Vgl. Alfred Nordmann (als Berichterstatter für die Expertengruppe »Foresighting the New Technology Wave«): Converging Technologies: Shaping the Future of European Societies, Brüssel 2004.

7 | Richard Feynman: »There's Plenty of Room at the Bottom: An invitation to open up a new field of physics«, in: Engineering and Science 23:5 (1960), S. 22–36, und Interagency Working Group on Nanoscience, Engineering and Technology: Nanotechnology – Shaping the World Atom by Atom, Washington 1999.

Alfred Nordmann kritischen Standpunkt verbindet sich die auf den ersten Blick unüberwindliche Schwierigkeit, dass wir über Zukünftiges urteilen müssen, also über die Bestimmungen, die die Nanotechnologie erst annehmen wird. Da dieses Zukünftige nicht bloß ein naher oder ferner Punkt in gleichförmig fortschreitender Zeit ist, sondern eine veränderte historische Situation bedeutet, kann nicht vorausgesetzt werden, dass heutiges Wissen, heutige Werte und Wertkonflikte, heutige Handlungsspielräume auf diese Zukunft anwendbar sind – selbst wenn wir jetzt schon wissen könnten, was sie technisch zu bieten hat.[8]

Titelbild der 1999 erschienen Broschüre, die die US-amerikanische National Nanotechnology Initiative vorbereitet

---

8 | Auch letztere Annahme ist nur haltbar, wenn Technikentwicklung als determinierte Entfaltung in der Zeit und nicht als historischer Prozess verstanden wird.

Dieser Schwierigkeit stellt sich die Technikfolgenabschätzung, mit *Zeit und* ihr gehen auch diverse theoretische Positionen zur Entwicklung der *Raum der* Nanotechnologie um. Sie haben sich das gemeinsame Ziel gesetzt, *Nanotechnologie* die Problematik einer »Zukunftstechnologie« zu vergegenwärtigen. Der folgende Überblick über einige hierfür gewählte Strategien führt auf die grundsätzliche Frage, ob wir uns die Reise überhaupt als eine Reise in der Zeit oder in die Zeit vorstellen sollen oder ob es nicht gute Gründe dafür gibt, lieber gar nicht über eine nanotechnisch geprägte Zukunft, sondern über die nanotechnische Durchdringung des Raums zu sprechen.

Die Zukunft der Nanotechnologie

Armin Grunwald verknüpft die Frage nach der Gestaltbarkeit der Nanotechnologie mit der Frage danach, wie wir uns ihre Zukunft vorstellen. Hierfür stellt er drei unauflöslich konkurrierende Zukunftsvorstellungen nebeneinander.[9] Die *prognostische* Sicht setzt eine Zukunft voraus, die wir im vor hinein kennen können, die somit bereits gegeben und gegenüber unseren Interventionen immun ist. Für die *gestalterische* Sicht dagegen ist die Zukunft offen, ein unbeschriebenes Blatt. Erst durch unsere Handlungen wird sie überhaupt realisiert. Die *evolutive* Sicht der Zukunft bezieht eine historische Perspektive auf die Zukunft. Hiernach wird die Zukunft der Technikentwicklung wie ihre Vergangenheit sein – und was der historische Blick enthüllt ist allemal, dass sich aus einem vergangenen Zustand die Zukunft nicht ableiten lässt, dass die Zukunft in diesem Blickwinkel immer offen, nicht determiniert, nicht antizipierbar ist; der historische Ansatz weist für jede Gegenwart aber nach, dass sie sich ihrer Vergangenheit auf vielfältige Weise verdankt und keineswegs etwa willkürlich gestaltbar war. Die evolutive Sicht bietet somit keine unmittelbaren Gestaltungsmöglichkeiten, sie hilft allenfalls, Triebkräfte der Technikentwicklung zu identifizieren und Rahmenbedingungen festzusetzen.

Es gibt nun kein Kriterium der Richtigkeit für diese drei Sichten auf Zukunft. Grunwald betrachtet sie daher als unentscheidbar, verlangt aber zur Rationalisierung des Technikdiskurses, dass wir diese Sichtweisen jeweils klar auszeichnen, sie als letztlich unbegründete Vorannahmen kenntlich machen.[10] Ein normatives Kriterium legt er

---

9 | Vgl. Armin Grunwald: »Die Unterscheidbarkeit von Gestaltbarkeit und Nicht-Gestaltbarkeit der Technik«, in: Armin Grunwald (Hg.), Technikgestaltung zwischen Wunsch und Wirklichkeit, Berlin 2003, S. 19–38.

10 | In zwei Aufsätzen zeigt Cynthia Selin, dass unterschiedliche Zeitvorstellungen (evolutionär oder revolutionär verlaufende Zeit, mittel- oder langfristige

Alfred Nordmann nahe, wenn er die Unterscheidung von Teilnehmer- und Beobachterperspektive betont, dass nämlich die drei Sichten nur aus der Beobachterperspektive gleichwertig oder unentscheidbar erscheinen, während die Teilnehmerperspektive den gestalterischen Zugang, den Glauben an Gestaltbarkeit als eine Art Imperativ des Praktischen oder Politischen behaupten muss oder soll. Eine Heuristik der Vorsicht, eines umsichtigen Kosten-Nutzen Kalküls oder zum Beispiel der Nachhaltigkeit kann kritische Grenzwerte festlegen oder positive Leitbilder etablieren, auch wenn etwa die evolutiv-historische Beobachterperspektive gegenüber der Teilnehmerperspektive immer Recht behalten und letztere als vielleicht notwendige Illusion entlarven wird.[11] Egal jedoch, welche Sicht der Zukunft jeweils adäquat ist, die Zukunft ist in jedem Fall ganz einfach das, was sich in künftiger Zeit ereignen wird.

Für Jean-Pierre Dupuy dagegen ist die Zukunft der Nanotechnologie nicht, wie sie sich im Lauf der Zeit so oder so entwickeln wird. Die Zukunft der Nanotechno*logie* ist das, was ihrem *logos* entspricht, was in unserer jetzigen Vorstellung der Nanotechnologie bereits angelegt ist, also etwa in der Programmatik eines »bottom up«-Ansatzes, der sich Prinzipien der Selbstorganisation zu Nutze macht und die vorgefundene Welt als eine Summe von Eigenschaften betrachtet, die sich einer bestimmten molekularen Architektur verdanken und die nach Bedarf reproduziert oder manipuliert werden können.[12]

Horizonte, gestaltbare oder unausweichliche Entwicklung etc.) in den Streit darum hineinspielen, was Nanotechnologie überhaupt ist. Die verschiedenen Sichten auf die Zukunft existieren also einerseits unauflöslich nebeneinander her, treten andererseits aber auch in Konflikt. Selin orientiert sich dabei unter anderem an Nik Brown/Brian Rappert/Andrew Webster (Hg.): Contested Futures – A Sociology of Prospective Techno-Science, Aldershot 2000, vgl. Cynthia Selin: »Expectations in the Emergence of Nanotechnology«, Vortrag in der Conference Paper Database der 4. Triple Helix Conference, Kopenhagen 2003, und »Time Matters: Temporal Division and Coordination in Nanotechnology Networks«, Manuskript 2004.

11 | Diese Grenzwerte und Leitbilder orientieren sich nicht an mehr oder weniger allgemeinen Definitionen der Nanotechnologie, sondern beschränken sie auf Handlungsbereiche, die durch die instrumentell vermittelte Forschungspraxis bereits konstituiert wurden. Statt zu definieren »der Nanobereich ist überall, wo Moleküle sind«, ist für Grunwald der Nanobereich dort, »wo Maschinen bereit stehen, mit denen auf der Nanoskala analysiert und manipuliert werden kann« (persönliche Mitteilung).

12 | Vgl. sein Manuskript »The Philosophical Foundations of Nanoethics: Arguments for a Method«, Vortrag auf der Nanoethik Tagung, University of South Carolina, März 2005; vgl. auch »Complexity and Uncertainty«, in: Foresighting the New Technology Wave: State of the Art Reviews and Related Papers.

Dupuy stellt seinen aufgeklärten Katastrophismus, sein »enlightened doomsaying« in diesem Band selbst vor. Mit der von Grunwald am stärksten kritisierten prognostischen Sicht hat er gemein, dass er die Zukunft als eine schon gegebene, nicht gestaltbare setzt.[13] Grunwald schreibt hierzu: »Der Zusammenhang von Prognostik und Determinismus führt zu der absurden Situation, dass wenn optimale Prognosen möglich wären, sie gar nicht mehr gebraucht würden.« Dupuys Ansatz zeichnet sich dadurch aus, dass er diese Absurdität, dieses Paradox als einen Moment möglicher Abkehr begreift.

Nach Dupuy gibt es kein Warenhaus der Zukünfte, aus dem wir uns nach Nachhaltigkeitskriterien oder anderen Gestaltungsmaßnahmen eine uns genehme aussuchen dürfen. Wer sich in einem solchen Warenhaus befindet, wird die Katastrophe schon angesichts der verbleibenden Auswahl nicht für glaubwürdig halten. Die Bedeutung der Zukunft kann nicht darin bestehen, dass sie in künftiger Zeit erst entsteht, sondern ergibt sich daraus, dass sie die Zukunft ist, unsere eine und einzige Zukunft. Sie steht fest – nicht jedoch im Sinne einer eindeutig prognostizierten, eigenlogisch aus der Gegenwart hervorgegangenen Zukunft, sondern im Sinne einer prophetisch projizierten, im *logos* der Nanotechnologie enthaltenen oder behaupteten Zukunft. Wir brauchen »ein *Bild* der Zukunft, das einen geschlossenen Kreis zwischen ihrer kausalen Hervorbringung und der sich-selbst-erfüllenden Erwartung an sie ist«.[14]

Dupuys aufgeklärter Kassandraruf setzt ein Bild der Zukunft, das nicht im Detail ausgeführt ist. Einerseits bleibt die Zukunft nanotechnologischer Entwicklungen unkenntlich und unbestimmt, andererseits können wir wissen, dass sie die Katastrophe ist. Den bloß scheinbaren Widerspruch löst Dupuy leicht auf, in dem er den katas-

---

13 | Wichtig ist dabei aber der Unterschied, dass die prognostische Sicht von einer Technikentwicklung ausgeht, die einer inneren Logik folgt, während unsere gegenwärtige Auffassung von Technik, Natur und Mensch nach Dupuy eine bestimmte Zukunft bereits determiniert, insofern also gar keine Prognose erfordert.

14 | J.-P. Dupuy: »Complexity and Uncertainty«; im Original und größeren Zusammenhang lautet diese Passage: »One can succinctly capture the spirit of this approach with the following words: it is a matter of obtaining through research, public deliberation, and all other means, an image of the future sufficiently optimistic to be desirable and sufficiently credible to trigger the actions that will bring about its own realization. It is easy to see that this definition can make sense only within the metaphysics of projected time, whose characteristic loop between past and future it describes precisely. Here coordination is achieved on the basis of an image of the future capable of insuring a closed loop between the causal production of the future and the self-fulfilling expectation of it.« Vgl. Dupuys Beitrag zu diesem Band.

trophischen Charakter der Nanotechnologie unmittelbar aus ihrer objektiven Unbestimmtheit herleitet. Objektiv ist dieses Nichtwissen, weil es nicht von unserem zufällig begrenzten Wissensstand abhängt, sondern eine systematische Unvorhersagbarkeit bedeutet und die Unwissenheit also nicht bloß epistemisch ist. Wir begegnen dieser Art von systematischer Unvorhersagbarkeit zum Beispiel in der Dynamik nicht-linearer komplexer Systeme, von Systemen also, die irgendwann nicht mehr schrittweise vor- und rückschreiten, sondern an einem nicht berechenbaren Punkt irreversibel umkippen, sich also katastrophisch verhalten. Dupuy bemerkt hierzu: »Dieser plötzliche Verlust der Widerständigkeit gibt Ökosystemen eine Eigenheit, für die jeder Ingenieur, der sie auf künstliche Systeme übertragen wollte, sofort gefeuert würde: Die Alarmsignale gehen erst dann los, wenn es zu spät ist.«[15] Diese Systemeigenschaft der Natur kann bereits dort jederzeit geltend werden, wo technischer Fortschritt, ausschweifendes Konsumverhalten, Raubbau, Überbevölkerung und Verschmutzung aller Art die Grenzen ihrer Widerständigkeit immer größeren Belastungen aussetzt. Eine Zuspitzung erfährt die Situation nun aber, wo quasi-naturhafte technische Systeme geschaffen werden sollen, deren komplexe Interaktionen weitere Instabilitäten einführen – wo nanotechnische Forschung beispielsweise Selbstorganisationsprozesse nutzbar macht und sich von neuen Materialeigenschaften überraschen lassen will. Hybridisierung von Technik und Natur heißt hier, dass wir durch Komplexitätserhöhung objektives Nichtwissen und katastrophische Instabilität noch erhöhen.

Wenn es einen Ausweg aus der Katastrophe gibt, dann besteht er jedenfalls nicht in Prävention oder Verhinderung, in vorbeugenden Maßnahmen, besserer Sensorik, strengeren Gesetzesauflagen oder ähnlichem. Wie vielleicht bei Heidegger oder seinen Schülern könnte der Ausweg nur in einem Zurückschrecken vor der Katastrophe bestehen, in einem Unfall oder einer Singularität: »Es geht darum, sich

---

15 | Ebd.; im Original lautet diese Stelle: »Beyond certain *tipping points*, they veer over abruptly into something different, in the fashion of phase changes of matter, collapsing completely or else forming other types of systems that can have properties highly undesirable for people. In mathematics, such discontinuities are called *catastrophes*. This sudden loss of resilience gives complex systems a particularity which no engineer could transpose into an artificial system without being immediately fired from his job: the alarm signals go off only when it is too late. And in most cases we do not even know where these tipping points are located. Our uncertainty regarding the behavior of complex systems has thus nothing to do with a temporary insufficiency of our knowledge, it has everything to do with objective, structural properties of complex systems.«

auf der Grundlage eines negativen Projekts zu koordinieren, das die Form einer festgelegten Zukunft annimmt, *die nicht gewollt ist.*«[16] Dupuy hat die Möglichkeit einer solchen Singularität angesichts der einen gegebenen Zukunft mathematisch-begrifflich zu erweisen gesucht. Historisch spürt er sie in der Geschichte des nuklearen Wettrüstens auf, in der die Aussicht auf eine auch vom Zufall produzierbare »mutually assured destruction« so etwas wie eine grundsätzliche Abkehr ermöglichte. Unter expliziter Bezugnahme auf Hans Jonas, Günther Anders und Hannah Arendt empfiehlt Dupuy somit eine Heuristik nicht der Umsicht oder des Kalküls, sondern der Furcht.

Mit expliziter Bezugnahme auf Ernst Bloch verfolgt George Khushf gegenüber der Nanotechnologie schließlich eine Heuristik der Hoffnung.[17] Die Zukunft ist für ihn weder, was in künftiger Zeit geschieht, noch was im *logos* der Nanotechnologie bereits enthalten ist, sie ist Vorschein eines verantwortlich zu realisierenden Potenzials, der von Bloch beschworenen Allianztechnik:

»Die endgültige manifestierte Natur liegt nicht anders wie die endgültig manifestierte Geschichte im Horizont der Zukunft, und nur auf diesen Horizont laufen auch die künftig wohlerwartbaren Vermittlungskategorien konkreter Technik zu. Je mehr gerade statt der äußerlichen eine Allianztechnik möglich werden sollte, eine mit der Mitproduktivität der Natur vermittelte, desto sicherer werden die Bildekräfte einer gefrorenen Natur erneut freigesetzt.«[18]

Während Dupuy vor einer Technologie warnt, die die Bildekräfte einer keineswegs am Fortbestehen der menschlichen Art interessierten Natur freisetzt, setzt Khushf auf einen Bildungsprozess von Mensch und Natur.[19] Während Dupuy ein negatives Projekt verfolgt, das keine Prävention, keine vorgreifende Abhilfe erlaubt, sondern Ab-

---

16 | Ebd.
17 | Die technikphilosophische Komplementaritität von Jonas' »Heuristik der Furcht« und Blochs »Heuristik der Hoffnung« wurde schon von Wolfgang Bender identifiziert in »Zukunftsorientierte Wissenschaft – Prospektive Ethik«, in: Anna Wobus u.a. (Hg.), Stellenwert von Wissenschaft und Forschung in der modernen Gesellschaft in: Nova Acta Leopoldina, Neue Folge, Band 74, Nr. 297, Heidelberg 1996, S. 39–51.
18 | Ernst Bloch: Das Prinzip Hoffnung, Frankfurt/Main 1973, S. 807.
19 | Vgl. E. Bloch: Prinzip Hoffnung, S. 810, wo unter Berufung auf Kants Charakterisierung der künstlerischen Einbildungskraft eine Technik vorgestellt wird, die wie Natur wirkt und als Natur angesehen werden kann. In dem Aufsatz »Noumenal Technology: Reflections on the Incredible Tininess of Nano«, in: Techne 8:3 (2005) identifiziere ich gerade diese Naturanmutung einiger Gen- und Nanotechnologien mit ihrer offenbaren Unheimlichkeit.

Alfred kehr verlangt, ist Khushfs Projekt positiv auf die Realisierung einer
Nordmann sich bereits ankündigenden neuen Welt gerichtet. Und während
Dupuy Ethik als Liebe der menschlichen Fragilität versteht, die sich
selbst radikal herausfordern und bezweifeln kann, definiert Khushf
Ethik als einen Akt der Freiheit, der in der Reflektion und dem Hervorbringen des Guten besteht.

In einem mit den notwendigen Vereinfachungen populär gehaltenen Vortrag skizziert Khushf die Aufgabe, eine verantwortbare Zukunft zu konzipieren.[20] Zu jeder Zeit bestehe ein Equilibrium zwischen technischem Entwicklungsstand, Lebensentwürfen, ethischen Normen. Jede auch auch noch so graduell-kontinuierliche technische Entwicklung stört dieses Equilibrium, macht neue Lebensentwürfe möglich und neue ethische Normen nötig. Ist die technische Entwicklung radikal diskontinuierlich, bedeutet dies keine mehr oder weniger große Abweichung vom Equilibrium, sondern im Sinne der nicht-linearen komplexen Dynamik eine spontane Neuordnung auf höherer Ebene. Im Normalfall und bei bloßer Abweichung von einem wiederherzustellenden Equilibrium muss die Ethik hinterher eilen, die neuen Probleme dingfest machen und in traditionelle Diskurse rückbinden. Die Visionen der Nanotechnologie und der Konvergenz von Nano-, Bio- und Informationstechnologie wollen aber auf einen radikalen Wandel, einen neuen Modus der Forschung, der Technik, der gestaltbaren Lebensentwürfe hinaus. Sie streben ein Equilibrium auf neuer Ebene an und fordern Ethik im Sinne der schöpferischen Hervorbringung dessen, was sein soll.

Dieses ethische Projekt vollzieht sich nun auf allen Ebenen, auf denen die Bildekräfte und Selbstorganisation der Natur freigesetzt werden. Auf der einen Ebene will sich etwa die Nanotechnologie die Selbstorganisation der Natur zunutze machen, auf einer anderen Ebene bewirkt eben dieses Strukturparadigma der Selbstorganisation eine Neuorganisation der Disziplinen, die die Natur nun nicht mehr klassisch-hierarchisch untereinander aufteilen, auf einer dritten Ebene dienen die neuen Technologien schließlich als Auslöser für eine Neuorganisation aller Lebenszusammenhänge. Sobald wir den

---

20 | Vgl. George Khushf: »The Ethics of NBIC Convergence for Human Enhancement: On the Task of Framing a Responsible Future«, Vortrag bei der Tagung NBIC Convergence 2004, New York, Februar 2004, vgl. aber auch sein »The Ethics of Nanotechnology – Visions and Values for a New Generation of Science and Engineering«, in: National Academy of Engineering: Emerging Technologies and Ethical Issues in Engineering, Washington: 2004, S. 29–55, außerdem »Systems Theory and the Ethics of Human Enhancement: A Framework for NBIC Convergence«, in: Annals of the New York Academy of Sciences, Nr. 1013 (2004), S. 124–149. Die folgende Darstellung basiert darüber hinaus auf einer Reihe persönlicher Gespräche.

nanotechnologischen Anspruch auf radikale Transformation der Wissens- und Gesellschaftsorganisation ernst nehmen, so Khushf, ist die Ethik bereits im Spiel der möglicherweise konkurrierenden Vorstellungen vom »wirklichen Einbau der Menschen in die Natur«.[21] Was sich hier auf allen Ebenen gleichzeitig vollzieht und den Forschungsprozess in größere Zusammenhänge integriert, ist ein reflexiver Zirkel, der tradierte Normen als zunächst äußere Regeln aufnimmt und in ein reifes Selbstverständnis transformiert, der somit seinerseits nach dem Schema von Selbstorganisationsprozessen verläuft:

»Es gibt einen wichtigen Unterschied im Umgang von Kindern und Erwachsenen mit Ethik. Für Kinder sind ethische Normen von außen aufgezwungene Einschränkungen des Wünschens und Wollens. Regeln hindern sie daran, die Süßigkeit zu essen, Johns Spielzeug zu nehmen oder lieber zu spielen als zur Schule zu gehen. Für den Erwachsenen werden diese Regeln internalisiert. Die äußerlichen Regeln über Süßigkeiten, Stehlen und Schulbesuch werden in ein Wissen über richtige Ernährung, zwischenmenschlichen Umgang und Erkenntnisgewinn transformiert. Erwachsene transformieren die Regeln in Werkzeuge, mit denen sie verantwortlich ihre Zukunft gestalten können. Wir sollen nur als Erwachsene die radikal neue Welt betreten, die sich vor uns öffnet.«[22]

In der Selbst-Erziehung des Menschengeschlechts befindet sich somit die Zukunft heute noch in ihrer Kindheit, kündigt aber bereits ihre gereifte Persönlichkeit an. Gestaltung dieses Prozesses ist für Khushf Bildung, wobei mit der äußeren Bildung einer radikal neuen Welt die implizite und explizite innere ethische Verpflichtung auch der Forscher und Entwickler einhergeht. Die Konvergenz verschiedener Technologien und Disziplinen kann hiernach etwas ganz anderes sein als die bloße Entfesselung der Produktivkräfte von Wissenschaft und Industrie: »mit einer sich neu entwickelnden Form der ethischen Reflektion, kann diese Konvergenz verantwortlich in eine Zu-

---

21 | Vgl. E. Bloch: Prinzip Hoffnung, S. 817.
22 | G. Khushf: »Ethics of NBIC Convergence«. Daraus ergibt sich auch, dass Khushf im Gegensatz zu Dupuy die Bildekräfte der Natur für ihrerseits bis zu einem gewissen Grade gestaltbar hält. Er selbst arbeitet durchaus innovativ auf die Gestaltung solcher Prozesse hin. Beispielsweise hat er in Zusammenarbeit mit Molekularbiologen, Genetikern, Medizinern, Bioethikern ein Forschungskonzept formuliert, das den zitierten reflexiven Zirkel integriert und selbstorganisierend auf höherstufige Transformationen der gemeinsamen Begriffsbildung zielt. – Weniger deutlich, aber doch präsent ist die Perspektive auf die »Bildung« einer »neuen Generation« von Natur- und Ingenieurswissenschaft und in deren Verlauf auch die »Reifung« der Menschheit in Khushfs Aufsatz »The Ethics of Nanotechnology«.

kunft führen, in der die Antriebskräfte des Wachstums zugleich Antriebskräfte der Selbst-Regulierung, Reflektion und mündigen Selbst-Regierung sind«.[23]

Aus der Zeit in den Raum

Wenn die Reise der Nanotechnologie in die Zukunft führt, so ist diese Zukunft somit vielseitig unbestimmt. Unbestimmt ist nicht nur, ob Grunwalds prognostisches, gestaltbares, evolutives, Dupuys projektives oder Khushfs selbstbildendes Verhältnis gelten soll. Unbestimmt bleibt auch nach jeder dieser Sichtweisen, was diese Zukunft eigentlich ist, wie sie etwa in unsere technikpolitischen Argumentationen hineinspielen soll.[24] Selbst Dupuys projektive Fixierung auf die eine katastrophische Zukunft konstruiert diesen Bezug letztlich metaphysisch.[25] Die Zukunft, der Zeithorizont der Nanotechnik ist nach all diesen Konzeptionen gleichermaßen die Erwartung des Unerhörten.[26] Eben dies scheint mir ein erstes Argument dafür zu sein, den Zukunftsbezug ganz aufzugeben oder zu brechen, also gar nicht über die Zukunft der Nanotechnologie zu spekulieren.[27]

23 | Ebd.

24 | In ihrem Vortrag »The Role of Anticipatory Rhetorics in Discussions of Nanotechnological Ethics« hat Valerie Hanson daher davor gewarnt, dass der Ausblick auf die Realisation programmatisch angelegter Anwendungen den Blick auf die bereits offenbaren Eigenheiten der Technik verstellt, dass zweitens die Schulung ethischer Sensibilität für künftige Situationen davon abhält, jetzige Reaktionen ernst zu nehmen.

25 | Einerseits wird der Nanotechnologie faktisch zugetraut, was ihrem *logos* entspricht, also beispielsweise dass sie Selbstorganisationsprozesse technisch nutzbar zu machen verstünde. Andererseits wird der Mensch auf die jetzigen Bedingungen des Menschseins festgelegt und zwar nicht als die einzigen, die ihm zur Sinngebung zur Verfügung stehen, sondern als die einzigen, die ihm jemals zur Verfügung stehen werden.

26 | Vgl. Andreas Kaminski: »Technik als Erwartung«, in: Dialektik 2004/2, S. 137-150.

27 | Mit der Aufgabe des Zukunftsbezugs ist der Verzicht nur auf einen *historischen* Zeitbegriff verbunden. In einem historischen Zeithorizont verändert sich das Subjekt der Geschichte. Dies ist im bloß *technisch-empirischen* Zeitverlauf nicht der Fall. Natürlich vollzieht sich auch jede »Raumfahrt« in der Zeit, wobei das Subjekt auf einer Trajektorie »reist«, dabei aber unverändert erhalten bleibt. Diese zugegebenermaßen idealisierte Gegenüberstellung müsste ergänzt werden um eine Zukunftsvorstellung, die auch die »Zukunft« nicht mehr historisch denkt, sondern als einen Raum, in den wir zeitreisend vordringen. Eben diese enthistorisierte »Zukunft« ist vielleicht der Angelpunkt, der die Zweideutigkeit

Ob misstrauisch oder vertrauensvoll, es verliert sich mit dem Bezug auf das Unerhörte und Zukünftige jede Möglichkeit eines normativ-rationalisierenden Moments, an dem sich Widerstand und Akzeptanz wie 1854 Angesicht zu Angesicht mit Elisha Graves Otis und seinem Fahrstuhl kristallisieren kann. Christoph Hubig zitiert Hans Blumenberg dahingehend, dass im Zeithorizont transklassischer Technik das »noch nicht« und das »nicht mehr« zusammenfallen, dass die Sphäre, in der wir noch keine kritischen Fragen stellen können, identisch wird mit der Sphäre, in der wir keine Fragen mehr stellen.[28] Diesseits der technischen Innovation wissen wir noch nicht, wie sie uns gesellschaftlich, politisch, moralisch herausfordern wird.[29] Jenseits der technischen Innovation sind wir schon ganz andere geworden und können nicht mehr auf die Bewertungsmaßstäbe zurückgreifen, die nun in unsere technisch-zivilisatorische Vorgeschichte fallen. In diesen Zeithorizont, der uns systematisch des entscheidenden, sei es realen oder fiktiven Eingriffsmoments beraubt, sollten sich politische Subjekte nicht stellen. Darum der Vorschlag, die Reise der Nanotechnologie nicht als Reise in die Zukunft, sondern als Reise in den Raum vorzustellen, als eine Reise somit, die zwar auch technisch-empirische Zeit dauert, auf der sich unser moralischer Standpunkt jedoch in all seiner Kontingenz und Fragilität erhält.[30]

Zeit und Raum der Nanotechnologie

---

des Bilds vom Nanokosmos ausmacht: Zunächst sehen wir nur eine Reise in den Weltraum, dieser Weltraum soll aber auch für einen Zukunftsraum stehen, der im empirischen Zeitverlauf nur noch besetzt oder besiedelt werden muss. Dass diese Zukunft die zeitreisenden Subjekte auch historisch transformiert, muss als weitergehende Behauptung hinzugedacht werden. Andreas Lösch zeigt, dass die Nanotechnologie die Zukunft zunächst ahistorisch als einen Raum denkt, der »uns« (als in ihrer Identität unberührten Subjekten) geöffnet wird, vgl. sein Anticipating the Future of Nanotechnology: Some Thoughts on the Boundaries of Sociotechnological Visions, Tagungsproceedings Nanotechnology in Science, Economy, and Society (www.nano-marburg.net), Marburg 2005, S.61–75.
28 | Vgl. Christoph Hubig in diesem Band und Hans Blumenberg: Lebenswelt und Technisierung unter Aspekten der Phänomenologie, Sguardi su la philosophia contemporanea LI, Turin 1963, S. 3–31, hier: S. 22.
29 | Reinhart Koselleck beschreibt dies als die für die Neuzeit charakteristische Differenz zwischen Erfahrungsraum und Erwartungshorizont, also als räumliche Diskontinuität im historisch gedachten Fortschritt, vgl. sein Vergangene Zukunft, Frankfurt/Main 1989, S. 349–375.
30 | Insbesondere Dupuys Ansatz ließe sich entsprechend umformulieren. Statt die Zukunft aus dem gegenwärtig bereits gegebenen *logos* der Nanotechnologie zu entwickeln, könnte er ohne Zukunftsbezug viel einfacher so argumentieren: Die Nanotechnologie will ein Paradies auf Erden schaffen, ich zeige euch dies Paradies, seht selbst, ob ihr es wirklich so paradiesisch findet. Dies

Alfred Auf den ersten Blick scheint der Vorschlag, den historischen Zu-
Nordmann kunftsbezug aufgeben zu wollen, seinerseits unerhört: Wie soll das überhaupt gehen? Nun ist es aber eine Pointe der Wissenschafts- und Technikforschung, dass die TechnoWissenschaften den Zeitbezug zugunsten des Raumbezugs bereits aufgelöst haben. Nur das klassische Wissenschaftsideal und die klassische Wissenschaftstheorie waren wesentlich dem Zeit- und Zukunftsbezug verschrieben. Für Max Weber, Charles Sanders Peirce oder Karl Popper lag die Wahrheit in einer unerreichbar fernen Zukunft, der sich die Wissenschaft hypothesenbildend annähert, ohne sie je erreichen zu können. Wenn sie immer ein wenig weiter sehen kann, dann nur weil sie auf der Arbeit der Vorgänger aufbaut – auf den Schultern von Riesen steht. Und eben darum muss alle Wissenschaft hoffen, dass ihre Ergebnisse keinen Bestand haben, sondern in der Zukunft überholt werden. Nicht nur der Fortschritt, auch die Objektivität wurde historisch, im Zeitbezug gedacht. Gefährdet ist Objektivität durch die Kontingenz der Zeitgenossenschaft. Die Wahrheit muss Ewigkeitswert haben, allzeit gelten können, ihr darf nichts von den Eigenheiten der Person, des Entdeckungszusammenhangs, des kulturellen Hintergrunds anhaften. In den Worten Paul Feyerabends wird objektive Geltung beansprucht, indem die »separability assumption« gemacht, also die Ablösbarkeit des Wissens von seiner Zeitgebundenheit behauptet wird.[31]

Für die TechnoWissenschaften gilt all dies nicht.[32] Bereits an ihrem Objektivitätsbegriff kündigt sich der Unterschied in aller Deut-

---

würde explizit machen, was Dupuy – im Gegensatz zu Grunwald und Khushf – implizit voraussetzt, dass er nämlich vom Standpunkt des jetzt gegebenen Menschen aus urteilt, der seine Sterblichkeit, seinen Mangel an technischer Perfektion liebend anerkennt. – An dieser Stelle müsste auch der Ansatz des Chemikers George Whitesides diskutiert werden, der keine Voraussagen machen will, dafür die kulturellen Grundannahmen (Andreas Kaminski und Barbara Orland würden von »Angelsätzen« oder »Scharniersätzen« sprechen) identifiziert, die unter anderem durch nanotechnische Visionen in Frage gestellt sind, vgl. sein »Assumptions: Taking Chemistry in New Directions«, in: Angewandte Chemie Interantional Edition, 43 (2004), S. 3632–3641.

31 | Vgl. stellvertretend für viele Texte Max Weber: »Wissenschaft als Beruf« in: Max Weber, Gesammelte Aufsätze zur Wissenschaftslehre, Tübingen 1988, S. 582–613, Robert Merton: Auf den Schultern von Riesen, Frankfurt/Main 1980, und Paul Feyerabend: »Realism and the Historicity of Knowledge«, in: Paul Feyerabend, The Conquest of Abundance, Chicago 1999, S. 131–146.

32 | Vgl. Alfred Nordmann: »Was ist TechnoWissenschaft? – Zum Wandel der Wissenschaftskultur am Beispiel von Nanoforschung und Bionik«, in: Torsten Rossmann/Cameron Tropea (Hg.), Bionik: Aktuelle Forschungsergebnisse in Natur-, Ingenieur- und Geisteswissenschaften, Berlin 2004, S. 209–218.

lichkeit an. Statt Enthistorisierung heißt das Stichwort nun Entlokalisierung. Objektive Gültigkeit besteht nicht darin, dass die ewige Wahrheit in einer Erklärung oder Hypothese zum Vorschein kommt, dass sie also wenigstens als Vorschlag einer Problemlösung zeitlosen Status erlangt. Die TechnoWissenschaften sind nicht auf theoretische Probleme und wahre Weltbeschreibung orientiert. Hier geht es vielmehr um Erwerb und Ausbreitung eines Handlungswissens.[33] Ihr Ziel ist zunächst, Phänomene im Labor zu produzieren. Für ein solches Phänomen gilt es dann nachzuweisen, dass es nicht nur unter den ganz speziellen und lokalen Bedingungen des Labors besteht, sondern dass es entlokalisiert in die Welt hinausgetragen werden kann. Dazu gehört einerseits, dass die Phänomene routinisiert, isoliert, skaliert, stabilisiert werden. Dazu gehört andererseits, dass die Außenwelt den Bedingungen des Labors angeglichen, also homogenisiert, standardisiert, gewissermaßen »hygienisiert« wird. Technisch-wissenschaftlicher Fortschritt ist also keine Perfektionierung auf ein Zukunftsideal hin, keine Überwindung vergangener Beschränktheit. Der Fortschritt schreitet ganz konkret in die Welt hinaus, erobert den Raum, zunächst beispielsweise den inneren Weltraum des Nanobereichs, sodann den Raum unserer Alltagshandlungen in einer bereits hoch-technisierten Welt, und zuletzt die von unserer Technik noch nicht durchwirkten Kulturräume.

Raumfahrten

Der Begriff der Entlokalisierung taucht in Peter Galisons Auseinandersetzung mit Bruno Latour auf.[34] In diesem abschließenden Teil sollen nun drei Auffassungen von Technik als Raumdurchdringung verglichen werden. Galison und Latour repräsentieren trotz ihrer Differenzen die erste Auffassung, Gerhard Gamm eine zweite und in aller Kürze wird schließlich ein dritter Standpunkt skizziert.

Am Anfang steht die Frage der Entlokalisierung, wie sie von Latour und Galison thematisiert wird. Für Latour ist die Entgrenzung des Labors längst vollzogen. Die Unterscheidung zwischen Innenwelt und Außenwelt des Labors ist verschwunden, heißt es beispielswei-

---

33 | Das *Handeln* dieses Handlungswissens richtet sich also nicht auf Zukunft und Erreichung eines intendierten Ziels. An die Stelle dieser teleologischen Struktur tritt die tatsächliche Schaffung, Bewahrung, Nutzung, Einengung oder Schließung von Spiel- oder Handlungsräumen, die natürlich auch intendiert sein können, aber so oder so mit jeder Handlung koinzidieren.

34 | Peter Galison: »Material Culture, Theoretical Culture and Delocalization«, in: J. Krige/D. Pestre (Hg.), Science in the Twentieth Century, Amsterdam 1997, S. 669–682.

Alfred se.³⁵ Verschwunden sei sie darum, weil wir alle in die biopolitischen
Nordmann Experimente der Genforscher, Agronomen, Biotechniker einbezogen
sind. Verschwunden ist sie auch, weil Tatsachen über die Vernetzung zahlloser menschlicher und nicht-menschlicher Akteure, durch vielfältige kontinuierliche gesellschaftliche Prozesse und eine nicht nachlassende, über das Netzwerk verteilte Anstrengung aufrecht erhalten sein wollen. Verschwunden ist sie schließlich auch, weil die Folgen der Technisierung in hybriden Foren verhandelt werden, die keiner Expertenkultur mehr zuzuordnen sind.

Dagegen versieht Peter Galison die Frage nach der Entlokalisierung mit einem anderen Akzent. Er fragt, wie sich etwas zwischen lokalen Kulturen bewegt, wie also Phänomene von einem Labor zum nächsten, vom Labor in die industrielle Fertigung, von der industriellen Fertigung in den Haushalt transportiert werden können. Entlokalisierte Objektivität verdankt sich den Objekten, das heißt, der instrumentell vermittelten, überall lokalen Arbeit am Gegenstand.³⁶ Wie die Instrumente selbst, werden die Ergebnisse dieser Arbeit am Gegenstand nicht schriftlich auf den Schienen eines geteilten Wirklichkeitsverständnisses kommuniziert und transportiert, sondern müssen von Personen von einem Ort zum anderen getragen werden. Während Latour dazu neigt, Produkt und Prozess gleichzusetzen, betont Galison, wie viel Arbeit es kostet, Trennungen zu überwinden. Die Innenwelt und Außenwelt des Labors sind bei Galison zunächst also immer noch unterschieden, zur Aufhebung der Unterscheidung gehört Arbeit, und erst wenn die Arbeit erfolgreich ist, geht das Phänomen in die Ubiquität des Netzwerks auf.

Die hier angedeutete Differenz von Galison und Latour lässt sich unmittelbar auf die Nanotechnologie beziehen. Während Kohlenstoff-Nanoröhrchen noch mehr oder weniger mühevoll in verstreuten Laboratorien unter jeweils lokalen Bedingungen produziert und reproduziert werden, während sich verbindliche Produktions- und Nutzungsstandards erst langsam herausbilden, ist der raumgreifende Anspruch der Nanotechnologie noch bloßes Programm. Die Unbestimmtheit der Frage, wohin die Reise geht, soll bedeuten, dass dies noch nicht entschieden und somit vielleicht also noch entscheidbar

---

35 | Bruno Latour: »Ein Experiment von und mit uns allen«, in: Gerhard Gamm/Andreas Hetzel/Markus Lilienthal (Hg.), Die Gesellschaft im 21. Jahrhundert: Perspektiven auf Arbeit, Leben, Politik, Frankfurt/Main 2004, S. 185–195.

36 | Galison kontrastiert Latours Auffassung, dass Instrumente wie die Uhr »sehr weit reisen können, ohne jemals ihre Heimat zu verlassen«, mit der eigenen Ansicht, dass »Bedeutungen, Werte und Symbole oft zu Hause bleiben« während wissenschaftliche Theorien und Instrumente auch in ganz unterschiedliche Kulturen reisen, vgl. P. Galison: »Material Culture«, S. 677.

ist. Diese lauernde Programmatik – Dupuy würde sagen: das metaphysische Programm der Nanoforschung – ist in Latours alles schon umgreifenden Netzwerken nicht mehr darstellbar. Diese Netzwerke sind gewissermaßen das räumlich eingefrorene Äquivalent zur evolutiven Sicht auf die Zukunft – sie sind unbeherrschbar, somit einerseits unbestimmt, andererseits nicht gestaltbar.[37]

Zeit und Raum der Nanotechnologie

Über das Bild von der Nanoforschung als Weltraumfahrt hinaus, gibt es zahlreiche weitere Anhaltspunkte für die Raumorientierung der Nanotechnologie, die ich andernorts ausführlich darstelle. Den ersten Anhaltspunkt bietet bereits die Namensgebung, der die Nanotechnik auf Raumdimensionen bezieht und den Zwischenraum zwischen klassischer und Quanten-Physik, ein Zwischenraum, der beispielsweise als exotisches Territorium bezeichnet wird oder als »inner space« im Gegensatz zum »outer space« des Weltraums. Erstes und erst ansatzweise erreichtes Ziel der Nanoforschung ist es, sich in diesem Raum handelnd orientieren zu können. Nach dem Sehenlernen und dem Bewegen einzelner Moleküle, schreibt man erst einmal den eigenen Namen in der Schrift der Moleküle und kann irgendwann so etwas wie einen Draht bauen, einen Effekt auslösen und so weiter. Das zweite Ziel der Nanoforschung ist nicht etwa, verschwindend kleine technische Artefakte zu erstellen, sondern von der Nanoskala aus in höhere Größenbereiche vorzustoßen, also mit kleinen Dingen Großes zu bewirken. Anders jedoch als die technische Eroberung des Weltraums, anders auch als koloniale Entdeckungsreisen will die Nanotechnik nicht in diesen oder jenen noch unbesiedelten Bereich vordringen. Der Nanobereich ist bereits überall vorausgesetzt, nämlich überall dort, wo die Dinge aus Molekülen bestehen. Wenn die Nanoforschung also technisch handelnd den Bereich der Moleküle erobert, dann durchwirkt sie den Raum alles Dinglichen. Im Nanobereich darf bisher ontologisch Unterschiedenes als kommensurabel und womöglich kombinierbar gedacht werden, Computerchips und Nervenzellen, Proteine und Pharmaka. Wie die Digitalisierung alles in Information und Repräsentation umzuwandeln vermag, stellt sich in der Sprache der Moleküle alles als nanotechnisch manipulierbar dar.

Diese letzte Formulierung legt nahe, dass die Nanotechnologie Paradigma ist für das, was Gerhard Gamm Technik als Medium nennt: »Technik ist wie Sprache oder Geld ein Zirkular der modernen Gesellschaft« heißt es bei ihm.[38] Nicht als Mittel, sondern als unbestimm-

---

37 | Hier stellt sich das von Klaus Günther formulierte Problem, wie Verantwortung in Netzwerken lokalisiert werden kann, vgl. sein »Verantwortung in vernetzten Systemen« in diesem Band.

38 | Vgl. hier und im folgenden Gerhard Gamm: Nicht Nichts – Studien zu einer Semantik des Unbestimmten, Frankfurt/Main 2000, und darin insbesondere

Alfred Nordmann te Mitte und Vermittlung gedacht, liegt Gamms Medium als etwas Raumdurchdringendes dezidiert »an der Grenze der Zeit«. Und in der Tat treffen auf die Nanotechnologie Gamms Bestimmungen – transzendental und immanent – ihrer Unbestimmtheit zu.

»Die transzendentale Unbestimmtheit zielt auf jene grundlegende Veränderung der Neuzeit, in der das technische Handeln sich [...] in die Leere der vorbildlosen Produktivität einschreibt, für die es im Prinzip weder eine innere noch eine äußere Schranke gibt.«[39]

Die Leere der vorbildlosen Produktivität kennzeichnet nanotechnische Visionen, seit der »verrückte« Ingenieur Eric Drexler imaginativ den großen, noch leeren Platz für sich behauptet, den der Physiker Richard Feynman schon 1959 beschworen hat.[40] Dieser transzendentalen Unbestimmtheit korreliert die immanente Unbestimmtheit, die auf der Differenz von Funktion und Gebrauch basiert, also der scheinbar unbeschränkten Umfunktionalisierbarkeit im Gebrauch, die Michael Ruoff andeutet, wenn er von den zunächst in der Astrophysik, dann in der Kohlenstoffforschung, dann in der Elektronik oder der Krebstherapie auftauchenden Fullerenen berichtet.[41]

Die Nanotechnologie kann also offensichtlich als raumerfüllendes Medium vorgestellt werden, in dem mit vorbildloser Produktivität unerhörte Funktionen und Gebräuche darstellbar werden. Wenn diese Vorstellung hier doch nicht empfohlen wird, dann weil dieses Medium zu dünnflüssig, zu immateriell ist, wenn sie mit der Sprache, dem Geld, dem Blut im Kreislauf, der Matrix des Seins vergleichbar sein soll. Dieses Medium hat sich bereits zu subtil überall hin ausgebreitet, um als materieller Gebietsanspruch, als Eingriff, Zugriff, Annexion spürbar zu werden. Merklich wird dieses Medium erst, wenn es zur Reflexionsform wird. So schreibt Gerhard Gamm:

»Indem sie den logos speichert, ist Technik wesentlich *Medium der Selbst- und Welterschließung* [...] [Es] verweist auf den Horizont, von dem her wir die Welt erfinden oder auch das Bild von uns selbst immer nachdrücklicher technisch überschreiben. [...] Sie sind das Medium in dem der Mensch in seiner Artefaktibilität durchsichtig wird.«[42]

---

den Aufsatz »Technik als Medium: Grundlinien einer Philosophie der Technik«, S. 275–287.
39 | Ebd. S. 279.
40 | Vgl. Richard Feynman: »There is Plenty of Room at the Bottom«, in: Engineering and Science 23:5 (1960), S. 22–36.
41 | Michael Ruoff »Das Problem des Neuen in der Technik« in diesem Band.
42 | G. Gamm: *Nicht Nichts*, S. 285.

Technik als Medium beschreibt somit, wie wir uns im Verhältnis zu einer im Gebrauch normalisierten Technik vorfinden. Technik als Medium charakterisiert eine Art des Denkens, das jedes Problem zunächst als technisches Problem erscheinen lässt. Technik als Medium erfasst auch die spezifische Programmatik von Technikvisionen wie der »Ambient Intelligence«, die eine Art zweiter Natur, eine technisierte, alles umfassende Umwelt erschaffen will. Technik als Medium beschreibt aber erstens nicht – das hat sie mit Latours Netzwerken gemein – wie sich diese Programmatik materiell erst durchsetzen und behaupten muss. Und zweitens setzt diese Vorstellung allzu optimistisch eine emanzipatorische Dialektik gegen die Eindimensionalitätsthese Marcuses oder das Gestell Heideggers. Sie dringt allzu leicht und notwendig vom Denken im Medium der Technik zur technischen Unbestimmtheit als welt- und selbstschließende Reflexionsform vor. Technik als Medium soll uns in einem Reflexionsschritt nicht nur die Artefaktibilität des Menschen bewusst machen, sondern uns darüber hinaus erlauben, Unbestimmtheit als Norm zu verstehen, die ein kritisches Verhältnis zur Technik etabliert. Dies ergibt sich, da

Zeit und Raum der Nanotechnologie

»die fraktale Unbestimmtheit ein anderes Moment der Offenheit, ein qualifiziertes und nicht beliebiges, wahrzunehmen lehrt, eines das fast immer übersehen wird. Es besitzt einen normativen Gehalt, den man in Form einer Maxime kurzfassen kann: Handlungen, Projekte, Entscheidungen, Zukunftsvorhaben darauf zu prüfen, inwieweit Offenheit auch nach Verwirklichung der Projekte noch gewährleistet bleibt. Das heißt beispielsweise in bezug auf die Implementierung riskanter Technologien danach zu fragen, ob eine Entscheidung für oder gegen eine Technologie die Möglichkeit zur Revision der Entscheidung einschließt, ob Technologien Spielräume einrichten, in denen Fehler und Irrtümer nicht zu irreparablen, das heißt katastrophischen Folgen führen.«[43]

Gegenüber Latour und Galison hat Gamm hiermit einen normativen Standpunkt gewonnen, der die Bewertung technischer Programme erlaubt. Damit ist viel erreicht, aber der Preis hierfür scheint zu hoch, da er Entlokalisierung durch Dematerialisierung erkauft und voraussetzt, dass wir auf begrifflichem Weg zur Reflektion der uns bestimmenden Unbestimmtheit vordringen und darüber hinaus auch ihren Wert erkennen lernen.

Hiergegen möchte ich abschließend eine Vorstellung der Entlokalisierung als Programm der TechnoWissenschaft skizzieren, derzufolge es sich um nichts anderes als territoriale Eroberung im einfachsten Sinne handelt, wobei wir selbst Gegenstand der Vereinnah-

---

43 | Ebd., S. 226.

mung sind, also der eigene Körper und all das, was unser Handeln und Entscheiden strukturiert. Dieses »wir selbst« ist natürlich insofern historisch, als es sich ganz kontingent in seiner Welt, seinen Werten und Traditionen vorfindet. Dieses »wir selbst« kann sich jedoch ohne Anmaßung eines fiktiven Standpunkts nur als Subjekt seiner Welt und nicht als Subjekt der Geschichte verstehen. Mit einer Verantwortungsethik im Sinne von Jonas hat dieses Subjekt in seiner räumlich, nicht historisch gegebenen Welt gerade darum ein Problem, weil es sich der Kontingenz seiner Weltvorstellungen durchaus bewusst ist. Tatsächlich ist unsere Welt, wie George Khushf sagen würde, nur ein bestimmtes Equilibrium von Natur, Technik, Gesellschaft, Mensch. Wir wissen nicht, mit welchem Recht wir für zukünftige Generationen werten und handeln können. Andererseits können und dürfen wir nicht anders, als unsere eigenen Wertvorstellungen, unser Selbst-Bewusstsein und Körpergefühl zu behaupten.

Wir haben also einerseits kein Recht, paternalistisch im Namen zukünftiger Generationen den Cyborg als defizient, pervers, selbstentfremdet zu kritisieren – denn wenn der oder die Cyborg ein Selbst hat, wird es von ihm nicht mehr oder minder entfremdet sein wie wir von unserem Selbst (und wenn es kein Selbst hat, erübrigt sich das Problem). Auch ein Cyborg als Hybrid von Mensch und Maschine wird sich in einem Equilibrium von Wertvorstellungen und physischen Gegebenheiten vorfinden – und muss beispielsweise den Begriff der Maschine gar nicht mehr auf den des Menschen beziehen, da ihm die Maschine kein Anderes mehr ist. Andererseits können wir nicht anders, als die Technisierung des eigenen Körpers im Spannungsfeld von Angriff und Selbststeigerung, Bedingung und Entfremdung körperlicher Existenz zu erfahren und zu bewerten. Die Bedeutung eines Künstlers wie Stelarc besteht somit vielleicht gerade darin, dass er die Diskurse über den zukünftigen Menschen auf den Körper des heutigen anwendet – sie also dem Horizont unserer Wertrationalität zugänglich macht. Der von Blumenberg diagnostizierte Kollaps des »noch nicht« Fragens in das »nicht mehr« Fragenkönnen wird von Stelarc abgewehrt: Stelarc fragt schon jetzt, was die radikale technische Durchdringung seines Körpers bewirkt.[44]

So ist es – ausgerechnet – die vornehmlich deskriptive Wissenschafts- und Technikforschung mit ihrer Betonung des Raumbezugs der TechnoWissenschaften, die Technikkritik ermöglicht. Ihre Anschlussfähigkeit an politische und ethische Diskurse der Gegenwart

---

44 | Vgl. den Beitrag von Barbara Becker und Jutta Weber in diesem Band. Stelarc zwingt somit auch wieder zusammen, was Koselleck Erfahrungsraum und Erwartungshorizont genannt hat, siehe oben Fußnoten 28 und 29. Vgl. auch V. Hanson, »Anticipatory Rhetorics« und Ingeborg Reichle, »Kunst aus dem Labor – Im Zeitalter der Technowissenschaften« in diesem Band.

erweist sie gerade dadurch, dass sie den Bezug auf zukünftige Generationen aufgibt und sich stattdessen in den Zusammenhang der Globalisierungs- und Kolonialismuskritik stellt. Die Ausarbeitung dieser Zusammenhänge hat in der Wissenschafts- und Technikforschung kaum begonnen und muss auch hier noch Programm bleiben.[45]

Zeit und Raum der Nanotechnologie

---

45 | Einen ersten Ansatz bietet Mark Meaney, »The Glorified Body: A Reterritorialization of Death«, Vortrag am 5. März 2005 auf der Nanoethics Tagung in Columbia, South Carolina.

Die Technisierung des Wissens

TECHNOLOGIEN DES ORGANISIERENS UND DIE KRISIS DES WISSENS
Helmut Willke

»Der Begriff ›Technologie‹ hat im Bereich von Grammatik, Rhetorik und Dialektik eine antike Überlieferung. Erst das 18. Jahrhundert hat ihm die weitreichende, moderne Bedeutung gegeben. Seitdem bezeichnet der Begriff die Wissenschaft von den Kausalverhältnissen, die praktischen Intentionen zugrunde liegen und nach denen das Handeln sich richten muss, wenn es Erfolg haben will.«[1]

Prämissen

Technik

Der Begriff »Technik« soll hier Objekte und Prozesse bezeichnen, die gegenüber einem rein naturwüchsigen Zustand eine künstliche, vom Menschen (oder anderen Akteuren) intentional und instrumentell geschaffene Leistungssteigerung bewirken. Beispiele für Objekte wären Hammer, Buch oder Geld, Beispiele für Prozesse wären Hausbau, Lesen oder Bezahlen. Techniken können sich zum Einen auf Dinge beziehen, zum Anderen auf Symbole. Im Reich der Dinge gibt die Ordnung der Dinge den Rahmen für den Einsatz und den Erfolg von Technik vor; im Reich der Symbole tut dies die Ordnung der Symbole. Dies meint, dass die Technik des Brückenbauens, z.B., sich an die Naturgesetze der Materialen, der Statik etc. halten muss, wenn sie in dem Sinne erfolgreich sein will, dass die Brücke nicht einstürzt. Und es meint andererseits, dass etwa die Technik des Wechsels sich an die Symbolgesetze der Ökonomie, des Kreditwesens etc. halten muss,

---

1 | Niklas Luhmann/Eberhard Schorr (Hg.): Zwischen Technologie und Selbstreferenz, Frankfurt/Main 1982, S. 11.

Helmut Willke um in dem Sinne erfolgreich zu sein, dass sich die Technik sozial durchsetzt. Unterscheidet man in einer soziologischen Sicht vier kategoriale Ebenen der Realität, die Ebenen der Dinge (Natur), des Denkens (Mensch), des Sprechens (Sprache) und die Ebene der Kommunikation (soziale Systeme), dann sind analog dazu mindestens vier kategorial unterschiedliche Formen von Technik zu unterscheiden: physische, mentale, linguistische und soziale Techniken. Da allerdings Techniken auf einander reagieren, indem »ein Werkzeug das andere erzeugt« (wie Ernst Kapp bereits 1877 formuliert[2]), verwischen sich in der sozialen Praxis und in sozialen Praktiken schnell die Grenzen zwischen diesen Ebenen. Es kommt zu einer »Kohabitation von Dingsystemen mit Menschen«[3], welche die Rekursionen von Technologien und Wissen antreibt.

Technologie

Der Begriff »Technologie« soll hier eine Metaebene der Reflexion über Technik bezeichnen. Technologie ist eine Reflexionstheorie der Technik, eine »Wissenschaft von den Kausalverhältnissen«[4], welche die Erfolgsbedingungen möglicher Technik systematisiert. Technologien des Hausbaus, des Lesens oder der Finanzierung beschreiben systematisierte Einsichten in die Optionenräume (Möglichkeiten, Verbindungen, Grenzen) der jeweiligen Techniken.

Technisierung

Technisierung meint den Prozess der Ausbreitung verfügbarer und angewendeter Techniken und Technologien in sozialen Systemen. Im Fall von Menschen und sozialen Systemen lässt sich Technisierung gar nicht vermeiden, weil jede Kultur Techniken impliziert und der Mensch qua Denken, Sprache und Kommunikation nichts anderes als Kulturwesen sein kann. Allerdings gibt es historisch, gesellschaftlich, geografisch etc. unterschiedliche Ausprägungen, Dynamiken und Verdichtungen von Technik. Insbesondere gibt es Technik-nahe und Technik-ferne Bereiche oder Arenen von Gesellschaft, wenngleich die Moderne und noch mehr die Postmoderne dadurch gekennzeichnet sind, dass diese Unterschiede verschwinden. Selbst

---

2 | Zit. bei Hartmut Winkler: Diskursökonomie. Versuch über die innere Ökonomie der Medien, Frankfurt/Main 2004, S. 134.

3 | Vgl. Peter Sloterdijk: Schäume. Sphären III. Plurale Sphärologie, Frankfurt/Main 2004, S. 333.

4 | Vgl. N. Luhmann/E. Schorr (Hg.): Zwischen Technologie und Selbstreferenz, S. 11.

äußerst Technik-averse Teilsysteme der Gesellschaft oder Winkel der *Technologien des* Lebenswelt wie Kunst, Erziehung, Glaube, Liebe oder Geisteswissen- *Organisierens* schaften erfahren eine technische und technologische Kolonialisie- *und die Krisis* rung – mit entsprechenden Gegenreaktionen. *des Wissens*

Wissen

Wissen hat einen langen Weg der Entzauberung hinter sich. Es wandelt sich von gottgegebener Wahrheit über das Privileg der Mandarine zur kostbaren Ressource. Von unvordenklicher Wahrheit und bewährter Richtigkeit wird Wissen heute zum Gebrauchsgut und zum Produktivfaktor. Es wird nicht mehr einmal im Leben durch Erfahrung, Lehre, Fachausbildung oder Professionalisierung erworben und dann angewendet. Vielmehr setzt Wissensmanagement im hier gemeinten Sinne voraus, dass das relevante Wissen (1) kontinuierlich revidiert, (2) permanent als verbesserungsfähig angesehen, (3) prinzipiell nicht als Wahrheit, sondern als Ressource betrachtet wird und (4) untrennbar mit Nichtwissen gekoppelt ist, sodass mit Wissen und Wissensmanagement spezifische Risiken verbunden sind.[5]

Diese Fassung des Wissensbegriffs hat weitreichende Konsequenzen, von denen hier nur eine herausgestellt werden soll: die Notwendigkeit, die begrifflichen Unterschiede zwischen Daten, Informationen und Wissen neu zu fassen und sie mit der Frage der Techniken zu verbinden. Die Produktion von Daten als allgemeinster Rohstoff für Wissen benötigt Techniken der Beobachtung; die Produktion von Informationen als bewertete Daten braucht Techniken der Selektion und Evaluation, der Bildung von Präferenzen und Prioritäten; und die Produktion von Wissen, Wissen verstanden als der Einbau von Informationen in Erfahrungskontexte, verlangt Techniken und Technologien der Steuerung von Erfahrung.[6]

Organisation

In systemtheoretischer Sicht sind Organisationen eine besondere Form sozialer Systeme (neben Interaktion und Gruppe einerseits, Funktionssystem und Gesellschaft andererseits). Ihre Besonderheit liegt u.a. darin, dass sie als soziale Systeme nicht aus Personen, sondern aus Kommunikationen bestehen und dass die basale Form ihrer Kommunikation die Entscheidung darstellt. Organisationen operieren demnach in der Weise, dass sie Entscheidungen produzie-

---

5 | Ausführlich Helmut Willke: »Wissensarbeit«, in: Organisationsentwicklung 16 (1997). S. 4–19; ders.: Systemisches Wissensmanagement, Stuttgart 1998.
6 | Vgl. Helmut Willke: »Organisierte Wissensarbeit«, in: Zeitschrift für Soziologie 27 (1998), S. 161–177.

ren und sich über die rekursive Verkettung von Entscheidungen reproduzieren.[7]

Bildung und Nutzung von Organisationen ist eine der herausragenden Kulturtechniken der Menschheit. Aber erst die Moderne hat sich den Ruf einer »Organisationsgesellschaft« erworben in dem Sinne, dass die Ubiquität von Organisationen eines der wenigen wirklich bezeichnenden Merkmale der Moderne ausmachen. Dieses Merkmal schlägt auch auf die Produktion von Technik einerseits, von Wissen andererseits durch. Technikentwicklung wie Wissensentwicklung werden organisationsabhängig und in überwältigendem Maße davon gesteuert, was Organisationen als Organisationen zulassen bzw. verhindern.

Der Prozess des Organisierens

Einer der Altmeister der Organisationssoziologie, Karl Weick, beschreibt den Prozess des Organisierens in Anlehnung an das allgemeine Evolutionsmodell und analysiert Mechanismen (Techniken!) der Variation, der Selektion und der Retention als Momente des Organisierens. Damit nimmt er mit Blick auf die Organisation bereits die Position eines Beobachters zweiter Ordnung ein und versteht die Formel des Organisierens als Metatheorie der Organisation: »In diesem Sinn ist die Formel des Organisierens ein Satz von allgemeinen Rezepten für jedermann zur Entwicklung seiner eigenen Organisationstheorie.«[8]

Damit ist auch gesagt, dass der Prozess des Organisierens insgesamt eine Technologie, genauer: eine hochentwickelte Kulturtechnologie darstellt, die ihrerseits sich Technik-getrieben beschleunigt und inzwischen auf ein ganzes Arsenal an Techniken (Instrumenten, Methoden, Modellen, Konzeptionen) des Organisierens zurückgreifen kann. Damit entfernen sich Organisationen und Prozesse des Organisierens auch unter dem Aspekt von Technik und Technologien vom einzelnen Individuum:

»Wenn wir sagen, eine Organisation handle, dann betonen wir damit, daß doppelte Interakte, nicht solitäre Akte das Rohmaterial darstellen, welche zu Prozessen zusammengeführt wird. Wir betonen damit ebenfalls, daß es die Zusammenfügung, das *Muster* der Interakte ist, was die Ergebnisse bestimmt – nicht die persönlichen Eigenschaften einzelner Individuen.«[9]

---

7 | Ausführlich Niklas Luhmann: *Organisation und Entscheidung*, Opladen 2000.
8 | Vgl. Karl Weick: Der Prozeß des Organisierens, Frankfurt/Main 1995, S. 334.
9 | Vgl. ebd., S. 54.

Technisierung des Wissens

Die Rede von der Technisierung des Wissens verweist auf zwei zusammen hängende Erfahrungen. Zum Einen lässt sich beobachten, dass die Erfahrungskontexte und sozialen Praktiken, die unabdingbar jeder Generierung von Wissen zugrunde liegen, nicht mehr durch eine unmittelbare Auseinandersetzung mit der Natur, sondern in hohem Maße von Technik, Technologien und Technisierung geprägt sind. Von Studien über Schulen[10] bis zu Laborstudien[11] oder Studien zu neuen Modi der Wissensproduktion[12] stimmen Forschungen darin überein, dass die Generierung, Verteilung, Nutzung und Revision von Wissen in hohem Maße von Techniken und Technologien gestützt ist. So wie ein Werkzeug das andere erzeugt, so erzeugt eine Technologie-intensive Wissensproduktion neue Technologien *und* neues Wissen. Wenn es denn je der Fall war, so wird heute neues Wissen weder der Natur direkt abgelauscht noch aus unvermittelter sozialer Praxis heraus gewonnen. Vielmehr ist jede Wissensgenese viele Schichten tief in materiale und mentale Techniken, in Formen der Sprache und Technologien der Kommunikation eingebettet, so dass durchaus fraglich wird, was das schließlich erzeugte Wissen noch mit ›der‹ Natur oder mit ›dem‹ Menschen zu tun hat.

Zum Anderen weist das Merkmal der Technisierung des Wissens darauf hin, dass im Rahmen moderner Gesellschaften die für die Wissensproduktion relevanten Erfahrungskontexte und sozialen Praktiken geradezu unausweichlich in Organisationen eingebettet und auf sie angewiesen sind. Organisationale Techniken und Technologien des Organisierens prägen demnach das, was als Erfahrung und Praxis – und mithin als Wissen – möglich ist. Aus dieser doppelten Technisierung des Wissens folgt, dass die Möglichkeiten des Wissens viel stärker von Technik im Allgemeinen und Technologien des Organisierens im Besonderen abhängig sind, als dies gewöhnlich angenommen wird.

Technologien des Organisierens

Der folgende Teil des Textes behandelt einige neuere Technologien des Organisierens, um daran beispielhaft zu zeigen, wie der rekursive und reflexive Bezug von Technik, Wissen und Organisation sich in

---

10 | Vgl. Robert Dreeben: Was wir in der Schule lernen, Frankfurt/Main 1980.
11 | Vgl. Karin Knorr-Cetina: Die Fabrikation von Erkenntnis: Zur Anthropologie der Naturwissenschaft, Frankfurt/Main 1984.
12 | Vgl. Michael Gibbons u.a.: The new production of knowledge. The Dynamics of Science and Research in Contemporary Society, London u.a. 1997.

Helmut Willke Grundzügen darstellt und wie die wechselseitige Steigerung von Technologie und Wissen sich zur kategorischen Kontingenz komplexer Systeme aufschaukelt. Sowohl Technologien wie Wissen werden notwendig ungewiss und konstituieren sich als »Formen« (im Sinne von Spencer-Brown), die durch ihre je andere Seite mit definiert werden. Für den Fall der Technologie bedeutet dies, dass Technologisierung als Folge erfolgsorientierter ›praktischer Intentionen‹ perverse Effekte erzeugt und sich im Kontext komplexer Systeme als »Logik des Misslingens«[13] oder als »Groping in the dark«[14] entpuppt, solange nicht eine adäquat komplex gebaute Steuerungstheorie dem Einhalt gebietet. Für den Fall des Wissens bedeutet es, dass die ›andere Seite‹ des Wissens, nämlich Nichtwissen, Ignoranz und Risiko, in einem schleichenden Prozess dominant wird und beginnt, Qualität und Kosten von Wissen als Ressource zu bestimmen.

BSC und EFQM

Die *Balanced Scorecard* (BSC) und das Steuerungsinstrument der EFQM verkörpern neuere Technologien der Organisationssteuerung, die aufschlussreich sind, weil sie den Prozess des Organisierens tiefgreifend verändern und sich in der Verbreitung der Instrumente zugleich Veränderungen der Bedeutung von Organisationen spiegeln, insbesondere Veränderungen der Evaluierung und Steuerung komplexer Organisationen.

EFQM heißt European Foundation of Quality Management. Dennoch soll im Folgenden in Übereinstimmung mit der Literatur unter diesem Kürzel das *Instrument* EFQM behandelt werden. EFQM kommt zwar aus der Total-Quality-Management-Bewegung, hat sich aber inzwischen zu einem qualitäts- und kompetenzorientierten allgemeinen systemischen Steuerungsansatz entwickelt, der auf »Business-Exzellenz« zielt. Die Balanced Scorecard (BSC) ist ein umfassendes Evaluierungs- und Steuerungsinstrument, das neben der Säule der traditionellen, vergangenheits-orientierten Finanzindikatoren drei weitere Säulen von Indikatoren aufweist, die stärker zukunftsorientierte Leistungsfähigkeit messen: Kundenkapital, Qualität der Geschäftsprozesse und Innovationskompetenz.[15]

BSC und EFQM verlangen an vielen Punkten, dass Erfahrungen, Lektionen (»lessons learnt«), vorbildliches Arbeiten (»best practice«), lehrreiche Fälle (»cases«) etc. dokumentiert werden. Genau diese Dokumentationen sind das Basismaterial des Wissensmanage-

---

13 | Vgl. Dietrich Dörner: Die Logik des Misslingens, Reinbek 1989.
14 | Vgl. Donella Meadows u.a.: Groping in the Dark, Chichester u.a. 1982.
15 | Vgl. ausführlich dazu Robert Kaplan/David Norton: The Balanced Scorecard, Boston/Mass. 1996.

ments, und umgekehrt gibt das Wissensmanagement mit seinen Instrumenten Hilfestellungen dazu, diese Dokumentation von wichtigen Lernerfahrungen kompetent und effizient durchzuführen und genau damit neues Wissen zu generieren.[16] Da beide Technologien sehr ähnlich aufgebaut sind, genügt es, die Prinzipien an einem der beiden Instrumente deutlich zu machen.

Technologien des Organisierens und die Krisis des Wissens

Um welche Art von Technologie des Organisierens handelt es sich bei dem Instrument BSC? Was genau tut eine Organisation, die sich entschließt, sich selbst mit Hilfe dieses Instrumentes zu steuern, und was tut dieses Instrument mit der Organisation? Um eine Antwort zu skizzieren, ist etwas weiter auszuholen.

Als der italienische Mönch Luca Paccioli gegen Ende des 15. Jahrhunderts die doppelte Buchführung erfand, veränderte er mit diesem Instrument und der daraus folgenden Technologie Idee und Gestalt des Unternehmens in Richtung auf eine ›Rechenmaschine‹, die das Unternehmen als eine andere, eigene Logik etablierte und eine Sprache der Kostenrechnung schuf, »die wie keine andere Technik innerhalb des Unternehmens den Kontakt zur Autopoiese der Wirtschaft hält [... und] Kriterien der Gewinn- und Kostenentwicklung anbietet, anhand deren sich die Chancen einer weiteren Teilnahme an der Wirtschaft ausrechnen lassen«.[17]

Ähnlich radikal veränderte die Erfindung von Management, Managementinstrumenten und Managementtechnologien im Sinne der »wissenschaftlichen Betriebsführung« nach den Ideen von Frederick Taylor[18] die Funktionsweise von Organisationen. Taylor machte aus der Ressource »Mitarbeiter« optimal organisierte Arbeitsmaschinen, so wie Paccioli aus der Ressource »Geld« eine optimal organisierte Rechenmaschine für die Wertschöpfung des Unternehmens machte.

Management meint eine systematische und disziplinierte Steuerung von Ressourcen zur Erreichung bestimmter Ziele. Während auch einzelne Personen sich oder andere Personen managen können, bezieht sich Management im Kontext von Organisationen auf eine systematische Steuerung von Ressourcen zur Erreichung der Ziele von Organisationen. Dabei sind gerade für den Fall von Organisationen Menschen als Mitarbeiter und Mitarbeiterinnen (im Folgenden schließt die männliche Form die weibliche ein) eine besondere, herausgehobene Ressource. Demnach umfasst Management drei Komponenten: 1. die Führung von Personen und 2. die Optimierung von

---

16 | Vgl. dazu Helmut Willke: Einführung in das systemische Wissensmanagement, Heidelberg 2004.
17 | Vgl. Dirk Baecker: Die Form des Unternehmens, Frankfurt/Main 1993, S. 208.
18 | Vgl. Frederick Taylor: Die Grundsätze wissenschaftlicher Betriebsführung, München, Berlin 1913.

weiteren relevanten Ressourcen, um 3. die Ziele von Organisationen zu erreichen.

1. Management als Führung von Personen bekommt im Kontext der Wissensgesellschaft eine neue Qualität. Immer schon war Führungsqualität ein ebenso wichtiges wie problematisches und umstrittenes Merkmal von Management. Langsam, aber unerbittlich setzt sich die Einsicht durch, dass die Führung von Personen immer weniger nach dem Prinzip »Befehl und Gehorsam« geleistet werden kann und statt dessen immer stärker darauf setzen muss, die Eigenmotivation, das Eigeninteresse und die eigene Kreativität von Mitarbeitern zu wecken und zu erhalten.

Mit der Entfaltung einer Wissensgesellschaft, einer Wissensökonomie und der in ihr agierenden wissensintensiven Unternehmen verlagert sich Führung noch stärker darauf, Menschen als »Kompetenzträger«, als Personen mit spezifischem Wissen, Können und mit spezifischer Expertise so zu führen, dass diese Kompetenzen innerhalb der Organisation zum Tragen kommen können. Tatsächlich ist dies keineswegs selbstverständlich. Die betriebliche Praxis zeigt allzu häufig, dass verfehlte Führungsmodelle die Nutzung vorhandener Expertise eher behindern als fördern, dass verteiltes Wissen nicht ausgetauscht und kombiniert wird, sondern ängstlich als Herrschaftswissen gehütet und gehortet wird.

2. Management umfasst neben der Führung von Personen als zweite Dimension die Steuerung weiterer Ressourcen, die erforderlich sind, um Produkte und Dienstleistungen (Güter) herzustellen. Die wichtigsten dieser Ressourcen nennt die Wirtschaftswissenschaft »Produktivfaktoren«. Die klassischen Produktivfaktoren sind Land, Kapital und Arbeit. (Im Faktor Arbeit tauchen also die unter 1. behandelten Personen als Mitarbeiter wieder auf.)

Mit einer sehr groben geschichtlichen Periodisierung lässt sich sagen, dass für die *Agrargesellschaften*, von den archaischen Gesellschaften bis zur frühen Neuzeit, der Faktor »Land« der entscheidende Produktivfaktor darstellt, schlicht weil die Menschen vom Land und aus dem Land lebten. Die Bedeutung des Produktivfaktors Land ist allerdings auch für weniger erfreuliche Erscheinungen wie Kolonialismus und Territorialkriege verantwortlich. Obwohl die modernen Gesellschaften längst keine Agrargesellschaften mehr sind – nur noch etwa drei bis vier Prozent der arbeitenden Bevölkerung arbeiten in den entwickelten Gesellschaften in der Landwirtschaft – spielt Land als Produktivfaktor noch eine gewisse, allerdings untergeordnete Rolle.

Die kapitalistische *Industriegesellschaft*, die in Europa im Laufe des 18. und 19. Jahrhunderts auf die Agrargesellschaft folgt, entwickelt sich in ungeheurer, vielfältig auch zerstörerischer Dynamik als »große Transformation« (Polanyi). Ihr Treibsatz ist der kapitalgesteuerte Markt, den Adam Smith als Erster in seiner besonderen Logik verstanden und beschrieben hat.[19] Die Industriegesellschaft ist dadurch gekennzeichnet, dass der Produktivfaktor Kapital dominant wird. Auch Arbeit als Produktivfaktor wird der Logik des Kapitals untergeordnet, bis schließlich in der zweiten Hälfte des 19. Jahrhunderts die Missstände so unerträglich werden, dass eine Sozialgesetzgebung (z.B. die Reformen von Bismarck in Deutschland, von Beveridge in England) einsetzt, die sich im 20. Jahrhundert in vielen Gesellschaften der OECD zum Wohlfahrtstaat auswächst.

Technologien des Organisierens und die Krisis des Wissens

Die gegenwärtig sich herausbildende *Wissensgesellschaft* bringt einen neuen Produktivfaktor ins Spiel: Wissen. Natürlich war Wissen auch früher von Bedeutung. Auch der Eingeborene, der aus einem Baumstamm ein Kanu fertig, braucht dazu Wissen. Und ganz sicherlich spielen Wissen und Expertise auch in der Industriegesellschaft eine große Rolle. Was sich in der Wissensgesellschaft ändert, sind die relativen Gewichte: Wissen wird zum dominanten Produktivfaktor. Dies heißt, dass die anderen Faktoren (Land, Kapital und Arbeit) keinesfalls bedeutungslos sind, aber doch in ihrem relativen Gewicht von Wissen als kritische Ressource übertrumpft werden.

3. Management ist kein Privatvergnügen von Managerinnen und Managern, sondern es dient dazu, die Ziele von Organisationen möglichst effektiv und effizient zu realisieren. Management ist daher nicht auf die Organisationen des Wirtschaftssystems, auf Wirtschaftsunternehmen, beschränkt. Vielmehr benötigen alle Organisationen Management, die darauf angewiesen sind, die ihnen verfügbaren und/oder anvertrauten Ressourcen effektiv und effizient zu nutzen. Deshalb gibt es ein Management von Parteien, Krankenhäusern, Verbänden, sozialen Bewegungen, Schulen, Universitäten, Kirchen, Kommunen, Ministerien, Gerichten, Sportvereinen, Opernhäusern, Orchestern, Stiftungen etc. genau so wie ein Management von Unternehmen. Vielleicht muss man inzwischen sogar auch von einem Management des Systems Familie sprechen. Immer ist Management darauf gerichtet, die spezifischen Ressourcen einer bestimmten Organisation in optimaler Weise so zu steuern, dass die spezifischen Ziele der Organisation möglichst weitgehend erreicht werden.

Dass es beim Management um die Ziele von Organisationen geht, ist alles andere als selbstverständlich. Die meisten Menschen, Sozialwissenschaftler eingeschlossen, gehen nach wie vor davon aus, dass Organisationen nichts anderes darstellen als Aggregate von Personen. Für sie ›bestehen‹ soziale Systeme im Allgemeinen und Organisationen im Besonderen aus Personen. In einer systemtheoretischen Perspektive bestehen Organisationen (wie alle sozialen Syste-

---

19 | Vgl. Adam Smith: Der Wohlstand der Nationen, übertragen und herausgegeben von Horst Recktenwald, München ^{5}1990.

me) aus Kommunikationen. Personen sind deshalb nicht unwichtig! Sie rücken nur an eine andere Stelle, nämlich in die Umwelt von Organisationen, und sie sind dort ebenso bedeutsam und relevant wie andere Aspekte der Umwelt von Organisationen auch.

Erst wenn man Person und Organisation in diesem Sinne auseinander zieht, wird verständlich, dass sich die Ziele von Personen und von Organisationen unterscheiden können und in aller Regel auch tatsächlich unterscheiden. Würden Organisationen aus Personen bestehen, dann müssten die Ziele von Organisationen doch so etwas wie die Quersumme, der Mittelwert oder irgend ein dominanter Wert der Ziele der beteiligten Personen sein. Genau das ist aber empirisch klar nicht der Fall. Organisationen (wie auch andere Sozialsysteme) erweisen ihre Eigenlogik und Selbstreferentialität genau darin, dass sie eigene Ziele generieren, die im Extremfall nicht von einem einzigen Mitglied der Organisation als Individuum geteilt werden – und dennoch gelten.

BSC und EFQM lassen sich nun als Technologien verstehen, die das Management darin unterstützen, komplexe, unübersichtliche, eigenlogische und selbstreferentielle Organisationen dennoch zu führen, also in eine bestimmte Richtung zu bestimmten Ergebnissen zu steuern. Die BSC (die im Weiteren prototypisch behandelt wird) entwirft einen besonderen Blick auf die Organisation, forciert also eine besondere Perspektive der *Selbstbeobachtung* der Organisation, in welcher bestimmte Merkmale der Organisation im Profil erscheinen: die verschiedenen Formen von »assets«, die den Wert, genauer: das Wertschöpfungspotenzial der Organisation ausmachen: die vier Säulen der BSC, die folgende Wertdimensionen beschreiben: Finanzkapital, Kundenkapital, Arbeitsprozesskapital und intellektuelles Kapital.

Die wohl wichtigste Wirkung des Instruments für die Organisation liegt allerdings in der Zeitdimension. Während traditionelle Bilanzierungsinstrumente und Technologien der Rechnungslegung *vergangene* Leistung bewerten, intendiert die BSC, *zukünftig erwartbare* Leistungsfähigkeit im Sinne einer Potenzialität zur Wertschöpfung zu messen. Ersichtlich ist es erheblich schwieriger und risikoreicher, zukünftig wahrscheinliche Leistungsfähigkeit zu messen als vergangene Leistung. Wenn Organisationen dennoch erhebliche Anstrengungen unternehmen, genau dies zu tun, dann müssen gute Gründe und erhebliche Anreize dafür vorliegen.

Tatsächlich werden Organisation gleich von einer ganzen Reihe externer Akteure dazu gedrängt, um nicht zu sagen: dazu gezwungen, ihre »assets« offen zu legen, um ihr Leistungspotenzial möglichst positiv darzustellen. Die wichtigsten dieser Akteure sind Rating Agencies, Investmentbanken und -fonds, Analysten, Börsen und Anteilseigner. Die interne Steuerung der Organisationsprozesse –

etwa der Geschäftsprozesse eines Unternehmens – nach den Kriterien der BSC spiegelt die externe Bewertung der Unternehmensleistung durch die genannten Akteure. Je stärker die Organisation den externen Druck spürt (etwa als Kosten der Refinanzierung oder als negative Kursbewegungen), desto stärker wird es seine interne Steuerung darauf ausrichten, die Messkriterien der BSC – und primär oder gar nur diese – zu erfüllen. Dies bewirkt, dass dabei andere Faktoren aus dem Blick geraten, die (in einer anderen Perspektive) für einen anders gemessenen ›Erfolg‹ der Organisation genauso wichtig oder wichtiger wären.

Technologien des Organisierens und die Krisis des Wissens

Die Technologie der BSC, ebenso wie die komplementären ›externen‹ Technologien des Ratings oder der Analyse, erzeugen ein bestimmtes Wissen über bestimmte Dimensionen des Leistungspotenzials der Organisation. Mit nicht berücksichtigten Dimensionen wird mögliches Wissen ausgeschlossen und als Nichtwissen eingeschlossen. Das verfügbare Wissen der Organisation über sich selbst ist notwendig selektiv und partiell, und es ist notwendig mit entsprechendem Nichtwissen verknüpft: Es ist im strengen Sinne kontingent. Die Kontingenz des selbstproduzierten und des fremdproduzierten Wissens ist dann kein spezifischer Nachteil, wenn die Technologien der Evaluierung – ähnlich wie Schulnoten – weit verbreitet sind und sich zu einem Standard entwickelt haben. Tatsächlich erweist sich die Technologie dann als besonders stark und erfolgreich darin, *Vergleichbarkeiten* herzustellen zwischen Einheiten, die eigentlich als Ganze nicht vergleichbar sind – wiederum ähnlich wie Schulnoten.

Die Kontingenz des technologisch erzeugten Wissens (intern wie extern) kann sich allerdings dann zu einem Systemproblem auswachsen, wenn es zwar Vergleiche in bestimmten Dimensionen ermöglicht, sich aber heraus stellt, dass andere Dimensionen organisationaler Leistung, die der Technologie und damit der Messung und damit der Evaluierung entgehen, für die Qualität oder die Entwicklungsfähigkeit bestimmter Kontexte wichtiger wären als die gemessenen. Unter solchen Bedingungen erzeugt die Technologie der BSC ein systematisch und systemisch verzerrtes Wissen mit entsprechendem Nichtwissen. Im schlimmsten Fall erwächst daraus ein Systemrisiko in dem Sinne, dass die lokale Operation zwar gelungen, der Patient insgesamt aber leider verstorben ist.

Mit Systemrisiko ist gemeint, dass ein Risiko nicht mehr nur einzelne Komponenten eines arbeitsteiligen, mechanistischen Zusammenhanges betrifft, sondern die Operationsweise eines Systems insgesamt dadurch, dass bestimmte Einzelrisiken sich durch die Vernetzung der Elemente zu einer systemischen Destabilisierung aufschaukeln. Der Hintergrund dafür ist mit Blick auf Wissen, dass nicht nur das ›normale‹, jedem Wissen korrespondierende Nichtwissen sich in ebenso ›normale‹ Risiken transformiert, sondern dass sich darüber

Helmut Willke eine Ebene des systemischen Nichtwissens schiebt, welche ein Systemrisiko erzeugt, sobald Entscheidungen diese Ebene erreichen. Systemisches Nichtwissen bezeichnet ein Nichtwissen, das die Logik, die Operationsweise, die Dynamik, die emergente Qualität, die Ganzheit eines selbstreferentiell geschlossenen Zusammenhangs von Operationen betrifft.

In einer Welt, die durch eine streng arbeitsteilige, tayloristische Ausdifferenzierung immer stärker isolierter Einzeldisziplinen des Wissenschaftssystems ihre Selbstbeobachtung steuert, ist ein solches Wissen/Nichtwissen weitgehend irrelevant. Eine Gesellschaftsform, die ihre Selbstbeschreibung am Ideal einer naturwissenschaftlich durchkonstruierten und mit mathematischer Präzision berechenbaren Maschine misst, bei welcher die Beherrschung der einzelnen Komponenten auch die Beherrschung der Maschine insgesamt verspricht, weiß nicht einmal, dass sie auch auf dem Feld systemischen Nichtwissens einen blinden Fleck aufweist. Auch deshalb ist die einschneidendste Veränderung, welche die Wissensgesellschaft in die Welt setzt, die deutlich gestiegene Möglichkeit einer Systemkrise und ein Wissen darüber, dass ihr Nichtwissen sich v.a. auf die Folgen der Emergenz von sozialen und soziotechnischen Systemen bezieht, die kein einzelner Akteur mehr überblickt, geschweige denn steuert.

Controlling

Auch Controlling konstituiert eine umfassende Technologie der Steuerung komplexer Systeme, insbesondere von Unternehmen. In der Wissensgesellschaft im Allgemeinen und in der Wissensökonomie im Besonderen erleidet die schöne Ordnung der Ökonomie, geprägt von so überschaubaren und klaren Mechanismen wie Markt, Konkurrenz und Zahlungsentscheidungen, den Einbruch der komplizierteren Ordnung des Wissens. Da die Ordnungsprinzipien der beiden Symbolsysteme (Geld und Wissen) nicht kompatibel sind – in einem System führt Teilung zu Reduktion, im anderen zu Zuwachs – sondern verquer zu einander stehen, und dennoch in den Formen struktureller Verknüpfung irgendwie mit einander ins Benehmen kommen müssen, bleibt als Ausweg nur willkommene Heterogenität und die Entwicklung der Fähigkeit, mit hoher Ungewissheit und Verhältnissen am Rande des Chaos umzugehen.

Tatsächlich empfinden nicht nur oberes und oberstes Management, sondern inzwischen geradezu flächendeckend Organisationsmitglieder mit Führungsverantwortung sowohl ihre Organisationen wie deren relevante Umfelder als chaotisch und nicht mehr beherrschbar. In der Innenperspektive herrscht der Eindruck vor, dass jedes Quartal ein neues Programm, ein neues Veränderungsprojekt, eine neue Managementidee, eine neue Anforderung akzeptiert und

›umgesetzt‹ werden soll, sich die Gesamtheit der laufenden Veränderungsprojekte aber zu einem stabilen Chaos aggregiert. In der Außenperspektive fühlen sich alle Beteiligten durch immer neue Umstrukturierungen, Allianzen, Kooperationen, Mergers, Ausgründungen, Zuordnungen, Verkäufe und Einkäufe von Unternehmensteilen, Zukauf und Verkauf von internen/externen Dienstleistungen etc. unter einen Druck gesetzt, der nur noch mit Fatalismus oder Zen-gestähltem Gleichmut zu ertragen ist. Beide Perspektiven zusammen genommen lassen kaum einen anderen Schluss zu, als von unmöglicher Ordnung auf mögliche Unordnung umzuschalten.

Technologien des Organisierens und die Krisis des Wissens

Diese Sicht wird durch Analysen in der Entscheidungstheorie gestützt, die sich mit den Themen der Ungewissheit und des Nichtwissens auseinander setzen, und für die insbesondere James March steht. Er betont, dass gegenüber einem Verständnis des Entscheidungsprozesses in Organisationen als rationale und normativ ausgerichtete Umsetzung von objektiven Informationen faktisch ganz anders entschieden wird, nämlich unter Bedingungen hoher Ungewissheit, die sowohl extern wie *auch* intern produziert wird. Dass durch externe Varietät Ungewissheit hervorgerufen wird, kann nicht überraschen. Aber auch innerhalb einer Organisation ist Ungewissheit nach March durch vier Mehrdeutigkeiten verursacht, die nicht Betriebsfehler der Organisation sind, sondern unabwendbare Begleiterscheinungen komplex aufgebauter Kommunikationsprozesse: (1) Die Mehrdeutigkeit von Präferenzen, von (2) Relevanzen, von (3) organisationaler Intelligenz in komplexen Systemen und schließlich (4) die Mehrdeutigkeit von Bedeutungen, die sich erst aus Interpretationen und unterschiedlichen spezifischen Konstruktionen von kohärenten Geschichten ergeben.[20]

Das Merkmal mehrdeutiger organisationaler Intelligenz ist hier besonders aufschlussreich. Wenn Organisationen nicht auf eine einzige, feststehende, offizielle Intelligenz beschränkt sind, sondern Wissen und Expertise immer umstritten (»*contested*«) sind und deshalb Akteure, Gruppen und Subsysteme unterschiedliche Regeln produzieren, unterschiedliche Prozesse konstruieren und Strukturen unterschiedlich interpretieren und ausfüllen, dann kann der Wettbewerb um dominante, ›geltende‹ Formen von Expertise der Organisation als ein Lernprozess verstanden werden, der interpunktiert wird von den verfügbaren Lösungen für Probleme, die nicht einfach da sind, sondern die als Probleme in komplexen Aushandlungspro-

---

20 | Vgl. James March: »Mehrdeutigkeit und Rechnungswesen: Die unbestimmte Verbindung zwischen Information und Entscheidungsprozess«, in: ders. (Hg.), Entscheidung und Organisation, Wiesbaden 1990, S. 427–454, hier: S. 432ff.

Helmut zessen erst definiert sein müssen. Dies gilt gerade auch für Proble-
Willke me, die scheinbar mathematisch klar und offensichtlich sind.

»Man betrachte beispielsweise die Erstellung von Gewinn- und Verlustrechnungen. Es gibt deutliche Hinweise darauf, dass Manager, Investoren und Arbeiter Gewinn- und Verlustrechnungen Beachtung schenken. Da also diese Rechnungen relevant sind, versuchen viele gewitzte Leute, sie in einer Weise zu formulieren, dass sie das aussagen, was sie ihrer Meinung nach aussagen sollen [...] Geschickte Manager versuchen, tüchtige Buchalter und talentierte Analytiker zu überlisten, die umgekehrt versuchen, die Manager zu überlisten.«[21]

Da man wissen kann, dass dies so läuft, sollte der organisationalen Mikropolitik ein legitimer Raum gegeben werden: der Raum offener und diskursiver Verhandlungen über strategische Prioritäten und Finanzierungsprogramme. Solange sich alle Beteiligten an strategische Pläne sowie insbesondere Budgets halten müssen, von denen alle wissen, dass sie nicht durchzuhalten sind, werden kluge und strategisch denkende Akteure geradezu gezwungen, die unvermeidliche Variation (Mikrodiversität) durch entsprechende Aktion (Mikropolitik) aufzufangen. Ein wichtiges Scharnier in der Abstimmung von Erwartungssicherheit und Veränderung, von Ausrichtung und Anpassung, von Stabilität und Flexibilität stellt ein Controlling dar, das sich inzwischen weitgehend von »Kontrolle und Revision« auf »Unternehmenssteuerung« umgestellt hat.

Weil im Sinne von March auch Zahlen mehrdeutig sind und sich je nach geltender und eingesetzter Intelligenz unterschiedlich interpretieren lassen, entwickelt sich gegenwärtig das klassische Controlling, das sich als finanzwirtschaftliche Überwachung einer einzig möglichen Wahrheit versteht, zum »strategischen Controlling« fort. Es wird zu einer Form des Controlling, die von vornherein auf Lernen und kognitive Qualität ausgerichtet ist: Es geht um

»die Konzeption eines *strategischen Controlling* zur Unterstützung der strategischen Führung, in Abgrenzung zum herkömmlichen operativen Controlling (im Sinne einer Abweichungsanalyse oder Planfortschrittskontrolle). [...] In dem Maße, indem die Umwelt dynamischer und turbulenter wird, nimmt die Bedeutung strategischer Planung zugunsten strategischer Kontrolle einschließlich organisatorischer Anpassungs- und Lernprozesse ab.«[22]

Hier kommt zum Ausdruck, dass die notwendige Umorientierung des Controlling von Turbulenzen getrieben ist, denen nur noch mit ei-

---

21 | Vgl. ebd., S. 436.
22 | Vgl. Wolfgang Staehle: Management, München ^{8}1999, S. 667.

nem kognitiven, lernbereiten Erwartungsstil zu begegnen ist. Gegenüber strategischer Planung ist strategisches Controlling flexibler und zukunftsorientierter angelegt und damit stärker kognitiv als normativ orientiert.

Technologien des Organisierens und die Krisis des Wissens

Ein in diesem Sinne verstandenes strategisches Controlling geht bewusst von jeder Detailkontrolle ab (und überlässt sie dezentralen Controllern oder gleich den Führungskräften aller Ebenen für ihre ebenen-spezifischen Erfolgskriterien), um sich auf eine Monitoring-Funktion konzentrieren zu können, in der das Controlling kontinuierlich die tatsächliche Entwicklung des Unternehmens mit den Markierungen der strategischen Positionierung vergleicht. Viel stärker als zählen und rechnen steht demnach beobachten, evaluieren und anregen im Fokus eines strategischen Controlling.[23]

Genau aus diesem Grund verändert sich das strategische Controlling vom Geschäft mit Zahlen zum Geschäft mit Wissen. »Die Konsequenz wäre, dass das Lernen von Wissen weitgehend ersetzt werden müsste durch das Lernen des Entscheidens, das heißt: des Ausnutzens von Nichtwissen.«[24] Die spezifische Expertise, in welche dieses Wissen mündet, ist die Fähigkeit, kompetent zu entscheiden. Es liefert als Ergebnis seiner Arbeit deshalb eher ein laufend aktualisiertes Monitoring-System zu strategischen Führungsgrößen ab, als ein durchgerechnetes Zahlenwerk auf der Basis von Daten, die niemand mehr ernst nehmen kann, weil Zweifel an der Verlässlichkeit von Erwartungen zum Normalfall werden.

Krisis des Wissens

Sowohl Technologien wie auch Wissen reagieren auf sich selbst. Sie werden je für sich rekursiv und eigendynamisch und sie wirken darüber hinaus noch reflexiv auf einander ein. Die resultierenden Steigerungsverhältnisse technologischer und symbolischer Architekturen ermöglichen auf der einen Seite beeindruckende Manifestationen ›funktionierender Maschinen‹. Sie führen auf der anderen Seite dazu, dass die funktionierenden Trivialmaschinen zunehmend von unbeherrschbaren, riskanten, kontraintuitiven und ungewissen nicht-trivialen Maschinen, kurz: von hochkomplexen Systemen verdrängt werden, die ganz anderen Gesetzen gehorchen.

---

23 | Vgl. dazu Chris Marshall/Larry Prusak/David Shpilberg: »Financial risk and the need for superior knowledge management«, in: California Management Review 38 (1996), S. 77–101.
24 | Vgl. Niklas Luhmann: Einführung in die Systemtheorie, Heidelberg 2002, S. 198.

Helmut In einer auf den ersten Blick widersprüchlichen Bewegung
Willke nimmt in der Wissensgesellschaft die Bedeutung von Wissen zu, die gesellschaftliche Relevanz des Wissenschaftssystems aber ab. Dies hat die Vermutung genährt, dass unterschiedliche Arten von Wissen[25] und unterschiedliche Arten der Wissensproduktion[26] im Spiele sind. Tatsächlich sind aber die gängigen Unterscheidungen zwischen theoretischem und praktischem Wissen oder zwischen Modus 1 und Modus 2 der Wissensproduktion wenig hilfreich, wenn es darum geht, die den Einstieg in die Wissensgesellschaft kennzeichnende Transfiguration des Wissens von einem wahrheitsgetriebenen Erkenntnisprodukt zu einer dominanten Produktivkraft zu verstehen. Die Paradigmen-Differenz, die hier zum Vorschein kommt, scheint grundlegender, jedenfalls anders zu sein als die zwischen Theorie und Praxis oder zwischen Wissenschaft und F&E. Sie geht auf die Frage zurück, die sich mit der Durchsetzung und dem praktischen Erfolg der Industriegesellschaft gut invisibilisieren ließ, die nun aber erneut und neue Konturen gewinnt: Wie ist Wissen möglich?

Wir reden von einem Zusammenhang oder erkennen eine Ordnung, wenn wir in die fraglichen Formen durch kommunikative Praxis, also durch Anbindung an Erfahrungskontexte, einen Sinn, eine Bedeutung hineinbringen oder Sinn aus ihnen herauslesen können. Wissen ist in diesem Sinne unabdingbar das Ergebnis einer Operation des »sense making«[27], also der Herstellung einer sinnhaften Ordnung aus dem Chaos verfügbarer oder anbrandender Informationen. Der Prozess des Herstellens von Sinn kann offenbar, wie bspw. die frühkindliche Sozialisation in vielen Hinsichten zeigt, in hohem Maße unbemerkt, gewissermaßen nebenher und implizit ablaufen, er kann aber auch, wie bspw. in investigativen oder explorativen Projekten, ganz gezielt darin bestehen, sich neuen Daten und Informationen auszusetzen, um neue Erfahrungskontexte zu gestalten oder bestehende Erfahrungsmuster und das in ihnen ausgedrückte Wissen zu revidieren.

Wissen ist das Ergebnis von Lernen, oder anders formuliert, Lernen ist der Prozess und Wissen das Produkt. Jede Wissensgenerierung und jeder Wissenstransfer setzt also einen Lernprozess voraus, und in dem Maße, in dem Lernen ein soziales Geschehen ist und Kommunikation impliziert, ist auch Wissen auf Kommunikation angewiesen: »Nach wie vor ist ein Wissenszuwachs nur durch Kommu-

---

25 | Vgl. Daniel Bell: The Coming of Post-Industrial Society. A Venture in Social Forecasting, New York 1976.
26 | Vgl. Michael Gibbons u.a.: The new production of knowledge. The Dynamics of Science and Research in Contemporary Society, London u.a. 1997.
27 | Vgl. Karl Weick: Sensemaking in Organizations, Thousand Oaks 1995.

nikation erreichbar.«[28] Der Mensch ist auf eine frühkindliche Sozialisation angewiesen, die mit Sprache, Hintergrundwissen, Identität und Lernfähigkeit die Voraussetzungen für weiteres Lernen schafft. In diesem Sinne lässt sich sagen, dass Lernen und mithin Wissen zwingend auf Kommunikation angewiesen und deshalb ebenso zwingend sozial konstituierte Phänomene sind. Zudem verweist dieser Zusammenhang auf die enge prozessuale und wechselseitig konstitutive Kopplung zwischen Kommunikation, Lernen und Wissen hin.

Technologien des Organisierens und die Krisis des Wissens

Wissen ist also möglich, indem Beobachter in einer kommunikativ konstituierten und kommunikativ vermittelten sozialen Praxis Daten und Informationen in einen sinnhaften Zusammenhang bringen. Dieser sinnhafte, intelligible Zusammenhang kann in der Konfirmierung oder in der Revision einer bestehenden Praxis oder aber in der Schaffung einer neuen Praxis bestehen. Praxis meint ein Ensemble sozialer Praktiken, die der Bewältigung irgend einer konkreten Aufgabe dienen – jagen, kämpfen, ein Hufeisen schmieden, eine Genstruktur entschlüsseln, eine Gesellschaftstheorie entwerfen. Da Wissen auf soziale Praktiken bezogen ist, impliziert es immer bestimmte *Kompetenzen* im Umgang mit konkreten Situationen oder als bedeutungsvoll definierten Problemstellungen. In diesem Sinne gibt es kein ›theoretisches‹ Wissen, sondern nur praktisches Wissen im Umgang mit Theorie. Es gibt kein ›abstraktes‹ Wissen, sondern nur praktisches Wissen im Umgang mit Abstraktionen. Und es gibt dann selbstverständlich auch Wissen im Umgang mit Nichtwissen, mit Irrealem oder mit Imaginiertem, wenn diese Felder als relevante Bereiche sozialer Praktiken definiert sind, also zu realen Erfahrungen und Erfahrungskontexten geführt haben.

Selbst einfachste Organismen verfügen über eine biologisch eingebaute Intelligenz in der Form erprobter Problemlösungsmechanismen, die aus den Erfahrungen von vielen Äonen und vielen Generationen abgeleitet sind, ohne dass diese Organismen ›wissen‹ müssten, dass sie über diese Erfahrungen verfügen.

Dieser Mechanismus der biologischen Vererbung und Implantation von Intelligenz lässt sich nun bemerkenswert umstandslos technologisch kopieren. Sobald es gelingt, erprobte Problemlösungsfähigkeiten in funktionierende Apparate einzubauen, ist der Schritt zu technologischer oder maschineller Intelligenz getan. Pfeil und Bogen verfügen in diesem Sinne genau so über eine eingebaute Intelligenz (»embedded intelligence«) wie ein Hufeisen, ein Antibiotikum oder das Simulationsmodell eines Geschäftsprozesses. In alle diese Technologien sind bestimmte Problemlösungsfähigkeiten eingebaut, die aus Erfahrungen gewonnen und in technisch umsetzbare

---

28 | Vgl. Niklas Luhmann: Die Wissenschaft der Gesellschaft, Frankfurt/Main 1990, S. 157.

Helmut Regeln transformiert worden sind. Nicht das Hufeisen oder die Simu-
Willke lationssoftware machen Erfahrungen, sondern Menschen oder soziale Systeme im Umgang mit den entsprechenden Problemsituationen. Und es sind diese Akteure, die aus den gemachten Erfahrungen Schlussfolgerungen ziehen und die Regeln ableiten, die dann als technologische Lösungen transferierbar sind. Intelligenz ist deshalb ein deutlich einfacheres Konzept als Wissen. Intelligenz beschränkt sich auf funktionierende Problemlösungen[29], während Wissen zusätzlich die Fähigkeit voraussetzt, Erfahrungen in den Auseinandersetzungen zwischen Systemen und ihren Umwelten zu machen und aus ihnen Schlussfolgerungen abzuleiten.

So wie technologische Intelligenz seit frühester Menschheitsgeschichte in Instrumente und funktionierende Apparate eingebaut worden ist, so lassen sich Wissensbestände, die aus etablierten sozialen Praktiken heraus generiert worden sind, auch in *sozialen Formen* speichern, sobald es gelingt, erprobte Problemlösungsfähigkeiten in funktionierende Regelsysteme zu fassen und diese zu den Modulen für beliebig steigerbare Architekturen sozialer Institutionalisierung aufzubauen – Konventionen, Sitten, Gebräuche, Praktiken, Routinen, Rollen, Rechtssysteme, Kulturen, Wertsysteme etc. In allen diesen Regelsystemen sedimentieren erprobte Problemlösungen aus unterschiedlichsten Zeiten, Orten und Konstellationen sozialer Praxis zu weitgehend automatisierten Sozialtechnologien, die in dem Maße als intelligent bezeichnet werden können, wie sie bestimmte Probleme einer bestimmten sozialen Praxis routinisiert lösen oder zumindest standardisierte Lösungsoptionen vorgeben. Diese Fassung der Unterscheidung von Intelligenz und Wissen sollte es leichter nachvollziehbar machen, dass nicht nur Menschen (und Apparate) intelligent sein können, sondern auch soziale Systeme. Soziale Systeme unterscheiden sich von psychischen Systemen (und intelligenten Maschinen) nur darin, wie und wo die Mechanismen erprobter Problemlösungen repräsentiert, gespeichert und verfügbar gemacht sind. In diesem Sinne verwendet Etienne Wenger in ungewöhnlich überlegter Form den Begriff der Reifikation und bezeichnet damit jede Verdichtung von Kommunikationen in soziale Praktiken oder Instrumente: »Any community of practice produces abstractions, tools, symbols, stories, terms, and concepts that reify something of that practice in a congealed form.«[30]

Das enge Zusammenspiel von Lernen, Intelligenz und Wissen lässt sich auch daran beobachten, dass eine aus Wissen abgeleitete Intelligenz, die in breit genutzte Technologien eingearbeitet ist, sa-

---

29 | Vgl. Marvin Minsky: The Society of Mind, New York 1988, S. 71.
30 | Vgl. Etienne Wenger: Communities of practice. Learning, meaning, and identity, Cambridge 1999, S. 59.

gen wir in Werkzeuge, Autos oder Telefone, bedeutet, dass ich als *Technologien des* Benutzer dieser Technologien normalerweise nicht mehr wissen muss *Organisierens* und nicht mehr weiß, *wie* diese Technologien funktionieren, welche *und die Krisis* spezifische Intelligenz also in sie eingebaut ist. Es genügt, dass ich *des Wissens* weiß, wie ich diese Apparate benutze. Nutzung setzt kein Verstehen der eingebauten Intelligenz voraus. Technologisch genutzte Intelligenz lässt es mithin zu, dass irgendwie, irgendwann und irgendwo generiertes Wissen in instrumentellen Technologien abgelagert und konserviert wird, und die Nutzer nur noch wissen müssen, wie sie mit diesem sedimentierten Problemlösungspotential umzugehen haben. Analog dazu gilt, dass auch Wissen, welches aus sozialen Lernprozessen zu irgend welchen Zeiten, an irgend welchen Orten in irgend welchen Konstellationen abgeleitet worden ist, in der Form sozial institutionalisierter Intelligenz konserviert und als Module eines beschleunigten Sozialisationsprozesses verwendet werden kann. Das Wissen, welches in diesen Sozialisationsprozessen entsteht, bezieht sich dann natürlich auf den Umgang mit diesen Modulen – es bezieht sich im Regelfall nicht mehr auf die Frage, wie die implizierten Regeln und Regelsysteme ihrerseits entstanden sind und warum und wie sie funktionierende Problemlösungen zu sein beanspruchen können.

All dies ist nicht umwerfend neu. Es ist in unzähligen Berichten und Analysen zur Technikgenese und zur Genese und Funktion sozialer Institutionen erzählt worden. Neu ist bestenfalls die Perspektive, in der hier Wissen zur Geltung kommt. Es geht mir darum, eine der Industriegesellschaft zugrunde liegende fundamentale Verengung von Wissen (und Wissenschaft) in der Absicht zu beleuchten, mit einer revidierten Fassung des Wissensbegriffs ein angemesseneres Verständnis der sich formierenden Wissensgesellschaft zu fördern und dabei die konstitutive Bedeutung von Nichtwissen als die andere Seite von Wissen zu beleuchten.

Wenn es überhaupt gerechtfertigt ist, von einer Umwälzung des leitenden Gesellschaftsparadigmas von der Industriegesellschaft zu dem der Wissensgesellschaft zu sprechen, dann v.a., weil sich in relevanten Dimensionen für die Bedingungen der Möglichkeit und für die Folgen von Wissen einschneidende Veränderungen beobachten lassen:

In zeitlicher Hinsicht wird Wissen von einem langsamen Faktor der Stabilisierung sozialer Praktiken zu einem schnellen Faktor der Gestaltung sozialer Konstellationen. In räumlicher Hinsicht beschränkt sich wissenschaftlich relevantes Wissen nicht mehr auf die singuläre Quelle des Wissenschaftssystems, sondern weitet sich auf multiple Quellen der Produktion praxisrelevanten Wissens aus, so dass es auch keine letzte Instanz der autoritativen Beglaubigung von richtigem Wissen mehr geben kann.

Helmut In der sozialen Dimension kommt es zu einer paradoxen Bewe-
Willke gung der Inklusion aller für die Gestaltung sozialer Praxis bedeutsamen Wissensformen in das Universum geltenden Wissens bei gleichzeitiger Exklusion aller Nichtbeteiligter an der Verwertung dieses Wissens, indem der Schutz von Eigentumsrechten an produziertem Wissen zum Normalfall wird.

In operativer Hinsicht wird Wissen in gesteigertem und nahezu beliebig steigerbarem Maße reflexiv, indem Wissen über die Herstellung und über den Umgang mit Wissen in Kaskaden des Wissensmanagements zur Voraussetzung für die Produktion von konkurrenzfähigem Wissen wird.

In der kognitiven Dimension schließlich kommt nun zum Tragen, dass auch soziale Systeme eine durch eingebaute und steigerbare Intelligenz unterlegte Fähigkeit zum organisationalen Lernen haben und eigene und eigenständige kognitive Fähigkeiten ausbilden. Längst schon hat dies die Ebene praktischer Relevanz und relevanter Praxis erreicht, indem Sozialsysteme wie etwa Unternehmen Dinge herstellen und Prozesse steuern können, die kein einzelner Mensch mehr herstellen oder steuern kann. Es kommt damit zu einer Verschränkung personaler und organisationaler kognitiver Fähigkeiten, welche die Option der wechselseitigen Steigerung ebenso kennt wie die Option der wechselseitigen Behinderung.

Die Wissensgesellschaft ist mit einer Steigerung an organisierter Komplexität, Interdependenz und Ubiquität von Nichtwissen geschlagen, welche den vielen kleinen Katastrophen kaum mehr den Raum und die Zeit gibt, sich im Sande zu verlaufen und im günstigen Fall sogar noch lokale Lernprozesse anzustoßen. Statt einer Ordnung durch Fluktuationen[31] kommt nun die Möglichkeit einer sich im System aufschaukelnden Instabilisierung in Betracht, die im Kern auf eine Überziehung und Überreizung des im System vorhandenen Wissens zurück geht.

Nicht zufällig ist dieser Zusammenhang an dem Funktionssystem augenfällig geworden, das wie bislang kein anderes durch globale Vernetzungen und globale Beobachtungshorizonte die Qualität eines lateralen Weltsystems[32] erreicht hat: das Weltfinanzsystem. Vor allem über die Erfindung von Derivaten hat es das Finanzsystem geschafft, aus kompakten Risiken, wie Zins- oder Währungsrisiken differenzierte, verschachtelte und komplexe Risikoarchitekturen zu bauen, die es zwar auf der einen Seite erlauben, unterschiedlichen

---

31 | Vgl. Ilya Prigogine: »Order through Fluctuation: Self-Organization and Social System«, in: Erich Jantsch/Conrad Waddington (Hg.), 1976: *Evolution and Consciousness. Human Systems in Transition*, London u.a. 1976, S. 93-133.
32 | Vgl. Helmut Willke: Atopia. Studien zur atopischen Gesellschaft, Frankfurt/Main 2001, Kap. 3.3.

Risikotypen auf unterschiedliche Risikoträger nach deren je unterschiedlichen Risikokalkülen zu verteilen, die aber auf der anderen Seite zunehmend undurchschaubare und unkalkulierbare Risikokaskaden und letztlich Systemrisiken schaffen.[33]

Technologien des Organisierens und die Krisis des Wissens

So werden bspw. heute nach dem Muster von »Collateralized Mortgage Obligations« noch variablere »Collateralized Loan Obligations« geschaffen, die insgesamt durch ein Kreditportefeuille abgesichert, intern aber in Teilpakete mit ganz unterschiedlichen Risiken aufgeteilt werden, die dann an unterschiedlich risikobereite Kunden verkauft werden können.

Dem in der Schaffung von Derivaten hochgetriebenen Wissen korrespondiert ein gesteigertes Nichtwissen, das nicht nur die Voraussetzungen und Folgen der einzelnen Finanzierungsinstrumente und -formen betrifft, sondern eben auch in besonderer Schärfe die aus der Operationsweise des Weltfinanzsystems insgesamt resultierenden Dynamiken. Das globale Finanzsystem ist in seinen Modellen der Risikosteuerung so undurchschaubar geworden, dass selbst die Experten weitgehend ratlos sind: »Indeed, the global operations of major financial institutions and markets have outgrown the national accounting, legal and supervisory systems on which the safety and soundness of individual institutions and the financial system rely.«[34]

Welche neuen Chancen, Risiken und Systemrisiken durch Globalisierung, Digitalisierung und Automatisierung der Finanzmärkte entstehen, steht weitgehend in den Sternen[35], genauer: auf der anderen Seite des Wissens, auf der Seite des Nichtwissens.

Die Wissensgesellschaft beginnt ihre Karriere nicht mit einer Apotheosis, sondern mit einer Krise des Wissens. Diese Krise wird kognitiv getrieben durch eine Umstellung der Form des Wissens auf die Einheit der Unterscheidung von Wissen und Nichtwissen. In dieser Umstellung radikalisiert die Wissensgesellschaft eine Entwicklungslinie, die bereits in der Industriegesellschaft klar erkennbar ist und dort das Thema technologischer Risiken hervorbrachte. Für die Wissensgesellschaft weiten sich die Bedingungen der Möglichkeit von Risiken aus, weil das jedem neuen Wissen korrespondierende neue Nichtwissen sich nicht mehr auf abgegrenzte Parzellen überschaubarer Ignoranz beschränkt, sondern sich zu einem systemi-

---

33 | Vgl. Martin Hellwig: »Systemische Risiken im Finanzsektor«, in: Dieter Duwendag (Hg.), Finanzmärkte im Spannungsfeld von Globalisierung, Regulierung und Geldpolitik. Schriften des Vereins für Sozialpolitik. Neue Folge Band 261, Berlin 1998, S. 123-151.
34 | Vgl. Group of Thirty: Global institutions, national supervision and systemic risk. A study group report, Washington D.C. 1997: V.
35 | Vgl. M. Hellwig: »Systemische Risiken im Finanzsektor«.

schen Nichtwissen ausweitet, welches entsprechende Systemrisiken mit sich trägt.

Als noch bedeutsamer könnte sich erweisen, dass die Wissensgesellschaft ihre neuartige Abhängigkeit von Wissen und Nichtwissen mit einer beschleunigten Destabilisierung ihrer Institutionen und Regelsysteme bezahlen muss, also mit einer Destabilisierung ihrer physischen und sozialen Technologien. Dies wäre der Fall, wenn die Genese sozialer Praktiken und die damit einhergehende Produktion von *sozialem Wissen* schneller und direkter Eingang in die Regelsysteme und Institutionalisierungen der Gesellschaften finden würden, weil diese auch hinsichtlich ihrer sozialen Intelligenz in Konkurrenz miteinander und damit möglicherweise in eine Anspruchsinflation ihrer Mitglieder geraten könnten. Die anschwellende Woge von Projekten, sozialen Experimenten, societalen Entwicklungs- und Reformvorhaben, organisationalen Restrukturierungen, die Erfindung neuer Steuerungsregimes oder Governanzmodelle und der darüber einsetzenden »regulatory competition« könnten Indizien dafür sein.

Neu daran ist nicht der Wettbewerb als solcher, sondern die kritischen Faktoren dieses spezifischen Wettbewerbs: Wissen und Zeit oder genauer: zeitkritisches Wissen.[36] Die Krisis des Wissens wird, wie gesagt, kognitiv getrieben von der neuen Relevanz des Nichtwissens, und sie wird operativ davon getrieben, dass es nun darum geht, die richtigen Fehler schneller zu machen als die Wettbewerber, um Lernprozesse zu intensivieren, die im Kern darin bestehen, Expertise im Umgang mit Nichtwissen zu entwickeln. Damit werden nicht nur ganze Traditionen eines ›richtigen‹ Managens außer Kraft gesetzt, die ihre höchste Erfüllung darin sehen, *keine Fehler zu machen*. Gravierender noch werden Traditionen des ›richtigen‹ Regierens, Lehrens, Lernens, Heilens, Erziehens etc. über den Haufen geworfen, ohne dass schon klarer zu sehen wäre, was an deren Stelle treten könnte und wie die resultierende Verteilung von Kosten und Nutzen aussehen wird.

---

36 | Vgl. Ulrich Klotz: »Die Neue Ökonomie«, in: Frankfurter Allgemeine Zeitung vom 25.4.2000, S. 31.

KUNSTMASCHINEN
ZUR MECHANISIERUNG VON KREATIVITÄT
Dieter Mersch

Pygmalion und die Monstrositäten des Mechanischen

Der Mythos des Pygmalion gilt als Ursprungserzählung vom Traum der Erschaffung des Menschen durch die Kunst. Alle Neuschöpfungen des Menschen von den mechanischen Puppen des Barock bis zu den technisch-organischen Cyborgs des 20. und 21. Jahrhunderts sind Kunstmaschinen, doch enthält der archetypische Mythos auch gegenteilige Elemente, weil er in seinen Motiven – der Liebe zu der von Pygmalion nach seinem eigenen Entwurf gestalteten Statue Galatea, die ein Abbild der Aphrodite sein soll, welche diese aus Rührung zu Leben erweckt – weniger eine phantasmagorische Erzählung vom Glanz der Kunst darstellt, als die Trauer über die Vergeblichkeit der Erlangung von Vollkommenheit. Diese Trauer ist mit dem Substitut der Bildlichkeit verknüpft, das durch die Imagination eine Erinnerung fixiert, die stets schon den Status eines Mangels und der Nachträglichkeit einbehält – statt umgekehrt Gesicht und Körper des Menschen, wie Hans Belting es ausgedrückt hat, aus vorgegebenen Bildern, die den tradierten Imagines der Kunst entspringen, zu maskenhaften Formen zu pressen.[1] Soweit aber die *imaginatio* allein ein verlorenes Bild zu zeichnen vermag, das bekanntlich stumm bleibt und mit dem Flor des Todes besiegelt ist – Roland Barthes hatte ähnliches von verblichenen Fotografien oder alten Tonbandaufzeichnungen gesagt; sie gemahnten uns ans Unwiederbringliche und weckten den Gedanken der Unumkehrbarkeit[2] – bleibt auch der

---

1 | Hans Belting: »Echte Bilder und falsche Körper. Irrtümer über die Zukunft des Menschen«, in: Christa Maar/Hubert Burda (Hg.), Iconic Turn. Die neue Macht der Bilder, Köln 2004, S. 350–364.
2 | Roland Barthes: Die helle Kammer, Frankfurt/Main 1986, S. 12ff., S. 17, 23f.

Dieter Mythos des Pygmalion wesentlich eine Variation über Tod, Gedächt-
Mersch nis und die Grenzen der Repräsentation. Der Mythos wäre entsprechend nicht auf der Ebene der *techné* anzusiedeln, sondern auf der Ebene von Zeit und Vergänglichkeit, die dem Leben selber imprägniert sind.
Die frühe Neuzeit hat das Verhältnis umgekehrt. Statt der Verfehlungen der Imagination hat sie die Rationalität des Mechanischen im Uhrwerk entdeckt, das in exakter Imitation die Gesetze der Natur auszuschöpfen trachtet, um gleichsam den großen Mechanismus der Schöpfung nutzbar zu machen und in technische Produktivität umzusetzen. Doch blieben ihre Maschinen Illusion, weil die Souveränität, die sie versprachen, noch ganz dem Befehl der Natur gehorchte, weil ihnen buchstäblich der Antrieb, der eigene *Motor* fehlte. Treffend hat deshalb Michel Serres die Apparaturen als »Statoren« charakterisiert: Zwar suchten sie die Bewegung nachzuahmen, doch blieb ihr Ziel die *Ruhe*: Einmal angestoßen verloren sie sukzessive an Kraft, liefen aus, um schließlich, abgebremst durch den Reibungsverlust, ganz zum Erliegen zu kommen.

»Ihre Theorie ist in erster Linie Statik, der Gegenstand Statue. Egal, ob leicht oder schwer zu bewegen, er funktioniert durch und durch auf die Untätigkeit, Stabilität, das Gleichgewicht, die Ruhelage hin. [...] Dies trifft sowohl auf die Winden und Uhren zu [...] als auch auf die Automaten, Rechenmaschinen, Musikinstrumente und sprechenden Vögel. Sie alle übertragen Bewegung, vermehren sie, kehren sie um, verstärken sie, machen sie sichtbar, transformieren sie, heben sie auf«,[3]

vermögen sie aber nicht selbst in Gang zu setzen. So fußten die technischen Konstruktionen, die zuweilen ins Monströse auswuchsen, auf den Regeln der Transmission, auf Hebeln, Spiralen, Sprungfedern und Gegengewichten, die ihre Ursache in Naturkräften fanden – der Schwerkraft wie beim Uhrwerk, der Windkraft wie bei der Mühle oder der Wasserkraft, um die vielen Wasserspiele in den aristokratischen Gärten und Hofanlagen zu entfachen. Ersichtlich ist ihnen Mangel des *autos* eingeschrieben, dessen magisches Wunschbild das *perpetuum mobile* darstellte.[4]
Schafft daher der Mythos des Pygmalion ein Bild von der Unmöglichkeit des Bildens, setzt die Technik dazu im Gegenzug auf die Il-

---

3 | Michel Serres: »Es war vor der (Welt-)Ausstellung«, in: Hans Ulrich Reck/Harald Szeemann (Hg.), Junggesellenmaschinen, Erw. Neuausgabe Wien, New York 1999, S. 119–132, hier: S. 120.
4 | Zur Geschichte der neuzeitlichen Maschinen vgl. Ulrich Troitzsch: »Technischer Wandel in Staat und Gesellschaft zwischen 1600 und 1750«, in: Propyläen Technikgeschichte, Bd. 4, Frankfurt/Main, Berlin 1992, S. 11–267.

lusion, die in der Identität von Bild und Gestaltung gründet: Nicht *Zur Mechanisierung* das Zeugnis des Todes, sondern der poietischen Kraft, die die Kräfte *von Kreativität* der Natur in Arbeit verrechnet und so scheinbar über die Vergänglichkeit triumphieren lässt, erweist sich als entscheidend. Trotz aller Autonomie des Mechanischen löst dieses sich nirgends aus dem Kreis des Natürlichen, weil die Transformation von Energien letztlich von der Gravitation abhängt, sodass es überall an die Zyklen und Fundamente der Natur gebunden bleibt und – entgegen aller mimetischen *perfectio* und der Präzisionsarbeit des Ingenieurs – von dort her gedacht werden muss. So bleibt Technik in Physik verwurzelt, wie ebenso Galileo Galileis »Buch der Natur«, das in mathematischen Zeichen verfasst erscheint, keine schon feststehende Lektüre bietet, weil dessen göttliche Skriptur der Mensch nur unvollkommen zu entziffern vermag, sodass es zuletzt sogar von einem Unentzifferbaren kündet, das jeder mathematischen Beschreibung und damit auch jeder mechanischen Mimesis vorausgeht. Ihre Basis ist zudem die Geometrie, die ihr Korrelat vor allem im Ästhetischen, d.h. der Anschauung der Natur besitzt, die qua Anschauung der *contemplatio*, dem stets noch ehrfürchtigen Blick vor den Wundern der Schöpfung entspringt.[5]

Zwar bevölkerten eine Reihe ausgefallener und bizarrer Kunstmaschinen in Form allerlei schachspielender, musizierender oder verdauender Puppen die Kabinette des Barock, um als Symbole einer wuchernden *artes mechanicae*, die zwar der *scientia* und den *artes liberales* wie auch den »schönen Künsten« nachgeordnet blieb, den Triumph der rechnenden Vernunft vorzuführen;[6] doch blickten sie bereits bei E.T.A. Hoffmann unheimlich zurück. Es ist gerade der Blick, der sowohl von einem Begehren als auch von einer Alterität zeugt, an der die mechanische Kunst gebricht: Coppelius-Coppola wird in *Der Sandmann* zum Augenmeister, der ebenso sehr die lebendigen Augen zu entreißen versucht, um sie der Puppe buchstäblich einzuleiben, wie er nicht nur die technischen Augen in Gestalt eines »Perspektivs« schafft, das den Blick verstellt, sondern auch der mechanischen Puppe Olimpia durch »Augenraub« allererst ihre Le-

---

5 | Zur Metapher vom »Buch der Natur« vgl. vor allem Hans Blumenberg: Die Lesbarkeit der Welt, Frankfurt/Main 1986, insb. S. 68ff.
6 | Vgl. Pia Müller-Tamm/Katharina Sykora: »Puppen, Körper, Automaten. Phantasmen der Moderne« sowie Horst Bredekamp: »Überlegungen zur Unausweichlichkeit der Automaten«, beide in: Pia Müller-Tamm/Katharina Sykora (Hg.), Phantasmen der Moderne. Puppen, Körper, Automaten, Düsseldorf 2000, S. 64–93 und 94–105, ferner: Hans Holländer: »Mathematisch-mechanische Capriccios«, in: Erkenntnis, Erfindung, Konstruktion. Studien zur Bildgeschichte von Naturwissenschaften und Technik vom 16. bis zum 19. Jahrhundert, hg. v. Hans Holländer, Berlin 2000, S. 347–354.

bendigkeit zu implementieren trachtet. Auch wenn die Erzählung von einer Verblendung in Gestalt der Entwendung des Blicks durch die technische *illusio* handelt,[7] trifft diese gleichwohl das Unvermögen des Technischen im Ganzen: der Abgrund, der das ebenso begehrende wie zurückblickende Auge von der blinden Augenhöhle des Automaten trennt, ist durch keine Technik überspringbar. In dieser Differenz entbirgt sich das Vergebliche wie Monströse der Maschine.

Die Einsamkeit der Junggesellenmaschine und die Körperlosigkeit der Technik

Jenseits von Alterität und der in ihrem Namen stets antwortenden Blicke schließen sich jedoch Auge und Begehren im Moment voyeuristischer Besessenheit zusammen. Diese korrespondiert mit der Struktur eines Mangels, wie sie der gesamten neuzeitlichen Subjektivität eingeschrieben ist und den Kreisläufen des Willens entstammt, dem die Logik einer Aneignung innewohnt. Zielt der Blick, zumal der technische, auf Synopsis, dessen Erfüllung die Kontrolle einer Rundum-Überwachung beschreibt, wie sie Michel Foucault z.B. anhand von Jeremy Benthams »Panopticons« beschrieben hat,[8] liegt das Telos des Begehrens in einem Besitz, der im Augenblick der Realisation nichtig wird. Das Begehren hat darin gleichermaßen seine Dauer wie Befriedigungslosigkeit. Deren andere Seite und Entsprechung ist die Eroberung des Realen durch die technische Vernunft. Ihr Phantasma bildet – seit der Heraufkunft der technologischen Kultur während des 19. Jahrhunderts – nicht so sehr die Verdopplung der Wirklichkeit durch die Illusion, sondern deren Substitution durch eine *perfectio*, die die Mangelhaftigkeit des Wunsches ein für allemal auszuräumen und zu überwinden trachtet. Insofern gehören Souveränität, Begehren und Mangel als immanente Triebstrukturen der technischen Rationalität zusammen.

Indessen erscheint dieser Rationalität eine unheilvolle Einsamkeit eingewoben, die in der Einsamkeit der Maschine ihren Spiegel besitzt. Nicht nur zirkuliert diese in sich selbst; vielmehr bleibt sie auch ohne ein Gegenüber: Ihre Ordnung erfüllt sich fern von jeder Alterität. Ihre Karikatur und Obsession ist entsprechend die »Junggesellenmaschine« des frühen 20. Jahrhunderts, die aus der Anthropomorphisierung der Maschine im 19. Jahrhundert hervorging,

---

7 | Vgl. auch Rudolf Dux: Marionette Mensch. Ein Metaphernkomplex und sein Kontext von E.T.H. Hoffmann bis Georg Büchner, München 1986, S. 80ff.

8 | Vgl. Michel Foucault: Überwachen und Strafen, Frankfurt/Main 1994, insb. S. 221ff., 251ff.

um es dem Menschen mit all seinen Eigenschaften gleichzutun. Erst hier entsteht die Idee des Roboters, nicht schon in den Automaten des Barock. Durchweg handelt es sich dabei um Vorstellungsbilder geschlossener Zyklen.[9] Ihre Idealform ist die Monade. Sie genügt sich selbst – wie jene äußerst nutzlosen Schrottmaschinen, die Jean Tinguely in immer neuen Varianten und größeren Ausmaßen konstruierte und die die Arbeit, die sie verrichteten, in endlosen Schleifen auf sich selbst zurückführten. Produkte einer auslaufenden industriellen Revolution, wirkten die Junggesellenmaschinen allerdings mit ihrem gleichzeitigen Erotismus und ihrer chronischen Unerfülltheit wie ein Gelächter über den Fetisch der Technik. Gleichzeitig fungierten sie als Metapher für den »Technologismus« des Jahrhunderts: Dem Technischen wird die Ökonomie des Triebes als zirkulatives Prinzip inskribiert, das die Produktivität ebenso auf Dauer stellt wie verweigert und damit enthüllt, was sie eigentlich ist: eine *unproduktive Iterativität*.

So bildet die Grundlage der Junggesellenmaschine die Struktur der Wiederholung. In ihr verknüpft sich das Begehren mit Paranoia. Die Junggesellenmaschine ist die reine Verkörperung solcher Zwanghaftigkeit; doch ist entscheidend, dass ihr Modell nicht länger die klassische Rationalität und damit die Effektivität der Funktion darstellt, sondern die Entfesselung des Treibriemens, der, anders als bei den mechanischen Puppen der frühen Neuzeit, die lediglich Räderwerke in Gang setzten, um Leben zu imitieren, nunmehr die Körperlichkeit der Körper selber nachahmte. Dies zeigt schon der Anschluss an die Logik der Begierde, erst Recht die Diskurse über Elektrizität und Nervosität, die zeitgleich in der Erzählung von Frankenstein mündet, der die Zeugung des Monstrums im Labor inszeniert, dem schließlich die Liebe verwehrt wird. Gleichwohl spricht der vernähte Körper, dessen Narben deutlich machen, dass er sich aus anderem Material, nämlich totem Fleisch zusammensetzen muss, erneut von einer grundlegenden Differenz, die dem Technischen eingeschrieben bleibt: Das Organische verweist auf das von ihm selbst nicht einholbare Andere, worin sich – in Gestalt des leidenden Monstrums – eine Gewaltsamkeit offenbart. Hans Bellmer hat sie mit seinen montierten Puppen (1935-38) in Szene gesetzt. Aus dem selben Grunde nannte Michel Carrouges die Junggesellenmaschine einen »Todesmechanismus«.[10] Sie ist es auf zweifache Weise: als Todesmetapher durch ihren leer laufenden Mechanismus, und als buchstäbliche Todesmaschine, die sich des Körpers einzig durch seine Zerstückelung zu bemächtigen weiß.

---

9 | Vgl. H.U. Reck/H. Szeemann (Hg.): Junggesellenmaschinen, S. 3.
10 | Michel Carrouges: »Gebrauchsanweisung«, in: H.U. Reck/H. Szeemann (Hg.), Junggesellenmaschinen, S. 74-105, hier: S. 74.

Dennoch bleibt auch sie den Prinzipien neuzeitlicher Mechanität verhaftet und bestätigt deren Paradigma: Sie verlässt das physikalische Schema aus Kraft und Arbeit nicht, auch wenn sie deren Leistung ins Unendliche hinausschiebt und damit deren Grenze sichtbar macht. Anders gewendet: Von den frühen Automaten des Barock bis zu den Junggesellenmaschinen des *fin de siècle* haben wir es mit einer Mythologie des Mechanischen zu tun, deren imaginärer Knoten eine Paradoxie darstellt, die im Medium von Rationalität und Wiederholung die Verwandtschaften zwischen Körper und Natur einerseits und Technik andererseits ebenso beharrlich beschwört wie vereitelt. Das gesamte Drama der modernen Geschichte der Mechnisierung leitet sich davon ab. Beide, Rationalität und Wiederholung, sind untaugliche Mittel einer technischen Mimesis des Lebens, weil sie innerhalb des eigenen Modells verharren und ihr Anderes durch Gewalt oder Täuschung im Nachhinein einholen müssen.

Demgegenüber beinhaltet die Informatisierung des 20. Jahrhunderts eine Zäsur. Sie fußt nicht auf den klassischen Phantasmen der Physik, sondern auf der Mathematik der Kybernetik. Damit ist ein Bruch angezeigt, wie er dem Begriff der »Information« innewohnt, der keine Form meint, die durch eine Materialität grundiert ist, sondern den »Wert« einer Entscheidungskette – genauer: das logarithmische Maß derjenigen Anzahl von Unterscheidungen, die getroffen werden müssen, um zu einer bestimmten Entscheidung zu gelangen.[11] »Information« ist darum eine *Quantität*, die jenseits der Dichotomien von Form und Materie zu lokalisieren ist und jede Erinnerung an Materialität tilgt. Wir haben es vielmehr mit einer mathematischen Kategorie zu tun, die das Technische als körperlose Struktur hervorbringt. Anders gewendet: Technik entledigt sich im Metier des Mathematischen tendenziell der Physik und damit auch der Gebundenheit an eine Materie, die sie anfällig macht für Fehler. Indem sich derart Mathematik und Technik aneinander angleichen, partizipiert diese an der Idealität jener. Ebenso zeitlos wie abstrakt bezeichnet das Mathematische eine Ordnung, die auf den logischen Prinzipien von Identität und Widerspruchsfreiheit fußt, die sich jeder Abhängigkeit von Modalitäten des Realen oder der Vergänglichkeit löst. *Sie ist Syntax ohne Abbild*.

Dies impliziert ein Doppeltes: (1) *Erstens* die Verwandlung und Verrechnung der technischen *perfectio*, die stets eine mechanische, d.h. auch materiell-physikalische war, in mathematische Exaktheit, die sich durch die Fehlerlosigkeit der Rechnung auszeichnet. Waren

---

11 | Vgl. etwa Norbert Wiener: Kybernetik – Regelung und Nachrichtenübertragung im Lebewesen und in der Maschine, Reinbek bei Hamburg 1968, S. 86ff., ferner: Herbert Stachowiak: Denken und Erkennen im kybernetischen Modell, Wien, New York 2. Aufl. 1969, S. 188ff., 224ff.

alle klassischen Maschinen Körpermaschinen, die letztlich deren gleichermaßen symbolischer wie leibhafter Architektur und damit auch der Zeit unterworfen blieben, entsprechen »kybernetische« Maschinen *virtuellen Modellen* ohne Reibungsverluste und Verbrauch. Mit ihnen obsiegt das immaterielle Design, das nurmehr *Funktion*, nicht *Mechanismus* ist. (2) *Zweitens* ist dem Begriff des Mathematischen die Negation von Existenz immanent, soweit mathematische Begriffe einzig auf dem Prinzip von Widerspruchslosigkeit basieren, der jeder Setzung dann ein Sein zuschreibt, wenn seine Konsistenz gesichert ist. Was *ist*, ist folglich *Möglichkeit*. Sie zeigt an, dass mit ihr nichts *wirklich* gesetzt ist, sondern lediglich *konstruiert*. Nichts anderes bedeutet der Ausdruck *Simulatio*.

Zur Mechanisierung von Kreativität

Entsprechend bringt sich fortan das Technische als Simulation hervor, die sich als konsistente Konstruktion inmitten anderer Konstruktionen erweist. Ihr Schein ist freilich ihre Fehlerlosigkeit, ihre Rechnung ohne Fleisch. Sie täuscht darüber hinweg, dass sie als Modelle gerade *nichts sind*, solange sie *nicht realisiert*, d.h. wiederum mit Körpern oder Materialitäten versehen werden, die auf ihre Weise erneut Dysfunktionitäten einbehalten. An ihnen haftet Zeit und Störung, freilich ohne sie in die Konstruktionen noch einzubeziehen: Vielmehr bezieht die technische Dynamik ihr Pathos aus deren bedenkenloser Negation.

Die »kybernetische« Maschine und das Turing'sche Halteproblem

Angesichts der virtuellen »kybernetischen« Maschine, die nichts anderes als eine mathematische Maschine ist, lässt sich so von einem *»anderen Anfang«* der Automation sprechen. Die Maschine von der frühen Neuzeit bis ins 19. Jahrhundert hatte ontologisch und epistemologisch eine andere Struktur: Sie entsprang dem Format von Mimesis, das seinen Anhalt am Körper hatte, der als Körper zugleich die Grenze der Maschine manifestierte. Dagegen impliziert die Technik des 20. Jahrhunderts eine Virtualisierung, die ihre Verankerung in den Dimensionen der Welt sukzessive abzustreifen versucht. Es handelt sich um entkörperte Maschinen. Wir stehen damit tatsächlich vor einem Diskontinuum, an der Schwelle in ein anderes Zeitalter, das durch den Wechsel von Materialitäten in Immaterialitäten, von der Physik in mathematische Programme gekennzeichnet ist. Davon handeln die unterschiedlichsten Diskurse der jüngsten Vergangenheit, vom Poststrukturalismus über die Medientheorie bis zur Kunst- und Kulturwissenschaft,[12] doch bleibt ihnen in der Regel

---

12 | Vgl. etwa (Auswahl): Jean-François Lyotard: Das postmoderne Wissen,

Dieter unbewusst, dass der eigentliche Übergang sich einer verwickelten
Mersch Geschichte mathematischer Modellierungen verdankt, der zugleich
mit einer Zäsur im Mathematischen selber einhergeht. Verwiesen sei
dazu auf die inzwischen zahlreichen historischen Rekonstruktionen
einer Formalisierung der Mathematik, die deren Gesicht ebenso
nachhaltig verändert hat, wie die Gesichtszüge der an sie angrenzenden Wissenschaften.[13]

Als wesentliches Merkmal erscheint dabei die Umkehrung der
klassischen Ordnung des Mathematischen, die auf der Geometrie als
Ideal gründete, während dieses spätestens seit dem späten 19. Jahrhundert durch die Arithmetik und seit dem frühen 20. Jahrhundert durch den Algorithmus überflügelt wurde. Damit einher ging ein
Verlust von Anschaulichkeit durch die Paradoxa des Unendlichen
und die Konstruktionen »nichteuklidischer« Räume durch Bernhard
Riemann und David Hilbert, die weder *vorstellbar* noch *darstellbar*
sind, wohl aber *berechenbar*.[14] Der Wechsel in der Hierarchie ist
sinnfällig: Gründete noch die Geometrie, in der Descartes, Spinoza
oder Leibniz die Prinzipien ihrer Philosophie verankerten, in Konstruktionen mit Zirkel und Lineal, d.h. in »aisthetischen« Praktiken,
die der *imaginatio* bedurften und an Kunst angrenzten, wie die Geschichte der Zentralperspektive erhellt, fußt der Algorithmus auf einem konsequent mechanischen Operieren ohne reales Korrelat. Sein
Medium ist die Schrift,[15] sein Modell die Maschine, wie sie Alan Turing in die Metamathematik einführte.

Allerdings ist mit der Arithmetisierung des Mathematischen seit
der Booleschen Algebra, mit der Formalisierung der mathematischen
Sprache seit der Cantorschen Mengenlehre und der Fregeschen *Begriffsschrift* einerseits sowie der Turingmaschine als Modell des Algo-

---

Graz, Wien 1986, ders. u.a.: Immaterialitäten, Berlin 1985, Jean Baudrillard: Agonie des Realen, Berlin 1978, Florian Rötzer (Hg.): Digitaler Schein, Frankfurt/Main 1991, Florian Rötzer/Peter Weibel (Hg.): Cyberspace. Zum medialen Gesamtkunstwerk, München 1993, Peter Weibel (Hg.): Jenseits von Kunst, Wien 1997.

13 | Vgl. bes. Herbert Mehrtens: Moderne, Sprache, Mathematik, Frankfurt/Main 1990, ferner: Sybille Krämer: Symbolische Maschinen, Darmstadt 1988, Rosemarie Rheinwald: Der Formalismus und seine Grenzen. Untersuchungen zur neueren Philosophie der Mathematik, Königstein/Ts. 1984, Christian Thiel: Philosophie und Mathematik, Darmstadt 1995.

14 | Vgl. R. Baldus/F. Löbell: Nichteuklidische Geometrie, Berlin 1964. Ferner Herbert Meschkowski (Hg.): Lust an der Erkenntnis. Moderne Mathematik, München, Zürich 1991, S. 56 ff.

15 | Vgl. dazu Dieter Mersch: »Die Geburt der Mathematik aus der Struktur der Schrift«, in: Sybille Krämer (Hg.), Schriftbildlichkeit, München (erscheint 2005).

rithmus andererseits in die Grundlagenproblematik der Mathematik eine Zweideutigkeit eingelassen, an der sich ebenso wohl die Signatur des Zeitalters wie seine Zäsur ablesen lässt. Sie beruht auf der Ambiguität zwischen formalen Sprachen, wie sie durch »Semi-Thue-Systeme« repräsentiert werden können, und der Turingmaschine als allgemeinem Rechenprinzip. Es ist bekannt, dass sich beide Modellierungen formal als äquivalent erwiesen – wobei die formalen Sprachen aus »Alphabeten«, »Anfangsbedingungen« und »Produktionsregeln« bestehen, während die Turingmaschine zur Metapher der mathematischen Maschine schlechthin avancierte – jener körperlosen Maschine, die aus einem virtuellen Papierstreifen und einem Programm besteht, das ausschließlich Null-Eins-Stellungen verrechnet. Man kann diese Zweideutigkeit als Duplizität zwischen Syntax und Maschine rekonstruieren,[16] die, und darin ist Friedrich Kittler recht zu geben, der Epoche der Informatisierung ihr unverlöschbares Siegel aufprägt, doch nuancieren sie ebenso Unterschiedliches wie ihre formale Äquivalenz zugleich etwas über den Zustand des Technischen im 20. Jahrhundert aussagt, nämlich seine endliche Verkörperung als mathematische Struktur. Mit ihr realisiert sich die Technik als Mathematik und die Mathematik als Technik.

Dennoch sind beiden, der formalen Sprache wie der Turingmaschine, immanente Beschränkungen auferlegt, die ihr technisches Korrelat, der Computer, umgekehrt verbirgt. Gleichzeitig sprechen sie von den Grenzen des Mathematischen wie der virtuellen Technik, wovon wiederum die Geschichte der Metamathematik mit ihrer Vision einer vollständigen Formalisierung des Mathematischen erzählt, d.h. der Konstruktion eines Metasystems, das alle anderen Sprachen oder Systeme umfasst. Sie scheiterte zuletzt an den Gödel-Sätzen. Gleiches gilt für die Turingmaschine, die Kittler als UDM oder »Universelle Diskrete Maschine« taufte,[17] um ihren Absolutheitsanspruch zu unterstreichen und damit zugleich zu mystifizieren. Denn Turing selbst formulierte bereits das für Turingmaschinen charakteristische Halteproblem, einem Problem, dass die Berechenbarkeit aller Maschinenzustände und damit die Selbstberechnung der Maschine durch ihr eigenes Programm beschreibt – ein Problem, das sich wiederum als äquivalent mit den Gödelsätzen erweist. Beide enthüllen damit eine wesentliche Paradoxie oder Infinität, die dem Manöver abschließbarer Selbstreflexion – bzw. seiner formalen

Zur Mechanisierung von Kreativität

---

16 | Vgl. ders.: Kunst und Medium. Zwei Vorlesungen, Kiel 2002, S. 209ff.
17 | Vgl. z.B. Friedrich A. Kittler: »Fiktion und Simulation«, in: Karlheinz Barck u.a. (Hg.), Aisthesis, Wahrnehmung heute oder Perspektiven einer anderen Ästhetik, Leipzig ⁶1998, S. 196–213, hier: S. 204; auch: Vorwort zu Alan Turing: Intelligence Service, hg. von Bernhard Dotzler und Friedrich A. Kittler, Berlin 1987, S. 5.

Dieter Variante einer diagonalen Selbstanwendung – korreliert. Denn stellte
Mersch Gödel die Frage nach formal zwar konstruierbaren, nicht aber beweisbaren Sätzen der *Principia Mathematica*, fragte Turing, ob sich schließlich entscheiden ließe, inwieweit eine Maschine, die sich selbst berechnet, nach endlich vielen Schritten zum Ende kommt oder nicht. Während die Entscheidung in geschlossenen Systemen wie der klassischen Aussagenlogik unproblematisch erscheint, stellt sich die Schwierigkeit vor allem dort ein, wo wir es mit Prädikaten oder transfiniten Mengen zu tun bekommen: Sie bleiben chronisch unvollständig im Sinne formaler Unentscheidbarkeit.

Das im Grunde auf der Hand liegende Resultat – denn beobachten lässt sich ein System immer nur durch ein anderes System, so dass die Aporie entsteht, dass ein System sich zugleich selbst beobachten und ihr eigenes Außen enthalten, d.h. ihre Identität und Differenz mit einschließen müsste – hat allerdings weitreichende Konsequenzen. Sie sind für eine Philosophie des Mathematischen insoweit von außerordentlichem Belang, als es von Lücken oder Löchern im System kündet, welche deutlich machen, dass keine Mathematik – so wenig wie ein Denken – sich selbst enthält. Es offenbart somit sowohl die Grenze einer Logifizierung des Mathematischen, woran sich die Überlegungen Gödels historisch entzündeten, als auch seiner Syntaktisierung und Mechanisierung. Anders ausgedrückt: Die Mathematik duldet keine Mathematisierung der Mathematik auf der Basis irgendeines formalen Kalküls unter Einschluss der Logik. Vielmehr bleibt stets ein grundlegender Riss, ein *Entzug* oder eine *Unabgeschlossenheit*. Das lässt sich auch so wenden: Die Mathematik beruht, wie jedes Denken, auf dem Ereignis. Sie beruht so sehr auf dem Ereignis wie das Symbolische, das Ästhetische oder die Sprache auch. Sie ist überhaupt weniger eine Wissenschaft als vielmehr eine Kunst.[18]

---

18 | Als Kunst obliegt sie freilich anderen als mathematischen Gesetzmäßigkeiten. Sie genügt keiner Berechenbarkeit, vielmehr verläuft hier eine Grenze zwischen Mathematik und Denken, wie sie von den Kognitionswissenschaften ignoriert wird. Zugleich ist damit die Frage nach der »Erfindung« von Strukturen gestellt. Sie bildet im hohen Maße einen Effekt von *Medienumbrüchen*. Sie stellen die *Möglichkeit von Kreativität* bereit, nicht schon deren Gelingen. Gemeint ist die Konstruktion von Widersprüchen oder Paradoxa, die auf andere Wege führt, oder die Nichtanwendbarkeit eines Schemas in einem anderen. Sie markieren Grenzen, die da produktiv werden, wo sie zu neuen Ansätzen nötigen – etwa zur Lösung vormals ungelöster Probleme wie der »Fermatschen Vermutung« oder dem Nachweis prinzipieller Unlösbarkeit wie beim »Kontinuumsproblem«. Häufig genügen schon Analogien oder Übergänge in andere Formate – etwa der Wechsel von einem formalen System zum anderen, um durch Verschiebungen der Syntax oder »quer« zu ihnen neue Muster zu entdecken, die im ur-

Syntax und Komplexität: Diesseits kreativen Denkens *Zur Mechanisierung von Kreativität*

Der Befund lässt sich gleichermaßen auch auf die Informatisierung des Denkens übertragen. Beschränken wir uns dabei auf zwei exemplarische Probleme: (1) die Formalisierung der Semantik sowie (2) die Mechanisierung von Kreativität. Beide gehören zusammen. Denn die Verrechnung der Sprache durch die Syntax gebricht zunächst an der Nichtdarstellbarkeit des Semantischen – eine Crux, an der ebenfalls der Strukturalismus scheiterte, der sich des Problems des Sinns dadurch zu entledigen suchte, dass er ihn zum Oberflächeneffekt einer Struktur erklärte, die aus lauter formalen Positionen und Gegenpositionen zusammengesetzt ist.[19] Abgesehen vom Ausbleiben des Ereignisses der Differenzierung selbst, die auch Derrida in seiner *Différance* monierte,[20] erübrigt sich damit das Problem des Sinns so wenig wie durch seine Konstruktion aus formalen Syntaxen, wie es Alfred Tarski aus mathematischer Sicht vorschlug – in beiden Fällen wird das Dilemma lediglich umspielt, statt gelöst. Vielmehr bekommen wir es mit einer Dissoziierung zwischen Struktur und Bedeutung zu tun: Wo überhaupt von »Semantik« die Rede ist, wird sie, wie bei Tarski, rein metasprachlich definiert,[21] wobei unter Metasprache eine »Syntax zweiter Stufe« zu verstehen ist, die als Syntax über eine Syntax bestenfalls formale »Signifikanzen« erzeugen, nicht aber Bedeutungen im interpretativen Sinn. »Mechanische Rationalität«, heißt es entsprechend bei John McDowell, »ist nicht in der Lage, semantische Rationalität zu sichern; aber es ist die semantische Rationalität, die den Raum der Gründe sichert«.[22] Einen analogen Vorwurf hat auch Robert Brandom erhoben: Formale Semanti-

---

sprünglichen Format nicht erkennbar waren. Beispiele bieten die Chaosmathematik, die nicht so sehr das Chaos berechenbar macht, als vielmehr in chaotischen Verläufen noch Ordnungen dechiffriert, oder die Matrizenrechnung endlicher Gruppen, die wiederum nur im Zusammenhang ihrer Tabellierung »Kommuntativität« oder »Nichtkommuntativität« erkennen lassen.

19 | Vgl. dazu bes. Gilles Deleuze: Logik des Sinns, Frankfurt/Main 1993, S. 96ff.

20 | Vgl. Jacques Derrida: »Die Différance«, in: ders.: Randgänge der Philosophie, Wien ²1999, S. 31–56.

21 | Alfred Tarski: »Die semantische Konzeption der Wahrheit und die Grundlagen der Semantik (1944)«, in: Gunner Skirbekk (Hg.), Wahrheitstheorien, Frankfurt/Main 1977, S. 140–188.

22 | Vgl. John McDowell: »Moderne Auffassungen von Wissenschaft und die Philosophie des Geistes«, in: Johannes Fried/Johannes Süßmann (Hg.), Revolutionen des Wissens, München 2001, S. 116–135, hier: S. 132. Vgl. zum Verhältnis von mathematischen Strukturen und der Struktur des Geistes auch ebd. S. 125 ff. sowie Fußnote 28, 33, 36.

Dieter ken gäben keinen Aufschluss über den tatsächlichen Sprachge-
Mersch brauch, der in Handlungen und Kontexten fundiert sei.[23] Diese sind im Rahmen von Mathematik gerade auszuschließen.

Dasselbe gilt ebenfalls für das Ereignis von Kreativität, dessen Bestimmung dieselbe Misslichkeit aufweist wie Augustinus' Bestimmung der Zeit: Sie entwischt im Augenblick ihrer Erklärung. Nicht nur sperrt sie sich gegen jede Darstellbarkeit im mathematischen Milieu, sondern überhaupt jeder zureichenden Theorie, weil ihre Konstruktion mittels eines Systems durch die Paradoxie heimgesucht würde, dasjenige innerhalb des Systems zu fixieren, was entweder das System sprengt oder aus ihm herausführt und damit kein Teil des Systems sein kann. Mehr noch: Die Paradoxie selbst als Sprungstelle kreativen Denkens ist, weil sie den Kern der ernüchternden Bilanzen Gödels und Turings ausmacht, zwar *innerhalb* des Systems repräsentierbar, nicht aber *durch* das System reflektierbar; vielmehr erfordert ihre Konstruktion eine *inventio*, die als Teil des Systems das System negiert.

Scheint das Ergebnis zunächst auf der Hand zu liegen, wird es gleichwohl durch die »Komplexitätsthese« wieder in Zweifel gezogen: Soweit kybernetische Maschinen als – *expressis verbis* – »Denkmaschinen« auf der Vernetzung von Syntaxen beruhen, vor allem auf Parallelverknüpfungen als Mimesis hirnphysiologischer und kommunikativer Strukturen, die aus Turingmaschinen von Turingmaschinen und deren rekursiver Verschaltung in Form von Schleifen, Knoten, Rückkopplungen usw. bestehen, könnten Sinn und Kreativität als »Emergenzen« entstehen – Derrick de Kerkhove und andere hatten bereits den Vergleich zwischen den weltumspannenden Netzen der Fernsehkommunikation und des Internets und einer künftigen Weltvernunft gezogen, die auch Künstler wie Nam June Paik vertreten haben, um in ihnen neue Schübe innovativer Intelligenzen zu feiern.[24] Dem entspricht gleichfalls ein sich seit den 60er Jahren emphatisch durchsetzendes Netzdenken, das mit dem »Geist« einer Alternative zu klassischen linearen Systemen auftrat, etwa wenn Michel Serres in seinen frühen *Hermes-Schriften* die Linearität zum Sonderfall dessen erklärte, was er im Gegenzug ein Denken offener, »tabulatorischer« Netze nannte, als deren Hauptmerkmale er (1) ihre *Nichtnotwendigkeit* und entsprechend: die *Kontingenz* der Verknüpfungen; (2) die *Multiplizität* der Verbindungen; (3) ihre *Mehrdeutigkeit*; (4) die *Offenheit für nichtlogische Relationen* wie Analogie oder

---

23 | Robert Brandom: »Pragmatik und Pragmatismus«, in: Mike Sandbothe (Hg.), Die Renaissance des Pragmatismus, Weilerswist 2003, S. 30f.
24 | Vgl. Derrick de Kerkhove: Schriftgeburten, München 1995, S. 124ff. u. 151ff.

Diskontinuität sowie (5) ihre *Anfangs- und Endlosigkeit* aufzählte.[25] Die Eigenschaften lassen sich zu dem komprimieren, was Serres auch als »Unendlichkeit eines Spiels« apostrophierte[26] – ein Ausdruck, der die Modelle des kritischen Denkens seit den 60er Jahren bis zur Dekonstruktion Derridas beflügelte und mit dem Nimbus von Rationalitätskritik verband. Insbesondere deckt sich die Position mit der Rhizomatik Deleuzes und Guattaris, die Umberto Eco treffend als Metapher des postmodernen Labyrinths ohne Eingang, Ausgang und Zentrum dem stets linear aufwickelbaren Ariadnefaden des klassischen Labyrinths entgegengehalten hat.[27] Denn das »Rhizom«, wie es bei Deleuze und Guattari in *Milles Plateaus* heißt, beschreibt ein multidimensionales »Gewirr aus Knollen und Knoten«, das den Prinzipien der »Konnexion und der Heterogenität«, der »Vielheit« und des »asignifikanten Bruchs« gehorcht und keinerlei Beziehung zu irgendeiner Art von determinierender Identität unterhält und folglich auch »keinem strukturalen oder generativen Modell« verpflichtet sei.[28]

Doch erweist sich zuletzt ein solches »Kalkül der Differenz« vom linearen Diskurs stärker affiziert, als es ahnt. Formale Netzstrukturen lassen sich stets in lineare Ketten transformieren, wie umgekehrt kein komplexes System höhermächtig sein kann als eine Turingmaschine. Anders ausgedrückt: Komplexität garantiert weder einen Dimensionswechsel noch einen qualitativen Sprung, nicht einmal durch Implementierung chaotischer Strukturen, genetischer Algorithmen, zellulärer Automaten oder einer »Fuzzy Logic«. Diese organisieren zwar Indeterminationen, simulieren evolutionäre Verläufe oder rechnen mit Unschärfen, aber ignorieren die tiefgreifende Problematik, dass sowohl Sinn als auch Kreativität nicht als Funktionen oder Strukturen beschreibbar sind, sondern sich in Brüchen oder Zwischenräumen manifestieren. Sie bedürfen der Alterität. Alteritäten sind Ereignisse, die einer Kluft oder Differenz entspringen, die durch keine Maschine, auch nicht durch eine Menge von Maschinen modellierbar ist, vielmehr jedem Modell zuvorkommen. Alle informationellen Systeme haben daran ihre systematische Crux, dass sie Prozesse in Programme kleiden, deren Algorithmen Regelkreise konzipieren, die zwar Kontrolle und Selbststeuerung induzieren, nicht aber die Erfindung eines Neuen. Sie brechen darum auch nicht prinzipiell mit dem Phantasma der Junggesellenmaschine, sondern setzen es – obzwar in einer ganz anderen Logik – in einem entschei-

Zur Mechanisierung von Kreativität

---

25 | Michel Serres: Hermes I: Kommunikation, Berlin 1991, S. 12ff.
26 | Ebd., S. 18
27 | Umberto Eco: Semiotik und Philosophie der Sprache, München 1985, S. 125f.
28 | Vgl. Gilles Deleuze/Felix Guattari: Tausend Plateaus, Berlin 1997, S. 16ff.

Dieter denden Punkt sogar fort, nämlich der isolierten Figuration jenes *au-*
Mersch *tomaton,* das sich in sich selbst abschließt, ohne dem Denken und
seiner *creatio* einen angemessenen Platz einzuräumen.

Der Zufall und die Differenz zwischen Unterschiedenheit und Unentscheidbarkeit

Dennoch ist in den letzten Jahrzehnten das Modell des Netzes zum Modell des Denkens schlechthin avanciert.[29] Nicht wenige neurologischen Ansätze bedienen sich der Metapher des Computers mit dem scheinbar plausiblen Argument, die Verschaltung zwischen Synapsen sei grundsätzlich binär organisiert, weil diese nur zwei Zustände, nämlich »feuern« und »nicht feuern« kennten, weshalb die Physiologie von Hirnstrukturen ihrer Computerisierung in Aufbau und Form prinzipiell isomorph sei. Kybernetische Maschinen sind überdies im Begriff, nicht nur Modelle wissenschaftlicher Theorien abzugeben, sondern sich mit Leben selbst anzureichern und – z.B. in Gestalt von Konnexionen zwischen Zelle und Computerchip oder durch die Dechiffrierung und Umcodierung des genetischen Codes – Hybride zu produzieren, die die Grenzen zwischen Körper und Maschinen sukzessive verwischen. Sie sind damit gleichzeitig im Begriff, die beiden zentralen Mysterien der Biologie in artifizielle Simulakren zu verwandeln und beherrschbar zu machen: das Rätsel des Sprungs zwischen Materie und Leben wie gleichermaßen des Sprungs zwischen Leben und Geist. Letzteres ist der Frage nach der Differenz zwischen Materie zu Kreativität konform. Sie bildet eine Unterfrage des Rätsels des Denkens. Bis heute sind die Wissenschaften, trotz aller vermeintlichen Erfolge und Fortschritte, in der Lösung des Rätsels keinen einzigen Schritt weiter gekommen.

Dabei lassen sich drei Hauptströmungen einer Kreativitätsforschung unterscheiden: (1) *zum einen* die *Theorien der Imagination,* die die Kreativität von der Spontaneität der Einbildungskraft (*imaginatio*) her bestimmen, (2) *zweitens* die *Theorien der Intuition,* die den Akt der *inventio* auf vage Schlussweisen wie der Abduktion und anderer zurückführen, sowie (3) *drittens* die *Theorien der Assoziation und Rhetorik,* die die schöpferische Produktivität aus sprachlichen Verknüpfungen und Figurationen herleiten, wobei stets als wichtigste die »Verschiebung« und »Verdichtung« bzw. Metapher, Metonymie, Prosopopöie und Katachrese genannt werden. Erstere Theorien argumentieren von der Wahrnehmung her, die zweiten aus der Logik, letztere aus der Poetik der Sprache – und dennoch umgehen

---

29 | So bereits Wiener, Kybernetik, 147ff., 204ff.; auch: D. de Kerkhove, Schriftgeburten, S. 134f.

sämtliche den entscheidenden Punkt des Augenblicks der Ereignung sowohl der Vorstellung als auch der abduktiven Intuition oder der Erfindung einer Figur. Sie bleiben in der Paradoxie befangen, Neues aus bereits Gegebenem und damit den Status der Neuheit im gleichen Maße zuzubilligen wie zu verweigern, sodass die systematische Frage bleibt, was das Bild evoziert, den grundlosen und unwahrscheinlichen Schluss auslöst oder die Metapher begründet. Sämtlich verfehlen sie daher die Antwort, weil ihre Erklärung die Frage nur verschiebt, um sie am Ort des ursprünglichen Problems erneut aufzuwerfen: Die Hervorrufung des Bildes als Grund der Kreativität bedarf der Kreativität der Hervorrufung ebenso wie der unwahrscheinliche Schluss der Möglichkeit seiner Unwahrscheinlichkeit oder die Metapher ihres Einfalls. Am Scheitern der Durchführung und der Leerstelle, die alle Ansätze an entscheidender Stelle einfügen müssen, versagt schließlich auch ihre Modellierung durch die Struktur oder Regel und damit auch des mathematischen Systems. Es ist darum kein Zufall, wenn kybernetische Maschinen die Frage nach der Kreativität durch die Simulation des Zufalls zu beantworten suchen. Mechanische Kreativität bedarf zu ihrer Modellierung statistischer Verfahren wie der Monte-Carlo-Methode oder stochastische Funktionen und nichtlinearer Gleichungen. Der Zufall imitiert so das Unvorhersehbare, aber er erweist sich nicht selbst als produktiv, allenfalls induziert er Überraschungen. Es ist daher auch kein Zufall, wenn die Kunst aus dem Computer enttäuscht, wie die zahlreichen Bemühungen vor allem in den 70er und 80er Jahren bezeugen. Das Missverständnis ihrer Pioniere wie Max Bense, Herbert W. Francke oder Frieder Nake war zu glauben, kybernetische Systeme könnten ein bis dahin Ungesehenes oder Spektakuläres entstehen lassen – ein Kunstbegriff, der im übrigen Kunst mit Illusion verwechselt und den Effekt an die Stelle der Reflexion setzt. Statt dessen wäre der Zufall einzig dort produktiv, wo er gerade *nicht* Zufall ist – wo seine Inszenierung einen Weg beschreibt, der, wie in der Aleatorik oder der Ereignisästhetik, fernab von ihm verläuft, weil er nicht so sehr für sich selbst zählt, sondern einzig in Bezug auf das, was er *geschehen lässt*. Seine *intentio* ist eine *Nichtintentionalität*, d.h. die Askese der Wahrnehmung im Sinne eines Wechsels von Aufmerksamkeit vom Sehen- oder Hören-als zur Betrachtung, zur Entgegennahme im Sinne eines Sehens- oder Hörens-dass.[30]

Berührt ist auf diese Weise die Frage, ob Maschinen je imstande sein werden, das Denken zu lernen.[31] Es handelt sich allerdings um

Zur Mechanisierung von Kreativität

---

30 | Vgl. dazu meine Ausführungen in Dieter Mersch: Ereignis und Aura. Untersuchungen zu einer Ästhetik des Performativen, Frankfurt/Main 2002, bes. S. 251ff. u. 278ff.
31 | Vgl. bereits A. Turing: Intelligence Service, S. 81ff., 147ff. sowie ders.:

Dieter eine Frage, die *als solche* schon die Grenze zwischen Humanem und
Mersch Mechanischem überschritten hat und an deren Erosion teilhat. Bekanntlich hat sie Alan Turing durch seinen »Turingtest« präzisiert, der allerdings weniger einen Test, als eine Entscheidungsaufgabe darstellt. D.h., die Beziehung zwischen Technik und Denken – und *mutatis mutandis* auch zwischen Syntax und Semantik oder Mechanität und Kreativität – wird als Entscheidungsproblem behandelt, was bedeutet, ihr Problem *nicht* zu beantworten, sondern *Unentscheidbarkeit mit Ununterschiedenheit und Indifferenz mit Identität zu verwechseln*. In der Tat erweist sich *diese* Differenz – der Unterschied zwischen Ununterschiedenheit und Unentscheidbarkeit – hinsichtlich der gestellten Frage als zentral. Eingebettet in ein ganzes Ensemble weiterer Differenzen – wie der zwischen Natur und Fraktalität oder Kreativität und Zufall, die zunehmend eingeebnet zu werden drohen – bleibt sie für jede künftige Bestimmung des Humanum maßgebend.

Die Unentscheidbarkeit der Entscheidbarkeit und die Paradoxien der Kunst

Die Brisanz der Unterscheidung zwischen Unentscheidbarkeit und Ununterschiedenheit zeitigt indessen ihre Konsequenzen vor allem mit Blick auf die Künste. Denn Entscheidbarkeit setzt *erstens* – formal – eine Differenz voraus. Sie ist konstitutiv für eine Entscheidung *als* Entscheidung. Entsprechend ist Unterschiedenheit selbst noch der Unentscheidbarkeit vorgängig und stiftet deren Signifikanz. *Zweitens* gibt es Entscheidbarkeit nur dort, wo ihre möglichen Optionen repräsentierbar, d.h. auch aufzählbar sind. Aufzählbarkeit wiederum unterstellt Diskretheit. So hat das Postulat der Entscheidbarkeit sein Präjudiz für Berechenbarkeit schon getroffen. Folglich gibt es Unentscheidbares allein im Register von Berechenbarkeit, weil es innerhalb dessen Region eine Grenze markiert und so in dessen Hof verbleibt. Es setzt die Algorithmisierung bereits voraus. Dann folgt das Schema der Entscheidbarkeit dem Schema der Digitalisierung und hat sich damit für einen Begriff des Denkens entschieden, der allererst auf dem Prüfstand steht. Anders ausgedrückt: Das Paradig-

---

»Kann eine Maschine denken?«, in: Kursbuch 8 (1967), S. 106–138. Vgl. kritisch auch Dieter Mersch: »Digitalität und nichtdiskursives Denken«, in: D. Mersch/ Christoph Nyíri (Hg.): Computer, Kultur, Geschichte, Wien 1991, S. 109–126; ferner ders.: »Materialität und Nichtsimulierbarkeit. Zu den Grenzen maschineller Aufzeichnung«, in: Walter Schmitz/Ernest W.B. Hess-Lüttich (Hg.), Maschinen und Geschichte. Beiträge des 9. Internationalen Kongresses der Dt. Gesellschaft für Semiotik, Dresden 2003, S. 202–212.

ma des Tests geht jener Maschine konform, welche vom Menschen unterschieden werden soll. Es ist ihr schon verfallen, bevor die Frage gestellt ist, auch in dem Sinne, dass es in ihre Falle gegangen ist. Indem derart *drittens* die Entscheidungsfrage das Kriterium der Entscheidbarkeit prätendiert, hat sie umgekehrt die Signifikanz der Differenz zwischen Unterschiedenheit und Unentscheidbarkeit von vornherein verloren. Der Umstand korrespondiert jener Pragmatisierung, wie sie für das Denken des 20. Jahrhunderts, insbesondere für die Informatisierung und Computerisierung der letzten 50 Jahre überhaupt charakteristisch ist. Abgesehen davon, dass niemandem das Recht zusteht, die Unentscheidbarkeit zwischen mechanischem und menschlichem Denken zu entscheiden – er müsste gewissermaßen für die ganze Menschheit und ihrer Zukunft in allen Möglichkeiten des Tests sprechen –, begnügte sich jeder bestandene Test mit einer ebenso lokalen und temporären Indifferenz, deren Legitimität einzig auf der praktischen Ebene besteht, nämlich der Tatsache, in einer spezifischen Situation nicht mehr zureichend zwischen den Äußerungen eines Menschen und einer Maschine unterscheiden zu können. Die Konsequenz basiert damit ausschließlich auf einer *Logik des Effekts*. So erweist sich das Argument Turings als tautologisch, weil es mit der Entscheidung für Entscheidbarkeit die Differenz, auf der sie beruht, bereits gelöscht hat. D.h. auch: Für das Andere, das sich dem Repertoire von Entscheidbarkeit entzieht, fehlt der Blick. Es fehlt damit ebenfalls der Sinn für den Unterschied zwischen dem Berechenbaren und dem Unberechenbaren in allen Konnotationen des Ausdrucks, also auch des unberechenbaren Einfalls oder Unfalls, der die vermeintliche Ordnung der Berechnungen sprengt. *Viertens* ist schließlich die mit dem Präjudiz für Entscheidbarkeit getroffene Entscheidung selber nicht entscheidbar, weil der konstituierende Unterschied als solcher nicht unter ihre Kategorie fällt. Er nennt nicht nur ein Nichtentscheidbares im Rahmen von Entscheidbarkeit, sondern das Unentscheidbare schlechthin, das sich *vor* aller Entscheidbarkeit und Unentscheidbarkeit und damit auch noch *vor* aller Berechnung und Unberechenbarkeit *ereignet*. Es wäre ein solches, das sich binärer Codierung sperrt und im Maßstab von Digitalität undarstellbar bliebe: das, was sich nur *zeigen* kann. Mit ihm ist der Verweis auf Präsenz und Materialität, auf die Körperlichkeit des Körpers und die Performanz der Setzung getroffen, während der Turingtest sich bezeichnenderweise nur im Verdeckten, d.h. hinter dem Vorhang und den buchstäblichen Kulissen der Maskarade abspielen kann. Er erfordert die *black box*, die Auslöschung der Körper und ihrer Gegenwart wie auch der Zeit und der Existenz, mithin alles, was im Paradigma von Entscheidung keine Stelle besetzt und sich dem kybernetischen Modell verweigert, gleichwohl aber untilgbar anwesend bleibt.

Zur Mechanisierung von Kreativität

Dieter So sind wir gleichzeitig auf den Anfang, dem Pygmalion-Phan-
Mersch tasma und seiner Begrenzung am Körper zurückverwiesen. Die Differenz, die den Unterschied von Unterschiedenheit und Unentscheidbarkeit anleitet, wäre hier anzusetzen.³² Dem entspringen zugleich mögliche Ortschaften von Kreativität. Gewiss hat es keinen Sinn, eine Theorie der Kreativität aufstellen oder das Schöpferische definieren zu wollen, vielmehr genügt es, Momente oder Bedingungen möglicher Kreativität aufzuzeigen. Zu solchen zählen gewiss der unbestimmbare Zwischenraum, die Klüfte oder Interferenzen zwischen dem Entscheidbaren und dem sich jeder Unterscheidung zwischen Entscheidbarkeit und Unentscheidbarkeit Verwehrenden, wie auch das Chiastische jener Brüche, die überhaupt erst die Möglichkeit von Unterscheidung und entsprechend von Entscheidbarkeit zulassen – denn wie immer das Denken aus der Differenz bestimmt werden soll, bleibt die wesentliche Frage, wie das »Differierende der Differenz« sich ereignen kann. Solche Bruchstellen, Klüfte oder Chiasmen, das ist die These, werden ansichtig durch *Paradoxa*. Deswegen spielt das Paradox, das chronisch skandalöse und die Einstellung, die Sicht allererst umwendende »Koan« in den Ereignissen des Kreativen eine so prominente Rolle: Es bezeichnet die *via regia* des Zugangs zu »Alterität«³³, woraus Neues erst hervorgehen kann.³⁴ Die Paradoxie behauptet diesen Rang, weil sie insbesondere die Binarität der digitalen Systeme durchquert und sprengt und so auf deren Anderes, Nichtdichotomes und damit auch Nichtdigitalisierbares hindeutet. Deshalb bezeichnen Paradoxien die vorzüglichsten Mittel, die Maschine hinter dem Vorrang durch Witz, Ironie oder katachretische Intervention »hinters Licht zu führen« und auf diese Weise zu enttarnen. Die Stätte solcher Interventionen ist die Kunst. Statt Kunstmaschinen sind es darum die ebenso ironischen wie paradoxalen »Maschinen« der Künste, die im Bruch mit aller Mechanität jenes Andere freisetzen, das seine Kontur allein in der Passage, dem Übergang gewinnt und wie ein Schattenriss die Spur von Kreativität preisgibt.

Das bedeutet zusammengefasst: *Erstens* haben wir es mit einer

---

32 | Auf interessante Weise hat auch Hubert L. Dreyfus der Möglichkeit künstlicher Intelligenz unter Hinweis auf die notwendige Miteinbezogenheit des Körpers eine Grenze gezogen; vgl. Hubert L. Dreyfus: Was Computer nicht können. Die Grenzen künstlicher Intelligenz, Frankfurt/Main 1989, bes. S. 183ff.

33 | Ausdrücklich sei vermerkt, dass der Ausdruck ›Alterität‹ in diesem Zusammenhang in einem nichtethischen Sinne, nämlich in der Bedeutung von ›Andersheit schlechthin‹ gebraucht wird.

34 | Zur Bedeutung des Paradoxen vgl. auch den Versuch in Dieter Mersch: »Das Paradox als Katachrese«, in: Ulrich Arnswald/Jens Kertscher/Matthias Kroß (Hg.), Wittgenstein und die Metapher, Berlin 2004, S. 81–114.

Differenz zu tun, die untilgbar in die technischen Konstruktionen *Zur Mechanisierung* und ihren Apparaturen eingeschrieben bleibt. Sie widersteht jeder *von Kreativität* Vermischung. *Zweitens* wiederholt sich diese Differenz in allen Modellen von Denken und Kreativität. Es handelt sich also um eine »wesentliche« Differenz in dem Sinne, dass sie sich mit jedem neuen Versuch, sie zu überspringen, restituiert. Sie markiert insbesondere gegenüber den Systemen der Virtualität ein Nichtvirtuelles, das innerhalb dessen eigenem Muster im Modus des Entzugs verbleibt. Die technische Modellierbarkeit erfährt daran ihre unwiderrufliche Grenze. Korrelat dieser Differenz ist *drittens* der Unterschied zwischen Unterschiedenheit bzw. Ununterschiedenheit einerseits und Entscheidbarkeit und Unentscheidbarkeit andererseits. Die Differenz zwischen Entscheidbarkeit und Unentscheidbarkeit konstituiert sich dabei im Horizont des Entscheidbaren und damit Diskreten, während die Differenz zwischen Unterschiedenheit und Ununterschiedenheit das Denken als Ereignis heimsucht. *Viertens* ist der bevorzugte Ort einer Aufweisung solcher Differenzen das Paradox. Es ist dem Technischen, der Virtualität und zumal den Kunstmaschinen der Kybernetik fremd, weil es nicht den Weisungen mathematischer, und d.h. ebenso digitaler wie diskreter Konstruktion folgt. Denken vollzieht sich vielmehr als ein Prozess, der weder modellierbar noch begreifbar ist. Das bedeutet insbesondere *fünftens*, dass alles Denken an dem partizipiert, was nicht Denken ist. Aus diesem *Nicht*, der Andersheit bezieht es seine anhaltende Unruhe, seine Wandlungen und Frakturen wie auch seine Stätten kreativer Heteronomie. So zeigt sich im Menschen ein buchstäblicher Ab-Grund, der die Quelle einer fortwährenden Paradoxie darstellt, während sich keine Maschine je als abgründig ausweisen kann: Sie kennt das Paradox nicht. Schließlich beruht *sechstens* die Relevanz des Paradoxen nicht im Widerspruch selbst, den es mit sich führt, sondern in der Indirektheit seines Zeigens. Es gleicht einem Wink, einer Weisung, ohne freilich mitzuzeigen, worauf es weist. Sein privilegiertes Terrain ist die Kunst. Deren paradoxale Konfiguration öffnet allererst die Aufmerksamkeit für die Differenz. Das bedeutet aber, dass der Künstler darin nicht länger als jener Illusionist fungiert, als der er seit Jahrhunderten gegolten hat; vielmehr arbeitet er im Niemandsland eines ebenso Unwägbaren wie Ungewissen. Er gleicht dann weniger einem *maître de plaisir*, als vielmehr einem *maître du paradoxe*, dessen eigentliche Aufgabe darin besteht, wie Adorno es formulierte, lauter »Dinge zu (machen), von denen wir nicht wissen, was sie sind«.[35]

---

35 | Theodor W. Adorno: »Vers une musique informelle«, in: ders.: Musikalische Schriften I–III (= Gesammelte Schriften Bd. 16, Frankfurt/Main 2003, S. 493–540, hier: S. 540.

DAS PROBLEM DES NEUEN IN DER TECHNIK
Michael Ruoff

Das Neue stellt einen Teilaspekt des Unbestimmtheitsdispositivs der Technik dar, der sich im Verhältnis von Wissen und Nichtwissen bemerkbar macht. Umgekehrt gilt Technik im Rahmen von Innovationen als determiniert, indem eine kontinuierliche Weiterentwicklung angenommen wird, die sich in den schrittweise optimierten Formen durch technikhistorische Rekonstruktionen zumindest abschnittsweise nachweisen lässt. Ein Vergleich von Neuem und Innovation macht bei genauerer Betrachtung deutlich, dass beide Begriffe zu unterscheiden sind, obwohl sie enge Beziehungen unterhalten. Statt auf einer generellen Determiniertheit von Technik zu bestehen, zwingt die Berücksichtigung von Neuem zu einer Korrektur: Es gibt historisch belegbare Situationen in denen sich die Technik als unbestimmt erwiesen hat.

Der Gedanke einer inhärenten technischen Logik findet sich bereits bei Platon, der trotz der idealen Idee des Weberschiffchens einen Optimierungsprozess beschreibt, in dem dieses Maschinenteil an das zu verarbeitende Material angepasst wird.

»Wenn es also gilt für irgendein feines grobes, linnenes oder wollenes oder wie immer beschaffenes Gewand ein Weberschiff zu machen, so müssen doch alle diese Weberschiffe zwar jenes Musterbild des Weberschiffes in sich enthalten, doch muss man jedem einzelnen Weberschiff die jeweilig beste Form geben, nämlich diejenige, die für jedes einzelne die naturgemäße ist.«[1]

Platons Beispiel führt eine entwicklungsfähige Technik vor, die eine idealtypische Form gemäß funktionalen Anforderungen variiert. Die weitergehende Frage nach der ursprünglichen Idee, dem Urbild des Weberschiffchens, lässt sich im Kontext der ewigen Ideenwelt nicht stellen. Die Analyse des Neuen müsste gegenteilig nach der Entste-

---

1 | Platon, Kratylos, 389.

Michael Ruoff hung des Urbilds im Horizont technischer Möglichkeiten fragen. Hans Blumenberg kommentiert den eigenartigen Charakter der Ideenwelt mit dem Hinweis, dass die Welt keine Ideen hervorbringen kann: »Es gibt die Welt, weil es die Ideen gibt, aber weil es die Welt gibt, ist alles in ihr zur Abwendung von den Ideen verurteilt.«[2] In einer vollständigen Ideenwelt kann nichts Neues entstehen, und die *techné* findet sich bei Platon konsequenterweise ganz im Kontext des Nachahmungsgedankens. Eine Technik mit Beteiligung des Neuen hebt nicht nur den Nachahmungsgedanken auf, sondern sie findet unter umgekehrten Vorzeichen in einer immer unvollständigen Ideenwelt statt, deren Grundstruktur den Gegensatz von Wissen und Nichtwissen beinhalten muss.

Helmut Willke hat hier für die Form des gegenwärtigen Wissens auf die Brisanz der Unterscheidung von Wissen und Nichtwissen hingewiesen.[3] Mit der Differenz zwischen Wissen und Nichtwissen treten Wissenschaft und Technik mit dem Nichtwissen in einen Kontakt, der sich in zwei Formen äußert. Gerhard Gamm stellt durch die Analyse der Technik als Medium[4] fest, dass das Wissen Nichtwissen generiert. Das verschärft sich noch um die Feststellung: »*Wissen und Nichtwissen sind in wechselseitiger Steigerung begriffen.*«[5] Neben dem generierten Nichtwissen steht eine zweite Art des Nichtwissens mit dem Neuen in Verbindung und wird durch den hier vertretenen Ansatz verfolgt: Das Nichtwissen übernimmt durch Berücksichtigung des Neuen einen aktiven Part. Das Wissen steht in direkter Abhängigkeit von einem überkomplexen Nichtwissen, das sich als Quelle des Neuen begreifen lässt.

Die Berücksichtigung des Neuen in der Technik führt zu einer fast zwangsläufigen Auseinandersetzung mit der Zukunftsforschung und dem Begriff der Innovation. Die Seite des generierten Nichtwissens von Gerhard Gamm könnte sich in der schlechteren Vorhersagbarkeit äußern, die nur noch sehr kurzfristige Prognosen als seriös erscheinen lässt.[6] Die Zukunft stellt sich aus der Perspektive des Wissens als immer unbestimmter dar, weil das Wissen laufend auch das Nichtwissens erzeugt. Offenbar kann das Wissen im Fall der

---

2 | Hans Blumenberg: Höhlenausgänge, Frankfurt/Main 1996, S. 144.
3 | Vgl. Helmut Willke: Dystopia, Frankfurt/Main 2002, S. 11.
4 | Vgl. Gerhard Gamm: Nicht nichts. Studien zu einer Semantik des Unbestimmten, Frankfurt/Main 2000, S. 275ff.
5 | Gerhard Gamm: Der unbestimmte Mensch. Zur medialen Konstruktion von Subjektivität, Berlin 2004, S. 167 (Kursiv im Original).
6 | Vgl. Kerstin Cuhls/Hariolf Grupp/Knut Blind, Fraunhoferinstitut für Systemtechnik und Innovationsforschung (Hg.): Delphi' 98 – Neue Chancen durch strategische Vorausschau. Tagung in der deutschen Bibliothek in Frankfurt/Main 1998, S. 41.

technischen Entwicklung seine eigene Zukunft nur noch sehr kurzfristig voraussehen, obwohl die Methoden laufend verbessert worden sind. Wenn das moderne statistische Instrumentarium und die Methoden der Zukunftsforschung lediglich beschränkte Prognosen erlauben, dann müsste das Problem der aktuellen Prognostik einem veränderten Gegenstandsbereich entsprechen, der sich in seiner Komplexität selbst einer wissenschaftlich abgesicherten Methodik entziehen kann.

Das Problem des Neuen in der Technik

Unbestimmtheit als gesteigerte Komplexität

Die Komplexität von Wissen lässt sich üblicherweise nur indirekt über bestimmte Indikatoren messen. Seit DeSolla Price gelten hier die Anzahl der wissenschaftlichen Veröffentlichungen, die Aufwendungen für Forschung und Entwicklung als Anteil am Bruttosozialprodukt, die beantragten und erteilten Patentverfahren und das in Wissenschaft und Forschung engagierte Personal als Bezugsgrößen für die Dynamik des Wissens. DeSolla Price unterstellte im Jahre 1963 ein exponentielles Wachstum der Wissenschaft.[7] Jede Verdoppelung der Bevölkerung führt bei DeSolla Price zu einer dreifachen Verdoppelung der Anzahl der Wissenschaftler. Tatsächlich sind die Zusammenhänge wesentlich komplexer und weisen bei genauerer Betrachtung erhebliche Schwankungen auf, wenn der Zeitraum zwischen 1450 und 1900 zu Grunde gelegt wird.[8] Die gegenwärtige Situation als Folge eines exponentiellen Wachstums bestimmt sich im Anschluss an DeSolla Price dadurch, dass 80 bis 90 Prozent aller Wissenschaftler, die jemals gelebt haben, im Augenblick leben.

Die personelle Ausstattung bildet die Grundlage, aber die Wissensdynamik ergibt sich aus der Anzahl der publizierten Artikel. Während DeSolla Price in dieser Hinsicht noch von einer Verdoppelungsrate in 10 bis 15 Jahren spricht, scheint sich das Wachstum mittlerweile verlangsamt zu haben. Tatsächlich kann dies je nach Disziplin stark schwanken. In der Chemie, die ein ungebremstes Wachstum aufweist, verzeichnet beispielsweise das Editorial der Zeitschrift »Angewandte Chemie« für die Jahre zwischen 1995 und 2000 eine Zuwachs an Zuschriften von gut 80 Prozent (1995: 1090; 2000: 1870). Es handelt sich dabei nicht um postalische Statistikleichen, denn die publizierten Seiten nehmen im gleichen Zeitraum

---

7 | Vgl. Derek DeSolla Price: Little Science, Big Science, New York 1963, deutsche Ausgabe: Frankfurt/Main 1974, S. 14.
8 | Vgl. Robert Gascoigne: »The Historical Demography of the Scientific Community«, 1450–1900, in: Social Studies of Science 22 (1992), S. 545–573.

Michael von 3024 auf 4900 zu.⁹ Auch wenn die Chemie hier eine Ausnahme
Ruoff darstellt, liegt folgender Schluss nahe: Die Zunahme des wissenschaftlich-technischen Personals und die gestiegene Anzahl der Veröffentlichungen führt bei gleichbleibender Rezeptionskapazität des einzelnen Wissenschaftlers zu einer Kommunikationssituation, die einerseits zur Spezialisierung zwingt und andererseits durch eine verstärktes Nichtwissen bestimmt wird. Der Einzelne überblickt zwangsläufig einen immer kleineren Ausschnitt der Gesamtmenge des Wissens. Peter Weingart nennt dies die »selektive Aufmerksamkeit«, die ein strukturierendes Element wissenschaftlich-technischer Kommunikationsformen unter der Voraussetzung gewachsener Komplexität bildet.¹⁰ Der Charakter dieses Nichtwissens besteht hierbei in nicht rezipiertem Wissen, das für Rekombinationen der Spezialgebiete bereitsteht. Zumindest existiert hier ein Potential für unerwartete Entwicklungen, wie die Geschichte der Fullerene verdeutlicht.¹¹

Die Geschichte der Fullerene beschreibt die Entdeckung hochstabiler Kohlenstoffmoleküle, die in der absolut anwendungsfremden Disziplin der Astrophysik stattgefunden hat. Das Beispiel belegt, wie sich neue Technikpfade bilden können. Martin Jansen beschreibt den Vorgang sehr treffend als unbeabsichtigtes Ergebnis, das durch einen englischen Ausdruck beschrieben werden kann: »by serendipity«. Die schwierige Übersetzung lautet auf durch Glück begünstigter Spürsinn,¹² was den reinen Zufall verbannt, die beteiligte Unbestimmtheit aber nicht durch Intuition ausgleichen kann.

Die Geschichte der Entdeckung der Fullerene beginnt mit einem astrophysikalischem Problem. Wolfgang Kretschmer und Donald Huffman wollten 1982 interstellaren Staub untersuchen. Da Astrophysiker von interstellarer Materie keine Proben nehmen können, bleibt ihnen nur der Weg des Vergleichs. Die gemessenen Spektren aus dem All mussten mit experimentell erzeugten Spektren terrestrischen Ursprungs verglichen werden. Kretschmer und Huffman entwickelten eine Kohlenstoffaufdampfanlage, um die betreffenden Vorgänge im Labor zu modellieren. Das Ergebnis bestand in einem merkwürdigen Spektrum. Kretschmer und Huffman konnten sich dieses Spektrum nicht erklären und stellten ihre Bemühungen zunächst ein.

Zwei Jahre später experimentierte Andrew Kaldor in einem Exxon Forschungslabor mit einem Clusterstrahlengenerator. Er entsprach der Anlage von Kretschmer und Huffman in vielen Details. Auch hier

---

9 | Vgl. »Editorial«, in: Angewandte Chemie 113, Nr. 1 (2001), S. 4.
10 | Vgl. Peter Weingart: Die Stunde der Wahrheit, Weilerswist 2001, S. 104.
11 | Vgl. Allessandro Airo: Fullerene, Stuttgart 1996, S. 6ff.
12 | Vgl. Martin Jansen: »Chemie der Fullerene«, in: Bonner Universitätsblätter (1994), S. 57–64, hier: S. 57.

wurde Graphit verdampft. Und auch hier wurden Spektralanalysen zu *Das Problem* dem entstandenen Ruß angefertigt. Das Ergebnis lieferte Hinweise *des Neuen* auf Kohlenstoffcluster, die bis zu 190 Atome umfassten. Man hatte *in der Technik* bei Exxon die Fullerene als neuen Zweig der Chemie zu diesem Zeitpunkt beinahe entdeckt, konnte die Bedeutung aber noch nicht einmal ansatzweise einschätzen.

1985 betrat ein weiterer Astrophysiker die Szene. Harold Kroto hatte sich intensiv mit roten Riesen auseinander gesetzt und galt als Spezialist für chemische Analysen des Weltraums. Da Kroto nicht über die notwendigen Anlagen verfügte, griff er auf die Einrichtungen zurück, die den Chemikern Rick Smalley und Robert Curl in Houston zur Verfügung standen. Man einigte sich zunächst auf eine sehr begrenzte Untersuchungsdauer, da für die Astrophysik nur beschränkte Mittel vorgesehen waren. Kroto, Smalley und Curl stellten die Existenz von C_{60} Kohlenstoffclustern fest, für deren Spektrum eine besondere Struktur verantwortlich sein musste. Es handelte sich um eine Art Fußball, der aus Fünf- und Sechsecken zusammengesetzt war. Am 14. November 1985 ging ein Brief bei der Zeitschrift »Nature« ein, der die Existenz der so genannten Buckminsterfullerene behauptete:

»During experiments aimed at understanding the mechanisms by which long-chain carbon molecules are formed in interstellar space and circumstellar shells, graphite has been vaporized by laser irradiation, producing a remarkably stable cluster consisting of 60 carbon atoms.«[13]

Die spezielle Methode der Erzeugung beschränkte die Zahl der herstellbaren Fullerene noch auf einige 10.000. Für eine exakte Analyse wären größere Mengen notwendig gewesen.

Im September 1989 traten Kretschmer und Huffmann erneut auf. Sie waren durch den Artikel in »Nature« aufmerksam geworden. Die alte Kohlenstoffverdampfungsanlage, die bereits eingemottet worden war, kam zu neuen Ehren. Es gelang nun, im zweiten Anlauf, die notwendigen Mengen für die Analyse bereitzustellen. Erst zu diesem Zeitpunkt stand die bis dahin nur angenommene Struktur der Fullerene zweifelsfrei fest: »Infrared spectra and X-ray diffraction studies of molecular packing confirm that the molecules have anticipated ›fulleren‹ structure.«[14]

Die Geschichte der Fullerene zeigt, wie die Weltfirma Exxon, die ihre Laboratorien einzig mit der Absicht der Verwertung betreiben

---

13 | H.W. Kroto/J.R. Heath/S.C. O'Brien/R.F. Curl/R.E. Smalley: »C_{60} Buckminsterfullerene«, in: Nature 318 (1985), S. 162–163, hier: S. 162.
14 | W. Krätschmer/L.D. Lamb/K. Fostiropoulos/D.R. Huffman: »Solid C_{60}: a new form of carbon«, in: Nature 347 (1990), S. 354–358, hier: S. 354.

Michael muss, einen neuen Zweig der Chemie beinahe entdeckt hätte. Der
Ruoff wirkliche Durchbruch gelingt aber ›anwendungsfremden‹ Astrophysikern, die ganz andere Forschungsziele verfolgen.
Wenn die selektive Aufmerksamkeit zu einer verschärften Spezialisierung führt, die unerwartete Entwicklungsschübe aus fachfremden Disziplinen wahrscheinlicher macht, so ist damit die Form des generellen Nichtwissens noch nicht getroffen. Es gibt eine verschärfte Form des Nichtwissens, die tatsächlich nicht gewusst wird. Sie zeigt sich indirekt an dem Zusammenhang zwischen F&E-Aufwendungen und den erteilten Patenten. Wenn der Anteil am BIP der für Forschung und Entwicklung als Reinvestition in das Wissen im Durchschnitt in den letzten Jahren bei etwa 2,8 Prozent stabilisiert worden ist, dann spricht dies für ein verlangsamtes Wachstum, bzw. für eine ökonomische Grenze.[15] Dem widerspricht aber die gestiegene Patentrate. Jüngste Ergebnisse weisen auf eine Unstimmigkeit zwischen Innovationsrate und direkten finanziellen Aufwendungen hin, wobei man bisher von einem direkten Zusammenhang ausgegangen war. Die aktuelle Erklärung führt nach Ansicht eines Endberichtes für das BMBF die geänderte Form der Patentierung an.[16] Die so genannte strategische Patentierung erfolgt aus dem vertrauten Motiv der Sicherung von Verwertungsrechten am Markt, die bei differenzierter Betrachtung mehrere Motive aufweist. Selbstverständlich bleibt der Innovationsschutz erstes Motiv, aber die strategische Patentierung schließt defensive und offensive Blockade ein. Es geht im defensiven Fall um die Abwehr der Blockade des eigenen Marktspielraums und auf offensiver Seite um die Verhinderung der Teilnahme anderer am Marktgeschehen.[17]

Gleichzeitig demonstriert diese Strategie auch die extreme Unsi-

---

15 | Vgl. Federico DiTroccio: Der große Schwindel: Betrug und Fälschung in der Wissenschaft, Frankfurt/Main 1994, S. 90f. Die privatwirtschaftlichen Aufwendungen schwanken ländergebunden in Europa erheblich, zwischen Griechenland (0,13%) und Schweden 2,85% (Bundesrepublik 1,63%). Im Vergleich liegen die USA und Japan hier bei 1,98% bzw. 2,18%. Die öffentlichen Aufwendungen variieren zwischen 0,35% für Irland und 0,95% für Finnland (Bundesrepublik 0,75%). Japan und die USA wenden hier 0,7% bzw. 0,56% des BIP auf. Alle Zahlen beziehen sich auf das Jahr 2001. (Vgl. Europäische Kommission [Hg.]: Wichtigste Erkenntnisse des Innovationsanzeigers, in: Innovation & Technologietransfer, Sonderausgabe, Oktober 2001, S. 6–16, hier: S. 13.)

16 | Vgl. Knut Blinder/Jakob Edler/Rainer Fritsch/Ulrich Morsch, Fraunhofer Institut für Systemtechnik und Innovationsforschung: Erfindungen contra Patente. Schwerpunktstudie »zur technologischen Leistungsfähigkeit Deutschlands.« Endbericht für BMBF, 2003. http://www.isi.fgh.de/publ/ti.htm, gesehen am 20. September 2004.

17 | Vgl. ebd., S. 18.

cherheit, die sich am Markt unter Beteiligung des Neuen eingestellt hat. Die unmittelbare Sicherung von Verwertungsrechten spiegelt eine Situation wider, in der sich – gemessen an der gesunkenen Prognosefähigkeit – keine sicheren Aussagen über langfristige Verwertungsprozesse angeben lassen, die letztlich das größte ökonomische Interesse finden müssten. Die strategische Patentierung pariert diese Situation durch eine Art Vorratshaltung an handelbaren Patenten. Handelbares konkretes Wissen wird über die rechtlichen Verfügungen an seiner Verwertung gegenüber dem Nichtwissen zu einer Absicherungsmaßnahme herangezogen. Die Absicherung der Verwertung von Wissen gewinnt gegenüber den alten Motiven der direkten Verwertungsrechte an konkretem Fachwissen eine ganz andere Bedeutung. Das Nichtwissen besteht in einer generellen Unsicherheit über mögliche Verwertungszusammenhänge von Detaillösungen in der Zukunft, die einem Marktgeschehen folgt, das immer stärker von der Konfrontation von Wissen und Nichtwissen bestimmt wird. Die alte Ökonomie setzte vor allem auf die Verwertung von großen Systemzusammenhängen in der Produktion, während die neue Ökonomie mit Wissen handelt und dabei gerade den hochriskanten Übergang zum Nichtwissen einzubeziehen versucht, indem die weitere Entwicklung einem derart komplexen Geschehen folgt, dass die Marktteilnehmer selbst auf der Verwertungsseite mit immer kurzfristigeren Absicherungsmaßnahmen reagieren müssen. Dabei droht regelmäßig das Risiko der Kapitalentwertung, das durch akkumuliertes Wissen bei gesteigerter Komplexität zu einer latenten Gratwanderung entartet.

Das Problem des Neuen in der Technik

Die wissensbasierte Produktion hat dabei eine völlig neue Ebene erreicht. Wenn Jürgen Habermas vor über 40 Jahren in seiner Kritik der Kritik der politischen Ökonomie darauf hingewiesen hat, dass die Rationalisierung der Arbeit zu einer neuen Wertquelle aufgerückt ist, und die Wertbildung in immer höherem Maße dem wissenschaftlichen und technischen Wissen obliegt,[18] so erreicht der Einbezug des Nichtwissens eine Ebene, die nunmehr die Agentien – sprich die Investitionen selbst – durch immer kurzfristigere Verwertungszyklen bedroht. Damit ist eine ganz andere Stufe erreicht als sie die Entwertung der Maschinen durch realisiertes Wissen im Sinne des technischen Fortschritts vorsah. Der Einbezug des Nichtwissens stellt bei hohem Risiko den Versuch dar, die Zukunft möglicher Verwertungsszenarien als Bedrohung des Kapitals abzusichern, indem es als Ware eingeführt wird. Wie kann aber ausgerechnet Nichtwissen zur Ware werden? Nichtwissen lässt sich nur durch Akzeptanz der Marktteilnehmer als Ware etablieren, indem sie in dem Urteil übereinstimmen, dass die Zukunft immer unbestimmter wird. Eine direkte Verfügung über das Nichtwissen scheitert naturgemäß. Die Ware des Nicht-

---

18 | Vgl. Jürgen Habermas: Theorie und Praxis, Frankfurt/Main 1963, S. 257.

Michael wissens besteht daher in dem Handel mit den Absicherungsstrate-
Ruoff gien und den dort erhältlichen Rechten auf ein Wissen, das es –
noch nicht – gibt.

Unbestimmtheit als Eigenschaft des Neuen

Die technische Entwicklung folgt über weite Strecken einer langsamen Verbesserung der Artefakte, was letztlich die Annahme einer determinierten Technik stützt. Innovationen gelten daher als prognosefähige Weiterentwicklungen, die sich aus dem Status quo der Technik in gewissen Grenzen ableiten lassen. Der Einbezug des Neuen macht dagegen deutlich, dass die technische Entwicklung nicht durchgängig determiniert ist. Das Neue ist demnach nicht mit der Innovation identisch. Die Innovation bildet bei genauerer Betrachtung nur einen Spezialfall des Neuen. Sie gehört zur Seite der konstruktiven Verlängerungen, der planbaren Projekte, der gezielten Entwicklungen und der konkreten Entwürfe. Das Neue entzieht sich diesen willentlichen Maßnahmen, es sperrt sich gegen die gewünschte Entwicklung, indem es erst im Moment seines Auftretens ein mögliches Ziel konkretisiert.

Das Neue situiert sich am Rande eines Möglichkeitshorizontes, der von einer ontologischen Wahrscheinlichkeit bis zum bloß Denkmöglichen bei Ernst Bloch reicht.[19] Blochs Kategorie Möglichkeit gliedert sich vom rein Denkmöglichen bis zum objektiv-real Möglichen in vier Stufen. Das objektiv-real Mögliche entspricht dem realisierbaren Bestand und der konkreten Entwicklung, die ihre Planungsphase abgeschlossen hat. Das objektiv-real Mögliche beschreibt einen realisierbaren technischen Gegenstand.

Auf der zweiten Stufe der Kategorie Möglichkeit findet sich das sachhaft-objektgemäß Mögliche. Die Konkretheit des Gegenstandes liegt scheinbar nahe, aber sie entzieht sich doch um einer ebenso scheinbaren Unterscheidung willen. Es geht nicht mehr um den Gegenstand selbst, sondern seine Sachverhalte. Das Verhalten von Sachen ermöglicht erst in Zukunft einen bestimmten Gegenstand. Das Verhalten von Sachen entspricht einer Materialeigenschaft, die sich erst in Verbindung mit anderen Sachverhalten zu einem konkreten technischen Gegenstand verdichtet. Die Gesamtheit des Verhaltens von Sachen korreliert mit der Beschreibungsebene der Physik, die den technischen Möglichkeiten durch Gesetze eine Grenze zieht. Diese Grenzziehungen wandeln sich mit dem Erkenntnisstand der

---

19 | Vgl. Ernst Bloch: Das Prinzip Hoffnung, Bd. I, Frankfurt/Main 1974, S. 258ff.

Physik selbst und stellen bis auf wenige Ausnahmen keine ahistorischen Konstanten dar.

Das Problem des Neuen in der Technik

Mit der dritten Stufe der Kategorie Möglichkeit werden die Vorbedingungen des Möglichen weiter gelockert. Nun gilt auch partiell Bedingtes als Mögliches. Dieses Kriterium unterläuft bereits die ontologische Bedingung, denn das so genannte sachlich-objektiv Mögliche, fällt auf die Seite des Denkmöglichen. Sachlich-objektiv Mögliches muss begründbar sein, aber es erhebt als Denkmögliches nicht den Anspruch auf Realisierbarkeit. Der Status des Denkmöglichen erreicht mit dem sachlich-objektiv Möglichen die Struktur des Denkbaren, wie sie die Geisteswissenschaft Mathematik beschreibt. Es gibt hier Grenzbereiche, die zum Streitfall entarten können. Ein Beispiel wäre die Auseinandersetzung zwischen aktual und potentiell Unendlichem,[20] die mit inhaltlichen Ansprüchen der partiellen Bedingtheit entstehen.

Die letzte Stufe der Kategorie Möglichkeit erfasst das nur Denkbare. Es reicht bis zum Widersinn und zur Absurdität. Es wäre zugleich der Bewegungsspielraum der unbeschränkten Spekulation, die technisch in Science Fiction aufgeht. Alle Sätze und Aussagen sind erlaubt, es gibt keine Beschränkung durch Gesetze, Widersprüche oder Axiome.

Blochs Kategorie Möglichkeit umschließt das Wissen in ihren Stufen wie ein konzentrischer Gürtel, dessen ontologische Bedingungen in die reine Denkmöglichkeit aufgelöst werden. Die Kategorie Möglichkeit markiert Zonen zwischen Wissen und Nicht-Wissen. Sie gestattet einen allmählichen Übergang und verliert sich zuletzt in den diffusen Bereichen des Absurden. Ihre Vermittlung schwächt sich, wie sich die Ordnungsvorgaben des Wissens verlieren, wenn die Annäherung an das Nichtwissen zu dem Betreten des Raumes einer ambulanten und vorläufigen Wissenschaft zwingt.

Wenn das Wissen eine Verbindung zum Nichtwissen unterhält, dann kann sich dies in der Gestalt offener Fragen zeigen, die das Wissen selbst an seinem Möglichkeitshorizont generiert. Umgekehrt kann das Nichtwissen das Wissen unter bestimmten Bedingungen qua Neuem durch die Form des Ereignisses ansprechen.

Ein Beispiel für das Neue

Conrad Röntgen experimentiert 1895 mit Kathodenstrahlröhren im Rahmen von Standarduntersuchungen im Labor. Zu der Laborausstattung gehört auch ein im Experiment nicht benötigter Barium-

---

20 | Vgl. Paul Lorenzen: Methodisches Denken, Frankfurt/Main 1974, S. 94ff.

Platin-Zyanid Schirm[21], der auf einem Tisch neben dem eigentlichen Versuchsaufbau liegt. Die Röhren sind in großen eisernen Dreibeinen gelagert und mit Pappdeckel abgeschirmt. Während der Elektronenentladung registriert Röntgen das Aufleuchten des Barium-Platin-Zyanid Schirms. In seiner Beschreibung des Vorgangs, der unter dem Titel »Ueber eine neue Art von Strahlen« als vorläufige Mitteilung in den Sitzungsberichten der Würzburger Physikalisch-medicinischen Gesellschaft erscheint, heißt es:

»Lässt man durch eine *Hittorf*'sche Vacuumröhre, oder einen genügend evacuierten *Lenard*'schen, *Crookes*'schen oder ähnlichen Apparat die Entladung eines grösseren *Ruhmkorff*'s gehen und bedeckt die Röhre mit einem ziemlich eng anliegenden Mantel aus dünnem, schwarzem Carton, so sieht man in dem vollständig verdunkelten Zimmer einen in die Nähe des Apparates gebrachten, mit Bariumplatincyanür angestrichenen Papierschirm bei jeder Entladung hell aufleuchten, fluorescieren, gleichgültig ob die angestrichene oder die andere Seite des Schirms dem Entladungsapparat zugewendet ist. Die Fluorescenz ist noch in 2m Entfernung vom Apparat bemerkbar.«[22]

Die Schilderung Röntgens beschreibt das Ereignis des aufleuchtenden Barium-Platin-Zyanid Schirms und damit auch die Erstmaligkeit einer anormalen Erscheinung. Es beginnen sieben hektische Wochen intensivster Laborarbeit, die durch die minutiösen Laborberichte des Physikers in allen Einzelheiten nachvollziehbar sind. Röntgen reproduziert das Ereignis des leuchtenden Schirms und tut, was ein Physiker in dieser Situation tun muss. Er variiert beispielsweise die Materialen, die er zwischen Schirm und die betreffenden Vacuumröhren einführt, um die Wirkung auf die Strahlung zu testen:

»[...] hinter einem eingebundenen Buch von ca. 1000 Seiten sah ich den Fluorescenzschirm noch deutlich leuchten; die Druckerschwärze bietet kein merkliches Hindernis. Ebenso zeigte sich Fluorescenz hinter einem doppelten Whistspiel [...] Hält man die Hand zwischen den Entladungsapparat und den Schirm, so sieht man die dunklen Schatten der Handknochen in dem nur wenig dunklen Schattenbild der Hand [...].«[23]

In den fraglichen Wochen gelingt es Röntgen, die neue Strahlung in

---

21 | Die moderne Bezeichnung lautet: $Ba(Pt(CN)_4) \times 4H_2O$; Bariumtetracyanoplatinat (II).

22 | Wilhelm Conrad Röntgen: »Ueber eine neue Art von Strahlen. Vorläufige Mitteilung«, in: SB, Physikalisch-medicinische Gesellschaft Würzburg, 1885, S. 137–147; auch Separatum, Würzburg 1985; Nachdruck in: Ann. Phys., Bd. 64, 1898, S. 1–11, hier: S. 1.

23 | Ebd., S. 1ff.

die Theorie der Physik seiner Zeit zu integrieren. Die Röntgenstrahlung wird zu einer sachgesetzlichen Tatsache verdichtet. Am Ende steht die exakte Vermessung und die Einordnung in das Spektrum elektromagnetischer Strahlung. Ein bemerkenswerter Umstand zeigt sich in der Prozesshaftigkeit dieses Vorganges. Zunächst wird durch das System, das aus dem Laboratorium und dem physikalischen Wissen dieser Zeit besteht, das Neue erzeugt. Das Neue äußert sich als Ereignis, als aufleuchtender Schirm. Sobald der fragliche Effekt nach sieben Wochen eingeordnet ist, steht die zugehörige Aussage fest: Es gibt eine Strahlung, die die Körper durchdringt und das Körperinnere und seine Zustände einer Sichtbarkeitsprüfung zugänglich macht.

Das Problem des Neuen in der Technik

Röntgen hat nur die Eigenschaft der Strahlung festgestellt, aber diese sachliche Eigenschaft gewinnt als Wissen der Physik in einem technischen Korrelationsraum sofort eine weitreichende praktische Bedeutung. Entscheidend ist, dass das technische Referential der Aussage über die Röntgenstrahlung noch nicht existiert, aber durch den Korrelationsraum als Möglichkeit vorbereitet wird. Der Unterschied zur Situation in der Physik liegt darin begründet, dass sich das Ereignis als Eigenschaft einer an sich bekannten Größe herausstellt: In der Physik ist die elektromagnetische Strahlung bereits bekannt. Von den technisch verwertbaren Eigenschaften lässt sich dies nicht behaupten und das technische Referential wird mit allen Konsequenzen in der Praxis erst entstehen. Das Ereignis hat also in zwei Diskursen ganz unterschiedliche Konsequenzen. Die betreffende Möglichkeit schließt im technischen Korrelationsraum ein Sichtbarkeitspostulat für das Innere fester Körper und eine völlig neue medizinische Diagnostik ein. Das Neue verfügt demnach als Ereignis über die Option, mit einigen Vermittlungsschritten, einen Möglichkeitshorizont einzuspielen. Die ereignishafte Äußerung des Neuen geht hierbei vom Nichtwissen aus. Das Wissen provoziert das Ereignis lediglich zufällig im Kontext einer ganz anderen Untersuchung. Aber das Wissen spielt mehr als nur die Rolle eines blindläufigen Zufallsgenerators, denn es bildet den notwendigen Hintergrund, vor dem sich ein Ereignis überhaupt erst als solches abzeichnen kann. Zwischen einer Ordnung des Wissens und einer ereignishaften Äußerung des Nichtwissens existiert demnach ein notwendiger Zusammenhang, der im Rahmen des pragmatischen Informationsbegriffs konkrete Züge annimmt.

Der pragmatische Informationsbegriff

Die Existenz eines ereignishaften Neuen stellt im Sinne der Informationstheorie erhöhte Anforderungen an die Beschreibung. Aus der statistischen Sicht bildet das Nichtwissen eine Menge möglicher Ereignisse, die sich nicht quantitativ erfassen lässt. Mit anderen Worten: Der Ereignisraum aller Ereignisse des Nichtwissens ist nicht bestimmbar. Umgekehrt lässt sich nur einem abgeschlossenen und definierten Ereignisraum eine Wahrscheinlichkeit zuordnen. Beispielsweise besitzt der Ereignisraum eines Würfels für Brettspiele einen Ereignisraum mit sechs Elementen, die den jeweiligen Augenzahlen des Würfels entsprechen. Die Wahrscheinlichkeit einer Augenzahl beträgt ein Sechstel. Der Ereignisraum des Neuen muss dagegen prinzipiell als offen gelten. Andernfalls könnte eine Wissenschaft ihre eigene Vollständigkeit und damit die Abgeschlossenheit ihres Wissens beweisen. Nikolas Rescher hat darauf hingewiesen, dass sich eine vollendete Wissenschaft nicht als sinnvolles Ziel ansehen lässt, denn es gibt letztlich kein Kriterium dafür, wann man eine solche Wissenschaft erreicht hätte.[24]

Ernst von Weizsäcker hat eine Informationstheorie entwickelt, die den skizzierten Voraussetzungen entspricht und somit die Beschreibung des Neuen in informationstheoretischer Hinsicht erlaubt.[25] Das Ziel besteht dabei in einer qualitativen Beschreibung des Neuen, während eine quantitative Messung ausgeschlossen ist. Der pragmatische Informationsbegriff kann keine Messvorschrift formulieren, da sich keine Metrik auf der Basis des offenen Ereignisraumes erstellen lässt. Eine solche Metrik würde in jedem Fall eine unhaltbare Spekulation zur Basis einer Schätzung erklären, die zuletzt aus der Menge des Erkannten auf den Rest zu schließen hätte. Im Grunde handelt es sich um das bereits erwähnte Vollständigkeitsproblem Reschers, das sich nur durch Suspendierung des Neuen und unter der Annahme einer vollständigen platonischen Ideenwelt lösen lässt.

Der pragmatische Informationsbegriff bewertet den Informationsgehalt eines Ereignisses. Sehr seltene Ereignisse besitzen bekanntlich einen sehr hohen Informationswert. Hier besteht eine Analogie zu dem vertrauten Informationsbegriff von Claude Shannon und Warren Weaver.[26] Seltene Buchstaben in einem Alphabet besitzen einen sehr hohen Informationsgehalt. Bei den Buchstaben handelt es sich allerdings um eine abgeschlossene und abzählbare Menge. Für das ereignishafte Neue aus der Menge des Nichtwissens gilt

---

24 | Vgl. Nikolas Rescher: Die Grenzen der Wissenschaft, Stuttgart 1985, S. 243.

25 | Vgl. Ernst von Weizsäcker: »Erstmaligkeit und Bestätigung als Komponenten der pragmatischen Information«, in: Ernst von Weizsäcker (Hg.), Offene Systeme, Bd. 1, Stuttgart 1974, S. 82–114.

26 | Vgl. Claude Shannon/Warren Weaver: The Mathematical Theory of Communication, Urbana 1949.

dies nicht. Die Analogie zu den Buchstaben aus dem endlichen Alphabet besteht nur darin, dass auch hier der Informationswert eines seltenen Ereignisses einen sehr hohen Wert annimmt. Als das Ereignis in Röntgens Laboratorium besitzt das Aufleuchten des Barium-Platin-Zyanid Schirms letztlich den Wert, der einer neuen medizinischen Diagnostik mit der Option der Sichtkontrolle des Körperinneren zuzuschreiben wäre. In absoluten Zahlen oder in der Maßeinheit des Bit lässt sich dies nicht ausdrücken. Der betreffende Informationswert sollte vergleichsweise als relativ hoch angesetzt werden, da er die medizinische Diagnostik nachhaltig verändert und einen medizintechnischen Pfad eröffnet.

Das Problem des Neuen in der Technik

Der pragmatische Informationsbegriff entwickelt seine Stärken nicht im Rahmen der Messung, sondern durch die Analyse der Verhältnisse. Er erlaubt die Beschreibung des Ereignisses als statistisches Phänomen, das auf einer Skala zwischen vollkommenem Chaos und absoluter Bestätigung eingeordnet wird. Der Informationsgehalt ist eine Funktion, die zwischen den Endpunkten der Variablen »Ereignis« aufgetragen wird. Die Variable »Ereignis« kann zwischen Chaos (100% Erstmaligkeit) und Bestätigung (100% Wiederholung) schwanken. In den Endpunkten der reinen Bestätigung und des Chaos sinkt der Informationsgehalt jeweils auf Null. Dazwischen befindet sich ein Maximum. Das Maximum des Informationsgehaltes findet sich etwa in der Mitte der Endpunkte. Das Ereignis darf sich nicht zu weit von der Seite der Bestätigung entfernen. Dem entspricht im Beispiel Röntgens der Umstand, dass das Ereignis des aufleuchtenden Schirms nur zu einer registrierbaren Anomalie im Laborzusammenhang werden kann, weil Röntgen einen Erwartungswert gegenüber seinen Untersuchungen hegt. Die Anomalie ist eine Störung im erwarteten Verlauf. Ein erwarteter Verlauf kann jedoch nur dann entstehen, wenn der alltägliche wissenschaftliche Betrieb mit seinen Standardverfahren einen typischen Verlauf als normales Geschehen erwartbar macht. Für eine Anomalie gilt daher, dass sie sich erst vor dem Hintergrund eines normalwissenschaftlichen Erwartungswertes zeigen kann. Das Wissen formiert im normalwissenschaftlichen Alltag einen Erwartungswert, der sich aus der Erfahrung induktiv ableitet. Nichtwissen provoziert eine Störung, die als Information wirkt. Der Bestand des bekannten Wissens dient als Bedingung für die Bildung eines Erwartungswertes, der jede Störung erst erkennbar werden lässt. Die Beobachterposition lehrt, dass die Offenheit für die informierende Störung eine Bedingung der Einflussnahme des Neuen darstellt. Das Neue wird als Ereignis umso mehr an Informationsgehalt einspielen, je weiter es sich als Ereignis von der Seite der hundertprozentigen Bestätigung entfernt. Dies gilt nur bis zur Überschreitung des Maximums. Das Ereignis lässt sich zur Steigerung des Informationsgehaltes nicht beliebig in Richtung auf

Michael das Chaos verschieben. Sobald sich das Ereignis nicht mehr mit dem
Ruoff bekannten Wissen verbinden lässt, verliert die Seite der Bestätigung
ihre kontrastierende Hintergrundfunktion, womit die Verbindung
von Wissen und Nichtwissen unterbrochen wird. Der Informationsgehalt beginnt wieder zu sinken.

Rein qualitativ lässt sich demnach zwischen Innovation und Neuem deutlich unterscheiden, obwohl die Grenzübergänge fließend sein können. Die Innovation liegt als typische Weiterentwicklung oder graduelle Verbesserung in der Nähe der reinen Bestätigung, wobei der Anteil des Neuen bis auf marginale Reste schwinden kann oder gegen Null tendiert. Das Neue bewegt sich in gehörigem Abstand zur reinen Bestätigung und entfaltet sich erst im Rahmen des seltenen Ereignisses.

Wenn die Innovation prognosefähige Bestandteile aufweisen kann, so besitzt das ereignishafte Neue keine Verbindungen zu einem Wissen, die sich als verlängerbare Parameter einer seriösen Vorhersage nutzen ließen. Mit dem Neuen gibt es einen systematischen Anteil des Unbestimmten in der Entwicklung der Technik zu bedenken, der seine Wirkung ausgerechnet im Umkreis jener revolutionären Umbrüche entfaltet, die als seltene Ereignisse den Möglichkeitsraum ganzer Schlüsselindustrien eröffnen können. Der Punkt des maximalen Interesses ist nicht konstruierbar und nicht prognostizierbar. Aus analytischer Sicht erweist sich das Neue schon definitionsgemäß als ein Gegenstand, der nur durch den historischen Nachweis belegbar ist. Jede kontinuitätsbezogene Technikhistorie wird die determinierte Seite des Geschehens zwangsläufig betonen. Die Seite des ereignishaften Neuen verweist aus gegenwärtiger Sicht fast zwingend auf das serielle Geschichtsverständnis[27] von Michel Foucault. Das serielle Geschichtsverständnis verzichtet auf die großen Kategorisierungen und beginnt den Gegenstand Geschichte aus Ereignissen und Daten zusammenzusetzen. Die Geschichte des Neuen hat damit eine Methode bekommen.

---

27 | Vgl. Michel Foucault: »Zur Geschichte zurückkehren«, in: Dits et Ecrits, Bd. II, Frankfurt/Main 2002, Nr. 103, S. 331-347, hier: S. 341.

NICHTWISSEN IM ÜBERFLUSS?
EINIGE PRÄZISIERUNGSVORSCHLÄGE
IM HINBLICK AUF NICHTWISSEN UND TECHNIK
Andreas Kaminski

> »Welt zu haben, ist immer das Resultat einer Kunst, auch wenn sie in keinem Sinne ein ›Gesamtkunstwerk‹ sein kann.« Hans Blumenberg

In Kafkas Erzählung »Der Bau« steht ein eigenartiges Tier im Mittelpunkt, das sich einen gigantischen Bau unter der Erde eingerichtet hat, der seinem Schutz dient.[1] Nur ein großes Loch ist von außen sichtbar, das aber eine List darstellt und in die Irre führt. Unter einer tarnenden Moosschicht befindet sich der einzige tatsächliche Eingang. Gleich darauf folgt aber ein so fintenreiches Labyrinth, dass sich das Tier manchmal selbst darin zu verirren droht. Gelangt man durch das Labyrinth, kommt man in das System von Gängen, in denen das Tier lebt. Die Gänge erweitern sich alle hundert Meter zu einem kleinen runden Platz. »Nicht ganz in der Mitte des Baues, wohlerwogen für den Fall der äußersten Gefahr, nicht geradezu einer Verfolgung, aber einer Belagerung, liegt der Hauptplatz« (468). Aufgrund dieser Funktion wird er zumeist »Burgplatz« genannt.

Dies ist die Modellsituation, in die Kafka einführt. Aber Modell wofür? Mein Vorschlag ist es, den Bau als Modell für das Verhältnis von Technik und Sicherheit, Nichtwissen und Vertrauen, Furcht und Angst in modernen Gesellschaften zu verstehen. Dabei zeigt die Erzählung, womit sich die Moderne selbst überrascht hat: dass selbst ein ausgeklügeltes technisches System, hier der Bau, die Welt im gänzlich Ungewissen lassen kann.

Früh schildert das Tier, dass der Zugang zum Bau »so gesichert [ist], wie eben überhaupt etwas auf der Welt gesichert werden

---

1 | Franz Kafka: »Der Bau«, in: Erzählungen, Frankfurt/Main 1996, S. 465–507. Nachfolgende Seitenangaben in Klammern beziehen sich, soweit nicht anders angegeben, auf dieses Werk.

kann«, dennoch sein »Leben hat selbst jetzt auf seinem Höhepunkt kaum eine völlig ruhige Stunde« (465). Jener Moment des Eintretens, in dem der Kopf schon im Eingang, der restliche Körper aber völlig ungeschützt dem vorgestellten Angriff frei gegeben ist, ist eines dieser Probleme. Und so spielt das Tier die Situation durch, einen »Vertrauensmann« zu haben, der im Falle einer Gefahr beim Hinabsteigen warnt. Aber auch beim Vertrauen bleibt ein »Rest« Unsicherheit, nämlich der »Vertrauensmann«: »Kann ich dem, welchem ich Aug in Aug vertraue noch ebenso vertrauen wenn ich ihn nicht sehe [...]. Es ist verhältnismäßig leicht jemandem zu vertrauen, wenn man ihn gleichzeitig überwacht oder wenigstens überwachen kann« (481). Auch dass der Eingang unter dem Moos offen ist, bereitet Probleme. Doch ihn zu zu schütten mit loser Erde, um ihn leicht freilegen zu können, ist keine Lösung, denn damit wäre ein schneller Fluchtweg versperrt. Und deshalb gilt die moderne Erfahrung, »gerade die Vorsicht verlangt wie leider so oft, das Risiko des Lebens« (466).

Mehrfach wünscht sich das Tier aufgrund dieser Probleme, den Bau anders angelegt zu haben. Das Labyrinth erscheint ihm inzwischen »zwar theoretisch vielleicht köstlich [...] in Wirklichkeit aber eine viel zu dünnwandige Spielerei«, nur wäre das Risiko einer Änderung durch die Aufmerksamkeit, welche dies auf den Bau ziehen würde, zu groß (473). Weiterhin würden mehrere Burgplätze eine größere Sicherheit bringen, wären vom Aufwand aber kaum leistbar gewesen, und v.a. ist dies wie bei großen technischen Systemen üblich »im Gesamtplan meines Baus jetzt nachträglich nicht mehr unterzubringen« (471). Ferner könnten sich zwei Eingänge als vorteilhaft erweisen. »Und damit verliere ich mich in technische Überlegungen, ich fange wieder einmal meinen Traum eines vollkommenen Baues zu träumen an« (482). Aber sogleich stellt sich die Frage, ob »technische Errungenschaften« wie ein zweiter Ausgang den Frieden des Baues bewahren würden und damit das, wofür der Bau doch da ist (ebd.). Schließlich führt die »häufige Beschäftigung mit Verteidigungsvorbereitungen« zur Erfahrung, dass selbst jegliche »Berechnung« kontingent bleibt (469f.). Manchmal erscheint es günstiger, den Vorrat zu verteilen und so Risikostreuung zu betreiben. Aber auch eine Konzentration auf dem Burgplatz hat Vorteile. So werden die Vorräte hin und her getragen, »und nur irgendeine beliebige Veränderung des gegenwärtigen mir so übergefährlich scheinenden Zustands will mir schon genügen« (470). Nichtwissen und Risiko lassen sich nicht eliminieren, sondern treten verstärkt hervor. Angesichts dessen wird Kultur pessimistisch beurteilt und eine Sehnsucht nach dem status naturalis kommt zuweilen auf:

»Ich bin nicht ganz fern von dem Entschluß in die Ferne zu gehen, das alte trostlose Leben wieder aufzunehmen, das gar keine Sicherheit hatte, das eine einzige ununterscheidbare Fülle von Gefahren war und infolgedessen die einzelne Gefahr nicht so genau sehen und fürchten ließ, wie es mich der Vergleich zwischen meinem sichern Bau und dem sonstigen Leben immerfort lehrt.« (479)

Nichtwissen im Überfluss?

Sicherheitstechnik, welche das Friedlichkeitsgefühl bedroht; Vertrauen, das ein Risiko darstellt; die Irritation, aus Vorsicht Risiken eingehen zu müssen; die Trägheit bis Irreversibilität großer technischer Systeme, welche Probleme bereitet: Kafkas Erzählung »Der Bau« scheint in einem konzentrierten Modellversuch die Selbstüberraschung moderner Gesellschaften durchzuspielen, die auf Technik und Wissen setzten und sich daraufhin mit mehr Nichtwissen und mehr Technik konfrontiert sehen. In der Ökonomie und in der Pädagogik, in Politik, Wissenschaft und v.a. in der Technik wird Nichtwissen zur Kategorie ersten Ranges erklärt. Dabei erscheint Nichtwissen als so dominant, dass die Frage plausibel wird, ob statt Wissen nicht vielleicht »Nichtwissen zur wichtigsten Ressource des Handelns wird«[2].

Die These, dass die selbstaufgeklärte Moderne sich von anderen Gesellschaftstypen durch ihr Nichtwissen unterscheidet, ist nahezu klassisch. Nichtwissen gerät so zum Bestimmungsmerkmal: »*Nicht Wissen, sondern Nicht-Wissen ist das ›Medium‹ reflexiver Modernisierung.* [...] Wir leben im Zeitalter der Nebenfolgen.«[3] Nun mag man darin eben eine Selbstüberraschung der Moderne sehen, eine ausgezeichnete Radikalität des Nichtwissens ist dagegen fraglich. Mit mehr historischer Distanz könnte rückgefragt werden, ob für Nikolaus von Kues oder die pyrrhonische Skepsis Nichtwissen weniger dominant war. Allerdings würde eine Gleichsetzung wiederum eine zu große Abstraktionshöhe verraten. Man darf nicht in einen analogen Fehler zu dem verfallen, den Hans Blumenberg darin sieht, die Behauptung: »Die Neuzeit ist durch Technisierung gekennzeichnet«, dadurch zu kontern, dass man auf Technik als anthropologisches Strukturmerkmal verweist und so zwischen »Faustkeil und Mondrakete nur eine quantitative Differenz der Komplikationssteigerung zulässt.«[4]

---

2 | Niklas Luhmann: »Ökologie des Nichtwissens«, in: Beobachtungen der Moderne, Opladen 1992, S. 184f. Zur eigentlichen Provokation, welche dies darstellt, später mehr.
3 | Ulrich Beck: »Wissen oder Nicht-Wissen? Zwei Perspektiven ›reflexiver Modernisierung‹«, in: ders./Anthony Giddens/Scott Lash (Hg.), Reflexive Modernisierung, Frankfurt/Main 1996, S. 289–315, hier: S. 298.
4 | Hans Blumenberg: Die Legitimität der Neuzeit, Frankfurt/Main 1996, S. 268.

Andreas Ist Nichtwissen in den technisierten Gesellschaften wie in Kafkas
Kaminski »Bau« im Überfluss vorhanden? Mein Beitrag ist ein Versuch, eine Klärung und Präzisierung des Status von Nichtwissen zu erreichen. Um dies zu leisten, fragt er erstens in einem historischen Vorlauf nach den dominanten Beschreibungen von Nichtwissen. Dadurch sollen in einem zweiten Schritt einige kontinuierliche Annahmen expliziert werden, deren Selbstverständlichkeit befragt wird. Es zeigt sich, dass zahlreiche Theorien suggerieren, Nichtwissen dringe bis in die letzten Ritzen der Technik und ihrer Gesellschaft, sei omnipräsent. In präzisierender Absicht versucht mein Beitrag zu betonen, wie schwer es aus einer Alltagsperspektive ist, Nichtwissen zu erzeugen. Anders ist dies mit Blick auf neue Technologieparadigmen, die in einem dritten Schritt betrachtet werden. Dabei stellt sich die Frage, wie es neue Technologien erreichen, dass ihnen ein enormes Potential zugeschrieben wird. Hierfür sucht der Beitrag Beschreibungsmöglichkeiten aufzuzeigen.

›Konzeptualisierungen‹ des Nichtwissens

Ein passabler Teil der neuzeitlichen Geschichte von Nichtwissen spielt sich in Metaphern ab. Und diese Metaphern, das soll sich später zeigen, sind folgenreich gewesen für aktuelle Selbstbeschreibungen.

Begierde und Grenze

Wenn es zutrifft, dass die Neuzeit die curiositas aus dem Lasterkatalog befreit hat, stellt sich die Frage, wie mit einer derart freigesetzten Wissbegierde umzugehen sei. Betrachtet man vor diesem Hintergrund Humes »Treatise of Human Nature«, kann man die Fortentwicklung dieses Problems entdecken. Hume kommt in der Einleitung auf das Ausbleiben eines Fortschritts der Philosophie in bedeutenden Fragen zu sprechen. Es sei »die Unwissenheit zu beklagen, die in den wichtigsten Fragen, welche vor den Richterstuhl menschlicher Vernunft kommen können, noch immer auf uns lastet«[5]. Humes Doppellösung besteht bekanntlich einerseits in der Untersuchung der »human nature«, andererseits in der empirischen Methode, die zur einschränkenden Regel führt, »nie über Erfahrung hinauszugehen«[6]. Damit schließt Hume bestimmte Erklärungsgründe aus: »Jede Hypothese, welche die letzteren und ursprünglichen Eigen-

---

5 | David Hume: Ein Traktat über die menschliche Natur, Bd. 1, Hamburg 1989, S. 1.
6 | Ebd., S. 5.

schaften der menschlichen Natur entdeckt haben will, sollte darum *Nichtwissen* von vornherein als anmaßend und chimärisch zurückgewiesen wer- *im Überfluss?* den.«[7] Wenn die »ultimate principles« zu erforschen ausgeschlossen wird, dann bleibt notwendig Unwissenheit übrig. Man kann (oder darf) nicht (mehr) über Erfahrung hinausgehen. Eine Grenze wird errichtet, die Wissbares vom Unwissbaren trennt, indem sie die Grenze der human nature markiert.

Aber was kann diese Grenze schützen, damit zumindest der imaginäre Übertritt (denn ein tatsächlicher kann ja nicht stattfinden) ausbleibt? Die moralischen Grenzwächter haben den Posten verlassen. Die Gefahr einer schrankenlosen, sich selbst verirrenden Wissbegierde tritt auf, kann aber gleichwohl nicht mit dem Tugendkatalog zugedeckt werden. Hume selbst behandelt die Wissbegierde in seinem zweiten Buch »Über die Affekte« denn auch gänzlich positiv und bezeichnet sie dort als »die erste Quelle aller unserer Untersuchungen«[8]. Was Hume bleibt, ist dann auch nicht mehr als eine affektökonomische Klugheitsregel: »Es ist Tatsache, dass Verzweifelung annähernd dieselbe Wirkung auf uns ausübt wie die Befriedigung; ein Wunsch verschwindet, sobald wir mit dem Gedanken der Unmöglichkeit ihn zu befriedigen, uns vertraut gemacht haben.« Diese Unmöglichkeit der Erfüllung muss also eingesehen werden. Und dabei bahnt sich die Grenzmetaphorik an: »Wenn wir sehen, dass wir an der äußersten Grenze menschlichen Denkens angelangt sind, ruhen wir befriedigt aus; obgleich wir im Grunde vollkommen von unserer Unwissenheit überzeugt sind.«[9] Hume selbst spricht zwar im englischen Text an der entscheidenden Stelle von der »utmost extent«, welche erreicht ist. Aber die Geographie des Wissens ist entworfen.

Und Kant greift diese Metaphorik des Raumes auf. Er wirft Hume vor, dass dieser nur eine Schranke hingesetzt habe, wo die Grenze zu kartieren sei, welches er selbst nun mit seiner Kritik nachhole.[10]

Horizont

Mit der Metapher der Grenze wird nicht nur die Wissbegierde behandelt, sondern zugleich der Bereich des Wissbaren vom prinzipiell Nichtwissbaren getrennt. Diese Grenze ist fix. Sie ist unveränderlich, ebenso unverschiebbar wie im Hinblick auf Wissen unüberschreitbar.

---

7 | Ebd.
8 | Ebd., S. 188.
9 | Ebd., S. 6.
10 | Immanuel Kant: Kritik der reinen Vernunft, Darmstadt 1998, B 789/A 761.

Andreas Bei Kant wird diese Grenze an einer Stelle mit einer anderen Meta-
Kaminski pher identifiziert: Die Grenze sei die eines Horizontes, welcher »den Inbegriff aller möglichen Gegenstände für Erkenntnis« einfasst.[11] Damit ist jedoch die Möglichkeit einer innerempirischen Dynamisierung des Bereichs von Wissen und Nichtwissen angezeigt.

Zunächst nimmt Edmund Husserl die Metapher des Horizonts auf.[12] Mit jeder Verschiebung verschiebt sich auch der Horizont. Er wandert mit, sodass man sich ihm nie annähern kann, wenn man auch einen Schritt auf ihn zugeht.

Dieses metaphorische Beschreibungspotential führen Schütz und Luckmann aus. Der Horizont ist nie einholbar, was für sie dazu führt, dass Wissensprozesse nie zu einem in der Gegenständlichkeit selbst liegenden Ende gelangen können: »Der innere und äußere Horizont der Erfahrungen, auf die sich die Auslegungen beziehen, ist prinzipiell *unbegrenzt*, die Auslegungen selber aber grundsätzlich *beschränkt*.«[13] Erneut wird Wissen limitiert, sodass jenseits der Scheidelinie Nichtwissen liegt. Aber die Grenze ist der Remetaphorisierung als Horizont entsprechend zweideutig. Die doppelte Metaphorik im Zitat spricht es aus. So heißt es: »prinzipiell unbegrenzt«, aber »grundsätzlich beschränkt«. Denn alles Nichtwissen ist zwar nun, soweit es überhaupt erfahrbar ist, für Schütz und Luckmann potentielles Wissen. Wissen ist also prinzipiell unbegrenzt. Aber weil das Nichtwissen infinit ist, der Wissensprozess aber finit ist, gilt ihnen Nichtwissen als prinzipielles Nichtwissenkönnen. Wissen ist also grundsätzlich beschränkt, trotz der prinzipiellen Unbegrenztheit. Durch den Einsatz von Schranke und Grenze innerhalb des Horizonts kann es paradoxer-, aber konsequenterweise nur zu einer Annäherung ohne Ankunft kommen, ja sogar ohne Verringerung der Distanz.

Das Ganze und die Teile

Innerhalb dieser Metaphorik von Fundament und Horizont ist der Gedanke nicht formulierbar, dass durch Wissen Nichtwissen entsteht. Und dann erst recht nicht: dass durch die Steigerung des Wissens das Nichtwissen gesteigert wird. Der Horizont weicht nicht mit jedem Schritt auf ihn zu um zwei Schritte zurück. Eben dieser Gedanke ei-

---

11 | Ebd., B 787/A 759.
12 | Vgl. Edmund Husserl: Ideen zu einer reinen Phänomenologie und phänomenologischen Philosophie, in: Elisabeth Ströker (Hg.), Gesammelte Schriften, Bd. 5, Hamburg 1992, S. 57f.
13 | Alfred Schütz/Thomas Luckmann: Strukturen der Lebenswelt, Konstanz 2003, S. 230. Hervorhebung A.K.

nes Nichtwissens durch Wissen taucht aber zu dem Zeitpunkt auf, als *Nichtwissen* die Arbeitsteilung vermehrt soziologisches Interesse auf sich zieht. *im Überfluss?* Um die Folgen der Arbeitsteilung zu thematisieren, arbeitet Georg Simmel mit der Differenz von Ganzheit und Teil. Durch die Arbeitsteilung wird für Simmel nicht nur die Produktivität materieller Güter gesteigert, sondern v.a. auch Wissen vergrößert. Aber wenn die Einzelnen in der Arbeitsteilung das Wissen der Gesellschaft als dem Ganzen ständig vermehren, so werden für Simmel die Teile, welche die Individuen davon erlangen, zunehmend kleiner. Damit ergibt sich für Simmel, dass

»in einer größeren Gesellschaft immer nur ein gewisser Teil der objektiven Kulturwerte zu subjektiven werden wird. Betrachtet man die Gesellschaft als ein Ganzes, [...] so ist die gesamte Kulturentwicklung, für die man so einen einheitlichen Träger fingiert hat, reicher an Inhalten, als die jedes ihrer Elemente. Denn die Leistung jedes Elements steigt in jenen Gesamtbesitz auf, aber dieser nicht zu jedem Element hinab.«[14]

Vor diesem Hintergrund gewinnt bei Simmel ein Vergleich an Farbkraft: Der »primitive Mensch, in einem Kreise von geringerem Umfang lebend«, hat verglichen mit »höherer Kultur« einen größeren Überblick über sein Dasein.[15] Er muss darum für Simmel weniger Vertrauen aufbringen als der moderne, wobei Vertrauen »ein mittlerer Zustand zwischen Wissen und Nichtwissen« sei.[16] Und »in diese Kategorie gehört es, dass die Maschine so viel geistvoller geworden ist als der Arbeiter. Wie viele Arbeiter, sogar unterhalb der eigentlichen Großindustrie, könnten denn heute die Maschine [...] verstehen?«[17] In weitestgehend gleicher Weise beschreibt Max Weber das Verhältnis von Wissen und Nichtwissen. Auch Weber arbeitet wie Simmel mit dem Topos des Vergleichs moderner mit sog. einfachen Gesellschaften und sieht in der Arbeitsteilung einen entscheidenden Faktor:

»Der Fortschritt der gesellschaftlichen Differenzierung und Rationalisierung bedeutet also [...] ein im ganzen immer weiteres Distanzieren der durch die rationalen Techniken und Ordnungen praktisch Betroffenen von deren ratio-

---

14 | Georg Simmel: »Die Arbeitsteilung als Ursache für das Auseinandertreten der subjektiven und der objektiven Kultur«, in: Heinz-Jürgen Dahme/Otthein Rammstedt (Hg.), Schriften zur Soziologie, Frankfurt/Main ⁵1995, S. 95–128, hier: S. 104.
15 | Georg Simmel: Soziologie, Frankfurt/Main 1992, S. 388.
16 | Ebd., S. 393.
17 | G. Simmel: »Die Arbeitsteilung als Ursache für das Auseinandertreten der subjektiven und der objektiven Kultur«, S. 98.

naler Basis, die ihnen, im ganzen, verborgener zu sein pflegt wie dem ›Wilden‹ der Sinn der magischen Prozeduren.«[18]

Und Weber fährt fort: »Ganz und gar nicht eine Universalisierung des Wissen [...] bewirkt also [die] Rationalisierung, sondern meist das gerade Gegenteil.«[19]

Figur: Nichtwissen durch Wissen

Die durch die Differenzierungsmetaphorik von Ganzem und Teil gewonnene Idee einer Dynamisierung von Nichtwissen durch Wissen wurde in der Folgezeit auf eine abstraktere Figur gebracht: Nichtwissen als direkte Folge von Wissen. Mehr noch und v.a.: Steigerung des Nichtwissens durch eine Steigerung des Wissens. Und damit wird Nichtwissen als prinzipielles Nichtwissenkönnen begriffen. Denn wenn Wissen selbst zu Nichtwissen führt, dann scheint jeder Ausweg versperrt.

Eine deutliche Veränderung zu den Rationalisierungstheorien ist dabei zu verzeichnen. Es ist nicht mehr die Arbeitsteilung, welche die Differenz zwischen Ganzem und Teil, Wissen und Nichtwissen vergrößert. Vielmehr wird nun immer deutlicher Wissen selbst und nicht mehr seine Akkumulation als Grund für Nichtwissen angeführt. Es handelt sich dabei um eine extrem erfolgreiche Figur, die in nahezu allen Debatten zu Technik und Wissen wirksam ist. Exemplarisch für die weite Verbreitung seien nur einige Einsätze benannt.

Bei Luhmann heißt es in einer generellen Einschätzung der »Soziologie des Risikos«:

»Je mehr man weiß, desto mehr weiß man, was man nicht weiß [...]. Je rationaler man kalkuliert und je komplexer man die Kalkulation anlegt, desto mehr Facetten kommen in den Blick, in bezug auf die Zukunftsungewissheit und daher Risiko besteht.«[20]

Diese Figur selbst ist für Luhmann die paradoxe Form der Hochtechnologie. Technik stellt für Luhmann eigentlich eine funktionierende Simplifikation dar im Vergleich zu einem komplexeren Außen.[21]

---

18 | Max Weber: »Ueber einige Kategorien der verstehenden Soziologie«, in: Johannes Winckelmann (Hg.), Gesammelte Aufsätze zur Wissenschaftslehre, Tübingen [7]1988, S. 427–474, hier: S. 473.
19 | Ebd.
20 | Niklas Luhmann: Soziologie des Risikos, Berlin 1991, S. 37. Vgl. auch ders.: Die neuzeitlichen Wissenschaften u. die Phänomenologie, Wien 1996, S. 13.
21 | Vgl. dazu auch Luhmann: Die Gesellschaft der Gesellschaft, Frankfurt/Main 1997, S. 517–536.

Wird im Fall der Hochtechnologie die Technik zunehmend mit Komplexität angereichert, wird diese Grenze destabilisiert.[22] Die Technik bestimmende Form von simplifziertem Innen und komplexem Außen findet sich in einer Art re-entry in der Technik selbst wieder und dies ist eine Transskription der Figur: Steigerung des Nichtwissens durch Steigerung des Wissens.

Nichtwissen im Überfluss?

In dem Vortrag »Ökologie des Nichtwissens« verwendet Luhmann diese Figur in temporaler Hinsicht. Die in der Moderne relevanten Zeiträume werden, so Luhmann, sowohl erheblich größer als auch kleiner, und zwar durch Technik und Wissenschaft.[23] Man denke an radioaktive Halbwertszeiten, welche Planungen für große Zeiträume erfordern (würden), während in Reaktoren zugleich kleinste zeitliche Prozesse steuerbar gemacht werden müssen. Mit dieser Ausdehnung der Zeiträume ins Große und Kleine verschiebt sich auch das Verhältnis von Wissen und Nichtwissen. Eine weit entfernte Zukunft wird nun vorstellbar, aber: »Je weiter man in die Zukunft blickt, desto wahrscheinlicher ist ein Übergewicht der nicht vorhergesehenen Folgen.«[24]

Klaus P. Japp hat die Unterscheidung von spezifischem und unspezifischem Nichtwissen ausgearbeitet, auf die ich später noch zu sprechen komme.[25] Daneben findet sich die Überlegung, dass die Grenze zwischen Wissen und Nichtwissen unscharf zu werden droht: »Die Grenzen werden zunehmend porös«[26]. Denn die Wissensgewinne führen etwa durch Vernetzung und Komplexität zu Risiken. Japp verdeutlicht dies am BSE-Konflikt. Und in diesem Kontext wird auch mit der erwähnten Figur operiert:

»Im Zuge der Steigerung von Wissen stellt sich Nichtwissen in Form wissensoperativ konstitutiver ›blinder Flecken‹ überproportional ein. Z.B. erzeugt das hypothetische Wissen über ökologisch riskante Tiermehlverfütterung noch weit größeres Nichtwissen im Hinblick auf Zeitfolgen der Verbreitung, sachliche Alternativgenesen des Auslösesyndroms und der Verbreitung sowie soziale Betroffenheitsverteilungen. Und dies geht irreduzibel so weiter.«[27]

---

22 | N. Luhmann: Soziologie des Risikos, S. 97–100.
23 | N. Luhmann: »Ökologie«, S. 167.
24 | Ebd., S. 185.
25 | Klaus P. Japp: »Die Beobachtung von Nichtwissen«, in: Soziale Systeme, 3/2 (1997), S. 289–312.
26 | Klaus P. Japp: »Struktureffekte öffentlicher Risikokommunikation auf Regulierungsregime. Zur Funktion von Nichtwissen im BSE-Konflikt«, in: Christoph Engel/Jost Halfmann/Martin Schulte (Hg.), WissenNichtwissen unsicheres Wissen, Baden-Baden 2002, S. 35–67, hier: S. 46.
27 | Ebd.

Andreas Dies wird durch die erwähnte Metapher des Horizonts ins Generelle
Kaminski plausibilisiert: »In einem radikalen Sinn wird der Horizont möglichen Nichtwissens mit den kognitiven Operationen des Wissenserwerbs mitgezogen.«[28]
Gerhard Gamms Überlegungen zur Paradoxie unbestimmter Bestimmtheit führen ihn in der Diskussion von Technik zum homologen Theorem, wenn es heißt, dass »das Unbestimmte in Folge einer Überlast analytischer Bestimmungen entsteht«[29]. Oder »wenn mit dem vermehrten Wissen über die Varianz der Verhältnisse das Nichtwissen und damit die Unbestimmbarkeit steigt«[30]. Gamms Deutung von »Technik als Medium« nimmt dies dann schon in die Begriffsbildung von Technik auf.[31]
Man könnte weitere Theorien anführen, welche mit dieser Figur operieren.[32] Entscheidender wird es nun aber sein, die Implikationen und Konsequenzen, die Selbstverständlichkeiten und Erklärungslücken dieser Positionen abzuschätzen und gegebenenfalls zu präzisieren. Denn dass die zuletzt genannte, extrem erfolgreiche Arbeitsfigur wichtige Sachverhalte und Problemlagen zu beobachten hilft, hat eine enorme Plausibilität für sich. Nur welche Schlüsse lassen sich daraus ziehen? In der ersten Annäherung geht es um die Frage der Übertragbarkeit der Resultate auf die alltägliche Praxis.

Die Mühen des Nichtwissens

Was haben wir mit dieser Skizze von ›Konzeptionen‹ des Nichtwissens gewonnen? Dazu möchte ich einige Hinweise geben:
Die genannten Positionen zeigen eine klare Kontinuität auf: Sie unterstellen zumeist, *dass Nichtwissen einfach vorhanden ist*; und v.a., *dass es zudem im Überfluss vorhanden ist*. Dies implizieren bereits die verschiedenen Territorialmetaphoriken des Nichtwissens. In

---

28 | Ebd.
29 | Gerhard Gamm: Flucht aus der Kategorie. Die Positivierung des Unbestimmten als Ausgang aus der Moderne, Frankfurt/Main 1994, S. 37.
30 | Gerhard Gamm: »Das Wissen der Gesellschaft«, in: Nicht nichts. Studien zu einer Semantik des Unbestimmten, Frankfurt/Main 2000, S. 178–191, hier: S. 178.
31 | Gerhard Gamm: »Technik als Medium. Grundlinien einer Philosophie der Technik«, in: Nicht nichts. Studien zu einer Semantik des Unbestimmten, Frankfurt/Main 2000, S. 275–287.
32 | Z.B. Ulrich Beck: »Die Politik der Technik«, in: Werner Rammert (Hg.), Technik und Sozialtheorie, Frankfurt/Main, New York 1998, S. 261–292, dort v.a. S. 269f. Anthony Giddens: Konsequenzen der Moderne, Frankfurt/Main 1995, S. 54–56. Vgl. auch die Texte von Michael Ruoff und Helmut Willke in diesem Band.

Humes Rede von der »utmost extent« des Wissens ist das schon an- *Nichtwissen* gelegt. Wenn das Wissbare wie eine res extensa einfach vorliegt und *im Überfluss?* immer schon vorhanden ist, nämlich qua human nature, dann ist jenseits der Grenze das Nichtwissbare, welches ebenfalls vorliegt wie die Materie in der Welt. Und eine weitere Grenze des Nichtwissbaren ist nicht gegeben, es scheint somit unendlich in den Raum hinaus zu reichen. Die Metapher des Horizonts führt dann aus, was in der Territorialmetaphorik des Nichtwissens potentiell angelegt ist. Sie dynamisiert innerempirisch die Möglichkeiten zu wissen; doch jeder Landgewinn verringert keinen Zentimeter der infiniten Erstreckung der terra incognita. Das Land des Nichtwissens liegt so immer schon vor uns ob wir es beachten oder nicht und ist gar im Überfluss vorhanden. Die Metaphorik von Ganzem und Teil denkt zwar nicht mehr das Nichtwissen als vorhanden, sondern sieht es als Folge von Wissensprozessen. Gleichwohl wird es auf diese Weise um so deutlicher als im Überfluss gegeben betrachtet. Denn wenn Wissen die einzig denkbare Lösung zur Negation von Nichtwissen ist, die Lösung das Problem jedoch steigert, dann ist keine Lösung zu haben. Damit ist eine Verbindung zu der die Technikdiskussion bestimmenden Figur einer Steigerung des Nichtwissens durch Wissen angezeigt. Denn in dieser Figur ist ebenfalls das Nichtwissen als im Überfluss gegeben angelegt.

Ein weiterer Punkt hängt eng damit zusammen: *Nichtwissen wird als prinzipielles Nichtwissenkönnen konzeptualisiert.* Humes Argument für die Verzichtsbereitschaft der Wissbegierde beruht ja genau darauf, dass ohnehin nicht gewusst werden kann, was die Grenzen menschlicher Erkenntnisfähigkeit überschreitet. Die Horizontmetapher stellt Erkenntnis als unendlichen Gang der Wissenschaften vor, der aber niemals den Horizont erreicht oder gar überschreitet und schon deshalb prinzipielles Nichtwissenkönnen niemals umgehen kann. Die Metapher vom Ganzen und Teil modelliert zumindest für moderne Gesellschaften eine unüberwindbare Diskrepanz und Trennung. Und das aktuelle Theorem von Nichtwissen durch Wissen verlagert die Unvermeidlichkeit von Nichtwissen in die Mitte des Wissensbegriffs hinein.

Damit gerät eine Kontinuität in der Diskussion um Nichtwissen in den Blick, deren Selbstverständlichkeit in Frage zu stellen ist.[33] Denn die Doppelbestimmung von Unvermeidlichkeit und Überfluss ist unpräzise: Ihre Geltung scheint mir stärker den Bereich der Kommunikation über Technik zu betreffen als den der alltäglichen Praxis. Daraus ergibt sich aber: Wenn der alltägliche Umgang mit

---

33 | Diese Doppelkonzeptualisierung führt zu der neuen Metaphorisierung von Wissen als Ressource. Wenn Nichtwissen unvermeidlich und im Überfluss gegeben ist, kann Wissen zu einem knappen Gut werden.

Technik einer alternativen Logik folgt, dann ist *erstens* die behauptete Unvermeidlichkeit durch eben diese alternative Logik in Zweifel gezogen. Ferner übergeht *zweitens* die Doppelkonzeptualisierung die Fragemöglichkeit nach Formen, welche Nichtwissen derart einklammern, dass es nicht mehr als Nichtwissen in Erscheinung tritt. Schließlich *drittens* verdeckt die Suggerierung eines Überflusses, dass Nichtwissen häufig in mühevollen Prozessen ermittelt werden muss. Dies gilt für die alltägliche Praxis, es gilt jedoch auch für die Wissenschaft, welche zunächst die Erarbeitung von Fragen ist. Dies sei kurz umrissen.

1. Man kann Wittgensteins Philosophie in vielen Passagen als einen Versuch lesen, auf die differente Logik zwischen Reflexion und dem pragmatischen Gleiten durch die Welt hinzuweisen. Sie zielt darauf, die aus theoretischer Sicht bestehende Unterreglung, Anzweifelbarkeit, Unschärfe und Offenheit der Praxis nicht als Problem zu begreifen: »Es kann leicht so scheinen, als *zeigte* jeder Zweifel nur eine vorhandene Lücke im Fundament.«[34] Demgegenüber möchte Wittgenstein eine Differenz anzeigen: »Aber das sagt nicht, dass wir zweifeln, weil wir uns einen Zweifel *denken* können.«[35]

Vor diesem Hintergrund weist Wittgenstein am Beispiel des Spiels mehrfach darauf hin, dass vollständige Durchregelung keine Funktionsbedingung ist: »[E]s gibt ja auch keine Regel dafür z.B., wie hoch man im Tennis den Ball werfen darf, oder wie stark«[36]. Statt dessen sieht Wittgenstein gerade in der Nichtexaktheit die Möglichkeit reibungslosen Funktionierens:

»Wenn ich Einem sage ›Halte dich ungefähr hier auf!‹ kann denn diese Erklärung nicht vollkommen funktionieren? Und kann jede andere nicht auch versagen? ›Aber ist diese Erklärung nicht doch unexakt?‹ Doch; warum soll man sie nicht ›unexakt‹ nennen? Verstehen wir aber nur, was ›unexakt‹ bedeutet! Denn es bedeutet nun nicht ›unbrauchbar‹.«[37]

Jeder Versuch, exakter zu sein, würde das problemlose Funktionieren gerade behindern. Eine Markierung durch einen Kreidestrich etwa würde sogleich zu der Unsicherheit führen, »dass der Strich eine Breite hat.«[38]

Nun wäre der Einwand denkbar, dass das, was Wittgenstein für

---

34 | Ludwig Wittgenstein: Philosophische Untersuchungen, Frankfurt/Main 1997, § 87.
35 | Ebd., § 84.
36 | Ebd., § 68.
37 | Ebd., § 88.
38 | Ebd.

den pragmatischen Umgang mit Sprache andeutet, gerade von den aktuellen Techniktheorien beschrieben wird, wenn sie die Grenze zwischen Nichtwissen und Wissen als porös denken oder Nichtwissen im Innern des Wissens tätig sehen. Diese Gleichsetzung würde verkennen, dass Nichtwissen in diesen Techniktheorien zum einen unter dem Stichwort Risiko als Problem auftritt, während der vage Umgang hier gerade problemlos ist; zum anderen Fragen nach der Steuerung, Planung oder wenigstens Kriterien für das Wie-weitermachen aufruft, hier dagegen das Unexakte ausgerechnet das reibungslose Weitermachen ermöglicht.

Nichtwissen im Überfluss?

Eine andere Frage ist, ob man Wittgensteins Beschreibungen, die am Spiel und insbesondere Sprachspiel entwickelt wurden, auf Technik übertragen kann. Und dies scheint mir mit einigen Abweichungen für den alltäglichen Umgang mit Technik leistbar. In erster Annäherung kann man darauf verweisen, dass Heinz von Foerster dargelegt hat, dass keine technische Einrichtung trivial ist. Es gibt keine trivialen Maschinen.[39] Das hindert aber nicht daran, im Alltag mit ihnen so umzugehen, als wenn sie trivial wären.[40] Abweichungen, Störungen, Ausfälle – es gibt genügend Gründe, die man sich *denken* kann, um am Funktionieren zu zweifeln. Pragmatisch tut man es in der Regel nicht. Die Vagheit darin, wann es zu Funktionsversagen kommt, führt im Umgang in vielen Fällen zu dem gleichen Ergebnis, als wenn Technik auf das Schärfste bestimmt wäre. Einen anderen Hinweis liefert Charles Perrow. Während die Großtechnologie mit der Wahrscheinlichkeit des Unwahrscheinlichen rechnen muss, liegt der Alltag in deren Ausblendung.[41] Exakt diese Ausblendung ermöglicht sein reibungsloses Funktionieren, indem auf Reflexion, die Einrichtung von Redundanzen und weitgehende Kontrollen verzichtet werden kann. Dennoch liegt Ausblendung ein wenig quer zur Unterscheidung von Experten und Laien. Denn auch der professionelle Alltag im Umgang mit Hochtechnologie führt zu dieser Ausblendung und muss etwa durch organisatorische Zusatztechniken darauf reagieren.

2. Gleichwohl wird auch der alltägliche Umgang mit Technik von Risikowahrnehmung begleitet. Deshalb stellt sich die Frage nach et-

---

39 | Vgl. Heinz von Foerster: »Entdecken oder Erfinden. Wie lässt sich Verstehen verstehen?«, in: Einführung in den Konstruktivismus, mit Beiträgen von H. v. Foerster, E. v. Glasersfeld u.a., München, Zürich 1995, S. 41–48.
40 | Vgl. Andreas Kaminski: »Technik als Erwartung«, in: Dialektik, 2004/2, S. 137–150, hier: S. 147f.
41 | Vgl. Charles Perrows Beispiel aus dem Alltag: Normale Katastrophen. Die unvermeidbaren Risiken der Großtechnik, Frankfurt/Main, New York 1992, S. 18–23.

waigen Formen, mit denen auf Nichtwissen und Risiko reagiert werden kann. Solche Formen können Vertrauen und Vertrautheit sein. Dabei stellt sich dann die Frage, ob Nichtwissen nicht durch diese Formen eine Einklammerung und Invisibilisierung erfährt. Denkt man an Simmels prominente Bestimmung von Vertrauen als »mittlerer Zustand zwischen Wissen und Nichtwissen«, dann erscheint dies nicht plausibel.[42] Vertrauen wird dann geradezu definiert durch Nichtwissen. Man muss allerdings unterscheiden zwischen den Bedingungen für das In-Kraft-Treten von Vertrauen und seinem In-Kraft-Sein. Vertrauen hat zur Voraussetzung, dass Nichtwissen besteht. Die Funktion von Vertrauen besteht jedoch gerade darin, Nichtwissen zu invisibilisieren und Zukunft zu einer bestimmten zu machen.[43] Darin liegt auch der Sinn der Rede von Vertrauen als Komplexitätsreduktion.[44] Und hierin gleicht Vertrauen dem Misstrauen.[45] Durch Vertrauen scheint somit eine Form gegeben, welche Nichtwissen zwar zur Voraussetzung hat, es aber zugleich zum Verschwinden bringt.[46]

Eine damit verwandte, gleichwohl verschiedene Form ist Vertrautheit. Dem liegt der Gedanke zugrunde, dass selbst das Unvertrauteste und Unbekannteste zunächst doch immer nur durch Bekanntes und Vertrautes beschrieben werden kann.[47] So hat es zwar eine mögliche ideologische Funktion, wenn in der Beschreibung von Nanotechnik Natur selbst als Nanoingenieurin und uralte Nanotechnik figuriert, der Mensch weiterhin bloß als Techniker erscheint und die strukturelle Homologie zwischen freier Marktwirtschaft und der Selbstorganisation eines Moleküls betont wird.[48] Die Möglichkeit des Glückens solcher Vertrautmachung ist aber darin angelegt, dass jede Beschreibung vor das Problem gestellt ist, das Neue nur mit dem Alten beschreiben zu können. Will man auf positive (nicht af-

---

42 | G. Simmel: Soziologie, S. 393.

43 | Vgl. Olli Lagerspetz: »Vertrauen als geistiges Phänomen«, in: Martin Hartmann/Claus Offe (Hg.), Vertrauen. Die Grundlage des sozialen Zusammenhalts, Frankfurt/Main 2001.

44 | Vgl. Niklas Luhmann: Vertrauen. Ein Mechanismus der Reduktion sozialer Komplexität, Stuttgart [4]2000.

45 | Vgl. N. Luhmann: Vertrauen, Kap. 10.

46 | Vgl. A. Kaminski: »Technik als Erwartung«, S. 141–146.

47 | Vgl. N. Luhmann: Vertrauen, Kap. 3; ders.: »Vertrautheit, Zuversicht, Vertrauen: Probleme und Alternativen«, in: M. Hartmann/C. Offe (Hg.), Vertrauen. Ferner: Hans Blumenberg: Arbeit am Mythos, Frankfurt/Main [6]2001, insbes. S. 11.

48 | Alfred Nordmann: »Shaping the World Atom by Atom. Eine nanowissenschaftliche WeltBildanalyse«, http://nsts.nano.sc.edu/papers/AN2.html, download vom 04.02.2005.

firmative) Weise etwas über eine ›revolutionäre‹ Technologie mitteilen, scheinen Alternativen nicht gegeben.

Nichtwissen im Überfluss?

3. Die oben skizzierte Diskussion sah Nichtwissen als unvermeidlich und im Überfluss gegeben an. Mit den Hinweisen auf Vertrautheit, Vertrauen/Misstrauen und den pragmatischem Technikalltag lässt sich die Vermutung begründen, dass die Erfassung von Nichtwissen eine mühevolle Aufgabe sein kann. So geht die Diskussion um die Einflüsse elektro-magnetischer Felder auf menschliche Körperzellen zumeist von großer Bestimmtheit aus, eben im Vertrauen in die Technik oder im Misstrauen. Die Wahrscheinlichkeit des Unwahrscheinlichen muss zunächst erforscht und durch organisatorische Maßnahmen als Dauererwartung aufwändig institutionalisiert werden, damit ein Abgleiten in allzu große Routinen abgefangen werden kann. Und die technikkritische Diskussion sieht sich vor das Problem gestellt, in ihren positiven Beschreibungen neuer Technik deren Neuheit systematisch zu unterlaufen, indem sie mit vertrauten Begriffen und Metaphern agieren muss.

Wie aber gelingt es neuer Technologie dann, solch enorme Potentialerwartungen auf sich zu ziehen?

Weltpunkte

Ein Weltbild ist für Wittgenstein ein Zusammenhang von Überzeugungen, »worin sich Folgen und Prämissen gegenseitig stützen«[49]. Wittgenstein verwendet hier eine stark kognitive und logische Sprache. Eine phänomenologische Analyse müsste dies vermutlich reformulieren. Worauf Wittgenstein aber mit Titeln wie Folge und Prämisse hinweisen möchte, sind bedeutsame Unterschiede in unseren Gewissheiten. Die gesamte Schrift »Über Gewißheit« ist dem Versuch gewidmet, die klassische Unterscheidung von Vernunft und Erfahrung, Logik und Geschichte zu unterlaufen. Traditionell und hier ein wenig vereinfacht ist das Feld des Wissens in zwei Bereiche geteilt: notwendige und damit apodiktisch gewisse Vernunftwahrheiten und historisch-kontingente Tatsachenwahrheiten. Wittgenstein weist nun darauf hin, dass es empirische Sachverhalte gibt, die nicht zum Bereich der Logik zählen, die aber dennoch apodiktische Gewissheit haben. Logisch mögen sie kontingent sein, faktisch erscheinen sie hochgradig selbstverständlich und sicher. Wittgenstein nennt dafür Überzeugungen wie: »Dies ist meine Hand«, »Ich war nie auf dem Mond«, »Alle Menschen haben Eltern«. »Dies ist meine Hand« ist

---

49 | Ludwig Wittgenstein: Über Gewißheit, Frankfurt/Main 1984, § 142. Vgl. ferner §§ 93–105.

Andreas Kaminski zwar kein logisch-analytischer Satz, doch ein Irrtum hierin wäre von erheblichem Unterschied zu einem Irrtum darüber, ob in einer Entfernung von so und so viel ein Planet existiert oder wie viele Wirbel Katzen haben.[50] Wittgenstein gewinnt damit eine Differenzierungsmöglichkeit der Erfahrungssätze. Man kann theoretisch nicht belegen, dass hier meine Hand ist; aber man kann dies auch nicht eine Hypothese nennen: »Es ist nämlich nicht wahr, daß der Irrtum vom Planeten zu meiner eigenen Hand nur immer unwahrscheinlicher werde. Sondern er ist an einer Stelle auch nicht mehr denkbar.«[51] *Nicht denkbar: nicht in einem logischen Sinn, sondern im Sinne eines Fortbestands des Weltbilds.* Die Überzeugungskraft jedes einzelnen Satzes wird von den anderen Sätzen gestützt, mit denen er zusammenhängt. So wird das Weltbild für Wittgenstein ein Zusammenhang von Überzeugungen, die qualitativ gleichwohl verschieden sind, von zweifellosen Gewissheiten bis zu verschiedenen Abstufungen von Anschein.

Wittgenstein legt mit dem Begriff des Weltbilds keine Techniktheorie vor. Aber mir scheint, dass man seine Überlegungen gewinnbringend hier einsetzen kann. Denn was neue Technologien in Frage stellen, sind Erfahrungsgewissheiten, die als nicht kontingent gelten, ohne logisch geadelt zu sein. Die Atomtechnik evozierte die Vorstellung, unbegrenzt Energie zu verschwindend geringen Kosten zu produzieren, und zwar zu einer Zeit als Strom eine äußerst knappe Ressource war.[52] Die neuen Biotechnologien ermöglichen beispielsweise die Vorstellung eines Kindes, dem nicht mehr eindeutig Eltern zugeschrieben werden können. Und die Nanotechnologie suggeriert, gleich die gesamte Natur neu konstruieren zu können.

Mit Wittgensteins Begriff des Weltbildes kann das der Technik zugeschriebene Potential genauer analysiert werden. *Zunächst* stellen neue Technologien (exemplarisch) eine grundlegende Gewissheit in Frage. Da aber, wie Wittgenstein zeigt, das Weltbild einen Zusammenhang darstellt, steht *zweitens* nicht nur eine wenn auch fundamentale Gewissheit in Frage, sondern ein ganzer Zusammenhang. ›Folgen und Prämissen‹ stützen sich gegenseitig, folglich wird eine welterschütternde Dynamik freigesetzt. Und deshalb sind die Konsequenzen einer etwaigen künstlichen Züchtung des Menschen so unabsehbar. Die Veränderung setzt sich rhizomartig fort. Auf diese Weise wird *drittens* Welt technisch außer Kraft gesetzt. Und darin liegt das Potential neuer technologischer Paradigmen. Durch die positiven Beschreibungen der Potentiale neuer Technologien wird da-

---

50 | Ebd., § 52.
51 | Ebd., § 54.
52 | Vgl. Albrecht Weisker: »Kernenergie gegen Zukunftsangst«, in: Ute Frevert (Hg.), Vertrauen. Historische Annäherungen, Göttingen 2003, S. 394–421.

bei nicht so sehr eine Zurückholung des Unbekannten in das Ver- *Nichtwissen*
traute geliefert, denn mehr als dass neue Welt positiv gesetzt wird, *im Überfluss?*
wird die vertraute aufgelöst.

Man kann an dieser Charakterisierung erkennen, dass neue Technologien nicht an Welt direkt ansetzen (was sollte dies auch heißen?), sondern den metonymischen Umweg über Weltpunkte nehmen, welche wie das Element einer Menge, das zahlreiche Elemente eben dieser gleichen Menge enthält, funktioniert. Folglich kommt es zu Missverständnissen, wenn in Debatten die Sorgen über die neuen Möglichkeiten durch punktuell rationale Lösungen aufgefangen werden sollen. Die Technologie stellt Welt in Frage und betrifft damit nicht bloß punktuelle Risiken; sie mag dies aber suggerieren, indem sie an einem welthaltigen Punkt ansetzt. Anders formuliert, liegt das Missverständnis darin, dass auf Angst mit furchtabbauenden Maßnahmen reagiert wird. Angst ist »Intentionalität des Bewusstseins ohne Gegenstand«[53]. Furcht ist dagegen auf einen bestimmten Gegenstand bezogen, der aber schon eine vertraute Welt voraussetzt. Jede Abwehr einer Furcht kann deshalb nicht überzeugen oder lässt eine neue an die Stelle der alten treten. Man kann deshalb Anschluss an Japps Begriff des unspezifischen Nichtwissens suchen.[54]

Nachzutragen bleibt nun der Fortgang von Kafkas Erzählung. Das Tier schildert, dass ihm der Bau nicht nur zum Schutze dient, sondern Vertrautheit bietet. Es bemerkt nach einem zeitweiligen Verlassen und der Wiederkehr in den Bau ein Geräusch, das es zunächst für harmlos hält. Es vermutet, dass andere kleine Tiere, Mäuse oder Ratten, in seiner Abwesenheit wie schon des Öfteren Löcher gegraben haben, durch die ein Luftzischen entstand. Doch die erste und auch die nachfolgenden Hypothesen werden widerlegt, weil das Geräusch an allen Orten gleich stark ist: »Vor dieser Erscheinung versagen meine ersten Erklärungen völlig. Aber auch andere Erklärungen, die sich mir anbieten muss ich bald ablehnen.«[55] Keine geänderte »Methode« und auch kein geplanter »Forschungsgraben« können »Gewissheit« bieten.[56] Durch das gleichsam ortlose Geräusch und den Zusammenbruch aller Erklärungen wird von Kafka die Situation unspezifizierbaren Nichtwissens geschildert, also die Situation der Angst, der entspricht, dass in der Vorstellung des Tiers das Geräusch von einem gänzlich unbekannten Tier stammt anscheinend eines derjenigen, von denen es heißt: »nicht einmal die Sage kann sie be-

---

53 | H. Blumenberg: Arbeit am Mythos, S. 10.
54 | Vgl. K. Japp: »Die Beobachtung von Nichtwissen«.
55 | F. Kafka: Der Bau, S. 492f.
56 | Ebd., S. 494 und S. 498.

Andreas Kaminski schreiben«, das seinen Bau in atemberaubender Geschwindigkeit umkreist und aushöhlt, also Welt auflöst."[57]

---

57 | Ebd.: Der Bau, S. 467.

Subjekt, Körper, Kunst

HEIDEGGER, UNBESTIMMTHEIT UND »DIE MATRIX«
Hubert L. Dreyfus

Die *Matrix*-Trilogie der Wachowski-Brüder bringt uns dazu, unsere Haltung zu Freiheit, Kontrolle und der für das menschliche Leben konstitutiven Unbestimmtheit zu überdenken. Erst danach werden wir in der Lage sein, die in den drei Kinofilmen aufgeworfene und beantwortete Frage aufzunehmen, die da lautet: Warum, wenn überhaupt, ist ein Leben in der realen Welt, egal wie armselig und zerbrechlich diese auch sein mag, besser als ein Leben in einer virtuellen Welt, die derart geordnet ist, dass dort unsere Bedürfnisse befriedigt werden und wir weiter unseren alltäglichen Geschäften nachgehen können?

Um zu verstehen, was am Leben in der Matrix falsch ist, müssen wir die Quellen der Macht in der *Matrix*-Welt begreifen. Ein Teil der Macht resultiert daher, dass hier die Ein- und Ausgangssignale eines Computers direkt an das sensorisch-motorische System des Gehirns angeschlossen werden. Diese Verbindung erzeugt einen Wahrnehmungseffekt, der stark genug ist, um bestimmte Überzeugungen oder Glaubensinhalte zu überlagern. Es ist wie bei der IMAX-Illusion[1], die einen zwingt, durch entsprechende Bewegungen auf einem Skateboard die Balance zu halten, obwohl man sich auf einem unbeweglichen Stuhl im Filmtheater weiß. Oder wie beim Mond, der einem am Horizont größer vorkommt, obwohl man weiß, dass er immer gleich groß ist.

Die Eingangssignale, die das Wahrnehmungssystem des Gehirns im Tank stimulieren, erzeugen den Eindruck einer Wahrnehmungswelt, ganz gleich ob wir diese nun für real halten oder nicht. Sobald

---

1 | IMAX ist die englische Abkürzung für *Image Maximization*, und steht für ein spezielles Großbildverfahren in der Kinotechnik. Die Zuschauer sitzen in geringem Abstand vor einer übergroßen Leinwand und erleben die Illusion eines Eintauchens in die Filmhandlung, die teilweise noch durch Drei-D-Brillen verstärkt wird (A.d.Ü).

Hubert L. Dreyfus man aber einmal erkannt hat, dass die Kausalität in der *Matrix*-Welt nur virtueller Natur ist, kann man ihre Programme verletzen; unser Glaube, wer hier wen kausal bestimmt, ist nämlich nicht fest in unser Wahrnehmungssystem eingebaut. Zum Filmende kann Neo fliegen; wenn er wollte, könnte er Löffel verbiegen.[2] Über die Kausalprinzipien, die die *Matrix*-Welt regeln, sagt Morpheus zu Neo: »Es geschieht alles in Deinem Kopf.«

In der *Matrix*-Welt verhält es sich also wie folgt: Glaubt man nicht an die Kausalgesetze, die die Erscheinungen bestimmen, dann ist man von den Kausalfolgen befreit. Wer nicht an die *Matrix*-Welt glaubt, zwingt den Computer irgendwie dazu, ihm die Erfahrung genau der Kausalfolgen zu bieten, die er haben will. Um ein einfaches Beispiel zu nehmen: Wenn man nicht an die Existenz eines Löffels glaubt und sich dazu entscheidet zu sehen, wie er sich verbiegt, dann ist der Computer gezwungen, einem die visuelle Eingabe des sich biegenden Löffels zu präsentieren. Dies ist ein buchstäbliches Beispiel für das, was Morpheus »das Beugen der Regeln« nennt. Ebenso: Glaubt man an seine Fähigkeit, Geschosse anhalten zu können, dann wird man die Geschosse dort suchen, wo man sie angehalten hat, und der Computer wird sie gehorsamerweise dort anzeigen. Nachdem Neo also erfahren hat, dass seine Erfahrung der *Matrix*-Welt nicht in der üblichen Weise verursacht wird, *sieht* er die Dinge zwar nicht anders, denn die Impulse zu seinem Gehirn steuern immer noch das, was er sieht[3]; er kann sich aber dafür entscheiden, Dinge

---

2 | Es ist zugegebenermaßen schwer, sich dem Glauben an die Matrix zu widersetzen, auch was die Kausalität betrifft. Trotzdem erfährt Neo, dass er aufhören kann, daran zu glauben. Dieses neue Verständnis von Realität wird ziemlich zu Beginn des Films von Morpheus im Gespräch mit Neo und am Ende des Films von Neo als ein Aufwachen aus einem Traum beschrieben. Die verkabelten Hirne in den Glastanks träumen aber nicht buchstäblich. Ihre Welt ist viel zu konsistent und intersubjektiv, um ein bloßer Traum sein zu können. Oder, anders gesagt, Träume sind das Ergebnis einer Laune unserer internen Neuronenschaltungen und voll von Widersprüchlichkeiten, obwohl wir diese beim Träumen normalerweise nicht wahrnehmen. Sie sind nicht das Ergebnis einer systematischen Korrelation von Input und Output zwischen Wahrnehmungssystem und Gehirn, welche unsere beständige, koordinierte Erfahrung im Wachzustand reproduziert. Aus diesem Grund betrachten wir sie korrekterweise als persönliche innere Erfahrungen. Wenn jemand vom Hovercraft in die *Matrix*-Welt zurückkehrt, sieht es zwar aus, als ob sein Hovercraft-Körper sich schlafen legt. Die Personen treten aber nicht in eine private Traumwelt ein, sondern in eine alternative, intersubjektive Welt, in der sie normalerweise hellwach sind aber manchmal auch zu träumen und aus einem Traum zu erwachen scheinen, so wie Neo, nachdem die Agenten seinen Mund verschlossen hatten.

3 | Es gibt eine unglückliche Ausnahme zu dieser Behauptung. Am Ende des

zu *tun*, die er vorher nicht tun konnte (z.B. Geschosse anhalten), was ihm erlaubt, andere Dinge zu sehen (angehaltene Geschosse). Leider wird im Film nicht erklärt, wie es dieses Außerkraftsetzen des Glaubens an die Kausalität schafft, den Output des Wahrnehmungssystems des Gehirns zu beeinflussen.

Heidegger, Unbestimmtheit und »Die Matrix«

Woher kommt nun die finstere Macht der *Matrix*-Welt, die die Menschen dazu veranlasst, die mutmaßlichen Einschränkungen eines kausalen Universums weiterhin einzuhalten, obwohl es diese Einschränkungen gar nicht gibt? Wie werden die Menschen kontrolliert, wenn sie nicht einfach nur in den sensorisch-motorischen Korrelationen ihrer Wahrnehmungswelt eingeschlossen sind? Es muss sich um eine Kontrolle der intellektuellen Fähigkeiten der Matrix-Bewohner handeln – Fähigkeiten, die, wie wir gerade festgestellt haben, der Kontrolle durch direkte sensorisch-motorische Computerverbindungen enthoben sind.[4] Es muss sich um eine Art Gedankenkontrolle handeln.

Es scheint als ob die Matrix einfach eine bereits im Alltag operierende Form von Gedankenkontrolle ausnutzt. Wir erfahren, dass die Menschen an der Übernahme der Herrschaft über die *Matrix*-Welt gehindert werden, weil sie die »vernünftige« Einschätzung der Dinge – beispielsweise dass es schmerzt, wenn man hinfällt – für selbstverständlich halten. Noch allgemeiner formuliert: Das, was die Menschen bei der Stange hält, ist ihre Neigung zu glauben, was der Durchschnittsmensch eben glaubt und deshalb immer das zu tun (bzw. nicht zu tun), was man tut (bzw. nicht tut; Erbsen isst man

---

Films sieht Neo das Computerprogramm hinter der Welt der Erscheinungen. Dies ist ein starker visueller Effekt, der uns zeigen soll, dass Neo jetzt die *Matrix*-Welt von innen programmieren kann. Sind unsere vorigen Aussagen aber korrekt, macht dies keinen Sinn. Wenn der Computer noch koordinierte sensorisch-motorische Impulse in Neos Gehirn einspeist, während er an die *Matrix*-Welt angekoppelt ist, müsste er die Welt sehen, die das Programm gerade in seinem visuellen System erzeugt, und nicht das Programm selbst. Der Blick auf die vorbeiströmenden Symbole soll uns daran erinnern, dass Neo nicht mehr *glaubt*, dass die Matrix real ist, sie aber jetzt versteht und wie ein Computerprogramm manipulieren kann. Trotzdem sollte er immer noch die *Matrix*-Welt *sehen*.

4 | Sogar Agent Smith zeigt eine Art individueller Freiheit, als er von seinem Auftrag abweicht, die Ordnung in der Matrix zu bewahren und Morpheus gegenüber erzählt, wie ihn die *Matrix*-Welt anekelt. Doch in der *Matrix* haben die Agenten als Computerprogramme in einer programmierten Welt nicht die Freiheit, diese Welt radikal zu verändern. Später in *Matrix Reloaded* erfahren wir, dass Agent Smith eine neue Freiheit besitzt, außerhalb der Matrix zu agieren, weil er etwas von Neo in sich trägt und den Körper von Bains übernommen hat. Aber auch hier gibt es kein Anzeichen dafür, dass er die Freiheit zur Kreativität besitzt oder braucht.

Hubert L. z.B. mit einer Gabel, mit Essen wirft man nicht und das Zimmer ver-
Dreyfus lässt man durch die Tür und nicht durch das Fenster).
Demzufolge kann man die *Matrix* als einen Angriff auf das sehen, was Nietzsche die Herdenmentalität nennt. Nietzsche streicht heraus, dass die Menschen in der Regel dazu sozialisiert werden, gemeinsamen gesellschaftlichen Normen zu gehorchen, und dass es schwierig ist, anders zu denken. Er formulierte das so:

»Insofern es zu allen Zeiten, solange es Menschen gibt, auch Menschenheerden gegeben hat (Geschlechts-Verbände, Gemeinden, Stämme, Völker, Staaten, Kirchen) und immer sehr viele Gehorchende […], in Anbetracht also, dass Gehorsam bisher am besten und längsten unter Menschen geübt und gezüchtet worden ist, darf man billig voraussetzen, dass durchschnittlich jetzt einem jeden das Bedürfnis darnach angeboren ist.«[5]

Im Film ist das Aufwachen deshalb gleichzusetzen mit dem Sich-Befreien von den für selbstverständlich gehaltenen Normen, die zu akzeptieren man erzogen worden ist. Aber wie ist dies möglich? Heidegger behauptet, die Menschen würden irgendwie spüren, dass es mehr im Leben gibt als Konformität. Wie passend also, dass ein kaum in Worten fassbares Unbehagen das Leben Neos wie ein Splitter in seinem Kopf durchdringt und ihn veranlasst, die Konformität zu verabschieden, indem er zum Hacker wird und alle Regeln bricht.

Es scheint klar: Wenn die künstlichen Intelligenzen ihren Job richtig machen und eine vollständige Simulation unserer Welt schaffen, sollten die Menschen in der *Matrix*-Welt in der Lage sein, das gleiche zu tun und alles erleben zu können wie wir. Genau wie sie, haben wir allesamt eine ursächliche Grundlage in einem Gehirn im Tank. Die kausale Verbindung zwischen ihren Gehirnen und dem physischen Universum ist zugegebenermaßen eine andere als bei uns, aber warum sollte das ein Problem darstellen? Wie kann die Matrix, wie Morpheus behauptet, »ein Gefängnis für den Geist« sein, wo wir doch ohnehin durch unsere Abhängigkeit von unseren Gehirnen und ihren kausalen Inputs eingesperrt sind?

Morpheus hat keine Idee von diesem alltäglichen Gefängnis, redet aber trotzdem über Versklavung und Kontrolle. Zu einem frühen Zeitpunkt im ersten Film bemerkt er: »Was ist die Matrix? Kontrolle. Die Matrix ist eine computergenerierte Traumwelt, die geschaffen wurde, um uns unter Kontrolle zu halten«. Am Ende seines Aufsatzes *What's so Bad about Living in the Matrix* unternimmt James Pryor den heldenhaften Versuch diese Behauptung zu verstehen, indem er darüber spekuliert, was die KI-Programmierer tun könnten, um die

---

5 | Friedrich Nietzsche: Jenseits von Gut und Böse: Vorspiel einer Philosophie der Zukunft, in: KSA 5, § 199, S. 119.

Matrix-Bewohner zu kontrollieren. Zum Beispiel könnten sie deren Welt auf das Jahr 1980 zurücksetzen, wenn sie dies wollten. Da die Maschinen im Film solche Dinge wirklich gemacht haben, ist Pryor zu der Aussage berechtigt:

Heidegger, Unbestimmtheit und »Die Matrix«

»Im Film sind die Menschen in der Matrix alle Sklaven. Sie haben keine Verantwortung für ihr eigenes Leben. Sie sind vielleicht zufriedene Sklaven, die ihre Ketten nicht bemerken, trotzdem sind sie Sklaven. Sie haben nur eine sehr begrenzte Möglichkeit, ihre eigene Zukunft zu gestalten. [...] Für die meisten von uns wäre das Schlimmste an einem Leben in der Matrix nicht etwas Metaphysisches oder Epistemologisches. Das Schlimmste wäre vielmehr etwas Politisches. Es wäre die Tatsache, dass das Leben in der Matrix eine Art Sklaverei wäre.«

Insofern als die Schöpfer der Matrix in das Leben der Matrix-Bewohner eingreifen, kontrollieren sie diese *in der Tat*, doch die im Film gezeigten Momente des Eingreifens (das Zuwachsen von Neos Mund, das Einpflanzen eines Überwachungsgerätes in seinen Bauch, das Ihn-Glauben-Lassen, dass alles ein Traum war, sowie die Verwandlung einer Tür in eine Mauer, um Morpheus und sein Team gefangen zu setzen) zeigen nicht, dass die Matrix-Bewohner nicht die Verantwortung für ihr eigenes Leben haben (allerdings nur bis zu dem Punkt, der ihre physische Nutzung als Energiequelle unberührt lässt). Im Prinzip sollte ein solches Eingreifen gar nicht nötig sein. Die Polizei sollte fähig sein, die Ordnung unter den Matrix-Bewohnern zu bewahren. Wie der Polizist zu Beginn des Films bemerkt, können die Ordnungshüter auf Gesetzesbrecher und vermutlich auch auf Hacker aufpassen.

Die Agenten wurden eingeführt, um sich um die Personen zu kümmern, die sich von außen in die Matrix einhacken sowie um solche wie Neo, die von diesen Eindringlingen rekrutiert werden. Eine Einschränkung im Leben der gewöhnlichen Matrix-Bewohner durch die Agenten erfolgt nicht und ist nicht nötig; es wird nur das Leben derjenigen eingeschränkt, die sich der Matrix widersetzen.[6] Der springende Punkt ist hier, dass die in der Matrix friedlich lebenden Menschen – die überwiegende Mehrheit der Menschen, die Heideg-

---

6 | Während der Durchführung ihrer Arbeit übernehmen die Agenten zwar die Körper von unschuldigen Zuschauern, eine solche Einmischung ist aber unbegründet und zeigt nicht, dass es intrinsisch versklavend ist, zur Stromerzeugung benutzt zu werden. Ebenso: Wenn es in jeder *Matrix*-Welt eine Anomalie gibt, wie wir in *Reloaded* erfahren, zeigt dies nicht, dass der Missbrauch von Menschen zur Energiegewinnung das Eingreifen von künstlicher Intelligenz erfordert, um die Ordnung zu bewahren, es sei denn, die Anomalie lässt sich als eine zerstörerische nachweisen.

Hubert L. Dreyfus ger »uneigentlich« nennt – genauso gut wie wir ihr tägliches Leben führen können. Die Benutzung der Physis der Menschen zur Stromerzeugung bedeutet nicht, dass sie kontrolliert und versklavt werden.

Wir müssen also zu dem Schluss kommen, dass sich Morpheus und Pryor einfach irren. Wenn man Sklave ist, muss es einen Herren geben, der kontrolliert, was man tun *kann* oder sogar, wie in *Brave New World*, was man tun *möchte*. Und wüsste man sich in einer solchen Welt, würde man natürlich Freiheit wollen. Dass ihre physische Grundlage zur Energiegewinnung genutzt wird, hat jedoch keinen Einfluss auf das psychische Leben der Matrix-Bewohner, schränkt also nicht ein, was sie entscheiden, was sie sich wünschen oder was sie tun können. Was Morpheus nicht versteht (und Pryor nicht herausarbeitet), ist nämlich, dass es nicht an sich versklavend ist, wenn unsere physische Grundlage zweckentfremdet wird. Das heißt, auch wenn die physische Grundlage der Matrix-Bewohner zur Stromerzeugung benutzt wird, werden die Matrix-Bewohner selbst nicht benutzt. Ihre »Versklavung« in der Matrix entspricht unserer Beziehung zu unseren egoistischen Genen. Auch wenn unsere DNS unsere Körper zur Fortpflanzung benutzt, haben wir nicht das Gefühl, das wir kontrolliert werden. Ebenso wenig kann die einfache Tatsache, dass die Körper der Matrix-Bewohner einem Zweck außerhalb ihres eigenen Lebens dienen, der Grund dafür sein, das etwas am Leben in der Matrix falsch ist.

In der Tat sehen wir in *Revolutions*, wie eine Versöhnung mit den Maschinen möglich ist. Dürfen die Menschen nämlich ungestört in der Matrix leben, so begnügen sich die meisten damit, dort zu verweilen. Und wenn diese Art von Freiheit alles ist, was sie wollen, tun sie Recht daran. Auch wenn sie zur Energiegewinnung genutzt werden, gibt es keine prinzipielle Einschränkung ihrer alltäglichen Wahlmöglichkeiten und keine Probleme der Gedankenkontrolle und Versklavung.

Die *Matrix*-Trilogie erzählt uns eigentlich nie, warum einige Menschen die Matrix lieber verlassen möchten. Das heißt, es wird uns nie gesagt, was im Prinzip falsch ist an der *Matrix*-Welt; wir müssen es also selber herausfinden. Dazu haben wir als Hinweise nur die Aussage von Morpheus gegenüber Neo, es gäbe eine Art Beschränkung dessen, was die Menschen in der Matrix denken und erfahren könnten, sowie die Aussage von Neo am Ende des Films, die künstlichen Intelligenzen würden Veränderungen nicht mögen. Aber welche interne Veränderung ist so gefährlich, dass es die Maschinen nicht der Polizei überlassen wollen, sie unter Kontrolle zu halten? Und warum mögen sie diese Veränderung nicht?

Wie sich herausstellt, wird die Antwort im Film wenn überhaupt nur angedeutet. Sie selber herauszufinden erfordert, dass wir auf die philosophische Tradition zurückgreifen und dabei auch die Hilfe Heideggers in Anspruch nehmen, um uns von bestimmten kartesischen Vorurteilen zu befreien. Ein Teil der Antwort liegt darin, dass die Schaffung einer *Matrix*-Welt, eines virtuellen Nachbilds unserer Welt, von den KI-Programmierern verlangt, dass sie die Art und Weise kopieren, in der die elektrischen Impulse zu und von den Gehirnen in unseren Köpfen, die den Tanks der *Matrix* ja ähneln, koordiniert sind. Wie schon Descartes erkannte, treffen physische Energieimpulse aus dem Universum auf unsere Sinnesorgane und erzeugen elektrische Ausgangssignale, die zum Gehirn gesendet werden, wo sie unsere Wahrnehmungseindrücke von anderen Menschen und von Dingen hervorrufen. Diese Eindrücke bewirken wiederum im Zusammenhang mit unseren Veranlagungen, Überzeugungen und Wünschen unser Handeln. Die dadurch verursachten elektrischen Ausgangssignale bewegen unseren physischen Körper. Unsere Handlungsweise verändert wiederum das, was wir sehen und so weiter, in einer endlosen Schleife. Die Korrelationen zwischen den Wahrnehmungseingängen und den Handlungsausgängen werden durch die Art und Weise vermittelt, wie die Dinge und Menschen in der Welt auf diese Einwirkung reagieren.

Wäre jedes Hirn in seinem Tank von den Menschen und Dingen in der Welt abgekoppelt, müssten die künstlichen Intelligenzen zur Simulierung der sensorisch-motorischen Schleifen die Reaktionsweisen der Menschen und Dinge auf alle Arten von Handlungen modellieren. In der Matrix müssen die KI-Programmierer jedoch die Reaktionen von *Menschen* nicht modellieren. Da die Hirne in den Glastanks, die die physische Grundlage der Menschen in der *Matrix*-Welt darstellen, wie die Menschen in unserer Welt reagieren, können ihre Reaktionen einfach mit den anderen Gehirnen in den Tanks verschaltet werden. Da jedoch keine Welt der *Dinge* auf die sensorischen Organe der Menschen in den Tanks einwirkt, müssen die künstlichen Intelligenzen eine Computersimulation unserer Welt programmieren.

Sie können die Welt jedoch nicht auf der physischen Ebene modellieren, da ein Modellieren der Art, wie sich die Atome bewegen und gegenseitig beeinflussen, jenseits jeder Theorie und jenseits aller tatsächlich durchführbaren Berechnungen liegt. Wir können nicht einmal modellieren und voraussagen, in welche Richtung ein auf seiner Spitze balancierender Bleistift fallen wird oder wo sich die Planeten in ihren Umlaufbahnen in von heute an gerechnet 1000 Jahren befinden werden. Auch wenn wir ein solches Modell hätten, könnte die Berechnung zukünftiger Reaktionen und Eigenschaften von Dingen leicht mehr Atome benötigen, als zur Zeit im Universum vorhanden sind. So haben sich die künstlichen Intelligenzen weise gegen eine Modellierung der Verhaltensweisen von alltäglichen Dingen auf der physischen Ebene entschieden. Da sie zum Beispiel nicht

Hubert L. modellieren können, wie sich ein Elektronenschwarm im Universum
Dreyfus wie ein Vogel verhält, bilden sie stattdessen nach, wie sich Vögel in der alltäglichen Welt verhalten. Wie das Orakel in *Reloaded* ausführt:

»Siehst Du diese Vögel? Irgendwann wurde ein Programm geschrieben, um sie zu steuern. Ein Programm wurde geschrieben, um über die Bäume, und den Wind zu wachen, über den Sonnenauf- und Sonnenuntergang. Hier laufen permanent irgendwelche Programme.«

Ein solches Modell, wie das Programm für einen Shuttle-Simulator, würde es den Rechnern ermöglichen, in der Welt der Matrix-Bewohner die gleichen Korrelationen von elektrischen Ein- und Ausgangssignalen und somit die gleichen Erfahrungen der Korrelation zwischen Wahrnehmung und Handlung zu erzeugen, wie sie das physische Universum in unserer Welt aufweist. Kommt man einem Matrix-Vogel zu nahe, bewirkt das Programm, dass der Vogel scheinbar seine Flügel spreizt und wegfliegt.

Solche programmierten sensorisch-motorischen Korrelationen würden die höheren Hirnfunktionen unbeeinflusst lassen; in der Tat erfahren wir, dass die Matrix-Bewohner die Freiheit haben, ihre eigenen Wünsche, Überzeugungen, Ziele und so weiter selbst zu gestalten. Auch scheint es kein Problem mit der Veränderung zu geben. Das Modell der *Matrix*-Welt und die von diesem simulierte, alltägliche Welt muss auf genau die gleiche Weise durch menschliche Handlungen veränderbar sein wie die unsrige und trotzdem genauso stabil wie unsere Welt bleiben. Wie wir sehen werden, verlassen sich die Maschinen letztendlich darauf, wenn sie versprechen, in die *Matrix*-Welt nicht mehr einzugreifen. So gibt es anscheinend keinen Grund für die Maschinen »Angst vor Veränderung zu haben«. Doch das haben sie, wie Neo am Ende des ersten Films behauptet.

Damit sind wir wieder bei der Frage: Was ist falsch an der Matrix? Wie könnte eine erfolgreiche Simulation der elektrischen Impulse zu und vom Gehirn eine »Einschränkung dessen bedeuten, was wir denken und erfahren können«? Wenn es eine Antwort darauf gibt, kennt sie im Film selbst anscheinend niemand. Sie muss subtil und schwer begreiflich sein. Sie ist für die Menschen in der Matrix nicht begreifbar und für diejenigen außerhalb der Matrix kaum in Worte zu fassen; so liegt ja auch Morpheus falsch mit seiner Aussage, die Menschen in der Matrix seien Sklaven. Um einen Lösungsansatz anbieten zu können, bedarf es eines Umwegs durch die Heideggersche Philosophie. Denn Heidegger zufolge gibt es in unserer Erfahrung etwas, was uns – wie die Matrix selbst für die Menschen in ihr – am nächsten und am entferntesten liegt. Mit anderen Worten: Etwas so Allgemeines, dass es ohne Kontrastfolie wie das Wasser für den Fisch unsichtbar und unbeschreibbar ist. Vielleicht haben die künstlichen Intelligenzen genau dies nicht simuliert und fürchten es nun zu Recht. Heidegger nennt es »Sein«. Laut Heidegger ist das Sein das, auf das hin alles Seiende immer schon verstanden wird.[7] Man könnte sagen, das Verständnis des Seins ist der Lebensstil oder der Sinnhorizont einer gegebenen Epoche, der sich in der Art und Weise offenbart, wie die alltäglichen Gewohnheiten koordiniert werden. Diese gemeinsamen Gewohnheiten, in die wir hineinsozialisiert werden, umfassen das grundlegende Verständnis dessen, was zu den Dingen zählt, was zu den Menschen zählt und was zu tun irgendwie Sinn macht, einen Sinn, auf dessen Basis wir unsere Handlungen auf bestimmte Dinge und Menschen abstimmen können. Das Seinsverständnis eröffnet also einen Raum, den Heidegger »Lichtung« nennt. Heidegger bezeichnet die kaum wahrnehmbare Selbstverständlichkeit, mit der die Lichtung das eröffnet, was jeweils zum Vorschein kommen kann und was zu tun jeweils Sinn macht, als »das unauffällige Walten«.

Heidegger, Unbestimmtheit und »Die Matrix«

Soziologen weisen darauf hin, dass Mütter in verschiedenen Kulturen auf unterschiedliche Arten mit ihren Babies umgehen, was wiederum bei den Babies verschiedene Weisen prägt, mit sich selbst, mit Menschen und mit Dingen zurechtzukommen.[8] Beispielsweise legen amerikanische Mütter ihre Babies meistens in der Bauchlage in ihr Kinderbettchen, was die Kinder ermutigt, sich effektiver zu bewegen. Japanische Mütter dagegen legen ihre Babies in Rückenlage hin, damit sie ruhig liegen und von allem was sie sehen eingelullt werden. Amerikanische Mütter ermutigen zu eifrigem Gestikulieren und Lautäußerungen, während japanische Mütter viel eher besänftigen und beruhigen.

Insgesamt positionieren amerikanische Mütter den Körper ihrer Kinder so und reagieren auf die Handlungen des Kindes so, dass sie einen aktiven und aggressiven Verhaltensstil fördern. Dagegen legen japanische Mütter mehr Passivität und Empfindsamkeit für Harmonie in die Handlungen ihrer Babies. Was ein amerikanisches Baby als ein *amerikanisches* Baby auszeichnet, ist sein Stil; das, was ein *japanisches* Baby als japanisches Baby auszeichnet, ist sein ganz anderer Stil.

Der Stil einer Kultur bestimmt, wie Menschen und Dinge für die dort lebenden Menschen in Erscheinung treten. Wie ein Ding aussieht, spiegelt das wieder, was die Menschen glauben, mit ihm ma-

---

7 | Martin Heidegger: Sein und Zeit, Tübingen 1984, S. 8ff.
8 | W. Caudill und H. Weinstein: »Maternal Care and Infant Behavior in Japan and in America«, in: C.S. Lavatelli/F. Stendler (Hg.): Readings in Child Behavior and Development, New York 1972, S. 78. Insofern diese soziologische Darstellung uns ein Gefühl dafür vermittelt, wie ein kultureller Stil funktioniert, müssen wir uns nicht damit beschäftigen, ob sie genau oder vollständig ist.

Hubert L. Dreyfus chen zu können. So hat man es z.B. nie mit einer einfachen Rassel zu tun. Für ein amerikanisches Baby sieht eine Rassel aus wie etwas, mit dem man viele laute Geräusche machen und das man willkürlich auf den Boden werfen kann, damit ein Elternteil es aufhebt. Zwar könnte auch ein japanisches Baby mit einer Rassel mehr oder weniger per Zufall so umgehen, in der Regel erwarten wir jedoch, dass eine Rassel hier eher wie etwas Beruhigendes aussieht, wie der Traumfänger eines amerikanischen Ureinwohners. Die Rassel hat also in unterschiedlichen Kulturen verschiedene Bedeutungen und niemand, der sich mit KI beschäftigt, hat eine Ahnung, wie man einen solchen Stil programmiert.[9]

Aber warum sollte das ein Problem darstellen? Möglicherweise ist eine explizite Programmierung der verschiedenen Auffassungen einer Rassel oder dessen, was das Sein überhaupt bedeutet, nicht notwendig, da diese Auffassungen in den Veranlagungen und Überzeugungen der Menschen enthalten sind und, wie wir gerade gesehen haben, durch Sozialisation weitergegeben werden. Sollte die Wahrnehmung so funktionieren, dass die von den Sinnesorganen aufgenommenen Energieimpulse von unserem Wahrnehmungssystem als bloßes Wahrnehmungsobjekt genommen werden, könnten die KI-Programmierer die interkulturellen Wahrnehmungsdifferenzen in ihre Programme aufnehmen und die Bedeutung und den Stil der Wahrnehmungsgegenstände einem höheren geistig-symbolischen Vermögen überlassen, das sie interpretiert.

Philosophen von Descartes bis Husserl haben sich das Verhältnis von Wahrnehmung und Bedeutung tatsächlich so vorgestellt. In seinen »Cartesianischen Meditationen« behauptet Husserl, das wir zunächst den bloß physischen Dingen begegnen und ihnen erst danach eine Bedeutung als kulturelle Objekte zuschreiben.[10] Dagegen argumentiert Heidegger, dass wir normalerweise nicht die bloßen physischen Objekte erleben und sie dann in zweiter Instanz daraufhin interpretieren, was wir mit ihnen anstellen können. Das heißt, wir erleben nicht zuerst die Objekte aufgrund des physischen Inputs in unser Wahrnehmungssystem und weisen ihnen ein Funktionsprädikat zu, wie es Descartes glaubte und viele KI-Forscher immer noch glauben. Wie Nietzsche schon sagte: Es gibt keine reine Wahrnehmung. Oder, um das überzeugende Beispiel von Wittgenstein zu

---

9 | Unter den KI-Forschern hat Douglas Hofstadter dies am deutlichsten gesehen. Siehe D. Hofstadter: »Metafont, Metamathematics, and Metaphysics«, in: Visible Language 16, April 1982.

10 | »Ein existentes, bloß physisches Ding ist vorgegeben (wenn wir alle [...] ›kulturellen‹ Eigenschaften ausklammern, die es erkennbar machen, wie beispielsweise ein Hammer ...).« Edmund Husserl: Cartesianische Meditationen, Husserliana Bd. 1, Den Haag 1960, S. 78.

nehmen: Der selbe physische Input in das visuelle System, der von den selben Linien auf einem Blatt Papier ausgeht, kann als Ente oder als Hase *gesehen* und nicht nur interpretiert werden.

Heidegger, Unbestimmtheit und »Die Matrix«

Und wenn eine Änderung unseres Verständnisses der Dinge ihr Aussehen verändert, gibt es tatsächlich ein Problem für die künstlichen Intelligenzen, die die Matrix programmieren. Möchte man beispielsweise ein Weltmodell bauen, das Programme zur Simulierung des Erlebens von Rasseln enthält, muss man ebenfalls berücksichtigen, zu was eine Rassel anregt: Das bedeutet, die Rassel muss wie ein Wurfgeschoss oder ein Friedensstifter *aussehen*. Ebenfalls erfordert die Simulation der Begegnung mit einem Vogel, dass man das unterschiedliche Aussehen von Vögeln in den verschiedenen Phasen einer Kultur mit simuliert. Für die Griechen, so Heidegger, wurden Dinge wie Vögel von der Natur hervorgebracht und mussten dann von den Menschen umsorgt werden. Für die Christen des Mittelalters waren die »Vögel der Luft« die Geschöpfe eines Gottes, der für sie sorgte. Man malte sie also liebevoll und mit allen Details und sah in ihnen Vorbilder, die den gläubigen Menschen zeigten, wie sie ihr Leben frei von Sorge und ohne die Notwendigkeit, alles planen zu müssen, leben könnten. Im Vergleich dazu betrachteten Descartes und die modernen Mechanisten die Vögel und alle anderen Tiere als Maschinen. Vielleicht beginnen wir sie heute als eine bedrohte, schutzbedürftige Spezies anzusehen.

Wenn aber das Verständnis des Seins in einer Kultur das *Aussehen* von Objekten verändert, würde dies die Matrix-Programmierer vor ein ernsthaftes Problem stellen. Würde sich das Seinsverständnis von einer aggressiven zu einer umsorgenden Sichtweise wandeln, müsste alles neu programmiert werden. Dies wäre analog zu einem Vorfall, den Agent Smith gegenüber Morpheus beschreibt: Einst schufen die künstlichen Intelligenzen die Simulation einer perfekten Welt, mussten diese Simulation aber wieder aufgeben, weil sich die Menschen darin nicht wohl fühlten und eine Welt wie unsere, mit Konflikten, Risiko, Leid usw. bevorzugten. Um diese Neuprogrammierung durchzuführen, musste die Matrix kurzfristig abgeschaltet werden, und »dabei gingen ganze Ernten (von Gehirnen in den Glastanks) verloren«.

Unglücklicherweise sieht es für die Maschinen, was den Stil betrifft, so aus, dass diese Art von Problem zwangsläufig wiederkehren wird. Wie wir gerade gesehen haben, ist das Verständnis vom Sein, das die Wahrnehmungen und Handlungen in unserer Kultur bestimmt, nicht statisch, sondern hat eine Reihe von radikalen Veränderungen durchlaufen. In jedem Stadium boten die Objekte andere Handlungsmöglichkeiten dar und sahen deshalb anders aus. Strenggenommen gab es sogar jeweils verschiedene Objekte. Für die homerischen Griechen bedeutete Sein ein Hervorbringen; für sie waren es

Hubert L. Dreyfus Götter und Helden, die sich plötzlich hervorbrachten und wunderbare Dinge taten. Das mittelalterliche Verständnis vom Sein als etwas von Gott Geschaffenem ermöglichte das Auftreten von Wundern, Heiligen und Sündern, und die Dinge erschienen wie Sinnbilder der Belohnung oder der Versuchung. In der modernen Welt, bei Descartes und Kant, wurden die Menschen zu innerlichen, autonomen, sich selbst kontrollierenden Subjekten und die Dinge erschienen wie zu kontrollierende Objekte. Heute, in der Postmoderne, scheinen uns Dinge und Menschen wie Ressourcen, die zu optimieren sind. Daher versuchen viele Menschen, wie Cypher, das Optimale aus ihren Möglichkeiten herauszuholen, indem sie die Qualität und Intensität ihrer Erlebnisse maximieren.[11] Falls wir alle – was sehr wohl möglich erscheint – dahin gelangen, an das Gaia-Prinzip zu glauben und uns berufen fühlen, die Welt zu retten, wird für uns die Natur wiederum anders in Erscheinung treten.

Man könnte meinen, dies stelle immer noch kein Problem für die Matrix-Programmierer und ihr Weltmodell dar. Sahen die individuellen homerischen Griechen Götter und die Christen Wunder, handelte es sich möglicherweise nur um etwas Innerliches – um einen persönlichen Traum oder eine Halluzination. Die Matrix hat offensichtlich keine Schwierigkeiten, mit solchen Fehlfunktionen fertig zu werden, bei denen das Hirn elektrische Impulse generiert, die sich nicht mit dem Weltmodell verknüpfen lassen. Vermutlich könnten die künstlichen Intelligenzen sogar kollektive Halluzinationen von Göttern oder Wundern programmieren. Um was sonst könnte es sich bei all diesen veränderlichen Dingen handeln, da das physische Universum vermutlich unveränderlich ist und keinen Platz für Götter und Wunder hat? Es wäre also denkbar, dass alle diese unterschiedlichen Heideggerschen Welten und die jeweiligen Erscheinungsweisen der Dinge als persönliche Abweichungen von der einen gemeinsamen, durch die Programme für alltägliche Objekte und Ereignisse erzeugten, *Matrix*-Welt zu behandeln wären. Die wahrgenommene Welt würde dann über sämtliche Änderungen des Seinsverständnisses hinaus immer erhalten bleiben.

Der Heideggersche Einwand gegen diese Denkweise lautet, dass eine Stiländerung weder eine persönliche noch eine kollektive Halluzination, noch auch eine Veränderung des physischen Universums ist; sie besteht vielmehr in der Veränderung der öffentlichen, gemeinsamen Welt. Heidegger zufolge beginnen solche Veränderungen des Seinsverständnisses, ebenso wie die eher lokalen Transformationen des Stils, als eine örtlich beschränkte Anomalie. Diese Randpraktiken werden dann durch einen Erlöser wie Jesus, einen Denker

---

11 | Vgl. M. Heidegger: Die Frage nach der Technik, in: ders., Die Technik und die Kehre, Stuttgart 1962, S. 5–36.

wie Descartes oder einen Unternehmer wie Ford kanonisiert, sodass sie eine weltweite Stiländerung bewirken.¹² Wenn Heidegger Recht hat, müssten die künstlichen Intelligenzen zur Vermeidung einer Neuprogrammierung der Matrix und dadurch des Verlustes ganzer Ernten von Menschenkörpern die örtlichen Anomalien und Randpraktiken auslöschen, bevor sie eine wesentliche Stiländerung hervorrufen können. So fürchten sie Änderungen zu Recht und bringen deshalb die Agenten in die Matrix ein. Der Agent hat dann die Aufgabe, anders als beim Polizisten, der das Gesetz durchzusetzen hat, alle Anomalien – ob legal oder nicht – zu unterdrücken, welche eine ontologische Revolution, d.h. eine Änderung des aktuellen Seinsverständnisses, herbeiführen könnten.¹³

Heidegger, Unbestimmtheit und »Die Matrix«

Es bleibt aber noch eine schwierige Frage offen. Jetzt, wo wir wissen, was der Matrix *fehlt,* was die Matrix-Bewohner nicht denken und erleben können – nämlich die ereignishafte Möglichkeit radikaler kultureller Veränderung – müssen wir uns trotzdem fragen: Warum benötigen sie diese Möglichkeit für ihr Denken und Leben? Um darzulegen, was am Leben in der Matrix *falsch* und warum es deshalb, unabhängig von der jeweiligen Qualität der Erfahrungen, vorzuziehen ist, sich der risikanten und imperfekten Wirklichkeit zu stellen anstatt in der sicheren und befriedeten *Matrix*-Welt zu bleiben, bedürfen wir einer Darstellung der menschlichen Natur, damit wir begreifen können, was Menschen benötigen und warum die *Matrix*-Welt es nicht bieten kann.

In unserer pluralistischen Welt gibt es viele verschiedene Kulturen, die alle ihr eigenes Verständnis der menschlichen Natur besitzen. Wie soeben bemerkt, hat sogar unsere westliche Kultur zahlreiche unterschiedliche Welten erlebt, geschaffen durch immer neue Interpretationen der menschlichen Natur und der natürlichen Welt, welche beeinflusst haben, welchen Typus Mensch und welche Dinge wahrgenommen werden können. Aber zeigt dies nicht gerade, dass es, wie Sartre bemerkt, keine menschliche Natur gibt? Hier stellt Heidegger eine wichtige Meta-Reflexion an. Wie die Vielzahl der Kulturen andeutet, scheint die menschliche Natur in der Lage zu sein, neue Welten zu erschließen und so das zu transformieren, was aktuell als unsere Natur betrachtet werden kann. Vielleicht ist *das* unsere

---

12 | Vgl. M. Heidegger: Der Ursprung des Kunstwerks, Stuttgart 1986.
13 | Es könnte aber sein, dass die Gefahr einer radikalen Veränderung nicht besteht, denn eine Weltveränderung ist nicht mehr möglich, sobald ein Weltmodell für alle verbindlich feststeht. Die Frage, ob ontologische Revolutionen in der Matrix eine ernsthafte Bedrohung für die Maschinen oder, weil sie unmöglich sind, keine Gefahr darstellen, wird in den drei Filmen nie ausdrücklich angesprochen; wie wir aber noch sehen werden, wird diese Frage am Ende von *Revolutions* plausibel aufgelöst.

Hubert L. Dreyfus: Natur; Menschen sind vielleicht im wesentlichen Entwerfer von Welten. Sind wir von Natur aus Entwerfer, würde dies erklären, warum wir eine besondere Freude daran empfinden, uns kreativ zu betätigen. Sobald wir auch nur eine Spur der Möglichkeit des Entwerfens oder Erschließens von Welt erfahren, verstehen wir, warum es besser ist, in der realen Welt anstatt in der Matrix zu leben, auch wenn man in der *Matrix*-Welt Stabilität, Steaks und guten Wein genießen kann. Wie Nietzsche die Alternativen treffend formuliert: »Dass man ein öffentlicher Nutzen ist, ein Rad, eine Funktion, [....] die Art *Glück*, deren die Allermeisten bloß fähig sind, macht aus ihnen intelligente Maschinen.«[14] Einige wenige könnten jedoch »die werden, die wir sind – die Neuen, die Einmaligen, die Unvergleichbaren, die Sich-selber-Gesetzgebenden, die Sich-selber-Schaffenden«.[15] Heidegger würde die überwiegende Mehrheit, das »man«, uneigentlich und jene schöpferischen Einzelnen eigentlich nennen. Was letztendlich für uns zählt, ist also nicht, ob die meisten unserer Überzeugungen wahr sind oder ob wir genug Mut haben, uns einer riskanten Wirklichkeit zu stellen, sondern ob wir in einer Welt der Routine und der genormten Aktivitäten eingesperrt sind oder ob wir die Freiheit besitzen, die Welt zu transformieren und unser eigenes Leben radikal zu verändern.

Die Schaffung neuartiger Menschen und neuer Welten muss nicht so dramatisch ablaufen wie bei Jesus, der eine neue Welt erschuf, indem er uns eher unter dem Aspekt unserer Hoffnungen als unserer Handlungen definierte, oder wie bei Descartes, der die Innerlichkeit erfand und so die Moderne einläutete. Auf einer weniger dramatischen Ebene verändern Dichter wie Dante und Unternehmer wie Ford die Welt. Sogar eine Schauspielerin wie Marilyn Monroe hat den Stil der Damenwelt und die Beziehungen zwischen Frauen und Männern verändert[16]. Es ist gerade diese Freiheit, neue Welten zu erschließen, die der *Matrix*-Welt fehlt. Vielleicht sind es diese fehlenden Möglichkeiten zur radikalen Veränderung, die Neo wie einen Splitter in seinem Kopf empfindet. Denn am Ende des Films sagt er zu den künstlichen Intelligenzen: »Ich weiß, dass ihr Angst habt .... vor Veränderung.«

Auf eine subtile Weise haben die KI-Computer also begrenzt, was die Matrix-Bewohner denken und erleben können. Dies wurde jedoch nicht durch eine Begrenzung der ihnen *in* ihrer Welt offen ste-

---

14 | F. Nietzsche: Der Antichrist, in: KSA 6, § 57, S. 244.
15 | Friedrich Nietzsche: Die fröhliche Wissenschaft, in: KSA 3, § 335, S. 563.
16 | Vgl. Charles Spinosa/Fernando Flores/Hubert Dreyfus: Disclosing New Worlds; Entrepreneurship, Democratic Action and the Cultivation of Solidarity, Cambridge/MA 1997.

henden Möglichkeiten erreicht. Die besagte Begrenzung hat nichts damit zu tun, dass wir nicht wissen, ob wir Gehirne in einem Tank sind oder ob die Welt virtuell oder real ist. Auch stellt es kein Problem dar, wer die Kontrolle hat, solange die Eingangssignale der Gehirne nach dem Vorbild der normalen Verhaltensweisen der Dinge in der Welt modelliert sind und die Outputs von den eigenen Entscheidungen der Matrix-Bewohner abhängen. Das Problem ist weder *epistemologisch,* noch *metaphysisch,* noch (ohne Morpheus und Pryor zu nahe treten zu wollen) *politisch.* Das Problem ist, wie Heidegger es nennen würde, *ontologisch.* Es hat schon etwas mit der Wahlfreiheit der Matrix-Bewohner zu tun, aber nicht mit einer Begrenzung ihrer Wahlmöglichkeiten *in* der aktuellen Welt, sondern mit einer Begrenzung der Unbestimmtheit und Unbestimmbarkeit, die sie zur Erschließung neuer Welten, zur Transformation ihres Seinsverständnisses, benötigen.

Heidegger, Unbestimmtheit und »Die Matrix«

Heidegger ist der Ansicht, dass unsere Freiheit, neue Welten zu erschließen, das spezifisch Menschliche des Menschen ausmacht und darauf schließen lässt, dass es keine präexistente Reihe von möglichen Welten gibt. Jede Welt existiert nur, nachdem sie erschlossen wurde. Daher macht es keinen Sinn zu glauben, ein Computer könnte mit einem Weltmodell programmiert werden, das die Schaffung aller möglichen Welten antizipieren würde, noch bevor sie von Menschen erschlossen wurden. Künstliche Intelligenzen könnten keine solche radikale Offenheit programmieren, auch wenn sie es wollten. In der Tat ist die programmierte Kreativität ein Oxymoron.[17] Da sie keine Mittel besitzen, eine radikale Freiheit in ihre Weltmodelle einzubringen und deshalb Angst vor jedem unkonventionellen Verhalten haben, sahen die künstlichen Intelligenzen die Notwendigkeit, jeden Ausdruck der ontologischen Freiheit der Matrix-Bewohner zu unterbinden. Auf diese, und nur auf diese Weise, könnte man vom Modell der *Matrix*-Welt sagen, es begrenze das, was die Matrix-Bewohner erleben und denken könnten. Und nur auf diese Weise könnte man die *Matrix*-Welt als ein Gefängnis für den Verstand begreifen.

Nach dieser Heideggerschen Lektüre zeigt das Ende von *Revolutions,* dass sowohl die Maschinen als auch die Menschen diese Begrenzung der *Matrix*-Welt erkennen. Es zeigt aber auch, dass dies

---

17 | Dies soll nicht heißen, dass eine von Computeralgorithmen generierte Welt keine radikale Neuigkeit zeigen könnte. Vielleicht tut künstliches Leben dies tatsächlich. Im Film scheint es jedoch eine Selbstverständlichkeit, dass die künstlichen Intelligenzen mit *Regeln und symbolischen Darstellungen* operieren und deshalb jede Abweichung von ihrer nach der Welt des späten 20. Jahrhunderts aufgebauten *Matrix*-Welt zu Recht als eine Anomalie ansehen, die einen potentiellen Zusammenbruch ihrer Simulation signalisiert.

Hubert L. Dreyfus kein Problem darstellen muss. Da die meisten Menschen die Richtlinien und die Bequemlichkeit der alltäglichen Welt vorziehen und, wie Nietzsche sagt, »wie intelligente Maschinen leben«, können sie in der *Matrix*-Welt in Harmonie mit den künstlichen Intelligenzen koexitieren. Ja, da sich radikale Veränderungen in der *Matrix*-Welt als unmöglich erweisen, können es sich die künstlichen Intelligenzen leisten, die uneigentlichen Matrix-Bewohner sich selbst zu überlassen, die sich im statischen und konformistischen Stil des ausgehenden 20. Jahrhunderts bewegen. Und da es nur wenige Menschen wie Morpheus, Trinity und Neo gibt, die diese Welt verändern möchten und sich deshalb in der Matrix eingeengt fühlen, können die künstlichen Intelligenzen es sich auch leisten, diesen wenigen zu erlauben, ihre Tanks zu verlassen und ein eigentliches Leben in Zion zu führen. Dort *ist* radikale Veränderung möglich, sie bedroht aber nicht die Ruhe und Stabilität der alltäglichen *Matrix*-Welt und stellt deshalb keine ernsthafte Bedrohung für die Energieversorgung der Maschinen dar.

Übersetzung aus dem Englischen von Susan Keller

Verkörperte Kognition und die Unbestimmtheit der Welt Mensch-Maschine-Beziehungen in der Neueren KI
Barbara Becker, Jutta Weber

> »Und die Gefahren der Paradoxe sind Ihnen bekannt: wenn sie sich in eine Theorie einschleichen, ist es so, als ob der Teufel seinen Spaltfuß in den Türspalt zur Orthodoxie steckt.« Heinz von Foerster

Einleitung

In den letzten Jahren – wenn nicht gar Jahrzehnten – gewinnt man immer häufiger den Eindruck, als würden ›intelligente‹ Maschinen zu einem zentralen Referenzpunkt in unserer Auseinandersetzung mit der conditio humana. Zunehmend konstruieren wir unsere Selbstbilder in Abgrenzung von oder durch die Bezugnahme auf sog. »transklassische« Maschinen. In entsprechender Weise argumentiert auch die Wissenschaftsforscherin Katherine Hayles:

»We do not need to wait for the future to see the impact that the evolution of intelligent machines have on our understanding of human being. It is already here, already shaping our notions of the human through similarity and contrast, already becoming the looming feature in the evolutionary landscape against which our fitness is measured. [...] The unthinkable thought is not to disagree that we are like machines but to imagine a human future without them.«[1]

In unserem Beitrag wollen wir neuere Ansätze der Künstliche-Intelligenz-Forschung unter der Perspektive beleuchten, wie sich zentrale

---

1 | Katherine Hayles: Computing the Human, in: dies./Corinna Bath (Hg.), Turbulente Körper, soziale Maschinen. Feministische Studien zur Technowissenschaftskultur, Opladen 2003, S. 99–118, hier: S. 116.

Barbara Becker Konzepte von Kognition und Körper, aber auch Vorstellungen über
Jutta Weber die Relation von Subjekt und Objekt bzw. die Beziehung von Mensch und Maschine verändern. Bei der Umschreibung klassischer Konzepte der KI spielt interessanterweise auch das Moment des Unbestimmten eine zunehmende Rolle, jener »augustinische Teufel des Zufalls«, der Kybernetikern wie Norbert Wiener ein Dorn im Auge war und der Kritikern[2] lange als profundes Gegengift gegen reduktionistische Ansätze in der Künstliche-Intelligenz-Forschung galt.[3]

Wir werden im Folgenden neue Konzepte von Kognition, aber auch von Körperlichkeit in der embodied cognitive science bzw. der kognitiven Robotik analysieren, die sich in wesentlichen Punkten von den Ansätzen der ›Good Old Fashioned Intelligence‹ unterscheiden. Dabei ist es interessant zu beobachten, dass sich einige der Theoretiker des neuen Ansatzes auf frühere Kritiken der traditionellen KI-Forschung beziehen. Unsere Frage lautet dann, in wie weit diese Kritikpunkte der klassischen KI in den neueren Ansätzen in überzeugender Weise aufgegriffen werden und wie die neuen Lösungsansätze (sofern sie wirklich neu sind) realisiert werden. Damit soll nicht der Eindruck erweckt werden, dass die Entwicklung von alternativen Formen von Kognition und die neue Aufmerksamkeit für den Körper in der kognitiven Robotik und embodied cognitive science primär über die Auseinandersetzung mit theoretischen Positionen der Philosophie oder Technikforschung entwickelt wurden. Zwar lieferten diese partiell Inspirationen für alternative Ansätze, doch gründet deren Entwicklung v.a. in den manifesten theoretischen und technischen Problemen der KI und dem Scheitern vieler Hoffnungen der alten Schule.[4]

Nach der Auseinandersetzung mit den Konzepten der neuen KI wollen wir abschließend erste Überlegungen über die gesellschaftspolitische Bedeutung der Neukonfiguration der Mensch-Maschine-Beziehung im Zeitalter der Technoscience(s) anstellen.

---

2 | In loser Folge wird im Text sowohl das generalisierte Femininum wie Maskulinum gebraucht, um die nicht immer zufrieden stellende Lösung des großen ›I‹ zu vermeiden. Mit Kritikern sind also auch Kritikerinnen gemeint, genauso wie mit Technikerinnen auch Techniker gemeint sind.
3 | Vgl. u.a. Peter Galison: The Ontology of the Enemy: Norbert Wiener and the Cybernetic Vision, in: Critical Inquiry 21 (1994), S. 228–265.
4 | Vgl. Rolf Pfeifer/Christian Scheier: Understanding Intelligence, Cambridge/MA, London 1999; Thomas Christaller u.a.: Robotik. Perspektiven für menschliches Handeln in der zukünftigen Gesellschaft, Berlin u.a. 2001.

Die traditionelle KI-Forschung

Für die klassische KI- und Kognitionsforschung war lange Zeit die sog. Symbolverarbeitungshypothese das zentrale Paradigma. Sie basierte insbesondere auf der von Jerry Fodor vorgetragenen Theorie, der zufolge es eine Sprache des Geistes gibt, deren Sätze eine syntaktische Konstituentenstruktur besitzen. Denn nur auf der Basis einer solchen Hypothese sei erklärbar – so Fodor – wie Menschen kognizieren und vernünftig handeln könnten. Diese »Computertheorie des Geistes« erfreute sich bei KI-Forschern und Kognitionswissenschaftlern schon deshalb einer besonderen Beliebtheit, weil sich hier am ehesten die theoretische Legitimation für den eigenen Ansatz finden ließ. Indem der menschliche Geist im Wesentlichen als ein funktionales System begriffen wurde, welches in Abhängigkeit vom inneren Ausgangszustand, in dem es sich jeweils befindet, Inputs in Outputs überführt, stellte sich eine unmittelbare Vergleichsmöglichkeit mit Computerprozessen ein.[5] Auch Rechnerprozeduren sind durch eine abstrakte algorithmische Organisation charakterisiert, durch welche sich die Transformationen von Inputs in Outputs erklären lassen. Eine sich am Computer als Modell orientierende funktionalistische Theorie des Geistes zeigte auch hinsichtlich der hierarchischen Konzeption eine Analogie zur Rechnerarchitektur auf, weil sie verschiedene kognitive Ebenen unterstellte, die von der semantischen oder intentionalen Ebene über eine syntaktische Ebene bis hin zur Ebene der physikalischen Realisierung reichte. Die Computertheorie des Geistes und mit ihr die KI- und die Kognitionswissenschaft waren dabei vornehmlich an der semantischen und syntaktischen Ebene interessiert – die Frage der materiellen Implementierung, d.h. das Problem der ›Hardware‹ galt demgegenüber als irrelevant.

Trotz weit reichender Kritik an diesem Ansatz finden sich bis heute überzeugte Vertreter dieser Auffassung:

»Cognitive scientists view the human mind as a complex system that receives, stores, retrieves, transforms and transmits information. These operations are called computations or information processes, and the view of the mind is called the computational or information-processing view.«[6]

Die klassische KI- und Kognitionsforschung basierte also auf einer repräsentationalen bzw. computationalen Theorie des Geistes. Repräsentational ist die Theorie insofern, als sie unterstellt, dass die Zustände des Geistes einen bestimmten Gegenstandsbereich oder

Verkörperte Kognition und die Unbestimmtheit der Welt

---

5 | Vgl. Jerry Fodor: The Language of Thought, New York 1975.
6 | Neil A. Stillings u.a.: Cognitive Science: An Introduction, Cambridge/MA ²1995, S. 1.

Barbara Becker Weltausschnitt darstellen bzw. wieder vergegenwärtigen, indem sie
Jutta Weber eine »strukturerhaltende Abbildung von beliebigem Abstraktionsgrad verwirklichen«[7]; computational wird die Theorie, wenn angenommen wird, dass Kognition gleichzusetzen ist mit der formalen, regelgeleiteten Verknüpfung dieser Repräsentationen.

Kognition wurde folglich als Geschehen gedeutet, dass im ›Inneren‹ eines isolierten Subjekts stattfindet, dem ein ›Außen‹, die Welt, gegenübersteht; mit dieser ihm äußerlichen Welt müsse – so die Annahme – das kognizierende System über Repräsentationen in Beziehung treten. Darüber hinaus galt Kognition als substratneutral, d.h. finde sich in unterschiedlichen Systemen realisiert und sei nicht gebunden an eine spezifische, z.B. biologische, Materie. Das Mentale wurde als weitgehend eigenständiger Wirklichkeitsbereich mit für ihn typischen Strukturprinzipien betrachtet, die in keiner definierbaren Beziehung zur physikalischen Ebene stehen. Kognitive Akte ganz unterschiedlicher Art ließen sich dieser Vorstellung zur Folge in künstlichen Systemen mit einer nicht-biolgischen materiellen Basis rekonstruieren, wobei diese funktionale Rekonstruktion Teil der Theoriebildung sein sollte.

Die Kritik der klassischen KI

Die Kritik gegenüber dem klassischen Ansatz der KI und Kognitionsforschung verwies auf unterschiedliche Aspekte.

Kritisiert wurde zunächst die Annahme, dass Kognition als algorithmische Operation aufzufassen sei – stattdessen wurde betont, dass es sich hierbei vielmehr um einen Prozess der Selbstorganisation handle, in dessen Verlauf sich über neuronale Aktivitätsausbreitung raumzeitliche Muster herausbilden, die eine dynamische Repräsentation darstellen.[8] Ebenso wurde der Subjekt-Objekt-Dualismus kritisiert, dem zufolge ein Subjekt Repräsentationen über eine ihm gegenüberstehende äußerliche Welt bildet.[9] Demgegenüber wurde auf das In-der-Welt-Sein des Menschen verwiesen, der in einer dialogischen Beziehung mit der Welt steht und in sie unauflöslich situativ eingebettet ist.[10] Auch die Annahme, der zufolge die Aus-

---

7 | Martin Kurthen: Hermeneutische Kognitionswissenschaft, Bonn 1994, S. 28.

8 | Vgl. hierzu Andreas Engel/Peter König: »Das neurobiologische Wahrnehmungsparadigma«, in: Peter Gold/Andreas Engel (Hg.), Der Mensch in der Perspektive der Kognitionswissenschaften, Frankfurt/Main 1998.

9 | M. Kurthen: Hermeneutische Kognitionswissenschaft; Martin Kurthen: »Nach der Signifikationsmaschine«, in: Peter Gold/Andreas Engel (Hg.): Der Mensch in der Perspektive der Kognitionswissenschaften, Frankfurt/Main 1998.

10 | Bernhard Waldenfels: Bruchlinien der Erfahrung, Frankfurt/Main 2002.

blendung der körperlich-sinnlichen Materialität bei der Betrachtung kognitiver Prozesse legitim sei, erfuhr von unterschiedlicher Seite herbe Kritik.[11] Die Frage des »symbol-grounding«, der Bedeutungsgenerierung bei der Entwicklung von und beim Umgang mit Symbolen[12], erwies sich in den klassischen Ansätzen ebenso als unlösbar. Zudem wurde immer wieder auf die Sozialität von kognitiven Prozessen verwiesen und die historische und kulturelle Situiertheit des Menschen als wesentliche Grundlage seines Kognizierens hervorgehoben.[13]

Verkörperte Kognition und die Unbestimmtheit der Welt

Viele der Kritikpunkte werden mittlerweile in neueren Ansätzen der KI und Kognitionswissenschaft zumindest ansatzweise berücksichtigt.[14] Neue Begrifflichkeiten wurden entwickelt, das Konzept von Kognition verändert, Körperlichkeit und Materialität finden Interesse und die Sozialität von Kognition wird in den Blick genommen.

Neue Konzepte der Künstlichen Intelligenz-Forschung

Verkörperte Kognition

Unter Bezugnahme auf neuere Erkenntnisse aus den Neurowissenschaften (Damasio), aus der Linguistik (Lakoff), aber auch aus dem Bereich der Philosophie (Heidegger, Dreyfus, etc.) verschiebt sich die Perspektive der sogenannten neueren KI oder auch nouvelle artificielle intelligence von der Repräsentation hin zur (verkörperten) Wahrnehmung, von der Fokussierung auf das (quantitative) Prozessieren von Information in Richtung auf System-Umwelt-Kopplung und emergentes Verhalten:

»[...] [Rodney] Brooks popularised the claim by the German philosopher Heidegger [...] that we function in the world simply by being part of it. Brooks uses the phrase ›being-in-the-world‹ in terms of his implementation

---

11 | Vgl. Herbert Dreyfus: What Computers still can´t do, Cambridge/MA 1992; Barbara Becker: »Leiblichkeit und Kognition«, in: P. Gold/A. Engel (Hg.): Der Mensch in der Perspektive der Kognitionswissenschaften; Barbara Becker: »Zwischen Autonomie und Heteronomie«, in: Thomas Christaller/Josef Wehner (Hg.), Autonome Maschinen, Wiesbaden 2003.
12 | Francisco J. Varela/Evan Thompson/Eleanor Rosch: The embodied mind, Cambridge/MA 1991.
13 | H. Dreyfus: What Computers still can´t do.
14 | Allerdings zumeist nur in dem Maße, wie sich diese Innovationen mit dem Anspruch verbinden ließen, leistungsfähige Programme und Maschinen zu konzipieren.

Barbara Becker of the subsumption architecture to autonomous mobile robots. Experience
Jutta Weber in building robots has led Brooks to argue that embodiment is vital to the development of artificial intelligence [...].«[15]

Während sich viele Robotiker des neuen Ansatzes darauf beschränken, einen verkörperten Roboter zu bauen, der Sensoren und Aktuatoren besitzt, die aber in eine feste Kontrollarchitektur integriert sind und damit eine recht reduktionistische Fassung von Verkörperung umsetzen, fordern Vertreter des starken Ansatzes der neuen KI die dynamische Verkörpung des Roboters, die sowohl eine Selbstwahrnehmung des Körpers wie auch eine dynamische Interaktion mit der Umwelt mit einschließt. So schreiben die Robotikerinnen Kerstin Dautenhahn und Thomas Christaller: »[D]evelopment of a conception of the body, which is generally discussed as the acquistion of a body image or body schema, is necessary for embodied action and cognition.«[16] Gina Joue und Brian Duffy unterscheiden demzufolge die Ansätze der embodied cognitive science bzw. der verkörperten Robotik danach, ob sie einer ›On-World-Philosophy‹ oder einer ›In-World-Philosophy‹ folgen:

»The primary distinction between IN- and ON-World embodiment is the notion of the robot adapting at a macro and micro level to its environment or not. The question is whether there is a difference between the performance of a controler with actuators and perceptors (a robot ON its environment) and the behaviour of an agent being a part of its environment (a robot IN its environment). ON-World corresponds to an allopoietic interpretation of embodiment in robotics, while IN-World seeks to approximate the notion of autopoietic embodiment.«[17]

Verkörperung im starken bzw. emphatischen Sinne wird als komplexe Verbindung von System und Umwelt – sowohl auf der Makro- wie auf der Mikroebene verstanden.[18] Alle Versuche des schwachen An-

---

15 | Brian Duffy/Gina Joue (2000): »Intelligent Robots: The Question of Embodiment«, in: http://www.medialabeurope.org/anthropos/publications/pubs/BrainMachine2000.pdf, S. 4, gesehen 2/2005.
16 | Kerstin Dautenhahn/Thomas Christaller: »Remembering, rehearsal and empathy – towards a social and embodied cognitive psychology for artefacts«, in: Seán Ó Nualláin/Paul Mc Kevitt/Eoghan Mac Aogáin (Hg.), Two sciences of mind: readings in cognitive science and consciousness, Amsterdam, Philadelphia 1997, S. 257–282.
17 | B. Duffy/G. Joue: »Intelligent Robots: The Question of Embodiment«, S. 5.
18 | Vgl. auch Noel Sharkey/Tom Ziemke: »Life, mind and robots: the ins and outs of embodiment«, in: Stefan Wermter/Ron Sun (Hg.), Hybrid Neural Systems, Heidelberg 2000, S. 313–332.

satzes werden als ein recht simples Übertragen von internen Reprä- *Verkörperte* sentationen auf die externe Welt mit Hilfe des Körpers, aber nicht als *Kognition und* emphatische Verkörperung eingeordnet. Anknüpfend an Konzepte *die Unbestimmt-* über autopoietische[19] Systeme, welche die Fähigkeit zur Adaption, *heit der Welt* Selbstreproduktion, Selbstreparatur und anderes mehr besitzen, setzen die Vertreter des starken Ansatzes von Verkörperung ihre Hoffnungen auf *evolvierbare Hardware*, die die Fähigkeit zur Selbstreparatur, zur Selbstreproduktion oder auch die Anpassung des Körpers an seine jeweils changierende Umweltsituation ermöglichen soll.

Die andere Komponente, von der sich Robotikerinnen flexibles Verhalten und eine Verkörperung im emphatischen Sinne versprechen, ist das sog. *emergente Verhalten*. Die Kombination und das Zusammenwirken von einzelnen Elementen (z.B. Programmen) soll zu unvorhersehbaren und qualitativ differenten Effekten auf einer neuen Ebene führen. Hier knüpfen die Forscherinnen an Konzepte aus der Biologie an, denen zufolge das Prinzip der Emergenz als Erklärungsmodell für die Fähigkeit des Organismus zur Evolution, Anpassung und Selbsterhaltung eingeführt wird.

Wichtig festzuhalten bleibt hier, dass der neue starke Ansatz der embodied cognitive science bzw. Robotik Kognition also nicht mehr als eigenständigen Wirklichkeitsbereich mit unabhängigen Strukturprinzipien versteht, sondern als dialogischen Prozess, der verkörpert und situiert ist und aus der Interaktion von System und Umwelt emergiert. Der Wissenschaftssoziologe Andrew Pickering beschreibt den neuen Zugang der verkörperten bzw. autonomen Robotik dann ganz euphorisch folgendermaßen:

»Hard-line autonomous robotics is deeply antirepresentational. It wants to build robots that are always in the thick of things – essentially embodied, operating on inputs from the world transforming them into outputs, monitoring what comes back, adjusting outputs again, and so on – and all of this without the existence of any abstract, formal, detached representation of the world in which the robot lives. An exemplification of the dance of agency itself.«[20]

---

19 | Zur Differenz von autopoietischen und allopoietischen Systemen vgl. Humberto R. Maturana/Francisco J. Varela: Autopoeiesis and Cognition. The Realization of the Living, Dordrecht 1980 (= Boston Studies in the Philosophy of Science 42); B. Duffy/G. Joue: »Intelligent Robots: The Question of Embodiment«; N. Sharkey/T. Ziemke: »Life, mind and robots: the ins and outs of embodiment«.
20 | Andrew Pickering: »In the Thick of Things. Keynote adress at the conference ›Nature Seriously‹, Univ. of Oregon, Eugene 25.–27th Febr. 2001«, in: http://www.soc.uiuc.edu/people/CVPubs/pickerin/itt.pdf, S. 10f., gesehen 2/2005.

Barbara Becker Dass dieser »dance of agency« teilweise doch recht reduziert ver-
Jutta Weber standen und umgesetzt wird, haben bereits Duffy und Joue hervorgehoben. V.a. aber möchten wir hier festzuhalten, dass die Konstruktion eines emphatisch verkörperten Roboters bis heute Zukunftsmusik ist: »Based on the current technologies for the design and realisation of a robotic entity, strong embodiment analogous to the autopoetic features of animal systems is not yet available.«[21] Und es bleibt auch sicherlich eine offene Frage, ob eine solche Konstruktion überhaupt möglich ist. Nachdem im Jahre 2000 Hod Lipsons und Jordan Pollocks Paper zu »Automatic Design und the Manufacture of Robotic Lifeforms« in »Nature« große Hoffnungen in der AI-Community hervorriefen, ist es seither doch wieder sehr ruhig um die Idee selbstevolvierender Roboter geworden.[22]

Emergenz, neue Körper und die Unbestimmtheit von Welt

Interessant an diesen neuen Entwicklungen ist v.a., dass hier zunehmend mit einem post-modernen[23] bzw. posthumanen Begriff des Körpers gearbeitet wird. Theoretikerinnen wie Donna Haraway, Francisco Varela oder Katherine Hayles haben darauf hingewiesen, dass Begriffe wie Code, Vernetzung, Fragmentierung und Dispersion in das Zentrum des Interesses rücken. Im Zuge der Reinterpretation des Körpers im Zeitalter der Technoscience wird dieser zunehmend als dynamisch, als strategisches System und als Feld von Differenzen verstanden. Das alte Bild des hierarchisch organisierten Körpers wird sukzessive ersetzt durch jenes des Netzwerk-Körpers, der durch die Selbstregulation partikularer Systeme gekennzeichnet ist. Damit einher geht auch die Annahme, dass sich ehedem unterstellte, klare Trennungen zwischen Organismus und Umwelt nicht länger aufrechterhalten ließen. So geht etwa die Immunbiologie davon aus, dass es kein klar konturiertes Innen und Außen mehr gibt, sondern eine ständige Interaktion mit der Umwelt ein wesentliches Charakteristikum organischer Körper sei. »Das ›Selbst‹ und das ›Andere‹ verlieren die Qualität eines rationalistischen Gegensatzes und werden zu einem subtilen Spiel von partiell gespiegelten Leseweisen und Antworten.«[24] Der Körper wird als offenes, parallel verteiltes System mit emergenten Effekten, mit fließenden Grenzen, evolvierenden Eigenschaften und ohne zentrale Steuerungsinstanz – sprich: als bot-

---

21 | B. Duffy/G. Joue: »Intelligent Robots: The Question of Embodiment«, S. 6.
22 | Die Idee selbstreproduzierender Maschinen in der KI-Forschung ist relativ alt und wurde u.a. schon von John von Neumann vertreten.
23 | Bei allem Wissen um die Problematik des Adjektivs »postmodern«.
24 | Donna Haraway: Die Neuerfindung der Natur. Primaten, Cyborgs und Frauen, Frankfurt/Main, New York 1995, S. 183.

tom-up organisiert – konzipiert. Nach dieser Logik basiert das dy- *Verkörperte* namische System des Körpers auf ständig variierenden Interaktionen *Kognition und* einer Vielzahl von Teilsystemen. Die situierte Anpassung an verän- *die Unbestimmt-* derte Umweltbedingungen und die damit einher gehende Umorgani- *heit der Welt* sation der interdependenten Teilsysteme finden im Organismus ohne eine hierarchisch organisierte Steuerungsinstanz statt. Dieses radikal dynamisierte Verständnis von Körper[25], das in Kontrast tritt zu den alten hierarchischen Konzepten der Moderne, die den Körper der Umwelt opponierten und als hierarchisch organisierte Entität konzipierten, macht den Körper zugleich zu einem weit flexibleren Objekt der Gestaltung. Gleichzeitig scheint durch die vielfältigen Interaktionen und das Entstehen neuer Eigenschaften der Systeme durch die neuen Methoden und Herangehensweisen auch Unerwartetes zu erstehen. Das Unvorhersehbare wird gewissermaßen gesucht bzw. soll systematisch erzeugt werden. Die vielschichtige Lebendigkeit der Welt und die sie charakterisierende Offenheit, Veränderbarkeit und Unbestimmtheit scheint einen Ort in den technologischen Diskursen zu finden. Die Idee der Unbestimmtheit des Lebendigen wird in den Technowissenschaften wichtig, die mit dem Konzept der Emergenz in gewisser Weise Körperlichkeit auch als unbestimmt und offen, als situiert, kontingent und veränderbar zu fassen versuchen.

Eine epistemologische Umorientierung der Technowissenschaften

Mit dem Interesse an dem Überschuss des Lebendigen geht ein neues Interesse für Unabgeschlossenheit, für den Zufall, für *trial-and-error* und dem sog. *tinkering* einher. Genau jenes *tinkering*, eine quasi systematisierte Form des Herumbastelns und Kombinierens von kleinen Entitäten nach dem *bottom-up*-Prinzip, das angeblich der Natur abgeschaut wurde[26], soll in der *embodied cognitive science* das Evozieren von emergenten Prozessen und damit neue Erkenntnisprozes-

---

25 | Siehe auch Katherine Hayles: How We Became Posthuman: Virtual Bodies in Cybernetics, Literature, and Informatics, Chicago 1999; dies.: Computing the Human; Jutta Weber: »Turbulente Körper, emergente Maschinen? Zu Körperkonzepten in Robotik und neuerer Technikkritik«, in: dies./Corinna Bath (Hg.), Turbulente Körper und soziale Maschinen. Feministische Studien zur Technowissenschaftskultur, Opladen 2003, S. 119–136; dies.: »Die Produktion des Unerwarteten. Materialität und Körperpolitik in der neueren Künstlichen Intelligenz«, in: Corinna Bath u.a. (Hg.), Materialität denken. Studien zur technowissenschaftlichen Verkörperung, Bielefeld 2005 (im Erscheinen).
26 | Vgl. François Jacob: »Evolution and Tinkering«, in: Science vom 10. Juni 1977, S. 1161–1166.

se ermöglichen. Die Gratwanderung zwischen Ordnung und Chaos wird attraktiv, und die Idee der systematischen Produktion des Unerwarteten wird wesentliches Erkenntnismittel. Die Entstehung von Neuem, von Kreativität, Spontaneität und die technische Nutzung von Evolution bzw. von emergenten Prozessen sind zentrale Momente dieser Forschungslogik geworden. Interessanterweise sind dies zum Großteil Eigenschaften, die lange als das Spezifikum, wenn nicht des Menschen, dann doch des Organischen galten.

Das Rauschen, das Durcheinander und die Unkontrollierbarkeit, der »augustinische Teufel des Zufalls«, den Norbert Wiener noch bekämpfte[27], all diese Momente, die Kritiker immer wieder auch als Potentiale gegen den Kontrollwahn der älteren Kybernetik ins Feld führten, sind offensichtlich zu produktiven Momenten der Technowissenschaften geworden.

Neuere Technowissenschaften arbeiten nicht mehr primär mit der Vorstellung von Objektivität, die traditionell auf der Wiederholbarkeit von Experimenten basierte. Vorstellungen von einer vollständigen Sichtbarkeit und Verständlichkeit, von einer Vollständigkeit und Kohärenz von Systemen – seien es Körper, Intelligenz oder Wissen – verlieren an Bedeutung.

Repräsentation im Sinne klassischer Berechnung ist nicht mehr das (allein) angestrebte Ziel: Durch sogenannte evolutionäre Algorithmen auf der Basis des *bottom-up*-Prinzips und mit Hilfe der Stochastik und des *tinkerings* sollen bessere Lösungsmöglichkeiten ›bereitgestellt‹ bzw. eben evolviert werden – ohne dass dabei die komplexen Mechanismen des jeweiligen Gegenstandes exakt bekannt sein müssen. Selbst wenn die Ergebnisse der jeweils einzelnen Rechenprozesse, Simulationen und Experimente nicht immer (vollständig) kalkulierbar und vorhersehbar sind, können dennoch durch Auswahl und Steuerung gewisse Ziele anvisiert und die Praktiken in eine gewisse Richtung gelenkt werden. Das Motto, unter dem diese ›evolutionäre‹ Entwicklungslogik steht, lässt sich folgendermaßen umschreiben: »Das Ziel erreichen, ohne den Weg zu kennen«[28].

Es scheint, als ob in den Technowissenschaften selbst sich die Einsicht durchsetzt: »dass die Unabgeschlossenheit unserer Interpretationen nicht Zeichen eines Bestimmtheitmangels ist, sondern [...] Startbedingung möglichen Gelingens, dass Missverstehen [...] Medium des Verstehens ist«[29]. Sicherlich spielt auch weiterhin die

---

27 | Siehe oben.

28 | Simon Ehlers: »Das Ziel erreichen, ohne den Weg zu kennen. Biotechnologen ahmen Methoden der Natur im Labor nach«, in: Süddeutsche Zeitung vom 12.9.2000.

29 | Gerhard Gamm: Nicht nichts. Studien zu einer Semantik des Unbestimmten, Frankfurt/Main 2000, S. 198.

moderne Wissenschaftsrationalität, die Vollständigkeit, Transparenz und umfassendes Wissen anstrebt, eine Rolle – dies aber v.a. in vielen Selbstzeugnissen und populärwissenschaftlichen Beiträgen. Dagegen scheint dies in den epistemologischen Ansätzen der gegenwärtigen Technowissenschaften nicht mehr alleinig bestimmend zu sein. Häufig werden Methoden der Repräsentation mit tinkering und der Nutzung von ›evolvierenden‹ Prozessen verbunden.

Verkörperte Kognition und die Unbestimmtheit der Welt

Natürlich geht es trotz der erwähnten Neuerungen in den Technowissenschaften weiterhin darum, auch die Bewegungen des Unbestimmten, des Unerwarteten und Unkalkulierbaren einzugrenzen, nachzuvollziehen und operabel zu machen, da man intelligentere Artefakte bauen möchte und hofft, Prozesse des Lebendigen besser erklären zu können. Die Naturbeherrschung bzw. die Konstruktion effizienter technischer Artefakte in den Technowissenschaften basiert durchaus auf der Grundlage einer umfassenden – nun biokybernetischen – Systemrationalität. Aber im Rahmen probabilistischer Verfahren ist Exaktheit nicht mehr erstes Ziel, da das *tinkering* auf das *Verstehen von Rahmenbedingungen zielt, nicht unbedingt auf Gesetzmäßigkeiten im rigiden Sinne.*

Alfred Nordmann beschreibt die Entwicklungstendenzen in den neuen Technowissenschaften ganz ähnlich.[30] Ihm zufolge geht es hier immer weniger um die Formulierung von gesetzmäßigen Kausalbeziehungen oder Mechanismen und um quantitative Voraussagen und Falsifizierbarkeit, sondern zunehmend um eingreifende Gestaltung in eine als hybrid, als konstruierend und konstruiert verstandene Natur.[31] Es wird nach Strukturähnlichkeiten gesucht, wobei es weniger um ein reines Erkenntnisinteresse geht, als um die Erkundung nützlicher Eigenschaften, die auch technisch realisierbar sind.

Tinkering und die Baukastenlogik sind also an prominente Stelle gerückt, da nicht mehr primär Grundlagenwissen angestrebt wird, d.h. die Formulierung allgemeiner Gesetzmäßigkeiten der Natur im Zentrum des Interesses steht, sondern v.a. das Verstehen von Rahmenbedingungen und eine effektive Intervention und Gestaltung.

Womöglich gewinnen Verkörperung und Materialität gerade so eine entscheidende Bedeutung, da nun das technisch Realisierbare im Vordergrund steht. Während die Berücksichtigung von Verkörperung und Materialität bei der Formulierung von allgemeinen Gesetzmäßigkeiten der Natur eher hinderlich war, insofern beide Momente nur kontextuell und situiert fassbar sind und damit die Komplexität hochgradig steigern, werden sie nun als Faktoren wichtig und handhabbar, wenn es darum geht, überzeugende partielle technische Lö-

---

30 | Vgl. den Beitrag von Alfred Nordmann in diesem Band.
31 | Vgl. auch J. Weber: »Turbulente Körper, emergente Maschinen?«

Barbara Becker sungen zu finden, bei denen Materialität zu einem Faktor wird, der
Jutta Weber helfen kann, das anvisierte Ziel zu verwirklichen.

Unbestimmtheit und postmoderne Mensch-Maschine-Beziehungen

Vor diesem Hintergrund wird das Paradigma der Mensch-Maschine-Beziehung in der neueren Künstlichen Intelligenz deutlich. Der Mensch bzw. Organismus zeichnet sich nun primär durch Flexibilität und die Fähigkeit zur Evolution aus; Kognition findet dem starken Ansatz der verkörperten Robotik nach an der Schnittstelle von System und Umwelt als ko-konstruierender Prozess statt. Diese flexiblen und dynamischeren Körper, die sich permanent an die Umwelt anpassen (sollen), scheinen effizientere Mensch-Maschine-Kopplungen als jemals zuvor zu ermöglichen. Die strukturelle System-Umwelt-Kopplung, die in der neueren KI so dominant wird, ist wiederum notwendig, um systematisch Rahmenbedingungen für technisch effiziente Systeme zu erkunden. Die neue Aufmerksamkeit für Körperlichkeit ist zudem dem Interesse geschuldet, hierbei die intrinsischen Eigenschaften von bestimmten Materialien auszunutzen.

Auffällig ist vor dem Hintergrund, dass die Offenheit und Vielschichtigkeit von Welt, ihre Unbestimmtheit, interessant wird. Diese Wendung erinnert daran, dass Unsicherheit zunehmend zur *conditio humana* in unseren globalisierten und deregulierten Welten geworden ist. In dieses Bild passen dann auch Technowissenschaften, die sich an einem flexiblen Körperkonzept orientieren und in einer zunehmend komplexer (erscheinenden) Welt versuchen, Rahmenbedingungen für bestimmte Situationen und Kontexte im Hinblick auf technische Lösungen zu entwickeln. In diesem Kontext wird Flexibilität, Offenheit, das Ungewisse und die Unbestimmtheit zur produktiven Ressource des Engineerings der menschlichen Intelligenz.

Diese neue Perspektive verweist die Kritiker der klassischen KI zunächst in ihre Schranken, scheinen in den neuen Ansätzen doch viele der ehemals aufgezeigten Probleme und Schwachstellen berücksichtigt und teilweise auch überwunden worden zu sein. Und doch bleiben einige Fragen offen. So sind die neuen Ansätze vielfach immer noch eher visionärer Natur, was sich auch daran zeigt, dass in den konkreten Realisierungen oft eine Rückkehr zu alten Vorstellungen, etwa zur Repräsentationstheorie oder zu einer hierarchischen Strukturlogik erfolgt. Der Zwang, leistungsfähige und v.a. anwendbare Systeme zu konzipieren, lässt oft keine andere Wahl.

Zudem erfreuen sich die Konzepte der Flexibilisierung, Offenheit und Ungewissheit nicht nur in den Technowissenschaften zunehmender Beliebtheit, sondern sie gewinnen auch als Leitbilder für individuelle Konzepte der Lebensführung eine immer größere Bedeutung. Die daraus resultierenden individuellen wie gesellschaftlichen Probleme können hier nicht diskutiert werden, doch bleibt in aller Kürze anzumerken: Der Erkenntnis- und Freiheitsgewinn, der sich aus den oben skizzierten Flexibilisierungen und Öffnungen fraglos ergibt, evoziert Kontingenzerfahrungen, die individuell wie gesellschaftlich nur schwer zu verkraften sind.[32] Die Restituierung von rigiden Ordnungen ist dann eine mögliche Folge, was sich gegenwärtig sowohl in individuellen Bestrebungen als auch gesellschaftlichen Entwicklungen immer häufiger andeutet.

Verkörperte Kognition und die Unbestimmtheit der Welt

---

32 | Vgl. Zygmunt Bauman: Flüchtige Moderne, Frankfurt/Main 2000.

KUNST AUS DEM LABOR –
IM ZEITALTER DER TECHNOWISSENSCHAFTEN
Ingeborg Reichle

Kunst im Zeitalter der Technowissenschaften

Das Verhältnis von Kunst, Wissenschaft und Technik war immer vielschichtig, doch scheint dieses Verhältnis im Zeitalter der Technowissenschaften zunehmend prekär zu werden. Oszillierend zwischen der Technisierung des Lebendigen in Bereichen der Biowissenschaften und der Verlebendigung der Technik im Kontext der Erforschung des *Künstlichen Lebens* gingen Künstler in den letzten Jahren daran, die Transformation der Naturwissenschaften hin zu den Technowissenschaften seismografisch zu begleiten. Schon vor mehr als einer Dekade haben Künstler damit begonnen, das Arbeiten im Atelier gegen das Forschen in den Laboratorien der Lebenswissenschaften einzutauschen, sich deren Methoden und Techniken anzueignen und auf diese Weise ihre Kunstprojekte im Labor entstehen zu lassen. So wurden genmanipulierte Mikroorganismen, künstlich gezüchtete Gewebekulturen und transgene Lebewesen zu Gegenständen der Kunst.

Als in den 80er Jahren die ersten techno-organischen Hybriden aus den Laboratorien in den Kunstraum überführt wurden, schlug der französische Kunsttheoretiker Frank Popper vor, die Bezeichnung *Techno-Science-Art* für diese neue Kunstform einzuführen, da diese sich an der Schnittstelle von Kunst und Technowissenschaft bewegt.[1] Dem Kunstwort *Techno-Science-Art* schrieb Frank Popper den Terminus *Technoscience* in markanter Weise ein und bediente

---

1 | Vgl. Frank Popper: »Techno-Science-Art: the Next Step«, in: Leonardo 20.4 (1987), S. 301–302 und Joseph Nechvatal: »Origins of Virtualism: An Interview with Frank Popper Conducted by Joseph Nechvatal«, in: CAA Art Journal 62/1 (2004), S. 62–77.

Ingeborg sich damit eines Begriffs, der sowohl von Bruno Latour[2] als auch
Reichle von Donna Haraway[3] vor einigen Jahren im Sinne eines neuen Epochenbegriffs entwickelt wurde, um die Folgen der komplexen und vielfältigen Transformationen der Wissensproduktion in den Naturwissenschaften seit Beginn des 20. Jahrhunderts zu benennen.[4] Diese Transformationen in den Wissenschaften führen nach Latour und Haraway zu einer Umschreibung des Naturbegriffs in den Naturwissenschaften, womit in der Konsequenz der Ausdruck »Naturwissenschaft« sowohl für Latour als auch für Haraway nicht mehr als adäquat erscheint und daher durch den Begriff *Technoscience* ersetzt wird. Die Herausbildung eines neuen Naturbegriffs innerhalb der Praktiken der Technowissenschaften stellt sowohl für Haraway als auch für Latour nicht das Ergebnis einer Umkehr oder radikalen Negation des vorangegangenen Naturverständnisses dar, sondern entstand ihrer Ansicht nach durch das Manifestwerden zentraler Merkmale moderner Naturwissenschaften im Zuge einer Entwicklung, die

---

2 | Vgl. Bruno Latour: Wir sind nie modern gewesen. Versuch einer symmetrischen Anthropologie, Berlin 1995, S. 21 und 46ff.; zum Begriff Technoscience bei Latour vgl. ebenso Bruno Latour: Science in Action: How to Follow Scientists and Engineers Through Society, Cambridge/MA 1987.

3 | Zu Haraways Definition des Begriffs Technoscience: »*Technoscience* hängt mit Normierung zusammen: im Militär, in der amerikanischen Form der Fabrikation, in den verschiedenen internationalen Industriebehörden des späten 19. Jahrhunderts, in der Periode des Monopolkapitals, im Aufbau von Forschung und Entwicklung innerhalb des industriellen Kapitalismus usw. Der Begriff Technoscience speist sich aus mehreren Quellen. Doch aus meiner Sicht weisen alle seine Ursprünge auf einen sehr interessanten gemeinsamen Schnittpunkt: auf die systematisierte Produktion von Wissen innerhalb industrieller Praktiken.« Aus: Donna Haraway: Die Neuerfindung der Natur. Primaten, Cyborgs und Frauen, hg. von Carmen Hammer/Immanuel Stieß, Frankfurt/Main, New York 1995, S. 105.

4 | Dem Wissenschaftsforscher Bruno Latour wie auch der Biologin und Wissenschaftshistorikerin Donna Haraway kommt das Verdienst zu, die Brisanz und Problematik der Wissensproduktion in den Technowissenschaften früh erkannt und die Auswirkungen der Produktion von technowissenschaftlichen Hybriden sehr pointiert herausgearbeitet zu haben. Durch die zunehmende Hybridisierung und Cyborgisierung des menschlichen Körpers aufgrund der Errungenschaften der Biowissenschaften bzw. Technosciences sieht Haraway die Logik der dichotomischen Ordnungen der Moderne erodieren und als Konsequenz auch das Aufweichen vormals als statisch angenommener Kategorien wie z.B. »Mann« und »Frau«; vgl. hierzu: Donna Haraway: »Manifesto for Cyborgs: Science, Technology, and Socialist Feminism in the 1980s«, in: Socialist Review 80 (1985), S. 65–108; Carmen Hammer/Immanuel Stieß (Hg.), Donna Haraway: Die Neuerfindung der Natur. Primaten, Cyborgs und Frauen, Frankfurt/Main, New York 1995.

sich lange vorbereitet hat und sich auf dem Boden der modernen Naturwissenschaften vollzieht.[5] Haraway[6] und Latour[7] postulieren die *Neuerfindung der Natur* und damit eine brisante Verschiebung vormals als statisch aufgefasster Kategorien.

Kunst aus dem Labor – im Zeitalter der Technowissenschaften

Mit Blick auf die Entwicklungen in den Technowissenschaften, und insbesondere in Anbetracht der gegenwärtigen Entwicklung in den Lebenswissenschaften, vermutet Haraway aufgrund der systematischen Produktion von Wissen innerhalb industrieller Praktiken die zunehmende *Implosion von Natur und Kultur* und argumentiert für eine Neukonzeption von Natur, die – im Gegensatz zu Latours Ansatz – an einen gesellschaftlichen Entwurf gekoppelt wird. Mit der Postulierung der *Implosion* dieser beiden Sphären behauptet Haraway nicht eine grundsätzliche Aufhebung der Kategorien *Kultur* und *Natur*, sondern betont vielmehr deren Verschiebung, die aufgrund der enormen Beschleunigung der Forschung in den Technowissenschaften immer rascher vor sich gehe. Haraway spricht sich nicht für die Einebnung vormals getrennt gedachter Kategorien aus, sondern hebt auf die Anerkennung deren unauflöslicher Verbundenheit ab und damit auf die Auflösung der *Ideologie* ihrer Trennung. *Implosion* bedeutet für Haraway Grenzüberschreitung, um zu einer Neuaneignung von »Welt« in einem weniger verstellten ideologischen Rahmen zu gelangen.[8] Im Hinblick auf die Neuproduktion von Hybridformen intendiert Haraway nicht das Festschreiben neuer Ontologien, sondern formuliert eine fundamentale Kritik an der gesellschaftsgestaltenden Macht, die zur Konstruktion ganz bestimmter Lebewesen und Lebenswelten führt und andere ausschließt. Mit dem Verweis auf die

---

5 | Vgl. Jutta Weber: Umkämpfte Bedeutungen. Natur im Zeitalter der Technoscience. Unveröffentlichte Dissertation Bremen, 2001, S. 89ff.

6 | Vgl. Donna Haraway: Simians, Cyborgs and Women: The Reinvention of Nature, London, New York 1991 und Donna Haraway: Die Neuerfindung der Natur. Primaten, Cyborgs und Frauen, hg. von Carmen Hammer/Immanuel Stieß, Frankfurt/Main, New York 1995.

7 | Vgl. Bruno Latour: Science in Action: How to Follow Scientists and Engineers Through Society, Cambridge/MA 1987. Mit dem Aufkommen der Laborstudien Ende der 70er Jahre, an welchen Bruno Latour ganz wesentlichen Anteil hatte, wurde das wissenschaftliche Labor im Hinblick auf das Verständnis von Wissensprozessen der Naturwissenschaften untersucht und dabei besonders das Experiment als Grundeinheit empirischer Forschung in den Blick genommen. Seither kam es zu unterschiedlichen Ausprägungen des Laborbegriffs im Zuge der Analyse verschiedener Laborformen und Prozesse der Laboratorisierung; vgl. hierzu: Bruno Latour/Steve Woolgar: Laboratory Life: The Social Construction of Scientific Facts, Beverly Hills 1979.

8 | Vgl. Angelika Saupe: Verlebendigung der Technik. Perspektiven im feministischen Technikdiskurs, Bielefeld 2002, S. 266ff.

Ingeborg Reichle Konstruktion von Hybriden und die Vorstellung von *Natur* als einem technischen Artefakt fordert Haraway die Analyse jener naturalisierenden Diskurse, in deren Folge es zu einer erneuten Ideologisierung von Natur kommt:

»Transgenische Grenzüberschreitung stellt für viele Angehörige westlicher Kulturen, die historisch von den Zwangvorstellungen rassischer Reinheit in der Natur verankerter Kategorien und eines klar umrissenen Selbst besetzt waren, eine ernste Bedrohung der ›Unversehrtheit des Lebens‹ dar. Die Unterscheidung von Natur und Kultur in der westlichen Kultur war heilig; sie bildete den Kern der großen heilsgeschichtlichen Erzählungen und ihrer genetischen Transmutationen in die Sagen vom westlichen Fortschritt. In ehrwürdigen Begriffen ausgedrückt, es scheint die Stellung des Menschen in der Natur auf dem Spiel zu stehen, die Schöpfungsgeschichte und ihre endlose Wiederholung. [...] Die Grenze zwischen den Handlungen, Ursachen und Ergebnissen göttlicher Schöpfung und denen der menschlichen Technologie hat in den geheiligt-weltlichen Randgebieten der Molekulargenetik und der Biotechnologie nicht standgehalten.«[9]

In seinem Entwurf zu einer *symmetrischen Anthropologie* vertritt Latour hingegen die These, dass Gesellschaft und Natur in der technowissenschaftlichen und gesellschaftlichen Praxis in einem bisher ungekannten Maße miteinander verwoben seien, und stellt in seiner *Hybridtheorie* die statische Identität von Natur und Gesellschaft, Technischem und Sozialem sowie menschlichen und nichtmenschlichen Akteuren radikal infrage. In einem sowohl die Wissenschaft als auch die Gesellschaft übergreifenden hybriden Netzwerk finden seiner Ansicht nach Interaktionen zwischen technischen Apparaten, organischem Material, Institutionen, wissenschaftlichen Gemeinschaften, wissenschaftlichen Akteuren oder Laboren statt, in denen menschliche wie auch nichtmenschliche Phänomene einander gleichgestellt sind. Nach Latour ist jedoch die heutige Produktion von Hybriden in einem historisch neuen Maßstab erst durch das vehemente Festhalten an der Dichotomie von Natur- und Gesellschaftsordnung möglich geworden. Sowohl Haraway als auch Latour begreifen die Folgen der Entwicklungen in den Technowissenschaften als einschneidende Zäsur mit unumkehrbaren Folgen, ohne jedoch die Kontroverse von Bruch und Kontinuität der eigenen Gegenwart erneut zu beleben.

Einer der ersten Künstler, der seine Kunstwerke im Labor entste-

---

9 | Donna Haraway: »Anspruchsloser Zeuge @ Zweites Jahrtausend. FrauMann – trifft OncoMouse™. Leviathan und die vier Jots: Die Tatsachen verdrehen«, in: Elvira Scheich (Hg.), Vermittelte Weiblichkeit. Feministische Wissenschafts- und Gesellschaftstheorie, Hamburg 1996, S. 374–375.

hen ließ, war der österreichische Künstler Peter Gerwin Hoffmann. *Kunst aus* Ende der 80er Jahre hatte Hoffmann begonnen, mit lebenden Orga- *dem Labor –* nismen in seinen Kunstprojekten zu arbeiten, die er in laborwissen- *im Zeitalter der* schaftlichen Zusammenhängen untersuchen und herstellen ließ. Im *Technowissenschaften* Jahre 1988 hatte der Künstler der Leinwand von Wassily Kandinskys im Lenbachhaus ausgestellten Gemälde *Parties Diverses* (1940) Bakterien entnehmen lassen, um im Labor mithilfe von Wissenschaftlern aus dem Bereich der Genforschung ein neues Kunstwerk entstehen zu lassen. *Mikroben bei Kandinsky* (1988) bestand aus Bakterienkulturen, die zwecks Vermehrung in eine Nährlösung gegeben und anschließend auf einen Bildträger aufgetragen wurden (Abb. 1). Hoffmann hatte ein Kunstwerk von Kandinsky für sein Projekt ausgewählt, da Kandinsky davon ausgegangen war, dass die abstrakte Kunst zwangsläufig neben die reale Welt treten und diese ebenso konkret wie die reale Welt sein würde. Auf Kandinsky verweisend,

Peter Gerwin Hoffmann, Mikroben bei Kandinsky (1988),
Aufnahme der Mikroorganismen im Labor

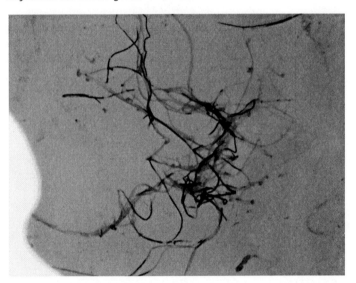

erklärte Hoffmann die Dichotomie zwischen Kunst und Natur mit dem Aufkommen der Gentechnik für aufgehoben:

»Die Lebewesen (Pflanzen und Tiere), welche uns umgeben, sind künstlich, das heißt sie beinhalten durch ihre verbliebene Existenz kunstimmanente Bedeutung und können nur mehr als Kunstwerke verstanden und interpretiert werden. [...] Die Auflösung der Polarität von Kunst und Natur schafft eine neue – die Polarität von realer Kunst und Kunst Kunst. Die Arbeit der

Ingeborg Reichle Künstler bekommt einen neuen Stellenwert, denn es hat für unsere Zukunft höchste gesellschaftliche Priorität, dass die Kunstwerke (die Kuh oder das genmanipulierte Bakterium) mit Kriterien der Kunst untersucht und reflektiert werden und nicht wie jetzt mit den Kriterien der Wirtschaft, Politik oder Wissenschaft. Der Künstler wird sich in Zukunft mit der ihn umgebenden Kunst auseinander setzen.«[10]

Fünf Jahre später ging der Künstler David Kremers[11] genau in die andere Richtung und stellte auf dem Kunstfestival Ars Electronica 1993 in Linz die Arbeit *Oncogene* (1992) vor.[12]

In dieser Arbeit bannte der Künstler gentechnisch veränderte Bakterien auf die Leinwand. Mithilfe einfachster Laborverfahren waren Bakterien gentechnisch manipuliert worden, sodass diese schließlich farbige Enzyme herstellten und somit auf der Leinwand sichtbar wurden. Einer der ersten Künstler, der mit menschlichen DNA-Sequenzen arbeitete, war Kevin Clarke[13], der für seine Arbeit *Self-Portrait in Ixuatio* (1988) im Laborverfahren sein eigenes Blut einsetzte. Diese Form der Experimentalisierung der menschlichen DNA wurde im April 1989 im *Journal of Clinical Chemistry* veröffentlicht und in dem Artikel »Automated DNA Sequencing Methods Using PCR«[14] präzise beschrieben. Clarkes Ansatz fand weithin Beachtung und wurde von Wissenschaftlern aus dem Bereich der Genforschung wie Cary Mullis, James Watson und Paul Schimmel wahrgenommen. Zu Beginn der 90er Jahre begann auch der Künstler Steve Miller[15],

---

10 | Peter Gerwin Hoffmann: »Mikroben bei Kandinsky«, in: Richard Kriesche (Hg.), Animal Art, Graz 1987, ohne Paginierung.

11 | Seit einigen Jahren arbeitet der Künstler David Kremers als *artist in residence* am California Institute of Technology und als *conceptual artist in residence* in der Abteilung Biological Imaging Center des Beckman Institute mit einem Schwerpunkt auf der Visualisierung großer und komplexer Datenmengen und *biological art*.

12 | Vgl. hierzu: David Kremers: »Das Delbrück Paradox«, in: Karl Gerbel/Peter Weibel (Hg.), Genetische Kunst – Künstliches Leben. Genetic Art – Artificial Life. Ars Electronica 93, Wien 1993, S. 312–315.

13 | Der Künstler und Autor Kevin Clarke, der heute in New York lebt und arbeitet, begann sich Mitte der 80er Jahre mit dem Thema Genforschung und Identität auseinander zu setzen. Seitdem sind von ihm zahlreiche Werke und Projekte zum Thema *Kunst und Genetik* entstanden. Vgl. zu Clarkes Projekten: Hans D. Baumann/Horst Wacherbarth u.a. (Hg.): *Kunst und Medien, Materialien zur documenta 6*, Kassel 1977; Kevin Clarke: Kaufhauswelt. Fotografien aus dem KaDeWe, München 1980; Kevin Clarke: The Red Couch, New York 1984.

14 | S.M. Koepf/L.J. McBride u.a.: »Automated DNA Sequencing Methods Using PCR«, in: Journal of Clinical Chemistry 35/11 (1989), S. 2196–2201.

15 | Der in New York lebende Künstler Steve Miller begann Anfang der 90er

sich den neuen Bildern vom Menschen in den Biowissenschaften zuzuwenden. Miller ließ die DNA des zu Porträtierenden im Labor extrahieren und visualisierte die Chromosomen auf der Leinwand, wie z.B. in der Arbeit *Genetic Portrait of Isabel Goldsmith* (1993) (Abb. 2). Mit diesem Vorgehen wandte Miller sich von der traditionellen

Kunst aus dem Labor – im Zeitalter der Technowissenschaften

Steve Miller, Genetic Portrait of Isabel Goldsmith (1993)

Porträtmalerei ab, um der Frage nach der Konstruktion von Identität und Genealogie im Zeitalter der Biowissenschaften mithilfe biotechnologischer Verfahren nachzugehen:

»In these portraits, the sitters' identity is no longer limited to outward appearance, but viewed through medical images, such as x-ray, MRI, sonogram, EKG, and CAT scans. Rather than being a depiction, these new portraits focus on identification using internal vistas and abstract symbols of medical nomenclature.«[16]

Jahre, sich mit der Ablösung des von Künstlerhand geschaffenen Porträts durch die Fotografie zu beschäftigen und fand den Weg über avancierte technische Bildgebungsverfahren der Naturwissenschaften zurück zum Genre der Malerei.
16 | Vgl. http://www.geneart.org/miller-steve.htm, gesehen am 20.07.2002.

Ingeborg Ähnlich ging der Künstler Gary Schneider[17] in seinen Arbeiten *The*
Reichle *First Biological Selfportrait* (1996) und *Genetic Self-Portrait* (1997)
vor, indem er die Mikrostrukturen des Körpers visualisierte und Fragen nach der Verschiebung derjenigen Rechtsnormen stellte, die aufgrund der Entwicklung im Bereich der Genetik heute zur Disposition stehen. Im Herbst 2001 fand das DNA-Porträt des Künstlers Marc Quinn[18] *Sir John Sulston: A Genomic Portrait* (2001) Eingang in die Sammlung der National Portrait Gallery in London. Marc Quinn hatte in dieser Arbeit Spuren menschlicher DNA auf einen Glasträger aufgetragen, um mit Mechanismen jenseits der Repräsentation zu arbeiten. Gleichsam als Gegenpol zu dieser Suche nach der *vera icon* des 21. Jahrhunderts wirken die Fotografien von Labortieren von Künstlerinnen wie Catherine Chalmers[19] oder Pamela Davis Kivelson.[20] Sie zeigen in ihren Fotoserien die Deformationen von labortechnisch hergestellten Lebewesen, die außerhalb ihrer artifiziellen Laborumgebung nicht mehr existieren können. In der Fotoserie *Transgenic Mice* (2000) (Abb. 3) von Catherine Chalmers und in den Bildern von *The Life of Drosophila* (1998) von Pamela Davis Kivelson wird auf die Folgen der Transformation von Fliegen und Mäusen zu laborwissenschaftlichen Modellorganismen verwiesen – Organismen, ohne die

---

17 | Der aus Südafrika stammende Künstler und Fotograf Gary Schneider lebt und arbeitet heute in New York und unterrichtet zudem als Professor am Cooper Union for the Advancement of Science and Art in New York City. Vgl. zu Schneiders jüngsten Werken zur Genetik und der Komplexität menschlicher Identität: Gary Schneider: Genetic Self-Portrait, New York 1999.

18 | Der britische Künstler und Bildhauer Marc Quinn wurde 1991 bekannt mit der Arbeit *Self* (1991), in der eine Porträtbüste aus 4,5 Liter seines eigenen Blutes anfertigte. Seit einiger Zeit arbeitet Quinn in seinen Porträts mit menschlicher DNA und seit kurzem auch mit eigenen DNA-Sequenzen.

19 | Die Künstlerin Catherine Chalmers lebt heute in New York und stellt seit Jahren weltweit ihre Werke aus. Neben ihrer Kritik zur Tierzucht und der industriellen Produktion von Labormäusen ist insbesondere ihre Arbeit zur tierischen Nahrungskette *Food Chain* von 1994–96 bekannt geworden; vgl. hierzu: Catherine Chalmers/Michael L. Sand: Food Chain: Encounters between Mates, Predators and Prey, New York 2000.

20 | Die amerikanische Künstlerin Pamela Davis Kivelson ist heute als Research Professor am UCLA Center for the Study of Women tätig. Zudem arbeitet Pamela Davis Kivelson seit Jahren als Mitbegründerin des Science Art Center des UCLA mit Forschern unterschiedlichster Disziplinen zusammen. In ihren Arbeiten hat die Künstlerin immer die Auseinandersetzung mit den Naturwissenschaften gesucht und hier insbesondere mit jenen Bildern, die weiblichen Angehörigen des Wissenschaftsbetriebs in den Naturwissenschaften zugeschrieben wurden.

weite Bereiche der Life Science nicht mehr produktiv arbeiten können.

Catherine Chalmers, Rhino (2000)
Rhino ist Teil der Fotoserie »transgenic mice«

Kunst aus dem Labor – im Zeitalter der Technowissenschaften

Kunst aus dem Labor

Die Kunst hat in den vergangenen zwei Dekaden auf sehr unterschiedliche Art und Weise die Auseinandersetzung mit Bildern und Technologien der Technowissenschaften gesucht. Der Einsatz von Methoden und Verfahren aus diesem Bereich der Wissenschaften gab jedoch nicht nur das Thema vor, sondern eröffnete durch den Einsatz von neuen Materialien und Methoden neue Möglichkeiten für den künstlerischen Ausdruck. Bakterien, Viren, Zellen und genetisch veränderte Organismen wurden zu Gegenständen der Kunst. Selbst Methoden zur Manipulation von Lebewesen wurden aufgegriffen und transgene Organismen[21] aus dem wissenschaftlichen Kontext der Laborsituation in den Kunstraum überführt.[22]

---

21 | Zur Herstellung transgener Organismen im Labor siehe: Karin Knorr Cetina: »Von Organismen zu Maschinen: Laboratorien als Produktionsstätten transgener Lebewesen«, in: Karin Knorr Cetina, Wissenskulturen. Ein Vergleich naturwissenschaftlicher Wissensformen, Frankfurt/Main 2002, S. 199–226.

22 | Das Phänomen der Integration von Verfahren und Methoden der Genforschung in die Kunst sowie der Einsatz gentechnisch manipulierter Materie hatte der Künstler und Kopf der Ars Electronica 1993 *Genetische Kunst – Künstliches Leben. Genetic Art – Artificial Life* Peter Weibel dort in einer programmatischen Klassifizierung zu fassen versucht. Weibels Beschreibung genetischer Kunst

Ingeborg   Mit Hilfe von Methoden und Technologien der Molekularbiologie
Reichle   projektierte der Künstler Eduardo Kac Ende der 90er Jahre erstmals die tatsächliche Neuschöpfung von Lebewesen nach ästhetischen Gesichtspunkten. Eduardo Kac, der heute als Professor am Art and Technology Department am Art Institute of Chicago wirkt, kooperiert seit Jahren mit Wissenschaftlern aus dem Bereich der Genforschung und schuf in den letzten Jahren zahlreiche »transgene« Kunstwerke, die weltweit ausgestellt und kontrovers diskutiert wurden.[23] Das Konzept seiner *Transgenic Art* formulierte Kac erstmals 1998 in der elektronischen Ausgabe der Zeitschrift *Leonardo*.[24] In seinem manifestartigen Konzept stellte Eduardo Kac die Auswirkungen technisch konstruierter und manipulierter Organismen, wie sie insbesondere in den Laboratorien der Genforschung hergestellt werden, auf die Wahrnehmung und Verortung von »natürlichen« Körpern und somit letztlich auch des menschlichen Körpers in das Zentrum seiner Überlegungen.

Sein erstes transgenes Kunstprojekt mit dem Titel *GFP-K9* präsentierte Kac in Form eines Künstlermanifests, in dem er die Herstellung eines biolumineszierenden Hundes verfolgte. Dieses einzigartige Lebewesen sollte durch die Verschmelzung der DNA eines Hundes mit einer DNA-Sequenz des Gens einer Qualle des Nordwestpazifiks (Aequorea victoria) hervorgebracht werden. Kac wählte die Gensequenz dieses Organismus, da dieser das *Green Fluorescent Protein* enthält, welches grelles grünes Licht emittiert, sobald es ultraviolettem Licht einer bestimmten Wellenlänge ausgesetzt ist. Obwohl das Hundegenom in der Projektphase von *GFP-K9* im Jahre 1997 noch nicht entschlüsselt war und eine faktische Umsetzung der Idee eines transgenen Hundes noch in weiter Ferne schien, gab Kac mit zahlreichen Schaubildern und quasi-wissenschaftlichen Illustrationen, deren Stil er den Lehrbüchern der Genforschung entlehnt hatte, die mögliche Herstellung eines »leuchtenden Hundes« vor (Abb. 4). Kac

---

nimmt den technischen Hintergrund der genetischen Kunstwerke zum Ausgangspunkt dieser Kategorisierung: »Genetische Kunst als künstlerisches Äquivalent der Gentechnik will einerseits wie diese mit modernen technischen Mitteln Lebensprozesse simulieren, anderseits mit klassischen Mitteln die möglichen Folgewirkungen von solchen Simulationen und synthetischen Erzeugungen des Lebens kritisch bedenken.« Peter Weibel: »Über genetische Kunst«, in: Karl Gerbel/Peter Weibel (Hg.), Genetische Kunst – Künstliches Leben. Genetic Art – Artificial Life. Ars Electronica 1993, Wien 1993, S. 421.
23 | Zu den Kunstkonzepten und Werken von Eduardo Kac vgl.: Telepresence and Bio Art: Networking Humans, Rabbits and Robots, Ann Arbor 2004.
24 | Vgl.: Eduardo Kac: »Transgenic Art«, in: Leonardo Electronic Almanac 6/11 (1998), ohne Paginierung.

*Eduardo Kac, GFP-K9 (1998)
Schautafel der intendierten Rekombination der DNA eines Hundes
und der einer Qualle (Aequorea Victoria)*

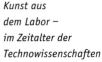

Kunst aus
dem Labor –
im Zeitalter der
Technowissenschaften

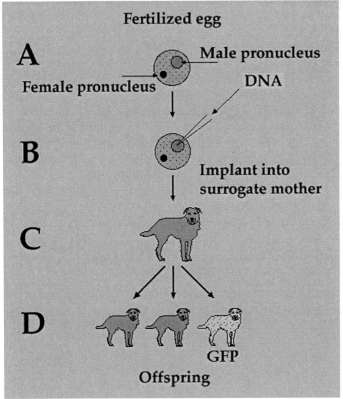

hatte seiner Vision von der Fortschreibung der Evolution durch die Kunst in Form eines digitalen Bildes einen Ausdruck verliehen und dabei auf ein prekäres Spannungsverhältnis zwischen Bild und Körper verwiesen. Sobald der technische Fortschritt in der Gentechnik es erlaube, so Kac, werde das Bild gegen den »realen« Körper eingetauscht, der allerdings genau wie das Bild konstruiert sein würde. Dabei verstand er das Bild gleichsam als Vorläufer und Bedingung der späteren Materialisierung des transgenen Körpers. Demnach begreift Eduardo Kac die Möglichkeit, die »immaterielle Plastizität« der digitalen Bildbearbeitung auf reale Körper auszudehnen, als positive Chance, neue Körper zu konstruieren und deren bisherigen *ontologischen* Status als Fiktion zu entlarven.

Dieses Vorgehen des Künstlers erscheint bildtheoretisch überaus brisant, da hier Bilder zu Körpern gemacht werden und damit die Differenz zwischen dem Bild und all jenem, wovon es ein Bild ist,

Ingeborg Reichle aufgehoben wird. Auf diese Weise wird das bisher gültige Verhältnis von Bild und Körper umgekehrt, das auf der Annahme der Realität des Körpers basierte, der wiederum im Bild repräsentiert werden konnte. In der Installation *Genesis* (1998/99) setzte Kac sein Konzept transgener Kunst schließlich um, später wiederholt in den Folgeprojekten *GFP Bunny* (2000) und *The Eighth Day* (2000/01), einer transgenen Netzinstallation. Die Vorstellung, einem Organismus Gene zu entnehmen, um sie einem anderen wieder einzusetzen, beschrieb Kac im Rahmen seines *Genesis*-Projekts als harmlos und wenig anstößig, da das Green Fluorescent Protein artenunabhängig sei und keine zusätzlichen Proteine oder Stoffe für die Emission von grünem Licht benötige. Mit dem Begriff der rekombinanten DNA und dem damit verbundenen Gedanken an die Überschreitung der von der Evolution vorgegebenen Artengrenzen verbindet der Künstler weder etwas Monströses noch etwas Übernatürliches.

In Kacs jüngstem Kunstwerk, *The Eighth Day* (2000/01), löste er schließlich die Versprechen der vormals Konzept gebliebenen Kunstwerke ein und ließ eine ganze Reihe von transgenen bzw. bio-

Eduardo Kac, The Eighth Day (2000/01)
Ansicht der transgenen Netzinstallation »The Eighth Day«

luminiszierenden Tieren wie Fischen und Mäusen in dieser Installation auftreten (Abb. 5).[25] Im Oktober 2001 wurde *The Eighth Day* an

---

25 | Vgl. zu *The Eighth Day* (2000/01): Eduardo Kac: »Biokunst: Proteine, Transgenik und Bioboter«, in: Gerfried Stocker/Christine Schöpf (Hg.), Takeover.

der Arizona State University in Tempe nach zweijähriger Vorbereitungszeit der Öffentlichkeit vorgestellt. Die Programmatik war in etwa folgende: Gott schuf die Welt in sechs Tagen, und nun ist es der Mensch, der am achten Tage die Welt nach seinen Vorgaben entstehen lässt. In der Installation *The Eighth Day* führte Kac den Besucher in einen dunklen Raum, der akustisch mit leichtem Meeresrauschen erfüllt war. Auf den Boden wurden Bilder von Wasserläufen projiziert, sodass der Besucher über Wasser zu wandeln schien, ehe er sich der großen Installation unter der Plexiglashaube näherte. Ein ganzes Ökosystem transgener Organismen und Tiere mit fluoreszierenden Pflanzen, Fischen, Mäusen und Amöben eröffnete sich dem Besucher. Dieses Ensemble wurde von Kac mit einem Roboter verschaltet, dessen Bewegungen in der Installation durch die Zellteilung der Amöben gelenkt wurde. Ähnlich wie bereits in der Installation *Genesis* konnten Netzteilnehmer über eine im Roboter eingebaute, verstellbare Kamera jede Regung in der Installation verfolgen.

Kunst aus dem Labor – im Zeitalter der Technowissenschaften

Künstler wie Eduardo Kac scheinen sich mit der technischen Herstellung transgener Organismen, Hybriden oder anderen Technofakten an einem neuralgischen Punkt der modernen Lebenswissenschaften zu bewegen, der die Überführung von laborwissenschaftlich hergestellten Technofakten in den Kunstraum zu einem heiklen Unterfangen werden lässt. Dabei sind die laborwissenschaftlichen Methoden zur Herstellung dieser transgenen Lebewesen keineswegs neu. Seit über drei Jahrzehnten ermöglicht die Gentechnik der Molekularbiologie durch die fortschreitende Technisierung des Lebendigen die technische Nach- bzw. Neukonstruktion des Lebens auf molekularer Ebene. Solche bisher in der dem Menschen vorgegebenen Natur nicht existenten Organismen weisen keine »natürlichen« Architekturen der Evolution mehr auf und bestärken die Transformation von Organismen der Laborbiologie in *epistemische Objekte*.[26] Sowohl die Molekularbiologie als auch weitere Bereiche der Laborwissenschaften konstruieren und designen die Objekte ihres Forschungsinteresses heute weitgehend selbst und produzieren dabei technologische Artefakte, die ihre Existenz der experimentellen Kultur und dem expandierenden Apparatesystem des Labors verdanken. Dabei haben diese Organismen in den Laborwissenschaften oftmals nur mehr einen epistemologischen Status im Sinne von Erkenntnismodellen, die lediglich als Stellvertretermodelle fungieren. So bilden in der Folge die

---

Who's Doing the Art of Tomorrow. Wer macht die Kunst von morgen, Wien, New York 2001, S. 125–131.

26 | Vgl. Klaus Amann: »Menschen, Mäuse und Fliegen. Eine wissenssoziologische Analyse der Transformation von Organismen in epistemische Objekte«, in: Zeitschrift für Soziologie 23/1 (1994), S. 22–40.

Ingeborg Technofakte der »dritten Natur« die Referenzobjekte des Labors und
Reichle nicht mehr die Lebewesen der ersten Natur. Die Aussagen über Ergebnisse von Experimenten und die Diskurse der Forschergemeinschaft richten sich folglich primär auf diese hergestellten epistemischen Objekte, die ihre Modellierung dem immensen Apparatepark und der materiellen Infrastruktur des Labors verdanken.[27] Eine solche Setzung von Modellrealitäten ermöglicht eine kontrolliertere technische Steuerung von Prozessen des Lebendigen, die in der Folge zu einer Denaturierung und Konstruiertheit der zu untersuchenden Objekte führt.[28]

Insbesondere die Entstehung rekombinanter DNA-Technologien in den siebziger Jahren des 20. Jahrhunderts veränderte die Art und Weise, in der molekulare Strukturen und Prozesse lebender Organismen dem wissenschaftlichen Experimentieren verfügbar wurden, auf fundamentale Weise. Mit der Herstellung transgener Organismen durchbricht die Molekularbiologie die Grenzen der Arten und Spezies, welche die Evolution bislang hervorgebracht hat, und lässt somit die bisherige Ordnung der Biologie ins Wanken geraten. Dieser neue Zugriff auf Organismen bedeutet aus einer epistemischen Perspektive einen Bruch mit den vorangegangenen Verfahren der Molekularbiologie: Die Makromoleküle selbst werden so zu Manipulationswerkzeugen rekombinanter DNA-Technologien und somit zu technischen Entitäten transformiert. Diese sind ihrem Charakter nach nicht mehr zu unterscheiden von den Prozessen, in die sie eingreifen,[29] und nehmen in den Laboratorien der Molekularbiologen Ähnlichkeit mit industriellen Produktionssystemen an, womit sie zu *molekularen*

---

27 | Vgl. ebd.

28 | Mit der Hervorbringung epistemischer Objekte, die auf die Referenz auf eine dem Menschen vorgegebene Natur verzichtet, sieht Elvira Scheich nicht nur eine vollständige Denaturierung, sondern zudem eine mediale Rekonstruktion einhergehen: »Jede Referenz – sowohl bezüglich einer Vorstellung von Realität und Natur als auch zu einer inneren Harmonie und Ganzheitlichkeit – ist aufgegeben. Die durch den hierarchisch organisierten Körper repräsentierten Ideen von Identität und Substantialität sind im postmodernen Bewusstsein ersetzt durch die vollständige Denaturalisierung und Konstruiertheit der Objekte als veränderbare Zeichen, mit veränderbarem Kontext, in veränderbarer Zeit. Die Ablösung von ›Natur‹ vollzieht sich durch Techniken der Simulation, der Visualisierung von Metaphern und Bildern, die menschliche Erfahrung neu gestalten.« In: Elvira Scheich, Naturbeherrschung und Weiblichkeit. Denkformen und Phantasmen der modernen Naturwissenschaften, Pfaffenweiler 1993, S. 21.

29 | Vgl. Hans-Jörg Rheinberger: »Kurze Geschichte der Molekularbiologie«, in: Ilse Jahn u.a. (Hg.), Geschichte der Biologie. Theorien, Methoden, Institutionen, Kurzbiographien, Heidelberg, Berlin 1997, S. 661.

Maschinen werden.[30] Infolge dieser Entwicklung nimmt der Organismus selbst den Status eines technischen Objektes[31] an und wird der Organismus bzw. das Molekül zu einem Labor sui generis. So befindet sich die Molekularbiologie als ein zentraler Bereich der Biologie auf dem Weg zu einer Wissenschaft, die ihre Gegenstände – Lebewesen und Teile davon – nicht nur mit immer raffinierteren technischen Apparaturen behandelt, zerlegt, prozessiert, analysiert und verändert, sondern diese nunmehr als *Technofakte* bzw. *Biofakte*[32] konstituiert, die nicht mehr als biologische Objekte einer »natürlichen Natur« beschrieben werden können.[33] Diese Konstruktion folgt nicht einem Verständnis der Produktion von Materie als einer »Schöpfung« im Sinne einer *creatio ex nihilo*, Hervorbringung oder Generierung, sondern ist vielmehr als Prozess der Umwandlung und Konvertierung zu verstehen. Transgene Kunst, so wie sie von Eduardo Kac und anderen Künstlern begriffen wird, ist vor allem eine Auseinandersetzung mit Konvertierungsproblemen im Zuge der Einebnung von natürlichen und technologischen Systemen innerhalb von Praktiken der Molekularbiologie.

Kunst aus dem Labor – im Zeitalter der Technowissenschaften

30 | Vgl. Karin Knorr Cetina: Wissenskulturen. Ein Vergleich naturwissenschaftlicher Wissensformen, Frankfurt/Main 2002, S. 199.

31 | Vgl. Hans-Jörg Rheinberger: »Von der Zelle zum Gen«, in: Hans-Jörg Rheinberger/Michael Hagner/Bettina Wahrig-Schmidt, Räume des Wissens. Repräsentation, Codierung, Spur, Berlin 1997, S. 275.

32 | Den Ausdruck *Biofakt* führte kürzlich die Philosophin Nicole C. Karafyllis ein, um durch das Zusammenziehen der Vorsilbe »Bio« und des Wortes »Artefakt« einen systematisierenden Begriff für technisch manipuliertes Leben zu formulieren: »Artefakte sind künstliche, ersonnene und erschaffene Objekte. Die konstruierten Objekte fielen bislang immer in den Bereich der Gegenstände. Ein Artefakt meint stets durch Fertigkeiten und Techniken Menschengemachtes und dient als Sammelbegriff für so unterschiedliche, künstlich geschaffenen Dinge wie Bauwerke, Kunstwerke und Maschinen. Artefakte sind im Allgemeinen tot. Biofakte sind biologische Artefakte, d.h. sie sind oder waren lebend. Die Kategorie der technischen Zurichtung des Lebenden ist zwar nicht neu (klassische Züchtung!), jedoch gab es bislang keinen systematisierenden Begriff, der auf die technische Einflussnahme auf das vormals natürliche Wachstum verweist. Dieser begriffliche Mangel entstand u.a. deshalb, weil sich die Technikphilosophie bislang darauf konzentrierte, in erster Linie die Technik zu systematisieren und ›Natur‹ immer als ›das Andere‹ und ›das Gegenüber‹ der Technik, von dem man sich abgrenzen konnte, hinzunehmen.« Nicole C. Karafyllis: »Das Wesen der Biofakte«, in: Nicole C. Karafyllis (Hg.), Biofakte. Versuch über Menschen zwischen Artefakt und Lebewesen, Paderborn 2003, S. 12.

33 | Vgl. Klaus Amann: »Menschen, Mäuse und Fliegen. Eine wissenssoziologische Analyse der Transformation von Organismen in epistemische Objekte«, in: Zeitschrift für Soziologie 23/1 (1994), S. 25.

Ingeborg **Kunst, Wissenschaft, Öffentlichkeit**
Reichle

Das Phänomen der Verbindung von Kunst und Methoden der Molekularbiologie stellt sicherlich ein Novum dar. Obwohl die Methoden zur Herstellung rekombinanter DNA schon zu Beginn der 70er Jahre entwickelt wurden und heute zum Alltag in der Forschung gehören, lösen künstlerisch motivierte Projekte selbst drei Jahrzehnte später noch Skandale aus und führen zu kontroversen Debatten sowohl in der Kunst und Wissenschaft als auch in der allgemeinen Öffentlichkeit. Allein das Vorhaben eines Künstlers, transgene Geschöpfe nur um der Kunst willen und ohne wissenschaftlich legitimierte Zielsetzung herzustellen, wird als fragwürdig erachtet und insbesondere von Seiten der Wissenschaft stark kritisiert. Dabei geht es der Kunst oftmals nicht in erster Linie um das erneute Zusammengehen von Kunst und Wissenschaft oder die Verkörperung eines neuen Typus von »Künstler-Wissenschaftler«. Künstler wie Eduardo Kac wollen nicht die Kluft zwischen Kunst und Wissenschaft einebnen, sondern vor dem Hintergrund der zunehmenden Technisierung der Lebenswelt und der wachsenden Deutungsmacht der Biowissenschaften einen Diskurs zwischen Forschung und Öffentlichkeit eröffnen, der sich von den bislang geführten Debatten abhebt. Daher werden neben dem Ausloten von Methoden und Techniken der Wissenschaft, wie z.B. dem Einsatz von Visualisierungen, Texten und Instrumenten, auch Modellorganismen der Biowissenschaften im experimentellen Raum der Kunstwerke aufgegriffen und in den Kunstraum überführt. Mit diesem Transfer wird deutlich gemacht, in welch spannungsreichem Gefüge sich die gegenwärtige technowissenschaftliche Produktion von *Technofakten* und die künstlerische Herstellung von *Artefakten* bewegen. Mit der Herstellung transgener Organismen, Hybriden und rekombinanter DNA sind Künstler offenbar an einem neuralgischen Punkt der Technosciences angelangt, an dem sich die Artefaktizität der Natur der Artefaktizität der Kunst gegenübergestellt sieht und das Verhältnis von Kunst und Natur – stets das entscheidende Kriterium aller Kunsttheorie – zu implodieren scheint. Darin scheint letztlich das große Unbehagen begründet zu liegen, das Kritiker der *Transgenic Art* immer wieder ergreift. Mit der Überführung artifizieller Entitäten und Hybriden aus den Laboratorien der Wissenschaft führen Künstler vor Augen, dass die Technowissenschaften längst mit einem kybernetischen Naturbegriff operieren und damit ein posthumanistisches Naturverständnis forcieren, dessen Konturen für die meisten Menschen erst allmählich an Schärfe gewinnen: Die Biowissenschaften haben die Wände des Labors längst eingerissen und dessen Wände ausgedehnt auf die ganze Natur und diese zum Objekt eines globalen Experiments gemacht.

Die Übertragung laborwissenschaftlich hergestellter Organismen in den Kunstraum führte in den letzten Jahren zu kontroversen Debatten, die weniger den Status der Objekte als Kunstwerke infrage stellten, sondern vielmehr auf die Ethikdebatte um die Grenzen der Manipulation an der dem Menschen vorgegebenen Natur und deren Ökonomisierung durch die Wirtschaft abzielte. Dabei wurde immer wieder kritisiert, dass in der Kunst lebende Organismen nach ästhetischen Kriterien hergestellt werden, und dies, im Gegensatz zum Vorgehen von Wissenschaftlern in Bereichen wie der Molekulargenetik oder Zellbiologie, ganz ohne Nützlichkeitserwägungen. Der Kunst wurde unterstellt, ohne zweckorientierte Legitimierung Lebewesen in ästhetische Artefakte zu transformieren und somit in frevelhafter Absicht die Schöpfungsgeschichte fortschreiben zu wollen. Dabei wurde deutlich, dass »leuchtende Hunde« oder »leuchtende Kaninchen« im Alltag der Menschen bisher keine Akzeptanz finden und als unheimliche und monströse Hybridwesen betrachtet werden, die nicht zur Familie der Geschöpfe gehören *dürfen*, da sie zu einer Verwirrung der traditionellen, ontologischen Ordnung führen würden. Im Hinblick auf die Neuproduktion von Hybridformen in der Kunst scheint es weniger um eine Debatte um die Akzeptanz neuer Kunstformen oder Grenzverschiebungen in der Sphäre der Kunst selbst zu gehen. Hier tritt vielmehr der Aushandlungsprozess der gesellschaftsgestaltenden Macht zutage, einer Macht, die zur Konstruktion ganz bestimmter Lebewesen und Lebenswelten führt und damit andere ausschließt. Lebewesen, die in Laboratorien zu bestimmten wissenschaftlichen Zwecken und aus ökonomischen Gründen manipuliert und transformiert werden, werden in diesem Kontext – hingenommen, nicht jedoch im Alltag. Dies umso mehr, da es immer schwieriger wird, im Zuge der Technisierung des Lebendigen zu unterscheiden, was noch »Natur« und was bereits Technik ist, was als real oder imaginär gilt, und alltagsweltliche Gewissheiten ohnehin bereits erschüttert sind. Wo es immer schwieriger wird, im Zuge der Technisierung des Lebendigen zu unterscheiden, was noch »Natur« und was bereits Technik ist, erwächst das Bedürfnis, auch moralisch klar zu trennen zwischen den Sphären des ökonomisch Nötigen und dem künstlerisch Möglichen.

Während traditionellere erkenntnistheoretische Positionen immer noch auf der alten »humanistischen« Konnotation von Natur beharren, die Natur eher statisch, verbindlich und teilweise auch als mit unveräußerlichen Eigenschaften ausgestattet betrachten, und sich an Vorstellungen des Organischen orientieren[34] und zudem die postmoderne Erkenntniskritik sich nach wie vor darauf konzentriert, die damit einhergehenden klassischen humanistischen Kategorien

Kunst aus dem Labor – im Zeitalter der Technowissenschaften

---

34 | Vgl. Jutta Weber: Umkämpfte Bedeutungen. Naturkonzepte im Zeitalter der Technoscience, Frankfurt/Main, New York 2003, S. 228.

zu dekonstruieren, operieren die Biowissenschaften längst nicht mehr mit dieser humanistisch verstandenen Natur.[35] Kunst aus dem Labor führt daher vor Augen, wie problematisch die Kategorie »Natur« heute erscheint und wie groß die Befürchtungen sind, dass die Erkenntnisse, welche im Labor an konstruierten Technofakten und epistemischen Objekte gewonnen werden, im Zeitalter der Technowissenschaften generell auf Organismen und schließlich auf den Menschen übertragen werden. Diese Ängste existieren im Hinblick auf die ungeheure Dynamik, mit welcher sich die Technowissenschaften entwickeln und etablieren, zu Recht. Aufgrund der zunehmenden Amalgamierung von Technik, Industrie und Wissenschaft kann heute kaum mehr klar zwischen den dafür verantwortlichen technischen, sozialen, ökonomischen oder politischen Faktoren unterschieden werden. Das Ausmaß der gegenwärtigen ubiquitären Verwissenschaftlichung und Technisierung führt zudem dazu, dass Technik zunehmend konstitutiv wird für gesellschaftliche Strukturen und Prozesse[36] – ein Vorgang, der nach der neueren Wissenschaftsforschung zu einer grundlegenden Umschreibung konstitutiver Strukturen von Gesellschaft führt.

Das Entstehen neuer Technologien und deren Implementierung in die gegenwärtigen gesellschaftlichen Verhältnisse erfolgt dabei keineswegs reibungslos, sondern findet in einem komplexen und vielschichtigen Kräfte- und Wechselverhältnis von Wissenschaft, Technologie und Gesellschaft statt und wird von einem gesellschaftlich-sozialen Aushandlungsprozess stetig begleitet. Im Zuge dieses Aushandlungsprozesses um die Welt von morgen entwerfen insbesondere die Lebenswissenschaften immer neue Leitbilder vom Menschen und schalten sich in zunehmendem Maße in gesellschaftspolitische Debatten ein. Doch war es gerade die Freistellung der Naturwissenschaften von jeglichen Sinnfragen, die zu einer der wesentlichen Voraussetzungen für den Aufstieg neuzeitlicher Naturwissenschaften und deren gesteigerte Effektivität wurde. Die Konzentration auf die Beantwortung rein instrumenteller Fragen und das Verweisen von Wert-, Norm- oder Sinnfragen in Bereiche wie Theologie, Philosophie und andere Geistes- oder Sozialwissenschaften begründeten – gerade erst im Zusammenhang mit ökonomisch verwertbaren Ergebnisleistungen – diesen gewaltigen Aufschwung der empirischen Wissenschaften.[37] Die Delegation von ethischen Fragen an die Geistes-

---

35 | Ebd., S. 242.

36 | Vgl. Günther Ropohl: Technologische Aufklärung: Beiträge zur Technikphilosophie, Frankfurt/Main 1991, S. 184.

37 | Vgl. ebenso zur Austreibung der Sinnfrage in den Naturwissenschaften: Cornelia Klinger: »Die modernen Wissenschaften für einen ›Wahrheitsdiskurs‹ zu

und Sozialwissenschaften zugunsten der Ausbildung einer rein pragmatisch verfahrenden Basis der »Machbarkeit« und »Realisierbarkeit« theoretischer Ansätze war eine der wesentlichen Bedingungen für die gesellschaftliche Machtposition, welche die Naturwissenschaften in den letzten zweihundert Jahren erringen konnte.[38] Die sich nicht zuletzt aus diesen Gründen abzeichnende Ausdifferenzierung der Wissenschaften und universitären Disziplinen führte schließlich zur endgültigen Trennung der Geistes- und Naturwissenschaften sowie zu einer immer weiteren Fragmentierung einer entzauberten Welt, in der ein umfassend konzipierter Lebens- und Naturbegriff nicht mehr möglich schien und die Aufspaltung des Naturbegriffs in zahlreiche, fragmentarische Aspekte mit sich brachte.[39] Im Verlauf dieser Entwicklung wurde der Auslegung gerade des Naturbegriffs der Naturwissenschaften in den technisierten Gesellschaften eine immer größere Deutungsmacht zugesprochen, und im Gegensatz dazu wurden Vorstellungen eines metaphysischen Naturbegriffs nunmehr als spekulativ, somit unwissenschaftlich und – vor allem – nicht nutzbringend disqualifiziert. Auf diese Weise fielen die Geschichte der Natur*forschung* und die Geschichte der Natur*vorstellungen* auseinander. Nicht empirisch angelegte Naturvorstellungen wurden zum lediglich schmückenden, theorie-orientierten Bildungsgut einer ansonsten auf die »essenziellen«, nutzen- und ergebnisorientierten sowie intersubjektiv operierenden Naturwissenschaften setzenden Kultur.[40]

Kunst aus dem Labor – im Zeitalter der Technowissenschaften

---

funktionalisieren, führt zu ihrer systematischen Verzerrung, da sie in diesem Sinne nicht wahrheitsfähig sind, sondern gerade umgekehrt ihren gewaltigen Aufschwung in der Moderne der Freisetzung aus dem ›Wahrheitsdiskurs‹ von Theologie und Philosophie verdanken. Die empirischen Wissenschaften beantworten instrumentelle Fragen, aber weder Norm-, Wert-, Bedeutungs-, Sinn oder Zielfragen.« Cornelia Klinger: »Der Diskurs der modernen Wissenschaften und die gesellschaftliche Ungleichheit der Geschlechter. Eine Skizze«, in: Heinz Barta/Elisabeth Grabner-Niel (Hg.), Wissenschaftlichkeit und Verantwortung. Die Wissenschaft – eine Gefahr für die Welt?, Wien 1996, S. 115.

38 | Vgl. Jutta Weber: Umkämpfte Bedeutungen. Naturkonzepte im Zeitalter der Technoscience, Frankfurt/Main, New York 2003, S. 31.

39 | Vgl. ebd., S. 35.

40 | Vgl. hierzu die Ausführungen des Wissenschaftsphilosophen Jürgen Mittelstraß: »Erst mit der unheilvollen Abkoppelung der Naturwissenschaften von den Geisteswissenschaften im 19. Jahrhundert fallen beide Geschichten, auch institutionell, auseinander, werden Naturvorstellungen zum bloßen Bildungsgut ansonsten auf die Naturwissenschaften setzender technischer Kulturen.« Jürgen Mittelstraß: »Leben mit der Natur«, in: Oswald Schwemmer (Hg.), Über Natur: Philosophische Beiträge zum Naturverständnis, Frankfurt/Main 1991, S. 50.

Ingeborg Reichle   Die Entzifferung der Welt und schließlich die Lesbarkeit des genetischen Codes scheint eine bedrohliche Unlesbarkeit der Welt mit sich zu bringen. Insbesondere die ethischen und gesellschaftlichen Implikationen der Biowissenschaften bedürfen der kritischen Überprüfung. Dass derartige Orientierungshilfen nicht auf dem Wege klassisch argumentativer oder gar rhetorisch geführter Moraldiskussionen benannt werden können, zeigen Künstler wie z.B. Eduardo Kac: Die Bedeutung einer moralischen Welt, die den Hintergrund der Lebenswissenschaften liefern sollte, ist längst einer rein syntaktisch operierenden Struktur gewichen, die Effizienz, Machbarkeit und Verwertbarkeit in das Zentrum naturwissenschaftlichen Handelns stellt. Dabei sind es gerade die in dieser Struktur zum Einsatz gelangenden Mechanismen, die ein analoges künstlerisches Handeln notwendig erscheinen lassen. Zwar haben Künstler heute ihr Bild vom *secundus deus*, der seine Werke gottgleich schafft, an die Biowissenschaft und -technik abgetreten, die schon in ihren Anfängen als ihr Ziel verkündet hatte, der Natur die Evolution aus den Händen zu nehmen und diese nun nach ihrem Bilde zu gestalten, doch sind es gerade die diesem Bild zugrunde liegenden syntaktischen Mechanismen, die es heutzutage Künstlern ermöglichen, in einen Dialog mit den Zielsetzungen der Lebenswissenschaften zu treten. So wurde die erkenntnisstiftende Verfasstheit eminent künstlerischer Strategien, welche den voreilig geäußerten Plausibilitäts- und Nutzbarmachungsideologien der Naturwissenschaften im Sinne korrigierender Perspektivverschiebungen im übertragenen Wortsinn eine neue »Brille« aufsetzen, in den letzten Jahrzehnten immer wieder von Künstlern mit traditionellen künstlerischen Medien verfolgt.

    Mit dem Einsatz laborwissenschaftlicher Verfahren und Techniken der Lebenswissenschaften durch die Kunst eröffnet sich ein gewisses Potential, um in einen Dialog mit diesen Wissenschaften zu treten. Die in diesem Zusammenhang oftmals kritisierte Identifikation von Künstlern und Gen-Technologen, von Wissenschafts-Kontexten und Kunst-Kontexten ist daher nur auf den ersten Blick eine wie auch immer geartete »Identifikation«: Nur indem sich Künstler derselben Mechanismen und wissenschaftlichen Methoden bedienen, versetzten sie sich überhaupt erst in die Lage bzw. Situation, dem permanent geschäftigen Zumutungen der Biowissenschaften einen ebenbürtigen Handlungs-Standpunkt entgegenzusetzen, sodass die beispielsweise dem *Genesis*-Projekt eines Eduardo Kac zugrunde liegenden Verfahrensweisen eben nicht als Anbiederung an bzw. Nachahmung von Verfahrensweisen der Lebenswissenschaften definiert werden dürfen. Vielmehr handelt es sich um eine nur im Kunst-Kontext mögliche und akzeptierbare subversive Affirmation gentechnologischer Leistungen, die ausschließlich auf diesem Wege in den geforderten Dialog mit den Herausforderungen und Zumutungen der

Biowissenschaften treten kann. Infolge einer derartigen subversiven *Kunst aus*
Affirmation bietet sich Künstlern die Chance, zu Mitstreitern um eine *dem Labor –*
Welt von morgen zu werden, in der einer unreflektierten Biologisie- *im Zeitalter der*
rung und Essentialisierung nicht das letzte Wort geredet werden *Technowissenschaften*
darf.

»SHROUDED IN ANOTHER ORDER OF UNCERTAINTY«
UNBESTIMMTHEIT IN THOMAS PYNCHONS
»GRAVITY'S RAINBOW«
Bruno Arich-Gerz

Sei es als Problem, als Phänomen, als komplexitätssteigerndes Element in der Weltbetrachtung oder als epistemologische Herausforderung: Um Formen der Unbestimmtheit kommt man seit Beginn des 20. Jahrhunderts nicht mehr herum, sie prägen das Denken der Reflexionswissenschaften, die Formeln der Naturwissenschaften, die anwendungsorientierte Arbeit der Ingenieure – und, *last but not least*, das künstlerische Schaffen der Literaten. So genügt ein kursorischer Blick auf die vergangenen 150 Jahre US-amerikanischer Literatur und Literaturkritik, um die einzelnen Schritte der Karriere des Unbestimmtheitsbegriffs *from rags to riches* aufzuzeigen. Zwar unter einer anderen, synonymen Kennung, dafür aber an prominenter Stelle – nämlich im Untertitel – taucht er etwa in Herman Melvilles Roman »Pierre« aus dem Jahr 1852 auf: »The Ambiguities«. Die Erzählung über die unklare und undurchsichtige, möglicherweise inzestuöse Verwandtschaftsbeziehung des Protagonisten Pierre zu seiner Mutter (die er oft als seine »Schwester« bezeichnet) und seiner Geliebten Isabel (die gleichfalls seine [Halb-]Schwester sein könnte) beansprucht an einer Stelle das Doppel- bzw. Vieldeutige (»the ambiguous«), das Unklare oder eben: das Unbestimmte als eine der Beschreibung der menschlichen Natur adäquate Kategorie: »[W]hile the countless tribes of common novels laboriously spin vails of mystery, only to complacently clear them up at last, the profounder emanations of the human mind [...] never unravel their own intricacies, and have no proper endings«[1]. Melvilles Darstellung der menschlichen Natur als schleierhaft und geheimnisvoll und seine Betonung ihrer Unauslotbarkeiten und Ambivalenzen wollte oder konn-

---

1 | Herman Melville: Pierre, or: The Ambiguities [1852], Harmondsworth 1996, S. 141.

Bruno Arich-Gerz te die zeitgenössische Leserschaft seines Romans offenbar nicht nachvollziehen. Kritiker aus der damaligen Zeit nannten das Buch »a dead failure«, »a crazy rigmarole«, »a literary mare's nest« – und leisteten dadurch erneut einen Beitrag zu Melvilles lebenslangem Verschwinden aus den Bestsellerlisten, nachdem bereits ein Jahr zuvor sein gleichsam ambivalenzgesättigter Roman »Moby Dick« mehr Verrisse als kritisches Lob geerntet hatte. In der Zwischenzeit haben sich die Dinge geändert, wie die weitere Rezeptionsgeschichte der Werke Melvilles beweist, die einen kompletten Wandel von kritischer Verdammung hin zu Anerkennung und, im Fall der weltweiten akademischen *community* der Melville-Leserinnen und Leser, inbrünstiger Hingabe durchlaufen hat. Ebenso hat sich das Konzept des Unbestimmten oder Vieldeutigen im Bereich der Literatur und Literaturkritik vom Stiefkind zum Protegé entwickelt, wie schlaglichtartig Roman Ingardens Theorie der *Unbestimmtheitsstellen* und ihre Fortführung in der Rezeptionsästhetik (insbesondere in Wolfgang Isers Konzept der *Leerstelle* aus den 1970er Jahren) verdeutlichen.[2]

Wesentlichen Einfluss auf diesen Einstellungswandel zum Modus des Unbestimmten als nunmehr anerkanntes Kennzeichen literarischen Schaffens hatte der Anbruch der Moderne, verstanden als eine sämtliche Teilgebiete der Gesellschaft erfassende und sich im Bereich der Künste niederschlagende Neu- und Umorientierung in der Weltbetrachtung. Die Moderne und die mit ihr korrespondierende Epoche der literarischen Moderne, insbesondere die so genannte Klassische Moderne der ersten Dekaden des 20. Jahrhunderts, standen ihrerseits unter dem direkten Einfluss bzw. waren geprägt von Errungenschaften und Entwicklungen in den Natur- und Ingenieurswissenschaften sowie generell durch technologischen Fortschritt. Ein Paradebeispiel innerhalb der US-amerikanischen Literatur für die unmittelbare Wirkungsmacht des technologischen Fortschritts auf das Selbstverständnis des Menschen als nicht länger (vor)bestimmt durch die Annahme eines aufgeklärten und souveränen Subjekts, sondern nunmehr der Unsicherheit einer Vielzahl möglicher Erklärungen seiner *conditio humana* ausgesetztes Wesen, ist der autobiographische Roman »Education of Henry Adams« aus dem Jahr 1918. Der Anblick und die unmittelbare, sinnliche Erfahrung von technischen Errungenschaften wie den riesigen Dynamos auf den Weltausstellungen 1893 in Chicago und 1900 in Paris hinterlassen im Historiker Henry Adams den Eindruck eines unwiderruflichen Verlusts jeglichen gewohnten Maßes, das ihm bis dahin als *conditio sine qua non* für jede verlässliche und exakte, intersubjektiv akzeptierte und in

---

2 | Vgl. Roman Ingarden: Das literarische Kunstwerk [1931], Tübingen [2]1960 und Wolfgang Iser: Der Akt des Lesens. Theorie ästhetischer Wirkung [1975], München [3]1990.

diesem Sinn ›Wahrheit‹ beanspruchende wissenschaftliche Aussage galt. Adams beschreibt dies im Sinne eines Eintritts in »a supersensual world, in which he could measure nothing except by chance collisions of movements imperceptible to his sense, perhaps even imperceptible to his instruments«.³

Unbestimmtheit in Thomas Pynchons »Gravity's Rainbow«

Adams' kurioserweise in der dritten Person Singular gehaltene Autobiographie ist aus mehreren Gründen erwähnenswert, da sie technologischen Fortschritt direkt mit dem unwiederbringlichen Verlust der Sicherheit wissenschaftlicher Messungen und, dahinter liegend, wissenschaftlicher Vorannahmen verbindet. Darüber hinaus führt sie den selbstkritischen Historiker Adams zu der Schlussfolgerung, seine eigene Disziplin müsse sich den neuen Erfordernissen der Moderne anpassen. Vor allem das bis dahin in der Geschichtsschreibung als grundlegend erachtete Kausalitätsprinzip gerät für Adams zunehmend in die Krise: »Historians undertake to arrange sequences, – called stories, or histories – assuming in silence a relation of cause and effect«, schreibt Adams, um sogleich zu ergänzen, die Validität dieser Annahme müsse bereits zur Zeit der Jahrhundertwende als nachhaltig erodiert gelten. »[A]nd thus it happened«, fährt Adams fort, »that he found himself lying in the Gallery of Machines at the Great Exposition of 1900, with his historical neck broken by the sudden irruption of forces totally new.«

Adams' wortgewaltiger Text belegt eindrucksvoll, dass und wie die Annahme einer engen Verbindung zwischen einer Wirkung und ihrer Ursache und somit die unzweideutige Interpretation von Ereignissen – gleich ob historischer oder anderer Art – im Sinne von Wirkungen, die aus dieser oder jener Ursache resultieren, nicht mehr aufrecht zu erhalten ist. Stattdessen wächst die Anzahl möglicher Erklärungen – oder Versionen, Geschichten, Erzählungen – ins Unendliche, so Adams, der von »an interminable number of universes interfused«⁴ spricht und sich mit »universes« eines den ›harten‹ Wissenschaften entlehnten Terminus bedient.

Die Krise des Kausalitätsprinzips, das sich Adams zufolge in reine Unbestimmbarkeit auflöst, ist offenbar nur *eine* Variante bzw. *ein* Symptom des allgemeineren Gezeitenwechsels, der gemeinhin mit dem Schlagwort »Moderne« bezeichnet wird. Gleichzeitig ist es eben diese Terminologie von Ursache und Wirkung, die eine Annäherung an einen literarischen Text ermöglicht, der insbesondere mittels seines sich im Akt des Lesens konkretisierenden Wirkungspotentials vorführt, dass Kausalität als ein bislang valides Paradigma im Zeitalter fortgeschrittener Technologien nunmehr als überholt angesehen

---

3 | Henry Adams: The Education of Henry Adams [1918], Boston 1973, S. 381f.

4 | Ebd., S. 382.

Bruno werden muss. In puncto Handlungsstruktur und Erzählstrategie *Arich-Gerz* schreibt Thomas Pynchons 1973 erschienener Roman »Gravity's Rainbow« die Diagnose von Henry Adams fort und macht sie rezeptiv erfahrbar. Das textuelle Gewebe dieses von technischen Konstrukten, ingenieurswissenschaftlichen Formeln und Wissenschaftlerfiguren nur so wimmelnden Romans ist so gestrickt, dass intradiegetisch die Figuren *und* außerhalb der Erzählung der Rezipient permanent angeregt werden, ein dem enigmatischen Geschehen unterliegendes Ursache-Wirkungs-Schema *anzunehmen*, die kausale Begründung der ominösen Begebenheiten und Zusammenhänge vom Text selbst jedoch rekurrent vorenthalten wird. Das Bemühen, jene Begründung herzustellen bzw. zu konstruieren, bleibt, mit anderen Worten, *sowohl* den Figuren *als auch* dem oder der Lesenden vorenthalten, wobei je nach rezeptivem Verhalten früher oder später die Einsicht sich einstellt, dass es für viele der beschriebenen Begebenheiten, Effekte oder eben: *Wirkungen* offensichtlich keine eindeutig bestimmbare Ursache geben kann. Eine »trope of the unavailable insight«[5] erweist sich als zentrale rhetorische Figur des Gesamttextes: auch hier tritt mithin Unbestimmbarkeit an die Stelle einer kausalen Letztbegründung.

In dieser Hinsicht ähnelt Pynchons Roman ganz offensichtlich der Erzählung Melvilles, denn auch »Pierre«, so zwei Literaturkritiker von heute, »deliberately lead[s] us into the obscurities and uncertainties that contemporary opinion acknowledges as the basic crisis of all reading«.[6] Im Gegensatz zu Melvilles Zeit jedoch schätzt die literarische Öffentlichkeit heute Werke, die der grundlegenden Krise allen Lesens Ausdruck geben und hierzu die Spielmarke des Ambivalenten, Vieldeutigen und Unbestimmten einsetzen. Entsprechend überrascht es kaum, dass, im Gegensatz zu Herman Melville, dessen Werke bis zu seinem Tod in den 1890er Jahren im Grunde niemand mehr lesen bzw. delektieren wollte, der 67jährige Pynchon heutzutage als einer der größten Schriftsteller des 20. Jahrhunderts angesehen und Jahr für Jahr als ein potentieller Kandidat für den Literatur-Nobelpreis gehandelt wird (obwohl dieser ihm mit gleicher Regelmäßigkeit nicht verliehen wird, was zuletzt die Preisträgerin des Jahres 2004 ausdrücklich bedauerte: Elfriede Jelinek, die in Zusammenarbeit mit Thomas Piltz die 1981 erschienene deutsche Fassung von »Gravity's Rainbow« mit dem Titel »Die Enden der Parabel« übersetzt hat).

»Gravity's Rainbow« ist mit seinen 760 Seiten in der amerikani-

---

5 | Molly Hite: Ideas of Order in the Novels of Thomas Pynchon, Columbus 1983, S. 23.
6 | Malcolm Bradbury/Richard Ruland: From Puritanism to Postmodernism. A History of American Literature, Harmondsworth 1991, S. 144.

schen Originalfassung (die deutsche Übersetzung von Jelinek und Piltz ist mit rund 1200 Seiten sogar noch umfangreicher) nicht ohne Grund als »literary equivalent of a Jumbo Jet«[7] bezeichnet worden. Die Erzählung gliedert sich in vier Abschnitte, deren Handlung hauptsächlich in den Jahren 1944 und 1945 spielt. Der Schauplatz ist Europa gegen Ende des Zweiten Weltkrieges und reicht von London, einem der Zielorte der deutschen V-Waffen-Angriffe im September 1944, bis ins unmittelbare Nachkriegsdeutschland, ehe zum Ende des Romans ein Abstecher an die Westküste der Vereinigten Staaten erfolgt, wo ein auf der Grundlage der deutschen V-Raketen entwickeltes, fiktives Überschallprojektil auf ein Lichtspielhaus in Los Angeles zurast. Emsige Kritiker haben herausgefunden, dass in der Erzählung mehr als 400 Figuren auftreten oder zumindest (eigen-) namentlich genannt werden, die mehrheitlich rein fiktiv sind, wenngleich auch historische Figuren wie Walther Rathenau oder Richard Nixon am Geschehen teilnehmen (Nixon allerdings nicht als »Nixon«, sondern in der für Pynchons Stil typischen Namensverballhornung als kalifornischer Kino-Manager namens Richard M. Zhlubb). Eine dieser 400 Figuren ist Tyrone Slothrop, ein U.S.-Leutnant, der anfangs in London stationiert und dessen militärische Aufgabe es ist, Beweismaterial über die »new, and still Most Secret, German rocket bomb«[8] zusammenzutragen, die seit dem 7. September 1944 die Bewohner der britischen Hauptstadt zu terrorisieren begonnen hatte. Im Zuge eines kompliziert-komplexen Puzzlespiels, das die erste Hälfte des Textes durchzieht, werden Details über die Figur Tyrone Slothrops verraten, so etwa die Vermutung, dass es in dessen Kindheit zu einem Vertragsabschluss zwischen seinem Vater und einer Gruppe mysteriöser Wissenschaftler kam. Die Abmachung bestand darin, dass Broderick Slothrop, Tyrones Vater, den Wissenschaftlern die Erlaubnis erteilte, behavioristische Experimente an seinem Sohn vorzunehmen. Anders ausgedrückt: der kleine Tyrone wurde verkauft, dann wurde an ihm herumexperimentiert. Ähnlich einem Pavlovschen Hund wurde er dahingehend konditioniert, auf einen bestimmten Stimulus zu reagieren. Mehr oder weniger alles, was der Leser über die Umstände dieser ›Behandlung‹ erfährt, ist der Name desjenigen Wissenschaftlers, der Tyrone konditionierte: Laszlo Jamf; er erscheint in den Dossiers und Akten eines anderen Behavioristen, Ned Pointsman. Als Slothrop sich gerade in London aufhält, stößt Pointsman auf den ›Fall‹ des kleinen Tyrone und ist sofort neugierig und fasziniert von der mysteriösen Konditionierung in Slo-

Unbestimmtheit in Thomas Pynchons »Gravity's Rainbow«

---

7 | So der Rezensent des »Sunday Telegraph« über den Roman, den die Herausgeber der 1975 erschienenen Picador-Ausgabe von »Gravity's Rainbow« auf dem Klappentext zitieren.

8 | Thomas Pynchon: Gravity's Rainbow [1975], London 1975, S. 6.

throps Kindheit, die er jedoch weder rekonstruieren noch erklären kann, weshalb er Slothrop schließlich in die »Zone« des Nachkriegsdeutschlands schickt, um dem Wesen der mysteriösen Behandlung auf die Spur zu kommen. Pointsmans lückenhafte Dossiers über die frühkindliche Konditionierung Slothrops durch Laszlo Jamf enthalten außerdem Hinweise auf eine transatlantische Verbindung USamerikanischer Universitäten mit der damaligen TH Darmstadt: »Back around 1920«, so ist in der Akte zu lesen,

»Dr. Laszlo Jamf opined that if Watson and Rayner could successfully condition their ›Infant Albert‹ into a reflex horror of everything furry [...], then Jamf could certainly do the same thing for his Infant Tyrone, and the baby's sexual reflex. Jamf was at Harvard that year, visiting from Darmstadt. It was the early part of his career before he phased into organic chemistry.«[9]

Offensichtlich hatte der aus Darmstadt kommende Jamf den Sexualreflex des kleinen Tyrone manipuliert – oder genauer: er hatte ihn dahingehend konditioniert, auf einen bestimmten Stimulus zu reagieren, jedoch ohne diese Konditionierung späterhin wieder zu ›löschen‹ bzw. aufzuheben. In Folge dessen blieb das behavioristische Reiz-Reaktions-Muster – oder, in der Terminologie der Kausalität, das Prinzip von Ursache und Wirkung – im erwachsenen Tyrone erhalten und besteht auch noch zu dem Zeitpunkt, als Slothrop im London des Zweiten Weltkriegs die Zielgebiete der V-Waffen-Angriffe inspiziert: noch immer reagiert er auf einen spezifischen Stimulus mit einem spezifischen sexuellen Reflex. Die eigentliche Art des Stimulus bleibt jedoch im Dunkeln und in diesem Sinne ›unbestimmt‹ sowohl für Slothrop selbst als auch für diejenigen, die – wie Pointsman – ein brennendes Interesse an der Aufklärung des Rätsels besitzen. Alles, was Slothrop, Pointsman und – nicht zuletzt – der Leser erfahren, ist, dass Slothrops Reaktion irgendetwas mit den herannahenden V-Waffen selbst zu tun hat: Jedes Mal, wenn eine dieser Raketen sich auf dem Weg zur britischen Hauptstadt befindet, stellt sich bei Slothrop reflexartig eine Erektion ein. Darüber hinaus steht die Reaktion in Slothrops Hose in einem möglichen Zusammenhang – ist möglicherweise sogar ihrerseits die Ursache dafür –, dass die auf London abgefeuerten V-Waffen, genauer die Überschall-V2-Rakete, dort ankommen, *wo* sie schließlich einschlagen, nämlich genau an denjenigen Stellen, wo Slothrop kurz zuvor eines seiner zahlreichen amourösen Abenteuer mit jungen Londonerinnen hatte.

Die historischen V-Waffen-Einschläge in den Zielstädten waren bis zum Ende des Krieges sehr ungenau. So belegt ein Stadtplan von Antwerpen und Umgebung, auf dem die Einschlagsorte der ca. 3000

9 | Ebd., S. 84.

von September 1944 bis März 1945 abgefeuerten V1 und V2-Waffen markiert sind, die enorme Streuung der Angriffe über das gesamte Gebiet, obwohl nur der Hafen als Nachschubbasis der Alliierten ins Visier genommen werden sollte.[10] Der entsprechende, weil entsprechend pockennarbige Stadtplan von London muss ähnlich ausgesehen haben, wie Roger Mexicos »map of the Robot Blitz« mit großflächig verteilten Raketeneinschlagstellen aufzeigt. Da Slothrop auf einer privaten Karte die Orte seiner zahlreichen Londoner Affären (alle von einer Erektion begleitet) mit Sternen markiert hat, und da diese Karte insgeheim von einer anderen Romanfigur abfotografiert wurde, ist es möglich, die beiden übereinander zu legen – mit überraschendem Ergebnis, denn

Unbestimmtheit in Thomas Pynchons »Gravity's Rainbow«

»it's a bit more than the distribution. The two patterns also happen to be identical. They match up square for square. The slides that Teddy Bloat's been taking of Slothrop's map have been projected onto Roger's, and the two images, girl-stars and rocket-strike circles, demonstrate to coincide. Helpfully, Slothrop has dated most of his stars. A star always comes *before* its corresponding rocket strike.«[11]

Es ist mithin unmöglich, das Verhältnis von Ursache und Wirkung zu bestimmen: Ist es die gegen London gerichtete V-Waffe, die die erektile Reaktion in Slothrops Hose bewirkt, oder ist es umgekehrt die Erektion (in diesem Fall eher eine Aktion denn eine *Re*aktion), die bewirkt, dass die Raketen dort einschlagen, wo sie einschlagen? Die Dinge komplizieren sich zudem noch weiter, da sich all dies offensichtlich außerhalb des menschlichen Wahrnehmungsvermögens abspielt, sodass man genötigt wäre, auf übersinnliche Erklärungsmuster zurückzugreifen, um den angenommenen Nexus zwischen Slothrops Erektionen und den Raketeneinschlägen zu erklären: Entweder ist Slothrops Vermögen, die Geschosse genau dorthin zu dirigieren, wo er ein Stelldichein hatte, von übernatürlichem Charakter, oder aber seine Erektionen werden ihrerseits ausgelöst durch etwas, das er phänomenologisch nicht wahrnehmen und insofern auch nicht wissen kann: Weder kann er die Geschosse kommen sehen (das kürzeste Intervall zwischen Erektion und Einschlag beträgt zwei Tage), noch kann er sie hören. Die Möglichkeit eines von ihm wahrgenommenen, auditiven Stimulus würde zudem hindeuten auf

---

10 | Dieser Stadtplan mit dem »Fall of Shot on Arrondissement of Antwerp« ist im Rathaus der belgischen Hafenstadt ausgestellt. Eine Abbildung findet sich in der Chronik von Jos Cels: V-Bommen of Antwerpen, 7 Oktober 1944 – 30 Maart 1945, Antwerpen: Standaard Uitgeverij 1994, S. 10.
11 | Th. Pynchon: Gravity's Rainbow, S. 85f.

Bruno Arich-Gerz

»the V-1 [die sog. ›buzzbomb‹, die man näher kommen hört, bevor sie ankommt und einschlägt]: any doodle close enough to make him jump ought to be getting him an erection: the sound of the motor razzing louder and louder, then the cutoff and silence, suspense building up – then the explosion. Boing, a hardon. But oh, no. Slothrop instead only gets erections when this sequence happens in reverse: explosion first, then the sound of approach: the V-2 [die sich mit Überschallgeschwindigkeit nähert].«[12]

Die zwei Erklärungsoptionen hinsichtlich des Rätsels, wer oder was welche Wirkung zeitigt, oder umgekehrt: was der Effekt wovon ist (die Erektion als Effekt des herannahenden technischen Apparates oder der Raketeneinschlag an einer bestimmten Stelle als Wirkung der vorhergehenden Erektion Slothrops), führen in der Folge zu völliger Konfusion in den Köpfen derjenigen, die, wie Slothrop, ein reges Interesse daran haben herauszufinden, was dem Ganzen zugrunde liegt, oder die, wie Pointsman, die Umstände der ersten, ursprünglichen ›Behandlung‹ Slothrops durch Laszlo Jamf zu erhellen trachten. Der Aufklärungstrip in Slothrops Vergangenheit schlägt jedoch fehl, und schon bald machen sich bei den zentralen Romanfiguren Anwandlungen von Paranoia[13] bemerkbar, wenn es darum geht, den alles erklärenden Grund, die ultimative Ursache zu ersinnen und dem Geschehen beizusteuern. Da jedoch Jamf zu diesem Zeitpunkt bereits tot ist und andere diese Art von Einblick permanent zurück- bzw. bei und für sich behalten, sind die Ursachensuchenden unter den Figuren dazu verurteilt, *preterites* zu bleiben, wie der Roman sie mit puritanischem Vokabular bezeichnet: Übergangene bzw. solche, denen es weder gelingen wird, die sie umgebenden Zeichen und Symptome adäquat zu deuten, noch, eine vollständige und einstimmige Bedeutung aus ihnen zu ziehen. Einige der *preteri-*

---

12 | Ebd, S. 86.

13 | Das psycho(patho)logische Konzept der Paranoia stand neben dem physikalischen Entropiebegriff und den intertextuellen Bezügen zu James Joyce oder (nota bene) Henry Adams im Mittelpunkt der frühen, ersten Interpretationsansätze der kritischen Auseinandersetzung mit Pynchons Romanwerk. Bis weit in die 80er Jahre haben sich Kritiker daran abgearbeitet, seine Wirkungsweise auf der intradiegetischen Ebene zu verorten, ehe Leo Bersani 1989 die Übertragung auf die sich selbst bald als »Pynchon Industry« (oder kurz: »Pyndustry«) bezeichnende akademische Leserschaft konstatierte und das Schlagwort vom »paranoid criticism« prägte (Leo Bersani: »Pynchon, Paranoia, and Literature«, in: Representations 25 [1989], S. 99–118, hier: S. 118). Von dieser Diagnose ausgehend vgl. Bruno Arich-Gerz: Bind – Bound – Boundaries. The Concept of Paranoia in Charles Brockden Brown, Joseph Heller and Thomas Pynchon (www.diss.sense.uni-konstanz.de/amerika/arich-gerz1.htm) über die Genese des Paranoiabegriffs in der amerikanischen Prosaliteratur.

tes fügen die fehlende Ursache schließlich eigenständig und vor allem *nachträglich* bei: zu einem Zeitpunkt also, an dem chronologisch *die Wirkung* (und nicht mehr die Ursache) zu liegen hätte. Dabei entwickeln sie psychopathologische Symptome, die strukturell denjenigen entsprechen, welche der Pavlovsche Behaviorismus in der so genannten »ultraparadoxalen Phase« beobachtet – und ähneln in dieser Hinsicht Vanya, einem der Versuchshunde in Pointsmans Londoner Labor. Vanya, heißt es, »has been through the ›equivalent‹ phase, where any stimulus, strong or weak, calls up exactly the same number of saliva drops ... and on through the ›paradoxical‹ phase – strong stimuli getting weak responses and vice versa«; der Versuchshund ist damit in die »ultraparadoxale« Phase eingetreten:

Unbestimmtheit in Thomas Pynchons »Gravity's Rainbow«

»Beyond. When [Pointsman] turn[s] on the metronome that used to stand for food – that once made Dog Vanya drool like a fountain – now he turns away. When [h]e shut[s] off the metronome, oh *then* he'll turn to it, sniff, try to lick it, bite it – seek, in the silence, for the stimulus that is not there.«[14]

Der Effekt des selbständigen Hinzufügens der Ursache durch das eigene Vorstellungsvermögen resultiert letztendlich in einer Umkehrung der chronologischen Ordnung. Eine ähnliche Umkehrung ist auch bei der technischen Errungenschaft der Überschallrakete mit im Spiel, bei der das Krachen des Einschlags *vor* dem dröhnenden Geräusch des Anflugs der Rakete wahrgenommen wird, das dem Einschlag doch eigentlich und chronologisch vorausgeht: »It travels faster than sound«, beobachtet eine weitere Figur ganz zu Beginn des Romans. »The first news you get of it is he blast. Then, if you're still around, you hear the sound of it coming in.«[15] Die Rakete, hier als akustisches Spektakel am Ort ihres Einschlags, verweist implizit auf eine weitere technisch-mediale Errungenschaft des späten 19. und frühen 20. Jahrhunderts: den Film, der gleichsam die herkömmliche Ordnung der Dinge bzw. Ereignisse umzukehren vermag. Pynchon lässt sich die Gelegenheit nicht entgehen, beide zum Zweck plastischer Veranschaulichung zu verbinden: »Imagine a missile one hears approaching only *after* it explodes. The reversal! A piece of time neatly snipped out ... a few feet of film run backwards ... the blast of the rocket, fallen faster than sound – then growing out of it the roar of its own fall, catching up to what's already death and burning.«[16]

Filme und Überschallraketen sind in »Gravity's Rainbow« jedoch

---

14 | Th. Pynchon: Gravity's Rainbow, S. 90.
15 | Ebd., S. 7.
16 | Ebd., S. 48.

Bruno mehr als bloße Bildspender, sprich: Mittel zum Zweck besserer, weil
Arich-Gerz plastischer Beschreibung, oder willkürlich ausgewählte technische
Vehikel zur Evokation eines allgemeinen Gefühls von Verwirrung,
Konfusion und Unbestimmtheit in den *preterites*. Denn zugleich werden sie als Machtmittel einer Gruppe von Potentaten vorgeführt –
mehrheitlich Wissenschaftler und Technokraten wie Jamf aus Darmstadt oder der SS-Offizier Weissman alias Blicero –, die im Roman
anonym als »They« oder auch (in Gegenüberstellung zum puritanischen Terminus der *preterites*) als »illuminati« oder »elect« bezeichnet werden. Daher scheint es in der Tat plausibel, den Fortschritt auf
dem Gebiet moderner Technologie und die Transformation dieser
technischen Vorrichtungen zu Mitteln der Machtausübung einerseits
sowie den Mangel an Wissen/Informiertheit über die tiefer gehenden
und weiter reichenden Implikationen dieser Erfindungen und Innovationen bei den durch sie Unterworfenen andererseits im Modus des
Dualismus von Wissen und Macht, *savoir* und *pouvoir*, zu interpretieren, der etwa die postkoloniale Theorie – insbesondere in ihren Anfängen seit Edward Said – sowie die entsprechende literaturkritische
Richtung wesentlich prägt.

Die Erwähnung postkolonialer Theorie an dieser Stelle klingt nur
auf den ersten Blick weit hergeholt. Vielmehr liefert das plötzliche
Erscheinen einer paramilitärischen Truppe von Hereros im Roman
das vielleicht schlagendste Beispiel für eine aus einem Mangel an
Wissen resultierende Unterwerfung, die bezeichnenderweise (auch)
darin zum Ausdruck gelangt, dass sich die Schwarzafrikaner selbst
gemäß dem verstehen, was ihre eigene Kultur (und Sprache) als
»mba-kayere«[17] bezeichnet: »I am passed over« und somit das Herero-Äquivalent des puritanischen *preterite*. Die besondere Übergangenheit des so genannten ›Schwarzkommandos‹ um ihren Anführer
Enzian ist dabei eine doppelte: Es handelt sich erstens um mutmaßliche Überlebende – was eine Interpretation von Auserwähltsein nahe legt, von ihnen selbst jedoch angesichts der fehlenden Einsicht in
das ursprüngliche Warum dieses Verschontgebliebenseins gedeutet
wird als Form Übergangenseins – des 1904 in der damaligen Kolonie
Deutsch-Südwest von den Kolonialtruppen um General von Trotha
am Stamm der Hereros begangenen Völkermords, deren Ziel nun die
Stiftung einer postgenozidalen Identität ist. Zum zentralen Element
avanciert hierbei das nachträgliche (!) eigenständige Beisteuern einer sinnmachenden bzw. sinnstiftenden Erklärung für die Ereignisse
zu Beginn des 20. Jahrhunderts, die letztlich in der teleologischen

---

17 | Ebd., S. 362. Zur Anwendung postkolonialer Theoriebausteine auf »Gravity's Rainbow« und insbesondere die Figuren der Herero dort vgl. zuletzt Robert McLaughlin: »Unreadable Stares. Imperial Narratives and the Colonial Gaze in Gravity's Rainbow«, in: Pynchon Notes 50–51 (2001), S. 83–96.

Deutung besteht, dass das damalige Überleben der Gruppe seine Ursache im späteren In-die-Welt-Treten der Rakete selbst hat, für die sie aus- und aufgespart bleiben sollte. Dieser antichronologischen Ursprungserzählung implizit ist also diejenige ›Ursprungserzählung‹ des Überschallprojektils selbst ›vom Zeichenbrett bis zur erfolgreichen Implementierung‹, welche für die Hereros kategorisch unzugänglich bleibt: Im Gegensatz zu den deutschen Ingenieuren mangelt es ihnen an Wissen; sie sind ihnen unterlegen und unterworfen bzw. eben: erneut Übergangene. Auch die konkreten Versuche einer postgenozidalen Identitätsstiftung stehen im Zeichen der absoluten Unterwerfung unter die weiße Technik, ihre Techniker und deren Kultur, denn das ›Schwarzkommando‹ streift wie Tyrone Slotrop durch die ›Zone‹ Nachkriegsdeutschlands und sammelt Teile der V2-Überschallrakete, um hieraus eine Spezialversion – eine bemannte Rakete – anzufertigen, die derjenigen nachempfunden ist, mit deren Abfeuern sich SS-Offizier Blicero ein halbes Jahr zuvor von der irdischen in eine andere Daseinsform transformiert hatte. Mit dieser Kopie plant Enzian seinen eigenen Opfertod, um sein Volk zu erlösen: Die schwache Hoffnung Enzians und der ›Zonen‹-Hereros auf Befreiung ist mithin ganz offensichtlich von der christlichen Eschatologie übernommen und insofern ein Zugeständnis an die religiösen Vorstellungen und Überzeugungen der früheren Kolonisten und markiert zusätzlich ihre Unterwerfung sowie ihr generelles historisches »mba-kayere«, da sie offenbar nicht dazu in der Lage sind, eine ihnen und ihrer Kultur eigene Strategie gegen die Dominanz der weißen, deutschen Technokraten(kultur) zu entwickeln.

Der kleine Exkurs über postkoloniale Theorie und ihre Applizierbarkeit auf »Gravity's Rainbow« am Beispiel der Hereros namens Enzian, Joseph Ombindi, Andreas Orukambe oder Jan Otyiyumbu ermöglicht es abschließend, die eingangs bereits angedeutete Übertragung der Situation der Figuren *innerhalb* der Erzählung – ihrer *conditio humana*, wie Pynchon sie beschreibt – auf eine Ebene *außerhalb* des Textes, d.h. auf die Ebene der Interaktion zwischen Roman und Leser vorzunehmen.[18] Diese Übertragung geschieht in drei Schritten, wobei im ersten Schritt auf die spezielle Qualität von Literatur abzustellen ist, imaginäre Welten zu evozieren, die nicht notwendig den Gesetzmäßigkeiten der alltäglichen ›realen Lebenswelt‹ gehorchen, sondern Elemente des Unwahrscheinlichen oder Fantastischen aufweisen – sogar dann noch, wenn wie hier die Handlung in einen historischen Kontext eingebettet ist. Pynchons Vorläufer in

Unbestimmtheit in Thomas Pynchons »Gravity's Rainbow«

---

18 | Vgl. ausführlicher zur Übertragbarkeit der *conditio humana* innerhalb des Romangeschehens auf die extradiegetische *conditio lectoris* in Bruno Arich-Gerz: Lesen – Beobachten. Modell einer Wirkungsästhetik mit Thomas Pynchon's Gravity's Rainbow, Konstanz 2001.

der US-amerikanischen Literaturgeschichte (und Herman Melvilles Zeitgenosse) Nathaniel Hawthorne formulierte aus dieser Einsicht heraus eine eigenständige, dabei spezifisch amerikanische Prosa-Poetik, bei der dem Schriftsteller weit reichende Freiheiten bei der Ausgestaltung der Erzählung eingeräumt werden, wenn damit eine Steigerung des literarischen Wirkungspotentials erzielt werden kann. Hawthorne spricht im Zusammenhang mit der von ihm so genannten »American Romance« von »a license with regard to every-day Probability, in view of the improved effects which he is bound to produce thereby«[19]. Auch Pynchon hebt die lebensweltliche Wahrscheinlichkeit auf und überschreitet den historisch-faktischen Kontext der letzten Kriegsjahre, wenn er zwei in sich kohärente, einander aber ausschließende Erklärungen für das Auftreten der ›Schwarzkommando‹-Truppe innerhalb des Romans offeriert. Zum einen werden sie dargestellt als Afrikaner, die zu einer »voyage in« (Said) in das Land desjenigen Volkes aufbrechen, das früher *ihr* Heimatland kolonisiert hatte – über andere Fälle dieser Art liegen im Übrigen zahlreiche Berichte vor, wie die historische Studie von Dag Henrichsen und Andreas Selmeci mit dem Titel »Das Schwarzkommando. Thomas Pynchon und die Geschichte der Hereros«[20] belegt. In der anderen Version ihres Auftretens erscheinen sie hingegen als rein fiktive, von britischen Geheimdiensten im Zuge der psychologischen Kriegsführung erdachte Filmfiguren. Entsprechend sorgt die Entdeckung »that Schwarzkommando are really in the Zone, leading real, paracinematic lives« für erhebliche Verwirrung und, beim Regisseur der alliierten Propagandafilme, für eine beachtliche Steigerung seines Selbstwertgefühls – »he has been zooming around in a controlled ecstasy of megalomania« – ehe er schlussfolgert, seine Mission als Filmemacher müsse es fortan sein, in der ›Zone‹ des Nachkriegsdeutschlands Keime der Wirklichkeit auszusäen: »to sow in the Zone seeds of reality«[21]. Auch der Leser vermag durch das jeweils erstmalige Auftauchen der beiden ›Versionen‹ des Schwarzkommandos an weit voneinander entfernt liegenden Stellen innerhalb der Textgalaxie nicht zu bestimmen, welche der beiden die richtige Version ist. Der ontologische Status der Figurenwelt beginnt zu oszillieren zwischen ›filmischen Ursprungs‹ und im herkömmlichen Sinn ›wirklichkeitsabbildend‹. Mit anderen Worten: Wenn es dem Film möglich ist, alternative Realitäten zu schaffen, die sich neben den Verlauf der histori-

---

19 | Nathaniel Hawthorne: The Blithedale Romance. With an Introduction by Annette Kolodny [1852], Harmondsworth 1983, S. 2.
20 | Dag Henrichsen/Andreas Selmeci: Das Schwarzkommando. Thomas Pynchon und die Geschichte der Herero, Bielefeld 1995. Zum Begriff der »voyage in« vgl. Edward Said: Culture and Imperialism, London 1993.
21 | Th. Pynchon: Gravity's Rainbow, S. 388.

schen Ereignisse stellen lassen, und wenn dies durch das Medium Literatur dank dessen Fähigkeit, das Fantastische und Imaginäre mit dem realen Faktischen zu verweben, dupliziert wird, lässt sich rasch der Punkt allgemeiner Unbestimmtheit hinsichtlich dessen erreichen, was tatsächlich vorgeht, und wird der Leser so mit epistemologischen Fragen konfrontiert. Umgekehrt verweist die in diesem Moment von einer ontologischen in eine epistemologische überführte Art der Betrachtung (Brian McHale über postmoderne Prosa) im Zug einer naheliegenden erneuten Umkehrung (McHale: ›tip over‹) zurück auf ontologische Fragestellungen – dass eben die beiden Alternativwelten in der Tat vorzuliegen scheinen.[22] Die akademische Literaturkritik führt an dieser Stelle dann die so genannte *possible worlds theory* als methodisch ausreichend komplexe Folie zur Erfassung dieses wiederholten Umkippens ins Ontologische ins Feld.

Unbestimmtheit in Thomas Pynchons »Gravity's Rainbow«

Mit diesem Befund, der dem Betreten eines Spiegelkabinetts ähnelt, bzw. diesem Dilemma endet häufig die interpretatorische Exploration modernistischer Texte wie William Faulkners »Absalom! Absalom!«. Pynchons »exemplary Postmodern text«[23] führt seine Rezeption im Grunde an denselben Punkt, weist jedoch zusätzlich dazu noch die ironische Kommentierung der *conditio lectoris* auf. Die mutmaßlich passendste dieser Einlassungen entstammt dabei einer Aussage Enzians (und markiert so den Übergang vom ersten zum zweiten Schritt beim Argumentationsgang zum Text-Leser-Verhältnis anhand der ›Schwarzkommando‹-Figuren). Im Frühjahr 1945, als ihn die Suche nach der Rakete und deren Ersatzteilen zunehmend frustriert, vergleicht Enzian das Überschallprojektil mit einem Text: »a text«, so legt er dar, »to be picked to pieces, annotated, explicated, and masturbated till it's all squeezed limp of its last drop ... well we assumed – natürlich! – that this holy Text had to be the Rocket.«[24] Enzians Beschreibung der Rakete als ein undurchsichtiger, der Exegese harrender und dabei vermutlich für immer vieldeutiger Text, der niemals eine eindeutige Interpretation liefert, figuriert als präziser Kommentar der Situation des Lesers, indem er die Dilemmata der Figuren auf eine hermeneutische Ebene hebt und so die *preterites* innerhalb des Textes mit dessen Lesern (nunmehr in gewissem Sinn »pretereaders«) außerhalb gleichstellt. Hier wie auch andernorts bedient sich der Erzähler eines herablassenden und spöttischen Tonfalls bei der artikulierten Erwartungserwartung einer Leserschaft, die wie ein Versuchshund auf bestimmte Stimuli konditioniert ist, welche aber vorenthalten bleiben.

---

22 | Vgl. Brian McHale: Postmodernist Fiction, New York 1987, dort insbesondere S. 10f.
23 | M. Bradbury/R. Ruland: From Puritanism to Postmodernism, S. 391.
24 | Th. Pynchon: Gravity's Rainbow, S. 520.

Bruno Beispiele dieser Art sind in der Tat reichlich vorhanden und ent-
Arich-Gerz bergen sich rasch, sobald man beginnt, die Kommentare des Erzählers als bezogen auf das eigene, leicht paranoide und letzten Endes fruchtlose interpretatorische Bestreben zu verstehen. An einer Stelle ist es etwa der Gedankengang einer unbenannten Figur, der ein wenig Licht in das Dunkel zu bringen verspricht, aber statt die Figur zu identifizieren, ahmt der Erzähler die mutmaßliche Reaktion des Lesers nach: »Wait – which of them was thinking that? Monitors, get a fix on it, *hurry up* – But the target slips away.«[25] Oder es wird eine Liste von Städten angeführt, »towns of the war dead«, sodass der Leser erwarten mag, es handele sich um Orte, die auf irgendeine Art und Weise mit den V-Waffenangriffen zu tun haben, um sodann zu erfahren: »Well, you're *wrong*, champ – these happen to be towns all located on the borders of *Time Zones*, is all. Ha, ha! Caught *you* with your hands in your pants!«[26] Bei einer anderen Bemerkung geht der despektierliche Tonfall über in eine handfeste Beleidigung: »All together now, you masochists out there, specially those of you who [are] alone with those fantasies that don't look like they'll ever come true.«[27] Allerdings bemühen Kritiker ein durchaus vergleichbares Vokabular, wenn es darum geht, die mehr oder weniger hilflosen Interpretationsversuche ihrer Vorläufer zu bewerten. Alec McHoul und David Wills, die Initiatoren der poststrukturalistischen Pynchon-Kritik (und damit Wegbereiter der im Grunde bis heute vorherrschenden analytischen Herangehensweise an das Textuniversum von »Gravity's Rainbow«), ordnen die Interpretationen einiger ihrer Vorläufer ein als »the ›Please beat me again, Thomas‹ school of criticism«.[28]

Die Erwähnung der vermeintlichen Masochistenfraktion der ›Bitte-schlag-mich-nochmal-Thomas-Kritiker‹ leitet schließlich über zum dritten und letzten Schritt innerhalb dieser Ausführungen. McHoul und Wills' Bemerkung deutet an, dass nicht nur der akademisch nicht geschulte (oder vorbelastete) Leser von »Gravity's Rainbow«, sondern auch die professionelle Pynchon-Literaturkritik in jenem Dilemma steckt, das dem der Hauptfiguren innerhalb des literarischen Textes so sehr ähnelt. »Those like Slothrop, with the greatest interest in discovering the truth, were thrown back on dreams, psychic flashes, omens, cryptographies, drug-epitemologies, all dancing on a ground of terror, contradiction, absurdity«, heißt es in »Gravity's Rainbow«,[29] und ein Kritiker zitiert wortgetreu, aber nicht un-

---

25 | Ebd., S. 298.
26 | Ebd., S. 695f.
27 | Ebd., S. 415.
28 | Alec McHoul/David Wills: Writing Pynchon. Strategies in Fictional Analysis, London 1990, S. 51.
29 | Th. Pynchon: Gravity's Rainbow, S. 582.

passend, exakt diesen Satz, um ihn dann zu ergänzen: »All this is related to our situation as readers.«[30]

Diese Übertragung des Dilemmas, in welchem die Figuren innerhalb der fiktionalen Welt stecken, auf den Leser und – nun in Erweiterung dessen – selbst den literaturwissenschaftlich geschulten Rezipienten, mag es erlauben, zum Schluss einen sehr persönlichen, persönlich gefärbten Bogen zurück zum Kontext des Symposiums, dessen Vorträge in diesem Tagungsband versammelt sind, sowie in gewisser Weise auch zu ihrem Ort – Darmstadt – zu schlagen. Selbst die vermeintlich textsicheren Kritiker der »Pyndustry«, also diejenigen, die in ganz besonderem Maß den Text annotieren, explizieren und einer Exegese unterziehen, sind nicht gefeit gegen hermeneutische Überraschungen wie die folgende. Sie hängt sich auf an einer Stelle im Text, die auf den ersten Blick wie reiner Nonsens anmutet bzw. eine weitere Verballhornung der Situation des Lesers zu sein scheint. »Gravity's Rainbow« enthält zahllose mathematische Formeln wie diese:

$$\int 1/cabin \, d \, (cabin) = \log cabin + c = houseboat$$

Die Formel findet sich als Graffiti an der Innenwand einer Toilette, genauer an einer der Trennwände auf dem »Toiletship *Rücksichtslos*«. Während einer Tagung im Jahr 2002 in Köln diskutierte ein Physiker und Anglist, Bernd Klähn, diese Formel und entdeckte dem Auditorium ihre tiefere Bedeutung. Klähn legte dar, dass es sich bei dem ›Hausboot‹ am Ende der Formel keineswegs um die Spitze unsinniger Mathematikerkritzelei (»hilarious graffiti of visiting mathematicians«[31]) handelt. Vielmehr ähnelt die graphische Umsetzung dieser mathematischen Formel tatsächlich der Seitenansicht eines Hausboots mit Rumpf bzw. Kiel und einem großen rechteckigen Aufbau.[32] Dieses Beispiel für Mathematikerhumor à la Pynchon, der sich auf den zweiten Blick als in Maßen gehaltvoll – zumindest als nicht nur blanker Unsinn – erweist, ermutigt zur genaueren Untersuchung einer weiteren solchen Formel, die zunächst gleichsam abstrus anmutet und die der Roman als Unbestimmtheitsrelation ankündigt. Der Bezug auf insbesondere Walter Heisenbergs Unschärferelation findet

---

30 | Tony Tanner: Thomas Pynchon, London 1982, S. 81.

31 | Th. Pynchon: Gravity's Rainbow, S. 450.

32 | Bernd Klähns Vortrag mit dem Titel »The Leibniz Connection: Nazi Symbolism, Calculus and Leibnizian Worldmaking in Gravity's Rainbow« wird in Rahmen eines Tagungsbandes – einer Sondernummer der »Pynchon Notes« mit dem Titel »Site-Specific: From Aachen to Zwölfkinder – Pynchon/Germany« – erscheinen (vgl. die Ankündigung unter <we.ham.muohio.edu/~krafftjm/forthcom.html>).

Bruno Arich-Gerz sich an mehreren Stellen in den Schriften Pynchons – neben den Anspielungen in »Gravity's Rainbow« etwa in seiner Einleitung zu Jim Dodges Roman *Stone Junction* (1990). Auch in der Kritik ist der Topos der Unbestimmtheit in Pynchons Romanwerk, insbesondere der sich über die Verwendung der Heisenbergschen Postulate herschreibende, seit Längerem geläufig. So vermutete bereits 1978 William Plater: »There is no doubt that Pynchon consciously uses the Heisenberg uncertainty principle as a metaphor in all his major works; whether he does so with the accuracy that would please a physicist is another matter.«[33]

Zum Kontext der erwähnten Unbestimmtheitsrelation in »Gravity's Rainbow«: Der sinistre Laszlo Jamf aus Darmstadt gibt nach der Konditionierung des kleinen Tyrone Slothrop seine behavioristischen Studien auf und wendet sich dem Gebiet der organischen Chemie zu. Eines seiner Forschungsergebnisse ist ein Kunststoff namens »Imipolex G«, der sich als genauso mysteriös herausstellt wie sein Erfinder, und der sowohl sexuell stimulierend ist für diejenigen, die mit ihm in Berührung kommen, als auch, als organisches Polymer, per se erektil ist. Mit einer Beschichtung aus Imipolex G ist etwa jene Rakete ausgekleidet, mit der SS-Mann Blicero die Überschreitung bzw. Transzendierung seines irdischen Daseins anstrebt, und auch Slothrops Londoner Erektionen hängen, so wird angedeutet, möglicherweise mit dem Kunststoff zusammen. Es bedarf allerdings eines stimulierenden Signals, um bei diesem »first plastic that is actually *erectile*«[34] dessen besondere Qualität hervorzurufen, und der Text erwähnt eine Reihe von Möglichkeiten, der Kunststoffoberfläche dieses Signal zu übertragen. Eine der Optionen ist »the projection, *onto* the Surface, of an electronic ›image,‹ analogous to a motion picture. This would require a minimum of three projectors, and perhaps more.« Die Frage ist damit, wie viele Projektoren man hierzu benötigt. Statt die genaue Anzahl mitzuteilen, verbirgt sie die Erzählung in einer Formel: »Exactly how many [projectors are needed for the stimulation of Imipolex G] is shrouded in another order of uncertainty.« Diese Formel ist (warum auch immer) nach dem Herero und »Schwarzkommando«-Mitglied Jan Otyiyumbu benannt – wobei Otyiyumbus Erwähnung als Namenspatron der Formel den dritten und letzten Schritt der Argumentation anhand des Auftretens der Herero-figuren markiert. Die »so-called Otyiyumbu Indeterminacy Relation« sieht folgendermaßen aus:

---

33 | William Plater: The Grim Phoenix. Reconstructing Thomas Pynchon, Indiana 1978, S. 102.

34 | Th. Pynchon: Gravity's Rainbow, S. 699.

»(Probable functional derangement γR resulting from physical modification ΦR (x, y, z) is directly proportional to a higher power p of sub-imipoletic derangement γB, p being not necessarily an integer and determined empirically), in which subscript R is for Rakete, and B for Blicero.«[35]

Unbestimmtheit in Thomas Pynchons »Gravity's Rainbow«

Pynchon ist zwar selbst studierter Physiker, doch ist für den Literaturwissenschaftler zunächst unklar, ob seiner auf den ersten Blick wiederum unsinnigen Verwendung der Heisenbergschen Unschärferelation eine Bedeutung unterliegt, die sich zumindest einem (anderen) Physiker erschließt.[36] Im vorliegenden Fall bleiben allerdings auch die Versuche, Interpretationshilfe von beschlagenen Kollegen einzuholen, letzten Endes fruchtlos. Der oben erwähnte Bernd Klähn antwortete auf eine entsprechende Anfrage, die bezeichnete Textpassage sei »wohl nur noch metaphorisch ausdeutbar«: Gerade »bei Bezügen zur Quantenmechanik und Relativitätstheorie bevorzugt [Pynchon] offenkundig Modi, die man als ›shrouded in another order of uncertainty‹ bezeichnen könnte.«[37] Ähnlich die Reaktion eines Darmstädter Kollegen: »Zu Deiner Frage: Beim Lesen der Zeilen, die Du mir geschickt hast, fühle ich mich wie der Ochs vorm Berg. Beim ersten Durchgang habe ich kein Wort verstanden. Meinem Gefühl nach handelt es sich eindeutig um eine Veralberung der Heisenbergschen Unschaerferelation. Ich kann keiner der angeführten Größen irgendeine physikalische Bedeutung zuordnen. Ausserdem sieht die beschriebene Formel gar nicht nach einer typischen Unschaerferelation aus.«[38]

Sofern es sich hierbei um einen vom literaturwissenschaftlichen Fachmann unaufgelösten und erst durch Fachspezialisten nachgewiesenen Fall von textuell vermittelter Unbestimmtheit anhand einer Unschärferelation handelt, bleiben zwei der zentralen Annahmen dieser Ausführungen in der Tat intakt: Erstens, dass und wie Pynchon mit literarischen Mitteln die wesentlich durch Technikfortschritt beförderten Unbestimmtheitssignaturen der Moderne auf-

---

35 | Ebd., S. 700.

36 | Die in mehr als 30 Jahren Pynchon-Philologie bislang einzige Annäherung an die Otyiyumbusche Unschärferelation stammt von Dwight Eddins, der in einschlägigen Kreisen Meriten erworben hat durch eine Ganzschrift zum Thema Gnostik in/bei Pynchon. Allerdings bewegt sich auch Eddins' Interpretation an der literaturwissenschaftlichen Oberfläche und dringt nicht in die putativen physikalischen Tiefen der Formel ein (Dwight Eddins: »Paradigms Reclaimed: The Language of Science in Gravity's Rainbow«, in: Markham Review 12/4 [1983], S. 77-80, hier: S. 79).

37 | PD Dr. Bernhard Klähn in einer E-Mail an den Verfasser (29. Februar 2004).

38 | Dr. Robert Roth in einer E-Mail an den Verfasser (27. Juli 2004).

Bruno Arich-Gerz nimmt, fortschreibt und bis hinein bzw. hinaus in die rezeptive Erfahrung zu transportieren vermag. Und zweitens, dass mit der leserseitigen Aufdeckung dieses besonderen Wirkungspotentials – dann, wenn bemerkt wird, dass sämtliche Versuche der Sinnstiftung auf den Leser zurückfallen –, sich bestimmte Textpassagen plötzlich anders und auf einer anderen Ebene lesen lassen, nämlich als Kommentare zur *conditio lectoris*. Scheinbar trifft dies nämlich auch auf den zunächst überlesenen Passus aus den Ausführungen über die »Characteristics of Imipolex G« zu, des ersten erektilen Polymers: »We need not dwell here on the Primary Problem, namely that everything below the plastic film does after all lie in the Region of the Uncertain, except to emphasize to beginning students who may be prone to Schwärmerei, that terms of referring to the Subimipolexity [...] possess, outside the theoretical, no more reality than do terms [...] in other areas of Science.«[39] Wer wie ein schwärmerischer, noch nicht desillusionierter Erstsemester den Versuch unternimmt, die exakten Eigenschaften von Imipolex G (für nun »Gravity's Rainbow«) anhand der suggerierten Unschärferelation genauer in Begriffe (»terms«) fassen zu wollen, gewahrt über kurz oder lang, dass einem solchen Unterfangen – dem der eindeutigen Bestimmung mittels Unbestimmtheitsbeziehungen – auf Seiten der textlichen Wirklichkeit schlichtweg nichts entspricht.

---

39 | Th. Pynchon: Gravity's Rainbow, S. 700.

MACHT UND TECHNIK

TECHNIK ALS VERMITTLUNG UND DISPOSITIV
ÜBER DIE VIELFÄLTIGE WIRKSAMKEIT DER MASCHINEN[1]
Andreas Hetzel

Dass technische Artefakte mit bestimmten Wirkungen einhergehen, scheint trivial, ihre Wirksamkeit gehört zu ihrem Wesen. Werkzeuge sind dazu da, ein Material zu bearbeiten; sie manipulieren die uns umgebende Natur. Maschinen erzeugen Artefakte, welche die Welt nicht einfach nur manipulieren: Mit den Produkten unserer Maschinen schaffen wir uns vielmehr eine zweite Natur, die uns wie ein Gehäuse umgibt. Computer schließlich sind in der Lage, gänzlich neue Welten zu imaginieren und zu generieren; sie haben eine gleichsam demiurgische Kraft. Diese vielfältigen Wirkungen der Technik können ganz unterschiedlich erklärt werden. Das gängigste Modell ihrer Erklärung bildet nach wie vor die Handlungstheorie. Handlungstheoretische Ansätze leiten die Wirkungen technischer Artefakte aus den Intentionen derjenigen Akteure ab, die sie schaffen und verwenden. In letzter Konsequenz verweist dann alle Technik auf einen nicht selbst technisch verfassten Technik-Nutzer. Aus handlungstheoretischer Perspektive bedient sich ein Akteur, der eine Situation verändern und Zwecke verwirklichen will, der Technik als eines Mittels. Die Wirkungen der technischen Artefakte auf unsere Welt wären dann verlängerte Intentionen, die Artefakte selbst Intentionalitäts-Prothesen. Als Prototyp jeder Technik gilt im Rahmen dieses Erklärungsansatzes das Werkzeug; auch Maschinen und Computer werden hier als, wenn auch komplexe, Werkzeuge verstanden.

Im Folgenden frage ich zunächst, mit welchen begrifflichen Implikationen die handlungstheoretische Deutung der Technik einher-

---

1 | Wichtige Hinweise verdanke ich den Diskussionen mit Marc Rölli in unserem gemeinsamen Seminar *L'homme machine* (WS 2004/05) sowie Gesprächen mit den Teilnehmern meiner beiden Seminare *Technik als Dispositiv 1* (SS 2003) und *2* (WS 2003/04), insbesondere Reinhard Heil, Andreas Kaminski, Christian Kehrt, Peter Kels und Marc Ziegler.

Andreas Hetzel geht. In einem zweiten Abschnitt soll gezeigt werden, wie Technik im Denken der Moderne zunehmend aus handlungstheoretischen Zusammenhängen herausgelöst wird. An die Stelle der Handlung als Paradigma der Technikphilosophie setzt sich seit Hegel ein Konzept von technischer Vermittlung. Abschließend thematisiere ich die spezifische Wirksamkeit technischer Artefakte. Ich stütze mich hier auf das von Michel Foucault, Gilles Deleuze und Jean-François Lyotard vorgeschlagene Konzept eines *materiellen Dispositivs*, welches eine technische Wirksamkeit jenseits der Intentionalität von Akteuren zu beschreiben erlaubt.

Technik als Handlungstheorie

Die begrifflichen Implikationen jener handlungstheoretischen Deutung von Technik, die noch heute weite Teile der empirischen Technikforschung dominiert, decken sich mit einigen der Grundunterscheidungen abendländischer Epistemologie, wie sie bereits von Platon in exemplarischer Weise formuliert wurden. Wenn wir tätig werden, so fasst François Jullien Platons Handlungstheorie zusammen, entwickeln wir »eine Idealform (*eidos*), die wir als Ziel (*telos*) setzen, und dann handeln wir, um sie in die Realität umzusetzen«[2]. Unsere Augen sind im Handeln »auf das Modell gerichtet«[3]. Die *theoria* als Schau der ewigen, unbewegten Ideen, geht der *praxis* voraus. Das Mittel folgt dem vorgefassten Zweck, der Entwurf bestimmt die Ausführung, das Projekt wird theoretisch entworfen, bevor wir es praktisch umsetzen. Die Dichotomie von Theorie und Praxis geht seit ihrer Geburt mit einem impliziten Primat der Theorie einher.

Platon und Aristoteles waren sich der Tatsache bewusst, dass die Welt unseren Projekten Widerstände entgegensetzt, dass sie sich der Idee nicht fügt, dass sie nicht so ist wie sie sein soll. Insofern korrespondiert der Lehre vom Sein eine Lehre vom Sollen, der Ontologie eine Deontologie. Theorie und Praxis bleiben aufeinander verwiesen; in den Worten von Vilém Flusser: »Man kann weder wissen, daß die Welt nicht so ist, wie sie sein soll, ohne zu wissen, wie sie ist, noch kann man wissen, daß die Welt ist, wie sie ist, ohne zu wissen, wie sie sein soll.«[4] Zwischen Sein und Sollen, zwischen Theorie und Praxis, muss noch eine dritte Instanz vermitteln, die Methodologie: »keine Ontologie ohne Deontologie und Methodologie, keine Deon-

---

2 | François Jullien: Über die Wirksamkeit, übers. v. Gabriele Ricke u. Ronald Voullié, Berlin 1999, S. 13.

3 | Ebd.

4 | Vilém Flusser: Gesten. Versuch einer Phänomenologie, übers. v. Wilhelm Miklenitsch, Bensheim, Düsseldorf 1991, S. 23.

tologie ohne Ontologie und Methodologie, keine Methodologie ohne *Technik als* Ontologie und Deontologie.«[5] Das abendländische Projekt der *Vermittlung* Technik besetzt in diesem Schema exakt die Position der Methodolo- *und Dispositiv* gie. Die Maschine passt das Sein gemäß einer vorgängigen Einsicht in die Ideen einem Sollen an. Mit der Trias von Ontologie, Deontologie und Methodologie beginnt für Flusser die abendländische Geschichte. Geschichtliche Wesen sind wir deshalb, weil wir die Welt methodisch kontrolliert verändern wollen. Methode wäre dann ein anderer Name für Technik, für die Suche nach den Mitteln der Veränderung, Formung, Setzung und Ersetzung des Seins. Mittels technischer Artefakte werden »hier Stoffe, Energien, Orte und Zeiten, dort Funktionen, Zeichen und Ordnung verändert, hervorgebracht oder [...] verfestigt«.[6] Technik überführt alles Sein in ein Werden, sie unterstellt das menschliche Leben einem Projekt.

Ausgehend von dieser begrifflichen Grundkonstellation lässt sich Technik nicht einfach nur in privilegierter Weise handlungstheoretisch interpretieren. Mehr noch: Technik scheint ihrem innersten Wesen nach nur möglich vor dem Hintergrund der Dominanz einer handlungstheoretischen Rationalitätsform. Sie *ist* in gewisser Weise materialisierte Handlungstheorie. Der Siegeszug der Technik im Abendland kann nicht vom Triumph einer handlungstheoretischen Rationalitätsform getrennt werden, die alternative Rationalitätsformen marginalisiert und pathologisiert. Der Triumph der Handlungstheorie steht dabei paradoxerweise gerade nicht für einen Triumph der Praxis. Der Handlungs*theorie* (dem Versuch einer theoretischen Erklärung von Handlungen) ist es vielmehr eigen, die Praxis von vornherein der Theorie zu unterwerfen. Die praktische Ausführung erscheint als Anhängsel des theoretischen Projekts, die praktische Umsetzung als Effekt der theoretischen Idee. Das Subjekt fungiert innerhalb der Handlungstheorie als Erklärung für die Ursache von Handlungen.[7] Es wird zum Träger einer Intentionalität, der sich eines technischen Mittels zur Erreichung eines bestimmten Zweckes in der Welt bedient. Es erscheint damit nicht länger als ein Teil der Welt unter anderen, sondern als deren Souverän.

So wie sich der Kosmos für Platon durch eine radikale Diskrepanz zwischen der Sphäre der Ideen und der diesseitigen Welt auszeichnet, so beobachten wir in der Moderne immer stärker eine Diskrepanz zwischen dem *Anspruch* der platonischen Philosophie, genauer des latenten Platonismus in der Handlungstheorie, und deren *Wirklichkeit*. Die Systeme technischer Mittel scheinen sich von einem be-

---

5 | Ebd.
6 | Hans-Dieter Bahr: Über den Umgang mit Maschinen, Tübingen 1983, S. 9.
7 | Für Nietzsche wäre das Subjekt nichts anderes als diese (ungedeckte) Funktionsstelle innerhalb der Handlungstheorie.

Andreas Hetzel stimmten Punkt ihrer Entwicklung an immer weniger den Intentionen der Akteure zu fügen. Sie entwickeln ein Eigenleben, verselbstständigen sich. Es scheint die Moderne als solche auszumachen, dass sich der Status des »dritten Terms«, der Methodologie, verändert. Die Methodologie, die im Rahmen des platonischen Denkens zwischen Ontologie und Deontologie vermitteln soll, lässt die beiden Pole, deren Zusammenspiel sie eröffnet und ermöglicht, aus der Sicht der Moderne nicht länger unberührt. Das Mittlere bzw. das Mittel kolonialisiert, infiziert oder supplementiert die zu vermittelnden Instanzen. Technik als Vermittlung erscheint mit anderen Worten mitten in der Theorie und mitten in der Praxis. Die moderne Philosophie trägt dieser Entwicklung durch eine Umstellung ihrer begrifflichen Ausgangsunterscheidungen Rechnung: An die Stelle der *Intentionalität* tritt *Performativität*[8], *Teleologien* werden von einem Denken der *Medialität*[9] ersetzt, die *Handlung* löst sich in *Prozess* und *Ereignis*[10] auf, das *Modell* weicht dem *Basteln*[11]. Diese Entwicklung wäre angemessener als Transformation oder Schwerpunktverlagerung denn als Paradigmenwechsel zu interpretieren. Die alten, handlungstheoretischen Begriffe werden nicht einfach abgelöst, sondern gebeugt und gebrochen. So bricht sich der Strahl der Intentionalität im Medium der Technik wie das weiße Licht in einem Prisma. Statt der einen intendierten Wirkung stehen am Ende unserer heutigen, technisch vermittelten Handlungsketten vielfältig-bunte, schwer zu kontrollierende Wirkungen, die nicht länger in Haupt- und Nebenfolgen aufgeteilt werden können. Die Maschinen machen nicht nur und vor allem, was wir mit ihnen zu tun beabsichtigen, sondern wirken in eigensinniger und mehrdimensionaler Weise. Das Subjekt der Handlung verschwindet dabei nicht einfach, sondern erhält einen anderen Status; es erscheint in der Perspektive der Moderne immer auch als retroaktiver Effekt seiner Handlungen. So wie der Akteur seine Handlungen bestimmt, bestimmen der Vollzug, die Mittel und die Folgen der Handlungen umgekehrt auch den Akteur. Sofern »den Maschinen nicht nur jeweils ihre Stelle zugewiesen wird, sondern sie ebenso uns eine jeweilige Stelle zuweisen«, kann Hans-Dieter Bahr hier von einem »ontisch unbestimmbare[n] Feld«[12] sprechen. Die alte, vektorale Kette von Handlungssubjekt, Handlungsmittel und

---

8 | Vgl. Andreas Hetzel: »Das Rätsel des Performativen. Sprache, Kunst und Macht«, in: Philosophische Rundschau, 51. Jahrgang, Heft 2, 2004, S. 1–28.
9 | Vgl. Georg Christoph Tholen: Die Zäsur der Medien, Frankfurt/Main 2002.
10 | Vgl. die Beiträge in Marc Rölli (Hg.): Ereignis auf Französisch, München 2004.
11 | Vgl. die klassische Studie von Claude Lévi-Strauss: Das wilde Denken, Frankfurt/Main 1968.
12 | H.-D. Bahr: Über den Umgang mit Maschinen, S. 11.

Handlungsfolge zerfällt in unverknüpfte Glieder, die von einer prinzipiellen Übersetzungsunbestimmtheit daran gehindert werden, sich erneut miteinander zu verbinden.

Technik als Vermittlung und Dispositiv

Was wir heute in Bezug auf technisches Handeln und seine Folgen beobachten, entspricht über weite Strecken einer Kritik am Intentionalismus in der Theorie sprachlicher Bedeutungen, die Nietzsche in seinem frühen Aufsatz *Ueber Wahrheit und Lüge im aussermoralischen Sinn* (KSA 1, 873–890) formuliert hat. Die vermeintliche Kausalkette, die von der Welt über die Wahrnehmung und das Bewusstsein zur sprachlichen Bedeutung führt, stellt sich für Nietzsche als Kette unüberbrückbarer Differenzen dar. Die klassische, repräsentationalistische Bedeutungstheorie rekonstruiert Nietzsche wie folgt: Zunächst erzeugt eine Ursache außer uns, die wir nur kontrafaktisch unterstellen können, einen Nervenreiz, welcher dann auf unerklärbare Weise ein mentales Bild hervorruft, welches wiederum, ohne dass eine Erklärung möglich wäre, einen Laut erzeugt, der dann als Wort interpretiert werden kann. Wir haben hier also eine Kette geschlossener Systeme vorliegen – physikalische Realität, neurophysiologisches System, Phoneme und Bedeutungen –, deren Interaktion wir unterstellen müssen, aber nicht erklären können. Zwischen diesen Systemen klaffen Abgründe, die keine Metasprache zu überbrücken vermag: »Und jedesmal vollständiges Überspringen der Sphäre, mitten hinein in eine ganz andere und neue.« (KSA 1, 879) Nietzsche weist jede Möglichkeit zurück, die Immanenz der jeweiligen Sphären zu überschreiten. Daraus zieht er allerdings nicht die Konsequenz, die Möglichkeit sprachlicher Bedeutungen zu leugnen. In einer dekonstruktivistischen Wende werden die Bedingungen der Unmöglichkeit von Bedeutung von ihm vielmehr als paradoxe Bedingungen ihrer Möglichkeit postuliert. Sprache funktioniert für Nietzsche (und die sich auf Nietzsche berufende Dekonstruktion) gerade deshalb, *weil* es keine Metasprache gibt.

In vergleichbarer Weise kann das, was unser Handeln unmöglich zu machen droht, die Intervention einer prinzipiellen Unbestimmbarkeit zwischen den Elementen der Handlungskette, als Bedingung der Möglichkeit von Handlungen sichtbar gemacht werden. Handeln unterscheidet sich gerade dadurch vom Operieren und Kalkulieren, dass keine notwendige Verbindung zwischen Ausgangs- und Zielpunkt, zwischen Intention und Handlungsfolge besteht. Dies betont schon Aristoteles in seiner *Rhetorik*. Die Redekunst bezieht sich für ihn auf Phänomene »von solcher Art, daß sie sich auch anders verhalten können; menschliches Handeln nämlich, was Gegenstand der Beratung und der Erwägung ist, ist generell von solcher Art und nichts davon sozusagen aus Notwendigkeiten«. (*Rhet.* 1357a) Um vom bloßen Operieren abgehoben werden zu können, setzt Handeln den Horizont einer prinzipiellen Unbestimmbarkeit voraus, die sich

Andreas Hetzel nicht zuletzt aus der Widerständigkeit und Eigensinnigkeit der Handlungsmittel ergibt. Damit werden die handlungstheoretischen Grundbegriffe der platonischen Tradition nicht hinfällig, sondern medial gebeugt. Die technischen Mittel emanzipieren sich gegenüber den Intentionen und Zwecken; Intentionen und Zwecke werden im technischen Mittel gebrochen und letztlich, das wäre die (post-)moderne Radikalisierung dieses Gedankens, in dieser Brechung allererst konstituiert. Die Abweichung geht (auch) im Fall des technischen Handelns logisch und genealogisch der Regel voraus; der »normale« Gebrauch (*usus*) eines technischen Artefakts bleibt abhängig von den verschiedenen, prinzipiell unendlichen Möglichkeiten des Missbrauchs (*abusio*). Von hier aus ließe sich das technische Handeln auch als katachretisch explizieren.[13]

Mit der Technik scheint sich heute etwas zu ereignen, was mit der Sprache schon zu einem sehr frühen Zeitpunkt der Menschheitsgeschichte geschehen ist. Die Sprache rückt uns mit dem Beginn der Hominisation so weit auf den Leib und umschließt uns so vollständig, dass die Grenzen zwischen Sprache und Denken sowie Sprache und Welt nicht mehr klar gezogen werden können. Unsere Welt- und Selbstverhältnisse sind, wie bereits die antike Rhetorik und die Logosmystik der jüdisch-christlichen Tradition wussten, durch und durch sprachlich vermittelt. Sprache lässt sich insofern nicht widerspruchsfrei handlungstheoretisch, als Instrument zur Verwirklichung von Intentionen, beschreiben (ein Versuch, der von Platons *Kratylos* bis zur neueren Sprechakttheorie reicht). In der Moderne scheinen sich nun ähnliche Reflexionen in Bezug auf die Technik durchzusetzen. Auch die Technik ist uns auf den Leib gerückt und umgibt uns wie ein Medium. Sie hat keinen fest umrissenen gesellschaftlichen oder natürlichen Ort mehr, ihr mangelt es an einem einfachen Außen. Das Wesen der Technik lässt sich nicht länger am Beispiel eines Werkzeugs exemplifizieren, mit dem jemand einen bestimmten Zweck umzusetzen trachtet. Die Instanzen des Techniknutzers, der Technikziele und der Technikfolgen werden vielmehr von den technischen Mitteln absorbiert, die sich in ein weltumspannendes und selbstreflexives Medium transformiert haben. Im Falle moderner Technologie handelt es sich, so Gerhard Gamm, »um hochgradig vernetzte technische Ensembles [...], die in einer beispiellosen Erosion von Mitteln und Zwecken eine wechselseitige Bestimmung beider zur Folge hat«.[14] So wie Techniken nach traditioneller Auffassung für

---

13 | Zur Logik der Katachrese vgl. Gerald Posselt: Katachrese. Rhetorik des Performativen, München 2005.

14 | Gerhard Gamm: »Technik als Medium. Grundlinien einer Philosophie der Technik«, in: Michael Hauskeller/Christoph Rehmann-Sutter/Gregor Schiemann

bestimmte Anwendungen geschaffen werden, so generieren sie heute selbst die ihnen gemäßen Anwendungsfelder: »Auf der Basis einer bestimmten Technologie werden neue Räume eröffnet, in die hinein neue Zwecke geschöpft werden können; was zugleich bedeutet, daß die technischen Artefakte selbst an zielbestimmendem Einfluss gewinnen.«[15]

Technik als Vermittlung und Dispositiv

In unserer Zeit durchdringen die Apparate Natur und Leib, Gesellschaft und Ökonomie, Wissenschaft und Kunst. Sie sind nicht länger als *eine* Technik zu beschreiben, sondern bilden ein vielfältiges Bündel von Artefakten und Strategien, die in unterschiedlich hohen Intensitätsgraden miteinander vernetzt sind. Fast alle gegenwärtigen Techniken sind immer schon auf andere Techniken bezogen, die sie modellieren und von denen sie modelliert werden. Da sie sich nicht mehr direkt auf die Natur bezieht, sondern primär auf sich selbst, ist Technik in einem wesentlichen Sinne »nachnatürlich« geworden und bildet gerade deshalb unsere neue, eigentliche Natur. Arnold Gehlen drückt das wie folgt aus:

»Seit mehr als hundert Jahren haben sich die Amerikaner und Europäer eine noch nie dagewesene Wirklichkeit aufgebaut: sie haben die technischen und industriellen Erfindungen in einen großen Zusammenhang gebracht, ihn wie eine zweite Erde als Bedingung ihres Weiterlebens betreten und sich in einer neuen Umwelt eingerichtet, die an Gewaltsamkeit und zugleich Künstlichkeit alle Vergleichbarkeiten hinter sich läßt.«[16]

In einer Welt, in der sich Technik auf alle Lebensbereiche erstreckt, lässt sich kein Bereich mehr als spezifisch technisch ausweisen; insofern kann die Technik unserer Zeit auch als »transtechnisch«[17] charakterisiert werden.

Technische Vermittlung

Die sich bis hierher abzeichnende Deutung von Technik als Vermittlung möchte ich im Folgenden mit Argumenten von G.W.F. Hegel,

---

(Hg.), Naturerkenntnis und Natursein. Für Gernot Böhme, Frankfurt/Main 1998, S. 94–106, hier: S. 99.
15 | Ebd., S. 101.
16 | Arnold Gehlen: »Über kulturelle Kristallisation«, in: Wolfgang Welsch (Hg.), Wege aus der Moderne. Schlüsseltexte zur Postmoderne-Diskussion, Weinheim 1988, S. 133–143, hier: S. 133.
17 | Vgl. Gerhard Gamm: »Anthropomorphia inversa. Über die Medialisierung von Mensch und Technik«, in: Lettre International, Heft 41, 1998, S. 89–92, hier: S. 90.

Andreas Hetzel Ernst Cassirer, Jacques Derrida und Bruno Latour präzisieren. Ausgehend von diesen Positionen lässt sich aufweisen, dass Technik dem Menschen und seinem Bezug zur Welt nicht äußerlich ist, dass der Mensch nicht von außen auf ein technisches Instrument zugreift, um damit eine von ihm unabhängige Welt zu manipulieren. Gegen eine solche instrumentalistisch verkürzte Technikdeutung machen die Vermittlungskonzeptionen geltend, dass sich, wie es etwa Werner Rammert und Ingo Schulz-Schaeffer ausführen, »Mensch und Technik [...] wechselseitig konstituieren«[18] und dass die Welt dem Menschen nicht anders als in technischen Medien gegeben ist. Der Mensch wird erst dadurch zum Menschen, dass er sich nicht unmittelbar zur Welt verhält, sondern sich technischer Vermittlungsschritte bedient. Der menschliche Weg zur Welt schlägt insofern immer einen Umweg ein, er führt immer über etwas anderes, das ihn vom intendierten Weg abbringt. Dies gilt ebenso für das Handeln wie für das Erkennen, für das Wahrnehmen wie für das Begehren, für das Sprechen wie für das Verstehen. Gleichzeitig wird aber auch die Welt erst dadurch zur Welt, dass wir sie technisch »distanzieren« und »in die Ferne rücken«[19] können. Das Konzept der Vermittlung erlaubt es, Technik, Mensch und Welt als relationale Kategorien (etwa im Sinne von Peirce oder Lacan) zu begreifen. Jeder einzelne der drei Terme hält den Abstand zwischen den beiden anderen aufrecht. Technik (im Sinne technischer Vermittlung) wäre von hier aus als diejenige Größe zu verstehen, die den Menschen von der Welt trennt und zugleich beide Pole in der Trennung voneinander – »schismogenetisch«[20] – hervorbringt. Wie die Sprache fungiert Technik als ein »entbindendes Band«[21] zwischen Subjekt und Welt; sie eröffnet die Möglichkeit von Subjekt und Welt dadurch, dass sie beide Seiten voneinander trennt und die Trennung zugleich als das verbindende Element wirksam werden lässt. Technik ist materialisierte Differenz.

Erstmals konsequent durchgeführt wurde eine solche Konzeption von Technik in der Philosophie Hegels. Hegel thematisiert Technik an drei Gelenkstellen seines Systems unter der Bezeichnung des

---

18 | Werner Rammert/Ingo Schulz-Schaeffer: »Technik und Handeln. Wenn soziales Handeln sich auf menschliches Verhalten und technische Abläufe verteilt«, in: dies.: Können Maschinen Handeln? Soziologische Beiträge zum Verhältnis von Mensch und Technik, Frankfurt/Main, New York 2002, S. 11–64, hier: S. 39.
19 | Ernst Cassirer: »Form und Technik«, in: ders., Symbol, Technik, Sprache. Aufsätze aus den Jahren 1927–1933, Hamburg 1995, S. 39–92, hier: S. 59.
20 | Vgl. Gregory Bateson: »Kulturberührung und Schismogenese«, in: ders., Ökologie des Geistes, übers. v. H.G. Holl, Frankfurt/Main 1983, S. 99–113.
21 | Martin Heidegger: »Der Weg zur Sprache«, in: ders., Unterwegs zur Sprache, Stuttgart 2001, S. 239–268, hier: S. 262.

»Mittels«: im Kapitel über *Herrschaft und Knechtschaft* der *Phänomenologie des Geistes*, im Teleologiekapitel der *Wissenschaft der Logik*, sowie im Abschnitt *Die bürgerliche Gesellschaft* innerhalb der *Grundlinien der Philosophie des Rechts*. Als Mittel verkörpert die Technik für Hegel einen wesentlichen Zug des Geistes und wird diesem insofern nicht abstrakt gegenübergestellt, sondern in ihn eingetragen. Ausgehend von Hegel lassen sich insofern alle Positionen zurückweisen, die die moderne Welt durch einen Konflikt von Geist und/oder Kultur auf der einen und Technik auf der anderen Seite bestimmt sehen (paradigmatisch etwa die Position von Daniel Bell[22]). Mehr noch als durch ästhetische und religiöse Prozesse werden unsere Weltbezüge heute technisch vermittelt. Hegels Philosophie des absoluten Geistes, die erste konsequente Deutung der Moderne als Reflexivwerdung allen Wissens, würde, wäre sie in unseren Tagen geschrieben worden, neben der Kunst, Religion und Philosophie auch noch die Technik berücksichtigen. Technik lässt sich als ein kulturelles Leitmedium unserer Zeit interpretieren; als Techno*logie* ist sie durch und durch geistig geworden.

Der Hegelsche Technikbegriff ist unlängst von Christoph Hubig genauer untersucht worden. Hubig weist zusammenfassend darauf hin, dass Technik für Hegel

Technik als Vermittlung und Dispositiv

»nicht bloß ein Inbegriff disponibler Fertigkeiten und Mittel ist, wie er von manchen Protagonisten vorgängiger Technikphilosophie gefaßt wurde, sondern (a) wesentliches Konstituens eines Selbstbewußtseins, welches sich als welterschließend und -gestaltend begreift, ferner (b) nicht als bloßes Instrumentarium – in der Domäne einer verkürzten Klugheit – Zwecksetzungen untergeordnet ist, über welche die Ethik regiert, sondern als Medium der Wirklichkeitserzeugung sowohl die Reflexionsbasis als auch die Verwirklichungsgarantie der Sittlichkeit abgibt, also ihrerseits ethisch sensitiv ist, und schließlich (c) in ihrer Systematik die Struktur dessen prägt, was dann höherstufig als System die wirtschaftliche und politische Verfaßtheit ausmacht.«[23]

Hegel betreibt Technikphilosophie nicht als Bindestrich-Philosophie; Technik gilt ihm nicht als gesonderte Sphäre des Seins, sondern spielt sich in jede Art von vermitteltem Weltbezug ein.

Als zweiter Gewährsmann einer Theorie technischer Vermittlung

---

22 | Vgl. hierzu das Kapitel »Kultur und Technik« in Andreas Hetzel: *Zwischen Poiesis und Praxis. Elemente einer kritischen Theorie der Kultur*, Würzburg 2001, S. 148–153.

23 | Vgl. Christoph Hubig: »Macht und Dynamik der Technik – Hegels verborgene Technikphilosophie«, Online-Publikation, *http://www.uni-stuttgart.de/ philo/index.php?id=31#443*; gesehen am 10.05.2005.

Andreas Hetzel lässt sich Ernst Cassirer anführen; einschlägig ist hier vor allem sein 1930 erschienener Aufsatz *Form und Technik*. Im Gegensatz zu Kant, der die Konstitution von Erfahrung den Anschauungsformen und Verstandeskategorien des individuellen Subjekts aufbürdet, sind es für den Neukantianismus, in dessen Tradition Cassirer steht, kulturell codierte Formen des Erfahrungserwerbs, die unsere Welt vorgängig erschließen. Für die frühen Neukantianer leisten insbesondere die Wissenschaften eine solche vorgängige Welterschließung. Der Zusammenhang wissenschaftlicher Verfahren, Methoden und Theorien bildet ein Ensemble symbolischer Formen, durch deren Filter wir die Mannigfaltigkeit der Sinnesdaten in ähnlicher Weise strukturieren, wie für Kant die Anschauungsformen von Raum und Zeit im Subjekt die Grenzen des Erfahrbaren abstecken. Cassirers große Leistung besteht nun darin, dass er das Feld der symbolischen Formen erweitert hat. Neben den Wissenschaften rechnet er zunächst auch Mythos, Kunst und Sprache zu den welterschließenden symbolischen Formen, um schließlich auch die Technik in ihren Kanon aufzunehmen. Technik gilt ihm nicht nur als *Gegenstand* der Technikphilosophie, sondern auch als deren *Organon*: »sie verändert die *Art* des Sehens selbst«[24]. Als »Gestaltungskraft«[25] und »Grundrichtung des *Erzeugens*«[26] hat sie insbesondere in der Moderne einen wesentlichen Anteil an der Hervorbringung von Welt und kann insofern nicht hinreichend als Ensemble von bloß vorliegenden Artefakten beschrieben werden. Erst indem sich der Mensch technischer Vermittlungsschritte bedient, kommt es für Cassirer, der in diesem Punkt Hegel sehr nahe steht, zu derjenigen Distanzierung von Welt, die Subjekt und Objekt voneinander scheidet, um sie zugleich aufeinander zu beziehen. Technik erweist sich von hier aus als Kraft, »das Ziel in die Ferne zu rücken und es in dieser Ferne zu belassen, es in ihr ›stehen zu lassen‹. Dieses Stehen-Lassen des Zieles ist es erst, was eine ›objektive‹ Anschauung der Welt als einer Welt von ›Gegenständen‹ ermöglicht.«[27]

---

24 | E. Cassirer: »Form und Technik«, S. 42.
25 | Ebd., S. 48.
26 | Ebd., S. 49.
27 | Ebd., S. 59. – In eine vergleichbare Richtung weisen auch die Überlegungen von Peter Sloterdijk. Für ihn heißt menschliches »Dasein« immer, »in einer Sphäre sein oder von einer Sphäre enthalten sein« (S. 10). Diese Sphäre schafft sich der Mensch auf der Schwelle zur Hominisation durch die Verwendung von Wurfgeschossen, mit denen er seine Beute erlegt und sich seine Feinde auf Distanz hält. Das Wurfgeschoss als erste, prototypische Technik stiftet einen (von Anfang an gewaltsamen) »Abstand von aller übrigen Natur« (S. 20), einen Freiraum, in dem die Aufmerksamkeit und Wachheit des homo sapiens entstehen kann. Die Ekstasen, welche die ritualisierten Formen des Schießens

An den Diskussionsstand von Hegel und Cassirer knüpft neuerdings auch Jacques Derrida an, der ebenfalls als ein wichtiger Denker technischer Vermittlung gelten kann. Derridas Philosophie lässt sich insgesamt als Philosophie des Unmittelbarkeitsentzugs lesen. Jeder Versuch, auf eine reale Präsenz, einen ersten Anfang, einen letzten Grund usf. zuzugreifen, wird in der Darstellung der derridaschen Dekonstruktion von kulturellen Vermittlungen durchkreuzt. Wir stehen für Derrida immer schon mitten in der Kultur, mitten in der Sprache, und haben keine Möglichkeit, das Spiel der wechselseitig aufeinander verweisenden Zeichen auf ein vordiskursives Außen zu überschreiten. In seinem Essay *Glauben und Wissen* macht Derrida diesen Zusammenhang am Verhältnis von Religion und Technik deutlich. Alle Religionen, so führt Derrida aus, beanspruchen für sich einen Punkt unmittelbarer Evidenz, bedienen sich aber zugleich gewisser technischer Medien ihrer Vermittlung. Die Religion geht seit den Gesetzestafeln, die Moses vom Berg Sinai herabträgt, ein unauflösliches Bündnis mit einer »Fernwissenschaftstechnik«[28] ein, gegen die sie zugleich im Namen einer reinen Unmittelbarkeit, die sich in der Evidenz des Glaubens verkörpert, opponieren muss. Unter Berufung auf die Religion wird heute allerorten ein »Anti-Tele-Technologismus«[29] propagiert; diese Propaganda kann sich dabei allerdings nur im Medium von Teletechnologien (vom Printmedium bis zum Internet) entfalten und dementiert sich notwendig selbst. Ausgehend von diesen Überlegungen deutet Derrida eine Philosophie der Technik an, die jede Maschine als »Fernmaschine«[30] charakterisiert, als eine Maschine, die Ferne überbrückt und zugleich erzeugt. Das für Derridas Philosophie leitende Konzept einer jede Präsenz aufschiebenden, verräumlichenden und verzeitlichenden Schrift erscheint von hier aus als Baustein einer komplexen Theorie technischer Vermittlung. Cassirers Ansätze zu einer Deutung von Technik als symbolischer Form ließen sich, was hier allerdings nicht geleistet werden kann, ausgehend von Derrida zu einer dekonstruktiven Semiotik der Technik erweitern.

Technik als Vermittlung und Dispositiv

---

und Treffens im modernen Massensport (Fußball) und Action-Kino (Terminator) begleiten, lassen sich für Sloterdijk nur dadurch erklären, dass hier »das Ereignis der Ereignisse«, die sich im Werfen vollziehende »Sezession der Menschenhorden von der Alten Natur« (S. 19), symbolisch wiederholt werde. Vgl. Peter Sloterdijk: Medien-Zeit. Drei gegenwartsdiagnostische Versuche, Karlsruhe 1993.
28 | Jacques Derrida: »Glaube und Wissen. Die beiden Quellen der ›Religion‹ an den Grenzen der bloßen Vernunft«, übers. v. Alexander García Düttmann, in: Jacques Derrida u. Gianni Vattimo, Die Religion, Frankfurt/Main 2001, S. 9–106, hier: S. 75f.
29 | Ebd., S. 93.
30 | Ebd., S. 69.

Andreas Hetzel

Zu einem expliziten Forschungsprogramm wird der Zusammenhang von *Technik und Vermittlung* im Werk des französischen Wissenschaftsphilosophen Bruno Latour, insbesondere im gleichnamigen Aufsatz aus dem Jahr 1994. Für Latour geht die Vermittlung zwischen Mensch und Technik in unserer Zeit so weit, dass wir allerorten mit Hybridakteuren konfrontiert werden, mit Mischwesen aus Mensch und Maschine. Vermittlung meint für Latour »Umweg« ohne direkten Weg, »Übersetzung« ohne Original, »Delegation« ohne delegierende Instanz, »Versetzung«[31] ohne fixen Ausgangspunkt. In der Techniktheorie Latours wird die Verabschiedung eines intentionalistischen und handlungstheoretischen Vokabulars besonders deutlich vollzogen. Unter den Bedingungen technischer Vermittlung lässt sich kein »Umgang mit Technik« mehr denken, da dass Subjekt eines solchen Umgangs bereits selbst von Technik heimgesucht wäre: »Intentionalität und zweckgerichtetes Handeln sind vielleicht keine Eigenschaften von Objekten, aber sie sind auch nicht die Eigenschaften von Subjekten. Vielmehr sind sie die Eigenschaften von Institutionen, sie sind *Dispositive*.«[32] Das Konzept intentionalen Handelns autonomer Subjekte, das weite Teile der abendländischen Techniktheorien dominiert, wird von Latour zugunsten einer Vorstellung wirksamer Dispositive verabschiedet.

Mit dem Konzept des Dispositivs deutet sich ein aussichtsreicher Weg an, die Wirksamkeit technischer Artefakte unter Bedingungen ihrer Vermitteltheit zu thematisieren. Der Begriff des Dispositivs erlaubt es Latour und der sich auf in berufenden neueren Technikforschung, Manifestationen der Technik als Vermittlung von und in ihrer Vermitteltheit mit Akteuren, Praxen und gesellschaftlichen Formationen zu denken. Die Deutung von Technik als Dispositiv befreit sie vollends aus dem Rahmen der platonischen Philosophie. Als materielles Dispositiv ist Technik immer schon situiert, sozial kontextualisiert und in vielfältiger Weise wirksam. Ihr Bezug auf die reine *theoria* wird prekär.

Technik als Dispositiv

Ich möchte nun auf das von Michel Foucault, Gilles Deleuze und Jean-François Lyotard in die philosophische Diskussion eingeführte Konzept des Dispositivs zurückgreifen, um die gesellschaftliche Ein-

---

31 | Bruno Latour: »Über technische Vermittlung. Philosophie, Soziologie, Genealogie«, in: Werner Rammert (Hg.), Technik und Sozialtheorie, Frankfurt/Main 1998, S. 29–82, hier: S. 43.

32 | Ebd., S. 54.

bettung und Wirkmächtigkeit von Technik näher zu erläutern. Zunächst stelle ich die Dispositiv-Begriffe von Foucault, Deleuze und Lyotard, die sich nicht explizit und in erster Linie auf Technik beziehen, kurz vor. Der Versuch einer Übertragung des Konzepts auf Technik bleibt einem zweiten Schritt vorbehalten.

Technik als Vermittlung und Dispositiv

Die kulturwissenschaftliche Kategorie des Dispositivs siedelt sich auf einer Mesoebene an, der auch Konzepte wie *Struktur, System* und *Diskurs* angehören. Das Dispositiv ist »kleiner« als *Episteme, Kultur* oder *Gesellschaft* und »größer« als *Aussage, Ereignis* und *Handlung*. Es unterläuft alle Versuche, das Subjekt von der Gesellschaft und die Gesellschaft vom Subjekt her zu denken, indem es ein mittleres Feld der Indifferenz beider Ebenen eröffnet. Die Philosophie der 1970er Jahre entnimmt den Begriff *dispositif* der französischen Alltagssprache. Er hat dort vielfältige Konnotationen; mögliche Synonyme sind *appareil, machine, poste, engin, installation*. Übersetzen lässt er sich als *Anordnung, Apparatur, Vorrichtung, Anlage, Automat, Gerät, Instrument, Maschine* und *Roboter*. Begriffsgeschichtlich geht das Substantiv auf die griechische *diathesis* (*Verfügung, Anordnung, Erzeugung eines Zustandes* oder *einer Stimmung*), etymologisch auf die lateinische *dispositio* (das *Ordnen, Verteilen* und die kunstgemäße *Anordnung* der Redeteile in der Rhetorik) zurück. Die Ordnungsarbeit, die der *dispositio* innerhalb der klassischen Rhetorik übertragen wird, ist von vorn herein auf eine bestimmte Wirksamkeit der Anordnung hin angelegt. Ausgehend von der rhetorischen *dispositio* ließe sich das Dispositiv also als Anordnung (im doppelten Sinne von aktivischem Anordnen und passivischem Angeordnet-Sein) von Elementen in Hinsicht auf die Wirksamkeit dieser Anordnung beschreiben.

In der französischen Rechtssprache steht das *dispositif* für die Anordnung eines Urteils. Darüber hinaus findet es im militärischen Kontext Verwendung für die Gliederung oder Aufstellung von Truppen in der Schlacht. In diesem Zusammenhang lässt es sich auch als *Taktik* oder *Strategie* übersetzen. Entscheidend ist hierbei, dass das Dispositiv gerade nicht nach dem Modell eines Planes funktioniert, der einer Situation von außen aufgezwungen wird. Es stützt sich weniger auf Pläne und Intentionen von Akteuren als auf eine bestimmte »Neigung« der Situation selbst. François Jullien verwendet in diesem Sinne den Fluss und die Armbrust als Metaphern für das Dispositiv:

»Dank der Höhenunterschiede des Stroms und der Enge seines Bettes [...] ist die Situation von sich aus Ursache einer Wirkung (es heißt, der Strom ›bekommt ein Potential‹, er ›läßt etwas geschehen‹); auch im Fall der Arm-

Andreas brust funktioniert die Disposition, sobald man sie auslöst, von selber: sie
Hetzel bildet ein Dispositiv.«³³

Mit dem Dispositiv eröffnet sich ein Raum der Indifferenz sowohl von Handlung und Prozess als auch von Intentionalität und Wirksamkeit. Beschreibt man technische Zusammenhänge als (materielles) Dispositiv, dann gerät in privilegierter Weise die gerichtete, in letzter Konsequenz aber nicht vollständig determinierte Wirksamkeit technischer Ein- und Vorrichtungen in den Blick.

In der Mitte der siebziger Jahre nehmen sich drei französische Autoren des Dispositivs in prominenter Weise an: Foucault, Deleuze und Lyotard. Sie bemühen sich mit der philosophischen Valorisierung dieses Alltagsbegriffs um eine Theorie der materialen Kultur jenseits handlungstheoretischer Deutungen. Zunächst greift Foucault den Begriff auf und gibt ihm innerhalb seiner Diskurstheorie eine spezifische Ausrichtung. Erstmals Verwendung findet er in seiner 1971 am Collège de France gehaltenen Antrittsvorlesung *Die Ordnung des Diskurses*. Das Dispositiv siedelt sich hier etwa auf der Ebene an, die in Foucaults älteren Arbeiten der Diskurs eingenommen hatte. Es erweitert das Konzept des Diskurses um materielle Anteile, indem es ein Wissen, die mit diesem Wissen verbundene Macht und die institutionellen Realisationen dieser Macht in sich vereint. Das Dispositiv umfasst »Diskurse, Institutionen, architektonische Vorrichtungen, Regulierungen, Gesetze, Verwaltungsmaßnahmen, wissenschaftliche Aussagen, philosophische Sätze, Moral, Philanthropie usw«.³⁴ An anderer Stelle führt Foucault aus:

»Was ich unter diesem Titel festzumachen versuche, ist [...] ein entschieden heterogenes Ensemble, das Diskurse, Institutionen, architekturale Einrichtungen, reglementierende Entscheidungen, Gesetze, administrative Maßnahmen, wissenschaftliche Aussagen, philosophische, moralische oder philanthropische Lehrsätze, kurz: Gesagtes ebensowohl wie Ungesagtes umfaßt. Soweit die Elemente des Dispositivs. Das Dispositiv selbst ist das Netz, das zwischen diesen Elementen geknüpft werden kann.«³⁵

Es definiert die »Natur der Verbindung« zwischen seinen Elementen, eine Natur der Verbindung, welche allgemein als »Spiel von Posi-

---

33 | F. Jullien: Über die Wirksamkeit, S. 33.
34 | Michel Foucault: »The Confession of the Flesh«, in: C. Gordon (Hg.), Power/Knowledge: Selected Interviews and other writings by M. Foucault, 1972–1977, New York 1980, S. 194. Hier zitiert nach: Hubert L. Dreyfus/Paul Rabinow: Michel Foucault. Jenseits von Strukturalismus und Hermeneutik, Frankfurt/Main 1987, S. 150.
35 | Michel Foucault: Dispositive der Macht, Berlin 1978, S. 120f.

tionswechseln und Funktionsveränderungen«³⁶ beschrieben werden Technik als kann. Weiterhin gilt das Dispositiv immer auch als Strategie, um auf Vermittlung einen »Notstand«³⁷ zu antworten. Jede *techne* dient dazu, *tyche*, und Dispositiv den Unordnung stiftenden Zufall, zu kompensieren. Zusammenfassend formuliert Foucault: »Eben das ist das Dispositiv: Strategien von Kräfteverhältnissen, die Typen von Wissen stützen und von diesen gestützt werden.«³⁸ Im Gegensatz zum Substantiv Techno*logie*, das Technik mit einem ihr vorausgehenden und aus ihr folgenden Wissen (Logos) verknüpft, legt das Dispositiv den Akzent auf die intrinsische Intentionalität, Wirkmächtigkeit oder Performativität der Technik. Obwohl Foucault Technik ganz explizit nicht *als* Dispositiv charakterisiert, sondern technische Artefakte allenfalls als Teile von Dispositiven behandelt, lässt sich das Dispositiv mit Gewinn als Leitfaden einer Explikation technischer Wirksamkeit verwenden. Die Wirksamkeit der Technik wird dann vor allem als gesellschaftliche Wirksamkeit dechiffrierbar. So produzieren die Fließbänder, Werkzeuge und Maschinen im Automobilwerk nicht nur Autos, sondern vor allem auch einen bestimmten Typus von disziplinierten, erfahrungsberaubten und tendenziell angepassten Arbeitern sowie eine ganze Lebensform, die wiederum diesen Arbeitern entspricht. Ebenso prozessieren Computer nicht nur Informationen, sondern produzieren bzw. subjektivieren immer auch einen bestimmten Typus von Nutzer sowie eine diesem Nutzer korrespondierende Welt. Eine als Dispositiv verstandene Technik untersteht nicht länger den Intentionen autonomer Akteure, sondern schafft sich eine Umwelt, die ihrer Selbsterhaltung und -reproduktion günstig ist und zu der auch Akteure und Intentionen gehören können.

1973 veröffentlich Jean-François Lyotard seine Aufsatzsammlung *Des dispositifs pulsionels* (zu deutsch etwa *Die Dispositive der Libido bzw. der Triebe*), die teilübersetzt wurde in den beiden Bänden *Essays zu einer affirmativen Ästhetik* und *Intensitäten*. Ausgehend von Lyotards Überlegungen lassen sich insbesondere die energetischen, phantasmatischen, narrativen und libidinösen Anteile an technischen Dispositiven fassen. Lyotard reserviert den Dispositiv-Begriff zunächst für symbolische Ordnungen; so spricht er etwa von theoretischen Dispositiven sowie Sprach- und Malereidispositiven.³⁹ Dispositive wären für Lyotard »Verkettungen, die die Ausrichtung der Energieströme auf das Feld der« theoretischen, pikturalen oder sprachlichen »Einschreibung bewirken, also die Kopplung der Libido

---

36 | Ebd., S. 121.
37 | Ebd.
38 | Ebd., S. 123.
39 | Vgl. Jean-François Lyotard: Essays zu einer affirmativen Ästhetik, übers. v. Eberhard Kienle u. Jutta Kranz, Berlin 1983, S. 55f.

an die Sprache«, die Theorie oder das Bild »als Einschreibungsfläche bestimmen«[40] und so Sinneffekte hervorbringen. Das Dispositiv arrangiert für Lyotard nicht nur gesellschaftliche Kraftverhältnisse, sondern darüber hinaus auch noch die vielfältigen Kommunikationen von Libido und Sinn sowie von Traum und Wirklichkeit. Es erscheint von hier aus nicht nur als heterogenes Kontinuum von Macht, Materialität und Wissen (wie bei Foucault), sondern darüber hinaus auch als Kontinuum von Imagination und Libido. Die Wirksamkeit von Technik besteht, so lässt sich ausgehend von Lyotards Überlegungen zeigen, nicht nur darin, dass Instrumente etwas verändern, Maschinen etwas erzeugen und Computer eine Welt simulieren. Technische Artefakte sind über diese Wirksamkeit erster Ordnung hinaus immer auch symbolisch adressiert, sie bilden Projektionsflächen und Motoren der menschlichen Libido und Einbildungskraft. An Maschinen knüpfen sich Träume und manche Maschinen dienen, insbesondere in der Moderne, explizit der Traumproduktion.[41]

Noch in einem weiteren Punkt geht Lyotard über Foucault hinaus: Er nähert den Begriff des Dispositivs dem rhetorischen Konzept der »Figur« an. Durch diese Verschiebung wird das Dispositiv zugleich entmaterialisiert und detranszendentalisiert. Wie eine rhetorische Figur, eine innersprachliche Instanz der Transformation von Sprache, erscheint auch das Dispositiv in Lyotards Darstellung als »wandelbarer Operator«; Dispositive stehen dafür, »dass alles, was zum Objekt wird (Ding, Tafel, Text, Körper...) Produkt, d.h. Resultat einer Metamorphose dieser Energie von einer Form in eine andere ist. Jedes Objekt besteht aus ruhender, schlafender, vorübergehend konservierter und aufgezeichneter Energie.«[42] Letztlich universalisiert Lyotard das Konzept des Dispositivs: Das gesamte gesellschaftliche Feld setzt sich für ihn aus Figuren und Dispositiven zusammen. »Sie sind Schaltorganisationen, die die Aufgabe und Abgabe der Energie in allen Bereichen kanalisieren und regulieren.«[43] Insofern tritt uns in Lyotards Perspektive die gesamte soziale Welt als maschinelle Wirklichkeit entgegen. Die Lyotardschen Maschinen haben sich allerdings weit vom (zumindest latenten) Mechanismus der Foucaultschen Dispositive (die Denken und Verhalten standardisieren) entfernt; als Transformatoren von Energien (sie »übersetzen« zwischen semantischer, libidinöser, sozialer, künstlerischer usf. Energie) stehen sie vielmehr auch für die Möglichkeit einer vorbildlosen

---

40 | Ebd., S. 59.

41 | Ihren prominentesten Theoretiker hat die Technisierung der Einbildungskraft in Vilém Flusser gefunden.

42 | Jean-François Lyotard: Intensitäten, übers. v. Lothar Kurzawa u. Volker Schaefer, Berlin 1978, S. 65.

43 | Ebd., S. 67.

Produktivität und Kreativität. Als »*wandelbare* Operatoren« unterliegen sie selbst den von ihnen initiierten Transformationsprozessen, sie kontrollieren die Felder des Sinns und des Handelns nicht von außen. Das Dispositiv nähert sich hier einem Denken von Technik als Vermittlung, wie wir es etwa bei Hegel und Cassirer kennengelernt haben.

Technik als Vermittlung und Dispositiv

In seinem Aufsatz *Was ist ein Dispositiv?* schließt sich Gilles Deleuze zunächst an Michel Foucaults Verwendung des Begriffs an. Er charakterisiert die Dispositive hier durch vier Eigenschaften: (a) Jedes Dispositiv erzeugt Sichtbarkeit, es hat seine ihm spezifische »Lichtordnung«[44]. (b) Dieser Lichtordnung korrespondiert eine »Aussageordnung«; das Dispositiv bewacht die Grenzen des legitimerweise Sagbaren. (c) Ein Dispositiv ist ferner aus »Kräftelinien«[45] gestrickt, es geht mit Machteffekten und performativen Wirkungen einher. (d) Das Dispositiv steht schließlich für Subjektivierungspraktiken, für die Produktion von Subjektpositionen. – Neben diesen eher standardisierenden Dimensionen, die auch Foucault in den Mittelpunkt seiner Ausführungen stellt, weist Deleuze noch deutlicher auf »Riß-, Spalt- und Bruchlinien«[46] hin, die das Dispositiv durchziehen und es auf die Möglichkeit seiner Subversion, Transformation und Umdefinition hin öffnen. Sein Denken der Dispositive geht insofern einher mit einer »Zurückweisung der Universalien«[47]. Auf die Technik bezogen heißt das, dass jeder Versuch ihrer totalisierenden Wesensbestimmung scheitern muss. Technik erscheint vor dem Hintergrund der deleuzeschen Philosophie als Szene und Organon gesellschaftlicher Konflikte, als etwas bis in ihr innerstes Wesen hinein Umkämpftes, das allerdings, in diese Richtung gehen ja auch die Überlegungen Bruno Latours, in gewisser Weise selbst mitkämpft. Ihre Definition ist nicht unabhängig von dem, was sie jeweils mit uns macht und was wir mit ihr machen. Der technischen Vermittlung ist Agonalität eingeschrieben.

In den Hauptwerken von Deleuze spielt der Begriff des Dispositivs keine zentrale Rolle. Ihm entsprechen andere Wendungen wie »kollektives Gefüge«, »Verkettung« oder »Maschine«. Ähnlich wie Lyotard bemüht sich auch Deleuze um eine radikale Detranszendentalisierung der Sprache, mit der wir uns selbst und unsere Welt beschreiben. Insbesondere die Epistemologie und Rhetorik der *Maschine* im *Anti-Ödipus*[48] dient dem Versuch, die Grenzen von Mensch

---

44 | Gilles Deleuze: »Was ist ein Dispositiv?«, in: ders., Foucault, übers. v. Hermann Kocyba, Frankfurt/Main 1992, S. 154.
45 | Ebd.
46 | Ebd., S. 157.
47 | Ebd.
48 | Vgl. Gilles Deleuze/Felix Guattari: Anti-Ödipus. Kapitalismus und Schizo-

Andreas Hetzel und Natur sowie von Mensch und Technik zu unterlaufen. Der Mensch selbst erscheint hier als besonderer Typus einer Maschine: als Wunschmaschine. Deleuze stellt sich explizit gegen eine bestimmte Strategie der konservativen Kultur- und Technikkritik. Insbesondere die kybernetische[49] Vernetzung von Mensch und Maschine wird immer wieder (so etwa von Günther Anders[50] und Paul Virilio[51]) als Beleg dafür angeführt, dass alles Handeln heute entsubjektiviert wird, in Erledigung, Verlauf, Prozess und bloßes Funktionieren übergeht. Doch gerade vor dem Hintergrund der kybernetischen Revolution werden, so Deleuze (aber auch Gotthard Günther[52]

---

phrenie I, übers. v. Bernd Schwibs, Frankfurt/Main 1977; vgl. insbesondere den Abschnitt I,»Die Wunschmaschinen«, S. 7–64.

49 | Zur Kybernetik vgl. Norbert Wiener: Futurum Exactum. Ausgewählte Schriften zur Kybernetik und Informationstheorie, Wien, New York 2002.

50 | Günther Anders: Die Antiquiertheit des Menschen I. Über die Seele im Zeitalter der zweiten industriellen Revolution, München 1987. – Für Anders sind es die »kybernetischen Apparate« (S. 27), die im doppelten Sinne hybriden »Zwitterwesen« und »Kreuzungen« von Mensch und Maschine (S. 47), die einen Dehumanisierungsprozess sondergleichen einleiten. Am Ende dieses Prozesses wird der Mensch zum »Hofzwerg seines eigenen Maschinenparks« (S. 25) oder zum »Totgewicht im Aufstieg der Geräte« (S. 33), zu einem anachronistischen Rest, den die Maschinen hinter sich zurücklassen.

51 | Paul Virilio: Die Eroberung des Körpers. Vom Übermenschen zum überreizten Menschen, übers. v. Bernd Wilczek, München 1994. – Virilio aktualisiert die Technikkritik von Günther Anders und macht eine finstere Allianz von »Kybernetik« (S. 137), »Futurismus« (S. 141), Transhumanismus (er zitiert ausgiebig den transhumanistischen Künstler Stelarc, vgl. S. 120–125), Nanotechnologie (S. 108), Transplantationsmedizin (S. 110) und KI-Forschung (S. 115) für das bevorstehende (oder bereits eingetretene) Ende des Menschen verantwortlich.

52 | Vgl. Gotthard Günther: Das Bewußtsein der Maschinen. Eine Metaphysik der Kybernetik, Krefeld, Baden-Baden 1963. – Für Günther hebt sich in der Kybernetik mit der für das abendländische Denken essentiellen Differenz von Mensch und Maschine auch die Differenz von Subjekt und Objekt auf, die wiederum an einer bestimmten, durch die Metaphysik sanktionierten Herrschaftsordnung partizipiert. Das Verhältnis von Subjekt und Objekt geht traditionellerweise mit einem Primat oder gar Herrschaftsanspruch des Subjekts einher, der sich letztlich gegen dieses selbst kehrt. Erst die Kybernetik entkommt dieser fatalen Dialektik der Herrschaft, indem sie den binären Code der abendländischen Metaphysik aufbricht, ihm einen dritten Term supplementiert: die Information. Die Information kann weder auf den Geist noch auf die Natur, weder auf das Subjekt noch auf das Objekt reduziert werden; aus diesem Grunde partizipiert sie an einer emphatischen Idee der »Freiheit« (S. 34), die im Rahmen der traditionellen, vorkybernetischen Metaphysik nicht gedacht werden kann. Information

und Donna Haraway⁵³), neue, teilweise emphatische Formen des Handelns und der Subjektivität denkbar. Deleuze begreift genau denjenigen Menschen, den Anders und Virilio vor der Herrschaft der Technik schützen wollen, selbst als Herrschaftseffekt, der von einer kapitalistischen Ökonomie produziert und ökonomisiert wird. Seiner Ökonomisierung vermag er sich nur über eine Dehumanisierung zu entziehen, als »Schizo«, der den »Bruch von Mensch und Natur hinter sich« lässt: »Nicht Mensch noch Natur sind« dann

Technik als Vermittlung und Dispositiv

»mehr vorhanden, sondern einzig Prozesse, die das eine im anderen erzeugen und die Maschinen aneinanderkoppeln. Überall Produktions- und Wunschmaschinen, die schizophrenen Maschinen, das umfassende Gattungsleben: Ich und Nicht-Ich, Innen und Außen wollen nichts mehr besagen.«⁵⁴

Gerade in der Durchbrechung der Differenz von Mensch und Maschine wird für Deleuze ein anderer, hybrider Akteur sichtbar, mit dem sich alternative Möglichkeiten der Freiheit und Subversion verbinden.

Das Dispositiv steht, ganz im Gegensatz zu bestimmten Deutungen, die dem Werk Foucaults zuteil wurden, gerade nicht für eine Technik vollständiger und gelingender Kontrolle. Seine vielfältigen, sich oft widersprechenden Wirksamkeiten öffnen das Dispositiv vielmehr für die Möglichkeit einer Umdefinition und Umwertung, für das also, was heute im Kontext der Cultural Studies als *Agency* bezeichnet wird. Dispositiv und *Agency* bilden keine Gegensätze, sondern sind sich wechselseitig Bedingung der Möglichkeit und Unmöglichkeit zugleich. *Agency* sollte dabei allerdings nicht handlungstheoretisch gedeutet werden; sie steht vielmehr für eine Fähigkeit der kri-

---

zeichnet sich durch eine »prinzipielle Unvoraussagbarkeit« aus; »das Maß an Information, das man produzieren kann, ist nichts anderes als das Maß an Freiheit, das im Gebrauch der Symbole sich betätigen kann.« (S. 34) Eine Information ist nur deshalb eine Information, weil sie nicht kausal aus einer bestimmten (Subjekt- oder Objekt-)Ursache hergeleitet werden kann. Ganz im Gegensatz zu Anders und Virilio ist es für Günther gerade die kybernetische Überwindung des Gegensatzes von Mensch und Maschine, mit der so etwas wie Freiheit in die Welt kommt.
53 | Vgl. Donna Haraway: »Ein Manifest für Cyborgs. Feminismus im Streit mit den Technowissenschaften«, in: dies., Die Neuerfindung der Natur, Frankfurt/Main 1995, S. 33–72. – Haraway sieht in Cyborgs, hybriden Mischwesen, die sich jeder identifizierenden Zurechnung zu einer Nation, einem Geschlecht, einer sozialen Klasse, einem Naturreich (Mensch oder Tier), einem Seinsbereich (Mensch oder Technik) sowie einer Modalität (Wirklichkeit oder Fiktion) entziehen, die neuen Agenten »wirksamer oppositioneller Strategien« (S. 39).
54 | G. Deleuze/F. Guattari: Anti-Ödipus, S. 8.

tischen Aneignung des Situationspotentials von Dispositiven, aus der Subjekte allererst hervorgehen. Unsere soziale Welt zeichnet sich, darin wäre Foucault gegenüber Lyotard und Deleuze Recht zu geben, durch eine gewisse Invarianz und Stabilität aus, eine Stabilität auch und gerade der Machtverhältnisse. Doch keine Macht und kein Dispositiv lässt sich widerspruchsfrei totalisieren; es gibt immer Risse, Aneignungsmöglichkeiten, Möglichkeiten der Umdefinition und Umwertung. Das Dispositiv ist in sich heteronom und agonal verfasst, die vielfältigen Wirksamkeiten konvergieren nie in einer letzten Intention. So wenig Regeln ihre eigene Anwendung regeln können, so wenig schreibt uns die Technik vor, wie sie angewendet werden will. Technik kann insofern, jenseits der Herrschaftstechnik, immer auch als »Medium der Selbststeigerung«[55] dienen.

Im Dispositv durchdringen sich multiple Wirksamkeiten, die sich nach Wirksamkeiten der Faktizität, der Wahrnehmung und der Imagination unterscheiden lassen. Diese Wirksamkeiten liegen auf einer Ebene mit den vermeintlich primären Zwecken der Technik: Manipulation und Herstellung. Bereits als Faktum kommt den technischen Artefakten eine spezifische Wirksamkeit zu. Heinrich Popitz spricht in diesem Zusammenhang von einer »Macht der Dinge«, die mit den inter- und innersubjektiven Machtformen vermittelt ist:

»Jedes Artefakt fügt dem Wirklichkeitsbestand der Welt eine neue Tatsache hinzu, ein neues Datum. Wer für dieses Datum verantwortlich ist, übt als ›Datensetzer‹ eine besondere Art von Macht über andere Menschen aus, über alle ›Datenbetroffenen‹. Die Macht des Datensetzens ist eine objektvermittelte Macht. Sie wird gleichsam in materialisierter Form auf die Betroffenen übertragen.«[56]

Dinge können den Charakter von »Macht-Minen«[57] annehmen. Als prominentes Beispiel für diese datensetzende Macht der technischen Fakten kann die Atomtechnologie angeführt werden. Ihre potentiellen Auswirkungen lassen sich räumlich und zeitlich nicht mehr begrenzen. Der Umgang mit dem atomaren Restmüll zwingt die Menschheit dazu, die kommenden Jahrzehntausende an einer Technologie festzuhalten, die es uns ermöglicht, ihre eigenen Nebenfolgen zu bewältigen. Die Atomtechnologie nötigt uns dazu, bei der Atomtechnologie zu bleiben. Jeder radikale Ausstieg späterer Generationen aus der Nukleartechnik wäre verheerend, weil die Auswir-

---

55 | G. Gamm: »Technik als Medium«, S. 106.
56 | Heinrich Popitz: Phänomene der Macht, Tübingen ²1992, S. 30f.
57 | Ebd., S. 31.

kungen des von unserer Generation in die Welt gesetzten nuklearen Materials in diesem Falle nicht mehr bewältigt werden könnten.

Eine weitere Ebene der Wirksamkeit betreten wir, wenn wir das Verhältnis von Technik und Wahrnehmung beleuchten. Technik hat sich längst selbst vom passiven Gegenstand der Technikphilosophie zu einem Deutungsmedium emanzipiert. Aus der Sicht von Cornelius Castoriadis haben wir mit den Gestaltungen der Technik »Dinge vor uns, die als solche volle Bedeutungen *sind* [...]. So sind die technischen Fakten Ideen – nicht nur *nachträglich*, insofern sie materialisierte Bedeutungen sind, sondern auch *im Vorgriff*, weil sie dem einen bestimmten Sinn verleihen, was aus ihnen folgt und was sie umgibt.«[58] Als der klassische Theoretiker dieser Zusammenhänge kann Walter Benjamin gelten. Nicht nur explizite Wahrnehmungstechniken (etwa optische Apparate) ändern für Benjamin unsere Wahrnehmung, sondern jede Art von Technik. Die Transformationen, die von der technisierten Lebenswelt unserer Städte ausgehen, betreffen für Benjamin nicht nur das *was*, sondern auch das *wie* der Wahrnehmung; sie verändern die Bedingungen der Möglichkeit, Erfahrungen zu machen. Benjamin schreibt in seinem Werk, worauf ich an dieser Stelle nicht näher eingehen kann, die transzendentale Ästhetik der Moderne und legt die technische Infrastruktur unserer Anschauungsformen frei.

Schließlich möchte ich noch auf eine nicht-akzidentielle Wirkung der Technik auf unsere Einbildungskraft hinweisen. Flusser spricht in diesem Zusammenhang explizit von einer »Technisierung der Einbildungskraft«, von einem neuen »Techno-Imaginären«[59], welches gerade nicht auf eine im herkömmlichen Sinne »technische« Standardisierung der Phantasie hinauslaufe. Mit der computeriellen Generierbarkeit von Bildern habe sich die Einbildungskraft in bisher unerreichtem Maße von den Vorgaben jeder Natur freigemacht. So wie sich mit der Technisierung unserer Phantasie neue Vorstellungswelten eröffnen, so lässt sich umgekehrt die Technik zunehmend als Produkt von Imaginationen begreifen. Für Flusser verkörpert die Technik, insbesondere die Computertechnik, selbst die neue Einbildungskraft, weil sie uns unvordenkliche Bilder zu schaffen erlaubt. Auch Gerhard Gamm betont in diesem Kontext die »vorbildlose Produktivität« einer Technik, die sich wie die Kunst vom Primat der Naturnachahmung emanzipiert habe:

»Der Bruch mit dem Nachahmungsprinzip der Natur setzt ein Moment vorbildloser Produktivität frei, für das es im Tableau der Repräsentationen kein

Technik als Vermittlung und Dispositiv

---

58 | Cornelius Castoriadis: Gesellschaft als imaginäre Institution, Frankfurt/Main 1990, S. 42.

59 | Vilém Flusser: Kommunikologie, Mannheim 1996, S. 209ff. u. S. 262ff.

Andreas Äquivalent gibt, was nichts repräsentiert, auf das es zurückweisen könnte.
Hetzel […] Das Rad, der Generator, die Glühlampe, um nur wenige zu nennen, haben kein Vorbild in der Natur.«[60]

Die vielfältigen Wirkungen der Technik hybridisieren, reflektieren und brechen sich wechselseitig. Es ist nicht länger möglich, einzelne Techniken auf eineindeutige Zwecke festzulegen, ihre Wirkungen vollständig zu beherrschen und zu prognostizieren. Technik fügt sich keiner Intentionalität. Die Intentionalität der traditionellen Handlungstheorien wurde nach dem Vorbild eines Lichtstrahls in einem Vakuum entworfen. Nichts lenkt ihren Lauf ab, nichts bricht oder zerstreut, nichts spiegelt und reflektiert sie. Bringt sich allerdings die technische Vermittlung als Brechungsmedium von Intentionalität in Anschlag, weicht diese von ihrem Ziel ab, verliert sich in Friktionen und Transformationen. Erst ausgehend von der Abweichung, Brechung und Friktion, ausgehend vom technischen Mittel, wird Intentionalität als gerichtete andererseits erst (denk-)möglich. Technische Mittel sind genau deshalb möglich und notwendig, weil sich jede Intention, die sich unmittelbar verwirklichen ließe, verwirken würde. Der Intention ist es eigen, dass sie sich noch nicht erfüllt hat, dass etwas ihre unmittelbare Erfüllung verzögert oder aufschiebt. Jedes Handeln sieht sich auf Handlungsketten verwiesen, die von technischen Mitteln artikuliert, d.h. verschoben und unterbrochen werden. Als das Medium intentionalen Handelns eröffnet Technik die Möglichkeit der Intentionalität gerade dadurch, dass es ihr verwehrt, vollständig ihrem Begriff zu entsprechen und sich zu erfüllen.

---

60 | G. Gamm: »Technik als Medium«, S. 98.

LOB DER PRAXIS
PRAKTISCHES WISSEN IM SPANNUNGSFELD TECHNISCHER UND SOZIALER UNEINDEUTIGKEITEN
Karl H. Hörning

Als Bewohner der Welt verwickelt sich der Einzelne durch sein tägliches Handeln mit der technischen Ausstattung der Welt, ihren Geräten, Artefakten, Anlagen und Regelwerken. Er nimmt sie partiell in seine Praktiken hinein oder bringt auf sie gerichtete Praktiken hervor, er gebraucht sie, organisiert so sein Leben. Dabei erlangt er nicht nur Geschicklichkeit und Kompetenz, sondern oft auch ein praktisches Wissen, das sich besonders dort entfaltet, wo ihn die vorgegebenen Regeln und das Funktionsversprechen der Dinge im Stich lassen. Technisierung führt nicht nur zur ständigen Vermehrung und Vernetzung der Dinge, sondern bringt unablässig neue Probleme, Risiken und Orientierungsunsicherheiten hervor. Als Mitglied sozial ausdifferenzierter Gesellschaften ist der Einzelne jedoch nicht nur mit technischen, sondern auch mit vielfältigen sozialen und kulturellen Uneindeutigkeiten und Widersprüchen konfrontiert. Mit diesen Kontingenzen einigermaßen zu Rande zu kommen, bedarf es praktischer Einsicht und Urteilskraft. Um solche Fähigkeiten theoretisch und empirisch angemessen zu erfassen, müssen wir unseren Untersuchungen einen breiten Begriff von »Praxis« zugrundelegen. Im Folgenden arbeite ich auf pragmatistischer Basis eine weiterführende Praxiskonzeption aus, in der technisches Können und praktisches Wissen in eine oft nicht konfliktfreie Beziehung gesetzt werden.

Praxisbegriffe

In der langen Geschichte der Technikbetrachtung fällt auf, wie »Technik« immer wieder zum »vergegenständlichten Anderen« von Mensch, Kultur oder Gesellschaft gemacht worden ist. Um diesen Essentialismus zu entgehen, betrachte ich Technik von ihren Praxis-

und Verwicklungsformen her.¹ Dies heißt zum einen, den gemachten und damit auch den sozialen und kulturellen Charakter von Technik herauszustellen. Denn wenn wir Technik in unserem alltäglichen Leben begegnen, steckt schon sehr viel Geschichte technischen sowie sozialen Handelns und Wissens in ihr. Dies trägt uns auf, Technik als zentralen Teil einer vorherrschenden materiellen Kultur zu betrachten. Zum anderen und vordringlicher heißt dies aber, Technik in den praktischen Einsatzformen zu sehen, in denen wir als Alltagspraktiker, entweder gekonnt und erfolgreich oder ungeschickt und dilettantisch, mit den technischen Dingen verfahren. Es ist der Umgang mit diesen Dingen, die Art und Weise, mit der sie behandelt, eingesetzt, verworfen, umgemodelt werden, die über ihr Schicksal in der Praxis entscheidet, eine Praxis, die wiederum durch den Eingang der technischen Dinge irritiert sowie provoziert wird und darüber zu neuen Reflexions- und Suchprozessen im Handeln und Verstehen Anlass gibt.

Eine derartige Sicht von Technik muss sich zuallererst fragen, was sie unter »Praxis« versteht. Aus der Perspektive der Praxis tritt uns die Wirklichkeit als gemachte entgegen. Es sind fortlaufende soziale Praktiken, die Handlungsnormalitäten begründen, die Handlungszusammenhänge hervorbringen und befestigen: Durch häufiges und regelmäßiges Miteinandertun bilden sich Handlungsgepflogenheiten heraus, die sich zu gemeinsamen Handlungsmustern und Handlungsstilen verdichten und damit bestimmte Handlungszüge sozial erwartbar machen. Damit ist nicht jede Hantierung, nicht jedes Tun schon Praxis. Praxis erschöpft sich aber auch nicht in bloßer Routine, ruht nicht nur auf gleichförmig aufeinander eingespielten Handlungsabläufen. In ausdifferenzierten Gesellschaften treffen soziale Praktiken (etwa Arbeitspraktiken, Erziehungspraktiken, Kommunikationspraktiken, Zeitpraktiken) immer häufiger auf eine von Unbestimmtheiten und Ambivalenzen geprägte soziale und kulturelle Wirklichkeit. Dann greifen die eingeschliffenen, auf Erwartbarkeit und Anschlussfähigkeit ausgerichteten Handlungsmuster nicht mehr. Irritationen treten ein, Alternativen werden herangezogen, Wandel durch Andershandeln stellt sich ein. Soziale Praxis ist immer beides: Wiederholung und Wandel. Erst wenn wir die scheinbare Unverträglichkeit zwischen Routine und Veränderung, zwischen Beharrung und Kreativität, zwischen Iteration und Innovation auflösen und beide als zwei Seiten einer umfassenden sozialen Praxis begreifen, können wir auch die Bedingungen spezifizieren, unter denen sie in unterschiedlichen Ausprägungen hervortreten. Eine solche Sicht von Praxis richtet sich gegen alle »Praxistheorien«, die explizit

---

1 | Vgl. hierzu ausführlich Karl H. Hörning: Experten des Alltags. Die Wiederentdeckung des praktischen Wissens, Weilerswist 2001, S. 205–243.

oder implizit soziale Praxis zu einer von den vorherrschenden Struk- *Lob der Praxis* turvorgaben mehr oder weniger eindeutig bestimmten Verhaltensform einschränken.

Was hier und im Folgenden »Praxistheorie« genannt wird, ist nicht so sehr eine ausgearbeitete Theorie, sondern eher ein Bündel von Ansätzen, die eine soziale Praxisperspektive einnehmen und diese theoretisch auszuarbeiten suchen. In der Soziologie bildete sich dieser theoretische Praxisbezug vor allem unter dem Einfluss von Bourdieu[2] und Giddens[3] heraus, die vom späten Wittgenstein[4] und der Ethnomethodologie[5] beeinflusst wurden; auch Einflüsse des Pragmatismus[6] und Heideggers[7] sind wirksam. Besondere Bedeutung hat die Praxisperspektive neuerdings in der Wissenschaftssoziologie gewonnen, in der seit Thomas Kuhn immer mehr nach dem Alltag experimenteller Laborwissenschaft gefragt wird.[8] An dieser Diskussion interessiert vor allem die These, dass das meiste, was Menschen tun, Teil bestimmter sozialer Praktiken ist und nicht jeweils intentionalem Handeln entspringt. Soziales Leben ist dann ein Geflecht eng miteinander verbundener Handlungspraktiken, in deren Vollzug die Handelnden nicht nur Routinen einüben und Gebrauchswissen erlangen, sondern auch Einblick in und Verständnis für die Mithandelnden und die Sachwelt gewinnen, und sich so allmählich und weithin unthematisch gemeinsame Handlungskriterien und Beurteilungsmaßstäbe herausbilden.

In »Praxistheorien« gewinnt die Person erst in den Spielräumen sozialer Praxis ein Verständnis von der Welt; dort macht sie Erfahrungen, erlangt ein praktisches Wissen, entwickelt Bearbeitungsfähigkeiten, stimmt sich (oft stillschweigend) mit anderen ab und erfährt so den latenten »Gemein-Sinn« gemeinsamen Handelns und Sprechens.[9] Nach solchen Theorien können wir nur insoweit über

---

2 | Vgl. Pierre Bourdieu: Entwurf einer Theorie der Praxis auf der ethnologischen Grundlage der kabylischen Gesellschaft, Frankfurt/Main 1976, S. 139–202.
3 | Vgl. Anthony Giddens: Central Problems in Social Theory. Action, Structure and Contradiction in Social Analysis, London, Basingstoke 1979.
4 | Vgl. Theodore R. Schatzki: Social Practices. A Wittgensteinian Approach to Human Activity and the Social, Cambridge/MA, New York 1996.
5 | Vgl. z.B. John Heritage: Garfinkel and Ethnomethodology, Cambridge/MA 1984.
6 | Vgl. Hans Joas: Die Kreativität des Handelns, Frankfurt/Main 1992, S. 277f.
7 | Vgl. z.B. Robert B. Brandom: »Heideggers Kategorien in ›Sein und Zeit‹«, in: Deutsche Zeitschrift für Philosophie 45 (1997), S. 531–549.
8 | Vgl. z.B. Andrew Pickering (Hg.): Science as Practice and Culture, Chicago, London 1992.
9 | Vgl. hierzu und zum Folgenden: Th. Schatzki: Social Practices, S. 88–132.

Karl H. die Wirklichkeit der Welt wissen, sprechen und sie deuten, wie wir
Hörning uns an ihr beteiligen, uns für sie interessieren, uns über sie aufregen, insofern wir in ihre Verhältnisse eingebunden, mit ihr verwickelt sind. Viele unserer Motive sind danach Ergebnisse unserer Handlungsweisen und nicht umgekehrt. Wir sprechen über Motive, weil wir handeln, wir handeln nicht, weil wir Motive haben. Es ist dann eher die ständig erschließende und formende Aktivität, die es zu erklären gilt.

Soziale Alltagspraktiken beeinflussen hiernach erheblich unsere Vorstellung von Wirklichkeit. Praxistheorien interessieren sich für das Hervorbringen von Denken und Wissen im Handeln und weniger für das kognitive Vorwissen um die Welt und ihre Dinge. Die Betonung des Kognitiven, der Versuch, alles menschliche Handeln durch die Art und Weise zu erklären, was wir glauben, und wie wir uns die Dinge bewusst vorstellen, kann für sie nicht die implizite Vertrautheit und Kennerschaft berücksichtigen, die unserem täglichen Handeln den Stempel aufdrücken. Soziale Praktiken weisen als soziales Phänomen weit über den einzelnen Handelnden sowie die Situation hinaus, in der diese Praktiken jeweils zum Einsatz kommen. Sie sind auch nicht identisch mit technischen Prozeduren der Herstellung und gezielten Anwendung von nützlichen Artefakten. Soziale Praxis ist mehr, die Unterschiede gilt es zu beachten, nicht im Sinne von Dualität, aber um das Technische und das Soziale nicht vorschnell in eins zu setzen. Technik ist ein gewichtiges Moment von Praxis. Sie fungiert im Rahmen von Praxis[10]. Was Technik aber trotz aller nützlichen Errungenschaften nicht hervorbringt, ist Einsicht in und Urteil über die praktische Situation, in der sie ihren Einsatz finden soll. Dafür ist praktisches Wissen notwendig, das nicht nur über die Angemessenheit bestimmter praktischer Einsatzweisen befindet, sondern auch Vorstellungen darüber enthält, welche Formen des sozialen Lebens wünschenswert und welche es weniger sind. All zu leicht übersieht techniksoziologisches Denken diese Differenz, beschreibt die machtvolle Verbreitung der Technik und übersieht die potentielle Fülle und Wirkkraft sozialpraktischer Lebensverhältnisse.

Im Gegensatz zur Soziologie nahm die abendländische Philosophie den Praxisbegriff immer wieder sehr ernst.[11] Aber sie trägt noch heute am antiken Praxisideal. Seit Aristoteles fragt sie sich, ob

---

10 | Vgl. am Beispiel von neuartig ausgeformten Zeitumgangspraktiken das Zusammenspiel von Kommunikationstechnik und sozialer Alltagspraxis in der empirischen Untersuchung von Karl H. Hörning/Daniela Ahrens/Anette Gerhard: Zeitpraktiken. Experimentierfelder der Spätmoderne, Frankfurt/Main 1997.

11 | Vgl. Günther Bien/Theo Kobusch/Heinz Kleger: »Praxis, praktisch«, in: Joachim Ritter/Karlfried Gründer (Hg.), Historisches Wörterbuch der Philosophie, Bd. 7, Basel 1989, Sp. 1277-1307.

die Praxis von der Poiesis unterschieden oder mit ihr in eins gesetzt werden soll, oder ob sie nicht vielmehr heute in der Poiesis aufzugehen droht. Die aristotelische Scheidung zwischen Praxis als einer auf vernünftige Lebensführung und -gestaltung ausgerichteten Tätigkeit und der Poiesis als einer Sache des Herstellens, des Bewirkens, des Hervorbringens, war und ist sehr einflussreich. So in der Klage Hannah Arendts ob der Praxisvergessenheit einer Neuzeit, die dem technisch-produktiven Herstellen, dem Machen, Hervorbringen, Fabrizieren, dem »homo faber«, den Primat über alle anderen menschlichen Tätigkeiten einräumt. Sie kritisierte scharf die Selbstverständlichkeit, mit der gerade im Gefolge von Marx immer mehr Praxis mit Poiesis als »praktisch-produktive Arbeit« gleichgesetzt wurde und mit der Herausbildung der »Arbeitsgesellschaft« Arbeit und Produktion zum alleinigen Paradigma des Praktischen aufstieg. Im Gegensatz zum Herstellen, dessen Zweck außerhalb des eigentlichen Tuns, eben im hergestellten Produkt liegt (und darin an sein Ende kommt), ist Praxis für sie ein Tun, dessen Zweck im Vollzug des Tuns selbst verwirklicht wird, eine »tätig verwirklichte Wirklichkeit«.[12] Diese emphatische Gegenüberstellung von »reiner« Praxis und »bloßer« Poiesis führt aber aus soziologischer Sicht nicht sehr weit, ist sie doch zu sehr normativ aufgeladen.

Meine These ist, dass sich ein breites alltagspraktisches Wissen nicht in Distanz zur instrumentellen Welt der gemachten Dinge und technischen Verfahren ausbildet, sondern nur in der Bewältigung von Problemen, in denen diese ihren Einsatz und Gebrauch finden und dabei sich auch gehörig zu »Wort melden«. Die Menschen sind nicht nur in die Welt mit ihren Kulturen, Sprachen und Gesellschaftsgeschichten präreflexiv verstrickt, sind eingebunden in ein bereits geknüpftes Netz kulturell vorgeformter Sinnbezüge, das sich ihren Praktiken unterlegt.[13] Deren übersubjektiver, kollektiver, sozialer Charakter resultiert gleichermaßen aus einer herstellend-hervorbringenden Praxis, in der zur Problembearbeitung ständig neue und kontingente Handlungsbedingungen berücksichtigt und Zielanpassungen vorgenommen werden müssen. Zwecke gehen dem Handeln oft nicht voraus, können in komplexen Praxiszusammenhängen gar nicht im voraus bestimmt werden, sondern ergeben sich erst in konkreter Auseinandersetzung mit den jeweiligen Handlungsbedingungen. Damit lässt sich auch eine scharfe Trennung zwischen einem breiten praktischen Wissen und einem technisch-bewirkenden

---

12 | Vgl. Hannah Arendt: Vita activa oder Vom tätigen Leben, München ²1981, S. 287–314.
13 | Vgl. Karl H. Hörning: »Kultur als Praxis«, in: Friedrich Jaeger/Burkhard Liebsch (Hg.), Handbuch der Kulturwissenschaften. Bd. I: Grundlagen und Schlüsselbegriffe, Stuttgart 2004, S. 139–151.

Karl H. Hörning Können nicht aufrechterhalten. Unsichere und auch widersprüchliche Situationen müssen gemeistert werden. Hierzu reicht der konventionelle *common sense* oft nicht aus, das eingesetzte Kontextwissen muss dann (stillschweigend) auf umfassendere Hintergrundannahmen und Beurteilungskriterien zurückgreifen können, um solche Praktiken auszuführen. Soziale Praktiken sind dann der Ort, das Medium, durch das Verstehen und Einsicht befördert und sich ein komplexes praktisches Wissen entfalten kann.[14]

Zur Renaissance des Pragmatismus

Um meine Argumentation zu fundieren, greife ich auf den Praxisbegriff des Pragmatismus zurück, der dem Praktischen unbedingten Vorrang in der Erklärung menschlichen Handelns einräumt. Dabei hilft mir die Renaissance pragmatistischen Denkens in der Gegenwartsphilosophie.[15] Der Pragmatismus ist eine der großen Denkbewegungen der Moderne. Unter seinem Namen finden sich viele Varianten, sowohl in der Tradition des klassischen Pragmatismus als auch in den Fassungen des Neo-Pragmatismus. Ihnen allen gemeinsam ist trotz der vielfältigen Ausformungen die Betonung der Praxis, der sie den Primat vor der Theorie zuweisen. Wenn wir die Welt erklären wollen, dann hilft uns das Praktische weiter als die Theorie.

Unsere Fähigkeit zu wissen, anzunehmen, zu denken, dass etwas der Fall ist, hängt von den Fähigkeiten zu einem Tun und einem praktischen *Wissen-Wie* ab, auf das die Rekonstruktion des Denkens, des *Wissens-dass*, rekurrieren muss. So lehnen Pragmatisten jeglichen Vorrang einer abbildenden, vorstrukturierenden, widerspiegelnden Erkenntnisform – eine »innere« Welt der Ideen, Urteile, Vorstellungen u.dgl. – ab und setzen dagegen einen weiten Begriff von Praxis, der vor allem am tatsächlichen Tun, der Herstellung und Formung, dem Vollzug, Einsatz und Gebrauch orientiert ist. Die entscheidende Umstellung im Pragmatismus liegt in der veränderten Auffassung vom Handeln. Handeln ist kein abgeleitetes Phänomen, gewissermaßen Ausführung eines andern Orts erdachten und geschriebenen Drehbuchs, sondern umgekehrt Teil des »Praktischen«, dem der Vorrang gegenüber dem Bewusstsein eingeräumt wird. Zentraler Angriffspunkt ist das teleologische Handlungsmodell, das einen Akteur mit vorgängigen Absichten, Intentionen und Zielen stilisiert, der diese durch sein Handeln zu realisieren sucht. Dewey löst einen der-

---

14 | Vgl. K.H. Hörning: Experten des Alltags, S. 205–243.
15 | Vgl. Mike Sandbothe (Hg.): Die Renaissance des Pragmatismus. Aktuelle Verflechtungen zwischen analytischer und kontinentaler Philosophie, Weilerswist 2000.

artigen situationsunabhängigen Zweckbegriff auf und ersetzt ihn durch die Konzeption erfahrungsoffener, situationsadäquater Zwecksetzung, der *ends in view*, der Ziele, die in Sichtweite sind.[16] Das von ihm zugrunde gelegte Handlungsmodell nimmt den Begriff der Handlungssituation sehr ernst: Eine Handlungssituation besteht nicht nur aus Bedingungen und Mittel, die dem Handlungsziel dienlich oder hinderlich sind. Eine Situation ist nicht lediglich der begrenzende oder ermöglichende Rahmen, in dem ich meine vorgefassten Handlungsintentionen und Ziele mehr oder weniger eindeutig realisiere, indem ich situative Bedingungen berücksichtige und situativ verfügbare Mittel einsetze.

In einer Situation (ergebnis-)offenen Handelns spielt sich mehr ab. Oft wird die Situation selbst zum Problem: Sie fordert uns heraus, »macht uns Sorgen«, ärgert uns, enttäuscht uns, stößt uns ab oder ruft unser Interesse hervor, geht uns an, trifft den Nerv. All diese Äußerungsformen provozieren Reaktionen, und seien sie äußerlich noch so unsichtbar und wenig spektakulär. In diesem Wechselspiel verändern sich die Situationen und Kontexte. Sie sind keinesfalls bloße Container, die man mit seinen vorgefassten Handlungsabsichten fest im Blick und Griff halten muss. Sie sind ganz im Gegenteil selbst Spielfeld eigenständiger »Akteure«, zu denen nicht nur »wir« als Handelnde und vom Handeln wissende Personen, sondern auch mitspielende Körper, Artefakte, Tiere und Landschaften gehören. Diese begründen in ihren wechselseitigen Bezügen ein Handlungs- und Verweisungsgefüge, das für den einzelnen Handlungsvollzug den Resonanzboden darstellt.

Hier gilt es jedoch aufzupassen: Für sich genommen sind Situationen nicht konstitutiv für das Handeln. Dies ist ein Fehler jeglicher Überbetonung von Situationen und Kontexten, wie sie etwa in kulturrelativistischen und kontextualistischen Strömungen vorzufinden sind, in denen sich die menschlichen Akteure so den Situationen anpassen bzw. von diesen bestimmt werden, dass ihre Handlungen ausschließlich bzw. weithin die Situation widerspiegeln. Handlungskontexte »lösen« Handeln nicht »aus«, fordern es aber heraus, muten ihm einiges zu und aktivieren Fertigkeiten und Umsicht der Akteure. Handlungen sind dann eher Antworten auf Situationen, die Fragen aufgeworfen haben: Um angemessen antworten zu können, benötigen wir ein gehöriges Maß an Vorverständnis, Vorwissen und praktische Einsicht. Ohne diese bleibt die Situation stumm. Eine solche Sicht bricht grundlegend mit dem klassischen Zweck-Mittel-Handlungsmodell. In diesem stellt die Handlungssituation lediglich

Lob der Praxis

---

16 | Vgl. John Dewey: Erfahrung und Natur, Frankfurt/Main 1995, S. 110ff.; John Dewey: Die Suche nach Gewissheit. Eine Untersuchung des Verhältnisses von Erkenntnis und Handeln, Frankfurt/Main 1998, S. 223f.

Karl H. das Terrain zur Verfügung, auf dem Handlungsziele verfolgt und
Hörning Handlungsressourcen eingesetzt werden. In ihm lernt man nicht
hinzu, in ihm disponiert man nicht um, in ihm erschließt man keine
neuen Möglichkeiten. In ihm lässt sich der Handelnde keinesfalls
dazu »verführen«, seine Zielsetzungen abzuändern oder zu »verwässern«. Das rationalistische Zweck-Mittel-Schema verallgemeinert und
universalisiert einen spezifischen Ausschnitt menschlicher Handlungsformen, der sich in der Neuzeit historisch besonders in den
Vordergrund gedrängt hat. Allzu leicht schiebt es damit andere
Handlungsweisen an den Rand oder weist ihnen sogar – wie Max
Weber das tat – einen »defizienten Handlungsmodus« zu.

Die pragmatistische Alternative ordnet Intentionalität, Zwecksetzung und Zielbildung nicht der Handlung vor, sondern fasst sie
als *Phase des Handelns* auf, durch die das Handeln innerhalb der
entsprechenden situativen Kontexte geleitet und umgeleitet wird.
Zwecksetzungen vollziehen sich hiernach nicht in einem mentalen
bzw. kognitiven Akt des Wissens und Abwägens vor der eigentlichen
Handlung, sondern gehen aus laufenden Handlungszusammenhängen hervor, in denen wir unsere Handlungsfähigkeiten einüben und
über die wir uns die Welt erschließen und vertraut machen. Oft jedoch wird Pragmatismus mit Pragmatik gleichgesetzt. »Pragmatisch
handeln« heißt dann, sich recht prinzipienlos auf die jeweiligen Erfordernisse des Tages einzustellen und anzupassen, um möglichst
unkompliziert bzw. wirkungsvoll durch die Welt zu kommen. Mit dieser Sicht haben aber Dewey und Mead nicht viel gemein. Sie wehrten
sich gegen die Gleichsetzung des Pragmatismus mit Nutzen- und Effizienzdenken und betonten das experimentelle und offen-erkundende Handeln mit dem Ziel der »Entwicklung konkreter Vernünftigkeit«.[17] Praktisches Handeln ist für sie mehr als die Bewirkung einer
Veränderung in der Welt, sondern ist auch die Art und Weise, wie
Menschen ihr Leben miteinander gestalten. Praxis verlangt auch eine genuin praktische Form des Wissens. Ein solches praktisches Wissen lässt sich auf Situationen ein, ergreift Möglichkeiten und selektiert, wird aber zugleich von der Situation und den in ihr konkretisierten Sinn- und Handlungsmöglichkeiten herausgefordert und
transformiert, indem es aus Begegnungen und Erfahrungen Schlüsse
zieht und Probleme reflektiert.

Für die Pragmatisten kommt Bewusstsein ins Spiel, wenn Routinen nicht mehr greifen, wenn Handlungsabläufe irritiert und gestört
werden. Erst in dieser Phase der »Distanzerfahrung«,[18] in der der

---

17 | Charles Sanders Peirce: Schriften zum Pragmatismus und Pragmatizismus, Frankfurt/Main 1976, S. 277f.
18 | George Herbert Mead: »Körper und Geist«, in: ders., Gesammelte Aufsätze, Bd. II, Frankfurt/Main 1973, S. 162.

Handelnde sich fragt, was da passiert ist und er das Geschehen zu rekonstruieren beginnt, setzt Reflexion ein, kommt es zu Überlegungen und Erkundungen, die in Umorientierungen einmünden können. In diesem Handlungsmodell sitzt der Stachel des Zweifels im Handeln selbst: Die Handlungsgewohnheiten prallen an den Widerständigkeiten der Welt ab, der Ablauf des Handelns wird unterbrochen, Irritation tritt auf, Denken setzt als »verzögerte Handlung«[19] ein. Aus dieser Störung heraus führt nur eine Umstrukturierung der Handlung, bestimmte (präreflexive) Vorannahmen werden thematisch, neue oder andere Aspekte werden herangezogen. Die so entwickelten Lösungen eines Handlungsproblems werden zu Routinen, bis sie selbst wieder Irritationen hervorrufen.

Technik und Handeln

Diese praxistheoretische Argumentation lässt uns Technik unter einem veränderten Blickwinkel sehen. »Technik« bezieht sich eben nicht nur auf »Artefakte«, die Kunstprodukte, sondern auch auf die Kunstfertigkeiten und Kunstgriffe, d.h. die Techniken, sich mehr oder weniger kenntnisreich und geschickt auf eine Sache einzulassen und sie gekonnt zu betreiben, um so bestimmte Wirkungen zu erzielen. Dieses Können verweist auf die »Technê«. Mit dem Ausdruck »Technê«

»bezeichneten die Griechen mehr als das, was wir heute ›Technik‹ nennen; sie verfügten hier über einen Begriff für alle Fertigkeiten der Menschen, werksetzend und gestaltend wirksam zu werden, der das ›Künstliche‹ ebenso wie das ›Künstlerische‹ (worin wir heute so scharf unterscheiden), umfasst«[20].

Während der griechische Begriff von Wissenschaft, »episteme«, Vernunfterkenntnis bedeutet, verweist der Begriff der »Technê« auf eine grundsätzlich andere Wissensform, als es das lehrbare Wissen und seine Anwendung ausmacht. Andererseits ist »Technê« aber auch nicht bloße Erfahrung (»empeiria«); sie steht aus der Sicht von Aristoteles zwischen theoretisch-wissenschaftlichem Wissen und Empirie. Sie ist ein produktives Können, eine Fähigkeit, Dinge hervorzubringen und sie auf eine bestimmte Funktionalität hin festzulegen,

---

19 | J. Dewey: Eine Untersuchung des Verhältnisses von Erkenntnis und Handeln, S. 223.
20 | Hans Blumenberg: »›Nachahmung der Natur‹. Zur Vorgeschichte der Idee des schöpferischen Menschen«, in: ders., *Wirklichkeiten, in denen wir leben*, Stuttgart 1981, S. 55.

Karl H. spezifische nützliche Eigenschaften und Wirkungen hervorzulocken
Hörning und zu kontrollieren, d.h. eine bestimmte Art und Weise des Hervorbringens, Gebrauchens und Steuerns. Ein solcher Begriff wendet sich gegen den der bloßen »Anwendung«, denn anwenden kann man nur etwas, was vorher schon da ist und dann in konkreten Situationen eingesetzt wird. Damit tritt eine Begriffsdimension von »Technik« in den Vordergrund, die allzu leicht hinter den instrumentellen Geräten, den Maschinen, Anlagen zu kurz kommt: Die mehr oder weniger sachkundige Fähigkeit und Fertigkeit des Techniknutzers, in seinem Umgang mit den Dingen bestimmte funktionale und nützliche Eigenschaften hervorzubringen, ihre Möglichkeiten zu nutzen, mit ihnen »zurechtzukommen«. Sie setzt sich auch ab von einer dritten Dimension von Technik: der »Technologie«, dem Korpus technischen Wissens und auf die Verfolgung von Zwecken ausgerichteten technischen Regelwerke. Technik als Technologie ist ein Gebäude abstrakter Regeln und kontextunabhängiger Prinzipien, die in Gestalt von Diagrammen, Symbolen, Modellen, *blue prints* zum Gegenstand formaler Repräsentation und Instruktion gemacht werden. Dagegen stehen die Gebrauchsweisen sowie die dabei eingesetzten Kompetenzen und Gewandtheiten als ein Geflecht von Handlungsweisen, in denen man sich durch aktives Mittun vom Anfänger zum Experten (aber auch durch Nichtmittun zum Laien oder Ignoranten) verwandeln kann. Was sich hierbei abspielt, sind Einübungs- und Qualifizierungsprozesse, in denen sich Kenntnisse und Kompetenzen aufbauen, die als implizite Wissensbestände erst so richtig durch die Forschung zur Künstlichen Intelligenz und zu den Expertensystemen auffielen. Wie oft wurde versucht, dieses Praxiswissen mittels Algorithmen in die Maschine einzubauen, doch immer wieder bildeten sich neue Anforderungen und Probleme um die neuen Maschinen herum auf. Mit der Verfertigung und dem Gebrauch materieller und technischer Sachen geht die Erlangung und Erhaltung vielfältiger Fertigkeiten und Geschicklichkeiten einher, auf die sich der Praktiker versteht bzw. verstehen sollte, um der Sache gerecht zu werden. Wie dieser Prozess sozial organisiert ist, ob im Labor, am Schreibtisch, an der Werkbank und/oder über Bildschirme und Netzwerke ist eine andere Frage. Solche Fertigkeiten und Könnerschaften sind nicht nur Wissensbestände, über die man verfügt, sondern Bedingungen und Ausdruck wirkungsvollen Handelns. Dabei geht es um den performativen Charakter des Wissens, das »ausgeübte Wissen«, das dem alltäglichen Handeln oft so viel Unschärfe vermittelt, das einen aber eben dadurch oft befähigt, die durch Unsicherheiten, Widersprüche und Überraschungen geprägte Praxis besser zu meistern.

Nun sollten wir aber »Technê« nicht gleichsetzen mit praktischem Wissen per se, denn das Wissen der »Technê« ist ein Wissen um die Herstellbarkeit und den Gebrauch von Nützlichem, der gekonnte Umgang mit technischen Geräten, die kompetente Beschäftigung mit technischen Regelwerken, der umsichtige Einsatz und die Aufmerksamkeit auch auf vermeintliche Nebensächlichkeiten. Das Wissen der »Technê« enthält spezifische Kriterien und Maßstäbe, lässt sich von den technischen Dingen in einer besonderen Weise »herausfordern«, ihre Nützlichkeiten aufzusuchen, ihre Möglichkeiten auszureizen, sie in die Alltagspraxis aufzunehmen. »Technê« ist die Kompetenz, mit einer technischen Regel in einer sehr praktischen und den jeweiligen Kontextbedingungen entsprechend versierten Weise umzugehen und sich dabei auch auf Offenheiten und Unschärfen einzulassen. Doch praktisches Wissen geht nicht in einer derartigen technischen Kompetenz auf. Praktisches Wissen ist mehr. Es ist Ausfluss einer sozialen Praxis, in der Technik zwar eine große Rolle spielt, die sich aber nicht in der Nützlichkeit der Dinge erschöpft.

In die sozialen Praktiken gehen eminent viele Erfahrungen mit den technischen Dingen ein. Und doch ist die soziale Alltagspraxis vielfältiger, auswuchernder, unordentlicher, als es sich ein technisch noch so intelligentes Handeln »ausdenken« kann. Technik als »Technê« ist eine Erfahrungs-, Denk- und Vorgehensweise, die sich um die nützlichen und funktionalen Eigenschaften der Dinge dreht. Sicherlich ist dies in den modernen Gesellschaften die dominant kulturell gerahmte und legitimierte Form, mit der Welt umzugehen. Und die fortschreitende Technisierung führt zu einer ständigen Vermehrung solcher nützlichen Dinge. Dennoch sollten wir die vor allem von Bruno Latour und anderen so vehement in den Vordergrund gerückte Frage nach der Rolle der technischen Dinge bei der Generierung, Stabilisierung und Reproduktion sozialer Ordnung nicht durch ein »Handeln *der* Dinge« beantworten. Meine praxistheoretische Fundierung erlaubt mir, den »turn to things«[21] nicht derart einseitig zu betreiben. In der Tradition einer Soziologie wissenschaftlichen Wissens und der darauf aufbauenden Laborstudien sieht Latour Technologien und ihre Objekte, so Boyles' Vakuum-Pumpe, Overhead-Projektoren oder Türschliesser als sozial durchsetzte »Wesen« an, als »Aktanten«, die einen zentralen Teil von Gesellschaft ausmachen.[22] An sie werden Handlungsintentionen und Handlungsanweisungen delegiert. Dabei leisten sie selbst Vermittlungs- bzw. Übersetzungsarbeit. Für Latour ist eine Handlung nicht auf eine Entität, ob menschlich oder nicht-menschlich, zu reduzieren, sie ist zusam-

---

21 | Vgl. etwa Alex Preda: »The Turn to Things. Arguments for a Sociological Theory of Things«, in: *The* Sociological Quarterly 40 (1999), S. 347–366.

22 | Zum Begriff des »Aktanten« vgl. Bruno Latour: »On Actor-Network-Theory. A Few Clarifications«, in: *Soziale Welt* 47 (1996), S. 373.

Karl H. mengesetzt und verteilt. So lässt sich für ihn etwa der Einsatz von
Hörning Schusswaffen weder auf den »freien Willen« des Akteurs noch auf die
»Macht« oder »Funktion« der Waffe zurückführen. Es ist nicht die
Waffe, die den Menschen zum Mörder macht und auch nicht allein
der Mensch, der die Waffe zum Tötungsinstrument macht. Handeln
tun heterogene menschliche und nicht- menschliche »Mischwesen«[23].
Für Latour hält das soziale Band nur durch das Mitwirken der Objekte. Sozialität, die dauerhaft zu sein beansprucht, wird erst durch
das Mithandeln nicht-menschlicher »Aktanten« gewährleistet. In Latours Losung »Technik ist die auf Dauer gestellte Gesellschaft«[24] sehe ich jedoch keineswegs eine gesellschaftstheoretische Neuformulierung, sondern die Umformulierung der alten Kompensationsthese,
die Technik als ausgleichende Kompensation für menschlich-soziale
Mängel sieht.[25] Für mich stellt Technik ganz im Gegensatz dazu eine
Kontingenzformel dar, die Technik als Produzent und Provokateur
von Unbestimmtheiten erfasst, wie sie ständig in komplizierten
Handlungssituationen ihr Wirken entfalten und praktisch bewältigt
werden müssen. Immer gilt es, beide Seiten des Umgangs mit den
technischen Dingen in den Blick zu bekommen: Dinge produzieren
Bedeutung, aber sie provozieren sie auch, sie glätten und stören, sie
stärken Ordnungen, und sie irritieren sie. Sie strukturieren, und sie
unterminieren. Doch üben sie diese Wirkung stets in Handlungssituationen aus, in die die Akteure je nach Kontext unterschiedliche
Wissensrepertoires und Kompetenzen einbringen (müssen). In Zeiten
offener und komplexer Rahmenbedingungen werden Handlungen zu
eigenständigen Antworten auf Handlungssituationen, die den Akteuren ständige Revisionen und Reflexionen abverlangen.

Deshalb gilt es, die Unterscheidung zwischen sozialer Praxis und
technisch gekonntem Handeln – auch als Teil der sozialen Praxis –
aufrechtzuerhalten: Technisches Können ist zweckbezogener, Erfolg
und Misserfolg lassen sich weithin recht klar bewerten. Praktisches
Wissen dagegen entbehrt eindeutiger Bewertungskriterien und ist
deshalb nicht so entschieden und sicher. Es ist ein Vermögen, das
sich aus der Fülle des Alltags und seiner Kontingenzen eher als »Urteilskraft« herausbildet. Als praktisches Wissen ist es imstande, in
ein praktisches Denken (ein »Denken im Handeln«) überführt zu

---

23 | Vgl. Bruno Latour: »Über technische Vermittlung. Philosophie, Soziologie, Genealogie«, in: Werner Rammert (Hg.), Technik und Sozialtheorie, Frankfurt/Main, New York 1998, S. 31–37.

24 | Bruno Latour: »Technology is Society Made Durable«, in: John Law (Hg.), A Sociology of Monsters? Essays on Power, Technology, and Domination, London, New York 1991, S. 103–131.

25 | Vgl. hierzu ausführlicher K.H. Hörning: Experten des Alltags, S. 208f.

werden, das auch Kriterien für sinnvolle und verantwortbare Nutzung reflektiert. Ein derart »vernünftiges« Handeln entspringt heute meist keiner voll abgerundeten Lebenspraxis mehr. Lebensformen sind heute ständiger Vermischung und Veränderung unterworfen und bieten immer wieder neue Chancen, eingeschliffene Gewohnheiten, nicht mehr hinterfragte Nützlichkeiten, modern-technische Plausibilitäten in Frage zu stellen. Dies lässt uns das praktische Wissen zwischen, neben und zusammen mit der technischen Kompetenz und der wissenschaftlich-technischen Expertise als eigenständige Wissensform ansiedeln.

Praktisches Wissen zeigt sich nicht nur im Tun, sondern auch im darauf bezogenen Sprechen – im Gewahrwerden, im Vermuten, im Erklären, im Schlussfolgern, im Rechtfertigen, im Kritisieren. Die dabei benutzte Sprache unterscheidet sich deutlich von der der Experten, im Vergleich zu diesen ist die Alltagssprache unscharf, »unordentlich«, nicht vertextet, oft fragmentarisch, aber benutzt Worte und Sätze, die in besonderen Praxissituationen genau »den Punkt treffen«. Sie greift gern auf Beispiele zurück, auf Analogien, auf Erfahrungen aus vergleichbaren Situationen, mit ähnlichen Problemen. Immer wieder versucht sie, die alternativen Explikationen, d.h. Interpretationen und Erklärungen, mit der speziellen Situation abzugleichen, sie plausibel und stimmig zu machen oder in ihrer Besonderheit herauszuheben. So wird im Reden über und Abgleichen von Beispielen auch stets das Allgemeine, das »Regelhafte« aufgeführt, für das die einzelnen Fälle Beispiele sein können. Im Prozess dieser Art von Auf-Klärung sozialer Praxis bilden sich Deutungen und Erkenntnisse heraus, die den problematisierten Kontext weit überschreiten, bisher verdeckte Spielräume ausleuchten und auch Konventionen oder Regeln in Frage stellen können.

Alltag und Technik

Die Alltagsbedeutung eines technischen Dings, einer Sache, eines Sachverhalts steckt in den sozialen Praktiken. Die sozialen Praktiken bilden das Medium gemeinsamer Vorstellungen und sozialer Übereinkünfte. Die hier vorgestellte Praxisperspektive zeigt einen Akteur, dessen Alltagsverstand sich dadurch herausbildet und verändert, dass er – eingebunden in ein soziales Geflecht von Handlungszusammenhängen – Probleme angeht und Dinge nutzt und dabei praktische Einsichten und ein praktisches Wissen erlangt, das er seinem weiteren Tun unterlegt. Sie setzt auf einen Akteur, der sich nicht bloß den von außen vorgeschriebenen oder nahegelegten Regelsystemen anpasst, sondern aus seinen Handlungserfahrungen und -einsichten heraus die Fähigkeit entwickelt, auf Gegenstände

Karl H. und Handlungsvollzüge anderer mehr oder weniger gekonnt zu ant-
Hörning worten und sie in sein Handeln einzubeziehen. Ob dies dem Akteur
gelingt, ist eine empirisch offene Frage.

Aus einer solchen praxisorientierten Sicht ist der einzelne immer schon in die Welt verwickelt: Die Welt der Objekte steht nicht einer anderen, sozialen Welt gegenüber. Gerade in modernen Gesellschaften haben Menschen lange biographische Erfahrungen im Umgang mit der Vielfalt der Dinge, die sich im Fortgang der sozial und kulturell geformten Lebens- und Handlungspraxis zu gemeinsamen Kompetenzen verdichten und die den Handelnden eine mehr oder weniger angemessene Art und Weise nahe legen, auf Techniken, Gegenstände, Ereignisse zu antworten und darüber zu kommunizieren. So bilden sich praktische Wissensformen aus, die zwischen den Generationen, sozialen Gruppen und Lebensstilen variieren und zu unterschiedlichen Arten von Umgangskompetenz führen können.

Zwar ist Alltag weithin Routine, Gepflogenheiten schleifen sich ein, und viele Dinge, die als technische Dinge ihre Nützlichkeiten entfalten, gliedern sich ohne weitere Aufmerksamkeit in die Handlungsvollzüge ein. Doch praktisches Handeln ist nicht nur kontinuierliches Inganghalten etablierter Praktiken und Verfahrensweisen, sondern ist auch ein immer wieder Neu-Ansetzen, ein Distanznehmen, ein Abwägen, ein Ausloten von Vorhandenem und Veränderbarem. Ein solches Handeln lässt sich oft nicht davon abhalten, neue Kombinationen zu suchen und Revisionen vorzunehmen, wenn die Handlungskomplexität es erfordert, wenn die »praktische Vernunft« es gebietet. Dann ziehen sich Risse durch das Handeln, und das Tun, das eben noch die Routinen reproduzierte, wird durch ständige Störungen, durch neue Techniken, ein anderes Wissen, durch veränderte Bedeutsamkeiten und Einsichten irritiert und setzt neu an.

Das Besondere an der hier vorgetragenen Argumentation ist, dass praktischer Verstand nicht außerhalb der Welt der instrumentellen Dinge und Verfahren oder gar ihrer Verachtung oder Dämonisierung »zur Vernunft gebracht« wird, sondern in Beziehung, in Verflechtung, in Auseinandersetzung mit ihr. Erst dadurch werden wir in einer technisch erhitzten Zeit einer Technik gerecht, die immer »unsichtbarer« wird. Dabei wird uns immer klarer, dass die Macht der Technik nicht so sehr in der materiellen Widerständigkeit der Instrumente und Geräte liegt, sondern in der Fähigkeit, uns in ein Netz von Verhältnissen und Beziehungen hineinzuziehen, das uns sehr viel an praktischem Wissen und Urteilskraft abverlangt.

NETZWERKE, INFORMATIONSTECHNOLOGIE UND MACHT
Rudi Schmiede

»Netzwerke« sind in den vergangenen 20 bis 30 Jahren zu einem der am häufigsten gebrauchten Begriffe zur Beschreibung moderner organisatorischer und technischer Strukturen geworden. Sie sind als materiale wie als metaphorische Beschreibung eingängig; der Begriff ist hinreichend unscharf; er wird meist im metaphorischen, oft auch im alltagssprachlich geprägten Sinn gebraucht. Der Bedeutungsgehalt des Begriffs ist schillernd: »Netzwerke« werden zum Einen als gesellschaftlich geprägte Strukturkategorie gebraucht; zum Anderen bezeichnen sie aber auch technisch-materiale Strukturen, beziehen sich hier auf Konstellationen technischer Artefakte.[1]

Im Folgenden sollen einige Fragen diskutiert werden, deren Beantwortung das Verständnis für die Bedeutungszunahme von »Netzwerken« – als Begriff wie als reale Strukturen – erleichtern kann: Woher kommen und wie erklären sich die Popularität und die erhebliche Verbreitung dieses Bildes? Was sind die ökonomischen, sozialen, politischen und historischen Hintergründe für diese Ausbreitung? Welche Strukturen, welche Hoffnungen, welche Illusionen verbergen sich hinter der Konjunktur dieser Begrifflichkeit? Wie sieht das Verhältnis zwischen dem strukturmetaphorischen und dem technischen Gebrauch des Netzwerkbegriffs aus? Welche gesellschaftlichen Prägungen gehen in ihn ein, welche Macht- und Einflussstrukturen sind in ihm enthalten? Und nicht zuletzt: Wie sieht das Verhältnis zwischen prägenden Zwängen einerseits, Spielräumen für die Gestaltung von sozialen und technischen Netzwerken andererseits aus?

---

1 | Vgl. für einen kurzen Überblick Dorothea Jansen: Einführung in die Netzwerkanalyse. Grundlagen, Methoden, Forschungsbeispiele, Opladen ^{2}2003.

Rudi Schmiede
Informationeller Kapitalismus und Netzwerkgesellschaft

Den soziologisch prominentesten Ausdruck hat die Netzwerkmetapher in Manuel Castells Theorie des »informational capitalism« und des damit verbundenen Aufstiegs der »Netzwerkgesellschaft« gefunden.[2] Seine Analyse lässt sich folgendermaßen zusammenfassen: Mit der – fälschlicherweise als »Ölkrise« in die Geschichte eingegangenen – Weltwirtschaftskrise der Mitte der 70er Jahre kam das Zeitalter der standardisierten Massenproduktion, das durch eine tayloristische und fordistische Grundlage sowie durch dauerhafte keynesianische Staatseingriffe in die Wirtschaft gekennzeichnet war, an das Ende seiner Entfaltungsmöglichkeiten. National wie international, in der Sphäre der materiellen Produktion wie in den Geld- und Kapitalströmen wurden seit Beginn der 70er Jahre Krisensymptome sichtbar. Schon in den 60er Jahren hatte sich der Anstieg der Profitraten umgekehrt, unter der Oberfläche der noch anhaltenden Prosperitätsperiode bereiteten sich neue Krisentendenzen vor.[3] Die Krise von 1973–1976 war die erste Wirtschaftskrise seit dem katastrophalen Einbruch 1929–1933, in der synchron in der ganzen Welt nachhaltige Einbrüche in Wachstum und Beschäftigung zu verzeichnen waren, deren Spuren teilweise bis heute anhalten.

---

2 | Manuel Castells: Der Aufstieg der Netzwerkgesellschaft. Das Informationszeitalter, Teil 1, Opladen 2001 [Engl. Orig. 1996]; s. zu seiner empirischen Netzwerkanalyse auch Manuel Castells: The Internet Galaxy. Reflections on the Internet, Business, and Society, New York 2001. Castells hat die am breitesten angelegte Analyse der neuen Produktionsweise und Gesellschaftsform vorgelegt, ist aber keineswegs der einzige Sozialwissenschaftler, der einen engen Zusammenhang zwischen Veränderungen der Ökonomie, der Technik, der Gesellschaft und der Politik sieht; vgl. z.B. Robert B. Reich: Die neue Weltwirtschaft. Das Ende der nationalen Ökonomie, Frankfurt/Main 1994 [Engl. Orig. 1991]; Richard Sennett: Der flexible Mensch. Die Kultur des neuen Kapitalismus, München 2000 [Engl. Orig.: 1998]; Alan Burton-Jones: Knowledge Capitalism. Business, Work, and Learning in the New Economy, Oxford 1999; Dan Schiller: Digital Capitalism. Networking the Global Market System, Cambridge/MA, London 2000; Wolfgang Fritz Haug: High-Tech-Kapitalismus. Analysen zur Produktionsweise, Arbeit, Sexualität, Krieg und Hegemonie, Hamburg 2003; Luc Boltanski/Ève Chiapello, Der neue Geist des Kapitalismus, Konstanz 2003.

3 | Vgl. meine Analysen in: Rudi Schmiede/David Yaffe: »Staatsausgaben und die Marxsche Krisentheorie«, in: Volkhard Brandes (Hg.), Handbuch 1: Perspektiven des Kapitalismus, Frankfurt/Main, Köln 1974, S. 36–70, sowie Rudi Schmiede: »Das Ende des westdeutschen Wirtschaftswunders 1966–1977«, in: Die Linke im Rechtsstaat, Bd. 2: Bedingungen sozialistischer Politik 1965 bis heute, Berlin/West 1979, S. 34–78.

Zwei – faktisch und in ihren Konsequenzen, wenn auch keineswegs intentional zusammengehörige – Antworten auf diese Krise bildeten sich heraus: Die Globalisierung und die Informatisierung von Wirtschaft und Gesellschaft. Die *Globalisierung* lässt sich mit einigen Stichworten umreißen: Seit Ende der 70er Jahre können wir eine deutlich intensivierte Konkurrenz auf den weltweiten Güter- und Finanzmärkten beobachten. Zugleich haben diese sich in ihrer Struktur verändert: Weltweit differenzierte und spezialisierte Teilmärkte haben sich herausgebildet und durchgesetzt; sie sind die Arena für die verschärfte Konkurrenz. Transnationale Unternehmen sind zu bestimmenden Akteuren in vielen dieser Märkte geworden. Zwar sind die Nationalstaaten nach wie vor die dominierende politische Organisationsform von Gesellschaften[4], gleichwohl erodiert insbesondere im wirtschaftspolitischen Sinn die Nationalstaatlichkeit, die nationalen Wirtschaften finden sich zunehmend in transnationale Güter-, Kapital- und Arbeitsmärkte eingebunden. Deutliche neoliberale Tendenzen der Deregulierung verstärken den Einfluss der Ökonomie auf allen Ebenen, unterwerfen in vielen Fällen gesellschaftliches und politisches Handeln ihrer Hegemonie.[5] Nicht unerwartet geht mit diesen Prozessen national wie international eine soziale Differenzierung und Polarisierung, d.h. eine erneute Verstärkung und Vertiefung sozialer Ungleichheit, einher.

Mit der *Informatisierung* von Wirtschaft und Gesellschaft ist nicht nur die ubiquitäre Ausbreitung der digitalen Informations- und Kommunikationstechniken gemeint, sondern mehr noch ihr qualitativer Bedeutungszuwachs. Er wurde zuerst seit Ende der 70er Jahre in den weltweit in »Echtzeit« operierenden Finanz- und Kapitalmärkten sichtbar, setzte sich in Form der Ausbreitung der Netzwerktechnologien in den 80er und 90er Jahren fort und erreichte seinen vorläufigen Höhepunkt mit der raschen Ausbreitung der auf einem gra-

Netzwerke, Informationstechnologie und Macht

---

4 | Dies arbeitet Ulrich Bielefeld: Nation und Gesellschaft, Hamburg 2003, eindrucksvoll heraus.

5 | Ich habe diese Tendenz verschiedentlich als »neue Unmittelbarkeit der Ökonomie« bezeichnet: Sowohl die Märkte als auch die Organisationen werden so umgestaltet, dass ökonomische und politische Herrschafts- und Kontrollinteressen möglichst direkt gegenüber dem Einzelnen oder der Gruppe oder der Organisation wirksam werden; diese institutionelle Umgestaltung von Märkten und Organisationen ist freilich nicht mit einer Herrschaft der »reinen« (Modell-) Ökonomie gleichzusetzen. Vgl. Rudi Schmiede: »Virtuelle Arbeitswelten, flexible Arbeit und Arbeitsmärkte«, in: Silvia Krömmelbein/Alfons Schmid (Hg.), Globalisierung, Vernetzung und Erwerbsarbeit. Theoretische Zugänge und empirische Entwicklungen, Wiesbaden 2000, S. 9–21; und Rudi Schmiede: »Informationstechnik im gegenwärtigen Kapitalismus«, in: Gernot Böhme/Alexandra Manzei (Hg.), Kritische Theorie der Technik und der Natur, München 2003, S. 173–183.

Rudi Schmiede phischen Zugang (im World Wide Web) basierenden Internettechnologie seit Mitte der 90er Jahre; gegenwärtig deutet sich mit servicebasierten Systemarchitekturen eine qualitativ neue Stufe an. Es sind – so lässt sich die Tendenz zusammenfassend charakterisieren – globalisierte sozio-technische Systeme entstanden, die Informationen generieren, kommunizieren und verarbeiten, und zwar in »real time«. Nicht nur erlauben sie im Prinzip die weltweite Verfügung über beliebige Inhalte; die IuK-Techniken sind darüber hinaus reflexiv geworden: Sie sind nicht primär ein Werkzeug zur Unterstützung für die Lösung außer ihnen liegender Aufgaben, sondern sie sind Bestandteil eines Gesamtprozesses, eines Systems, basierend auf dem Computer als »universaler Maschine«.[6] Innovationen werden generiert und in einem kumulativen Rückkoppelungszusammenhang wieder für Innovationen genutzt. Die strukturelle Verdoppelung der materiellen Realität in Form einer zweiten, digitalen Realität der Information, in der beliebige Manipulationen und Simulationen vorgenommen werden können, die dann gezielt wieder in die Sphäre der materiellen Gestaltung zurückwirken, entfaltet ein enormes Produktivitäts- und Gestaltungspotential. Sachverhalte werden von vornherein als Informationsprozess verstanden, formuliert und modelliert; sie bilden die Ausgangsbasis für Prozesse der Reorganisation und der Technisierung. Neu ist die »technikgestützte, medienvermittelte Fähigkeit zur Wissensveränderung«. Die Durchtechnisierung des Wissens in seiner Informationsform ist der Schritt von der konventionellen Technisierung zur Informatisierung.[7]

Die engere Orientierung der wirtschaftlichen Aktivitäten am Markt hat sich in einer Ausbreitung marktorientierter, und d.h. meistens dezentralisierter, Organisationsformen niedergeschlagen. Das ursprünglich amerikanische, dann aber in den 80er Jahren in Japan zuerst realisierte Modell der »lean production« war eine wichtige Stufe in dieser Entwicklung: Die Abflachung der Hierarchien,

---

6 | Vgl. Sybille Krämer: Symbolische Maschinen. Die Idee der Formalisierung in geschichtlichem Abriß. Darmstadt 1988; Sybille Krämer: »Geistes-Technologie. Über syntaktische Maschinen und typographische Schriften«, in: Werner Rammert/Gotthard Bechmann (Hg.), Technik und Gesellschaft, Jahrbuch 5, Frankfurt/Main, New York 1989, S. 38–52; Bettina Heintz: Die Herrschaft der Regel. Zur Grundlagengeschichte des Computers, Frankfurt/Main, New York 1993.

7 | Helmut F. Spinner: Die Architektur der Informationsgesellschaft. Entwurf eines wissensorientierten Gesamtkonzepts, Bodenheim 1998, S. 63 bzw. 75; vgl. Rudi Schmiede: »Informatisierung, Formalisierung und kapitalistische Produktionsweise – Entstehung der Informationstechnik und Wandel der gesellschaftlichen Arbeit«, in: ders. (Hg.), Virtuelle Arbeitswelten. Arbeit, Produktion und Subjekt in der »Informationsgesellschaft«, Berlin 1996, S. 15–47.

die Delegation von Verantwortlichkeiten nach unten, die gezielte Reorganisation der logistischen Ketten mit ihrer Orientierung hin auf die Prozessoptimierung der beherrschenden Unternehmen, mit einer beliebten Managementparole: Die »Besinnung auf die Kernkompetenzen« lieferte Ansatzpunkte und Vorbilder für die durchgängige Reorganisation der Wirtschaft. Entlang dieser Leitlinie entstanden sowohl eine neue internationale Arbeitsteilung mit stärker differenzierten, spezialisierten und flexiblen Märkten als auch neue Formen der Arbeitsteilung in Produktmärkten und Branchen in Form von Firmennetzwerken, Netzwerk- oder virtuellen Unternehmen, d.h. »horizontale« Organisationen (Castells). Die damit verbundenen neuartigen Formen und Notwendigkeiten der Kooperation und Information sind nur auf der Grundlage der digitalen Informations- und Kommunikationstechniken in ihrer heutigen Ausprägung denkbar. Dezentralisierte Organisationsformen (bei fortbestehender und intensivierter zentraler Kontrolle und Zielvorgabe) und die mit ihnen verbundenen Netzwerkstrukturen können nur mit Hilfe umfassender Informations- und Kommunikationsverbindungen funktionieren. Insofern spricht Castells zu Recht vom »informationellen Kapitalismus«, ohne dass damit jedoch in irgendeiner Form ein Technikdeterminismus angesprochen wäre.

Netzwerke, Informationstechnologie und Macht

Netzwerkstrukturen und Netzwerkanalysen

Tatsächlich haben sich im letzten Vierteljahrhundert diverse Formen von Netzwerken, v.a. in der Wirtschaft, entwickelt, die hier kurz in einer Übersicht zusammengefasst werden sollen. Am deutlichsten sichtbar sind die *Interorganisationalen* Netzwerke. Bekannt sind sie als informationsverarbeitende Verbünde aus der Welt der Finanzdienstleistungen, wo sie in der Regel mit der Herausbildung »flexibler Bürokratien« einhergehen.[8] Seit geraumer Zeit prägend sind diese Netzwerke ebenfalls in der Form von Produktionsverbünden, wie sie sich in der Automobilindustrie im Zuge der »lean production« ausgebreitet haben; sie operieren mittlerweile auf globaler Ebene und haben sich in kontinentale materielle Produktionsnetze differenziert, die in großem Maße informationstechnisch vermittelt kooperieren. Ähnliche Strukturen finden sich in der Elektronikfertigung in verschiedenen Bereichen.[9] Im letzteren Bereich, und

---

8 | Dieser Begriff entstammt der Untersuchung von Carsten Dose: Flexible Bürokratie. Rationalisierungsprozesse im Privatkundenbereich von Finanzdienstleistern, Diss. TU Darmstadt 2003.
9 | Vgl. Boy Lüthje/Wilhelm Schumm/Martina Sproll: Contract Manufacturing. Transnationale Produktion und Industriearbeit in der IT-Branche, Frank-

Rudi zwar v.a. in der Halbleiterfertigung, findet sich auch als spezielle
Schmiede Form die interorganisationale Verbindung als projektorientierte Ein-
Zweck-Verbindung, d.h. als virtuelles Unternehmen, das auf ein bestimmtes Kooperationsprojekt begrenzt ist.[10] Schließlich gehört dazu der ganze, gegenwärtig v.a. für den Bereich der Informationsdienstleistungen und Teilfertigungen viel diskutierte Komplex des out-sourcing und off-shoring. Gemeinsame Leitlinie für diese Netzwerkformen ist die »reorganization of value chains«, also die rationalisierende Neuanordnung der gesamten Wertschöpfungskette durch ihre Spezialisierung und ihre materiellen wie digitalen Verbindungsglieder.[11]

Innerorganisationale Netzwerke schließen eng an die schon unter dem Stichwort der »lean production« erwähnten Reorganisationstendenzen an: Die Einebnung der Organisation durch Abflachung der Hierarchien, die freilich oft mit einer Erosion des Mittelbaus verbunden ist; die organisatorische Dezentralisierung, die möglichst klar identifizierbare, aber auch kontrollierbare Einheiten schafft; und die Schaffung abgestufter Formen der Eigenverantwortlichkeit, die in die Richtung des »Unternehmens im Unternehmen« laufen und sich etwa in profit-centers, Konkurrenzbeziehungen zwischen Unternehmensteilen und gegenüber Externen niederschlagen, sind wichtige Erscheinungsformen dieser Netzwerkebene. Im Zuge der intensivierten ökonomischen Kontrolle sind die Trennwände und Strukturen

---

furt/Main, New York: 2002; Michael Faust/Ulrich Voskamp/Volker Wittke: »European Industrial Restructuring in a Global Economy: Fragmentation and Relocation of Value Chains«. Paper presented at the International Workshop: *European Industrial Restructuring in a Global Economy: Fragmentation and Relocation of Value Chains*, Göttingen, March, 2004; s. zur Automobilindustrie Holm-Detlev Köhler: »Auf dem Weg zum Netzwerkunternehmen? Anmerkungen zu einem problematischen Konzept am Beispiel der deutschen Automobilkonzerne«, in: Industrielle Beziehungen, 6 (1999), Heft 1, S. 36–51.

10 | Vgl. Ulrich Voskamp/Volker Wittke: »Vom ›Silicon Valley‹ zur ›virtuellen Integration‹ – Neue Formen der Organisation von Innovationsprozessen am Beispiel der Halbleiterindustrie«, in: Jörg Sydow/Arnold Windeler (Hg.), Management interorganisationaler Beziehungen. Vertrauen, Kontrolle und Informationstechnik, Opladen 1994, S. 212–243.

11 | Vgl. dazu David Knoke: Changing Organizations. Business Networks in the New Political Economy, Boulder/CO 2001, und als Übersicht Alea M. Fairchild: Technological Aspects of Virtual Organizations. Boston, Dordrecht, London 2004; für Deutschland Arnold Windeler: Unternehmungsnetzwerke. Wiesbaden 2002; Arnold Windeler: »Organisation der TV-Produktion in Projektnetzwerken: Zur Bedeutung von Produkt- und Industriespezifika«, in: Jörg Sydow/Arnold Windeler (Hg.), Organisation der Content-Produktion, Wiesbaden 2004, S. 55–76.

eher finanziell als organisatorisch geprägt worden. Dies macht deutlich, dass man die organisatorische Dezentralisierung keineswegs mit einer Dezentralisierung der Kapitalstruktur oder von Macht und Herrschaft verwechseln sollte: Hier hält die Zentralisierung unvermindert an; Zentralisierung und Dezentralisierung sind parallele und nur scheinbar gegensätzliche Prozesse.

Netzwerke, Informationstechnologie und Macht

Beide Typen – inter- wie innerorganisationale Netzwerke – dienen nicht nur, wie schon erwähnt, der Anpassung an flexiblere und globalisierte Marktanforderungen. Sie sind zugleich eine wichtige Form, mit den damit verbundenen erhöhten Unsicherheiten und Ungewissheiten umzugehen, sie zumindest in kalkulierbare Risiken umzuwandeln. Sowohl im materiellen als auch im immateriellen Sinne dienen sie der Mobilisierung von Ressourcen sowie der Sicherstellung ihrer Verfügbarkeit und des Zugangs zu ihnen. Was zunächst Anfang der 90er Jahre als »Business Process Re-Engineering« propagiert wurde, hat sich seit Mitte der 90er Jahre v.a. auf die Mobilisierung der Erfahrungs- und Wissensbestände in Organisationen und Netzwerken konzentriert. Unter der Fahne des »Wissensmanagements« sind eine ganze Zahl von Ansätzen entstanden, um durch die Intensivierung der Netzwerkbeziehungen den Austausch von Wissen jeder Art zu fördern.[12] Neben den informatisierten Formen des Wissens in Archiven und Datenbanken sind Bemühungen in den Vordergrund gerückt, nicht formalisierte oder – wie sie im Anschluss an Polanyi und popularisiert durch Nonaka und Takeuchi oft genannt werden – nicht explizite bzw. implizite Wissensbestände in der Organisation verfügbar zu machen: Mehr oder weniger systematische Aufschreibungen, yellow pages von Kompetenzträgern, skills- und Projektdatenbanken, das Training qualifizierter Beschäftigter zu eigenen Informationsrecherchen (neben der traditionellen Informationsvermittlung für die komplexeren Fragestellungen) und letzthin auch die Nutzung von Hypertexttechniken für weniger strukturierte Informationssammlungen beschreiben dieses Feld. Auch hier geht es darum, diese Arbeitstätigkeiten an der Wertschöpfungskette zu orientieren; in der Folge des älteren »Humankapital«-Konzepts geht es nun darum, das »intellektuelle« Kapital der Firma zu mobilisieren und zu verwerten.[13] Die praktischen Erfahrungen mit diesem Ansatz

---

12 | S. zum Konzept Gilbert Probst/Steffen Raub/Kai Romhardt: Wissen managen. Wie Unternehmen ihre wertvolle Ressource optimal nutzen, Wiesbaden 1999; Helmut Willke: Systemisches Wissensmanagement, Stuttgart 2001; zur theoretischen Grundlage Michael Polanyi: Personal Knowledge. Towards a postcritical philosophy, London 1958; zur Popularisierung Ikujiro Nonaka/Hirotaka Takeuchi: Die Organisation des Wissens, Frankfurt/Main, New York 1997.
13 | Vgl. Karl-Erik Sveiby/Leif Edvinsson/Michael S. Malone: Intellectual Ca-

Rudi sind jedoch eher ernüchternd. Nicht nur sind die technischen Grundlagen für die elektronische Unterstützung dieser Prozesse keineswegs ausgereift, vielmehr stellte sich bei vielen Experimenten bald heraus, dass Netzwerke hochkomplexe soziale Gebilde sind und der Umgang mit Wissen ganz eng in sie eingeflochten ist. Wissensprozesse sind eng an Motivation, Interesse und Machtstrukturen gebunden. Jedem Beschäftigten ist – auch wenn er die Francis Bacon zugeschriebene Parole selbst nicht kennt – bewusst, dass Wissen Macht ist; ob man bereit ist, sich dieses Machtmittels zu begeben, hängt – neben den hierarchisch ausgeübten Zwängen – von gegenläufigen Prozessen wie Vertrauen, Anerkennung und Gratifikationen ab, d.h. von der Gestalt der Netzwerke und ihrer Einbettung in das, was – oft euphemistisch – die Unternehmenskultur genannt wird.

Diese Erfahrungen und Erkenntnisse lenkten den Blick auf eine dritte Form von Netzwerken, die in der Arbeitspraxis begründet sind und die interpersonale Dimensionen stärker berücksichtigen, die ich deswegen *mikrostrukturelle* Netzwerke nennen möchte. Ihre Thematisierung – überwiegend in der US-amerikanischen Literatur und Forschung – geht ebenfalls auf den Kontext von Wissensprozessen zurück, nämlich auf Lernen und Wissenserwerb in der und durch die Praxis; entsprechend werden sie meist als »communities of practice«, zuweilen aber auch als communities of collaboration oder communication bezeichnet.[14] Hier geht es im Wesentlichen darum, in der realen Kooperation und Kommunikation den Transfer von Erfahrungen und Wissen und – mit zunehmender Zeit immer mehr – auch die entsprechende Nutzung von IuK-Techniken zu beobachten und zu analysieren. Der Hintergrund für diese angestiegene und weiter zunehmende Aufmerksamkeit ist sicherlich darin zu sehen, dass mit der Ausbreitung netzwerkförmiger Kooperationsstrukturen die Kooperation und Kommunikation über den unmittelbaren Ar-

---

pital, Realizing Your Company's True Value by Finding its Hidden Brainpower, New York 1997.

14 | Das Konzept wurde zuerst von Etienne Wenger entwickelt und propagiert. Vgl. Jean Lave/Etienne Wenger: Situated Learning. Legitimate Peripheral Participation, Cambridge/UK 1991; Etienne Wenger: Communities of Practice. Learning, Meaning, and Identity, Cambridge/UK 1998; Etienne Wenger: »Communities of Practice. The Key to Knowledge Strategy«, in: Eric L. Lesser/Michael A. Fontaine/Jason A. Slusher (Hg.), Knowledge and Communities. Resources for the Knowledge-based Economy, Woburn/MA 2000, S. 3–20; Etienne Wenger/Richard McDermott/William M. Snyder (Hg.): Cultivating Communites of Practice, Boston/MA 2002; einen Überblick über den Forschungsstand geben der Konferenzband Marleen Huysman/Etienne Wenger/Volker Wulf (Hg.): Communities and Technologies, Amsterdam u.a. 2003, sowie das Heft 2/2005 der Zeitschrift »The Information Society« (siehe http://www.indiana.edu/~tisj).

beitskontext hinaus wirtschaftlich, organisatorisch und auch technisch wichtiger geworden ist. Ferner spielt in der Praxis der Kooperation die Nutzung digitaler Techniken eine wesentliche infrastrukturelle Rolle. Die communities of practice sind durch eine gemeinsame domain, die Zugehörigkeit zu einer sozialen communitiy und die Verbundenheit durch einen gemeinsamen praktischen Arbeitszusammenhang abgegrenzt.[15] Bislang liegt jedoch nur eine begrenzte Zahl von Untersuchungen zu Arbeitsprozessen vor; viele Untersuchungen beziehen sich auf lokale communities. Sie lassen sich jedoch ergänzen durch Studien aus einem bislang eher informationstechnisch geprägten, von wenigen Psychologen unterstütztem Arbeitsbereich, nämlich der Forschung zu »Computer Supported Cooperative Work« (CSCW), sowie durch Einzeluntersuchungen.[16] Insgesamt handelt es sich bei diesen Zusammenhängen zwischen praktischer Kooperation, Netzwerkformen, Wissenstransfer und Arbeit jedoch um ein wenig untersuchtes Gebiet, d.h. ein Forschungsdefizit.

Nun ist natürlich der Soziologie, und im hier thematisierten Zusammenhang insbesondere der Industriesoziologie, der Blick auf Mikrostrukturen nicht fremd. Seit der berühmten Hawthorne-Studie wurden immer wieder informelle Strukturen untersucht; allerdings standen hier meist unintendierte organisatorische Effekte oder die

Netzwerke, Informationstechnologie und Macht

---

15 | Vgl. genauer E. Wenger/R. McDermott/W.M. Snyder (Hg.): Cultivating Communities, Kap. 2: »Communities of Practice and Their Structural Elements«.
16 | Anabel Quan Haase/Joseph Cothrel: »Uses of Information Sources in an Internet-Era Firm: Online and Offline«, in: M. Huysman/E. Wenger/V. Wulf (Hg.), Communities and Technologies, S. 143-163; Bart van der Hooff/Wim Elving/Jan Michiel Meeuwsen/Claudette Dumoulin: »Knowledge Sharing in Knowledge Communities«, in: a.a.O., S. 119-143; Carsten Osterlund/Paul Carlile: »How Practice Matters: A Relational View of Knowledge Sharing«, in: a.a.O., S. 1-23; Inkeri Ruuska/Matti Vartiainen: »Communities and Other Social Structures for Knowledge Sharing – a Case Study in an Internet Consultancy Company«, in: a.a.O., S. 163-85; vgl. in Deutschland Michaela Goll: Arbeiten im Netz. Kommunikationsstrukturen, Arbeitsabläufe, Wissensmanagement, Wiesbaden 2002; Jörg Sydow/Guido Möllering: Kompetenzentwicklung in Netzwerken, Wiesbaden 2003; vgl. zum CSCW-Kontext z.B. Erin Bradner/Gloria Mark: »Why Distance Matters. Effects on Cooperation, Persuasion and Deception«, in: Proceedings of the ACM Conference on CSCW (CSCW '02), New Orleans, November 16-20, 2002, New York, S. 226-235; Gloria Mark: »Conventions and Commitments in Distributed Groups«, in: Computer Supported Cooperative Work. The Journal of Collaborative Computing, vol. 11, 2002, no. 3-4, S. 349-387; Gloria Mark/Steve Abrams/Nayla Nassif: »Group-to-Group Distance Collaboration. Examining the ›Space Between‹«, in: Proceedings of the 8th European Conference of Computer-supported Cooperative Work (ECSCW'03), 14-18. September 2003, Helsinki, S. 99-118.

Rudi Schmiede Frage nach der Bedeutung und den Manifestationsformen der Subjektivität im Vordergrund.[17] Die neuere Beschäftigung mit Netzwerken ist mehr als die bloße Wiederentdeckung informeller Strukturen in und zwischen Organisationen. Sie geht insofern systematisch über die frühere Forschung hinaus, als sie die Netzwerkstrukturen als eigenen Organisationstyp mit spezifischen Formen der Kooperation und Kommunikation, also als selbst Arbeitsvollzüge und ihren praktischen Kontext prägend, betrachtet. Gleichwohl stellen die Ansätze der Netzwerkanalyse eher eine methodische Herangehensweise, ein analytisches Instrumentarium dar als eine eigenständige Theorie. In der Ökonomie, der Soziologie, der Politikwissenschaft und der Psychologie (und quer dazu in der Analyse von Organisationen) finden sich je eigene, teils komplementäre, teils konkurrierende theoretische Interpretations- und Erklärungsansätze. Parallel dazu finden sich im technischen Bereich die Modellierung und der Aufbau komplexer Netzstrukturen, die in der Regel mathematische Netzmodelle zur Grundlage und technische Funktionszusammenhänge zum Inhalt haben.

Netzwerkanalysen bewegen sich zwischen den beiden Polen der formalen Netzwerkanalyse einerseits, der sozial, institutionell oder interessenorientierten Struktur-, Handlungs- und Verhaltensanalysen andererseits. Je nach Autor und Präferenz sind sie Analyseinstrument, Methode oder Theorie. Die formale Netzwerkanalyse hat ihren Ursprung zum Einen in der Soziometrie kleiner Gruppen, in der Kulturanthropologie und in der Psychologie der Gefühle, zum Anderen in der mathematischen Graphentheorie und in der Theorie der Petri-Netze. Sie operiert mit Maßen für Distanz und Dichte sowie für die Stärke und die Aufladung von Knoten. Ferner arbeitet sie oft mit Modellen für die wellenförmige Ausbreitung von Impulsen und identifiziert und formalisiert Wirkungs- und Verstärkungsketten. Wahrscheinlichkeitsmaße spielen dafür eine zentrale Rolle.[18] Auch die ökonomische Theorie der Netzwerkeffekte, die ja auf die innere Abhängigkeit von Größe, Funktion und Wirksamkeit von Netzwerken abhebt, würde ich eher zu den formalen Netzwerkanalysen rechnen. Dagegen werden in der sozialwissenschaftlichen Interpretation – wie Knoke am Beispiel der Organisationsanalyse deutlich macht[19] – spe-

---

17 | Vgl. z.B. die Beiträge in Rudi Schmiede (Hg.): Arbeit und Subjektivität. Beiträge zu einer Tagung der Sektion Industrie- und Betriebssoziologie in der Deutschen Gesellschaft für Soziologie (Kassel, 21.–23.5.1987). Mit einer Auswahlbibliographie deutschsprachiger Literatur, Bonn 1988.
18 | Dies findet sich genauer ausgeführt bei D. Jansen: Netzwerkanalyse.
19 | Vgl. D. Knoke: Changing Organizations, bes. S. 65f.; vgl. zur Thematik der »weak ties« im Folgenden: Mark S. Granovetter: »The Strength of Weak Ties«, in: American Journal of Sociology, vol. 78 (1973), no. 6, S. 1360–1380;

zifische Eigenschaften und Wirkungen hervorgehoben: Ressourcenaustausch, Informationsübertragung, Machtbeziehungen, Grenzüberschreitungen (»boundary penetrations«) und Gefühlsbindungen (»sentimental attachments«) sind die wichtigsten analytischen Dimensionen von Netzwerken. Für das Verständnis sozialer Prozesse sind die »weak ties«, die schwachen Bindungen, von zentraler Bedeutung, denn starke Bindungen konstituieren in der Regel über das Gesellschaftliche hinausgehende gemeinschaftliche communities (Granovetter). Für das Verständnis der sozialen Dynamik spielen – so Burt – strukturelle Schwachstellen oder Löcher (»structural holes«) in und zwischen Netzwerken eine wichtige Rolle, denn sie eröffnen Möglichkeiten für den Aufbau neuer Knoten, d.h. sie bieten neue soziale Chancen und ermöglichen damit strukturelle Veränderungen bzw. sie sind der Ansatz für den Eintritt in Netzwerke, für ihre Erweiterung oder für die Verbindung von Netzwerken miteinander. Diese Kategorien und Sichtweisen bleiben jedoch nach meinem Verständnis auf der Ebene sozialwissenschaftlicher Analytik.

Netzwerke, Informationstechnologie und Macht

Ein theoretischer Ansatz zum Verständnis von Netzwerkstrukturen ist am ehesten in der Verbindung der Netzwerkanalysen mit der Theorie des Sozialkapitals enthalten.[20] Denkt man den Begriff des Sozialkapitals im theoretischen Kontext der bourdieuschen Kapitalbegriffe, so enthält er zum Einen die Momente von Verbindungen, Netzwerkstrukturen, Anerkennung und Vertrauen als soziale Größen; zum Zweiten lässt er sich leicht mit Prozessen der Abgrenzung und Distinktion, also auch der Ein- und Ausschließung, verbinden; er beinhaltet damit ferner immer auch Formen von und Kämpfe um Herrschaft und Macht; und er macht nicht zuletzt die ökonomische Be-

---

Mark S. Granovetter: »The Strength of Weak Ties. A Network Theory Revisited«, in: Sociological Theory, vol. 1 (1983), S. 203–233; Mark S. Granovetter: Getting a Job. A Study of Contacts and Careers, Chicago, [2]1995; zu den »structural holes« Ronald S. Burt: Structural Holes. The Social Structure of Competition. Cambridge 1995; Ronald S. Burt: »Structural Holes Versus Network Closure as Social Capital«, in: Nan Lin/Karen Cook/Ronald S. Burt (Hg.), Social Capital. Theory and Research, New York 2001, S. 31–56.

20 | Vgl. als Übersicht N. Lin/K. Cook/R.S. Burt (Hg.): Social Capital; Nan Lin: »Building a Network Theory of Social Capital«, in: N. Lin/K. Cook/R.S. Burt (Hg.), Social Capital, S. 3–29, definiert Sozialkapital als »investment in social relations by individuals through which they gain access to embedded resources to enhance expected returns of instrumental or expressive actions« (S. 17/19) und stellt eine Verbindung zum bourdieuschen Kapitalbegriff her: »Bourdieu, from his class perspective, sees social capital as the investment of the members in the dominant class (as a group or network) engaging in mutual recognition and acknowledgment so as to maintain and reproduce group solidarity and preserve the group's dominant position.« (S. 10)

Rudi Schmiede deutung solcher Strukturen und Prozesse sichtbar. Schließlich werden Konkurrenz- und Machtstrukturen innerhalb von Organisationen und organisationsübergreifend bis hin zu gesamtgesellschaftlichen Prozessen im Prinzip greifbar. Die Einbindung der Techniken in ihrer Nutzung im Arbeitsprozess lässt sie Bestandteil solcher sozialen Kooperations- und Kommunikations-, aber auch Konkurrenz- und Abgrenzungsprozesse sein; sie sind immer auch in dieser Hinsicht zu betrachten.

Ein Zwischenresümee lässt sich in Form mehrerer Thesen fassen:

1. Die Ausbreitung von Netzwerken in ihren verschiedenen Formen und der Aufschwung der auf sie gerichteten Analysen und Theorien lassen sich als Reaktion auf die Erhöhung der Unsicherheit, ja der Unbestimmtheit als Prinzip heutiger Organisation verstehen. Netzwerke sollen die personellen und organisatorischen Ressourcen mobilisieren, die erforderlich sind, um damit umzugehen. Netzwerke machen einerseits Subjektivität verfügbar, stoßen damit jedoch auf neue Unbestimmtheiten. Andererseits wandeln sie – wo immer sie der Risikobewältigung dienen – Unbestimmtheit in statistische Wahrscheinlichkeitsbeziehungen um; statistische Bestimmtheit ist jedoch eine moderne und zunehmend häufige Form der Unbestimmtheit.

2. Mit Netzwerkanalysen, besonders in ihrer formalen Ausprägung, ist in der Soziologie und in der Organisationstheorie oft – vergleichbar mit den modellorientierten Varianten der Marktökonomie und den deterministisch ausgerichteten Theorien der Technikentwicklung – die Vorstellung verbunden, dass anonyme Kräfte unentrinnbare Zwangsverhältnisse erzeugen und damit das soziale Leben prägen. Verbindet man diese Analysen jedoch mit einem soziologisch aufgeladenen Begriff des sozialen Kapitals, dann kann man dem ein anderes Bild entgegensetzen: das der sozialen, ökonomischen und nicht zuletzt technischen Strukturen, die erst durch das – natürlich selbst wieder durch seinen sozialen Rahmen geprägte – Handeln des Einzelnen erzeugt werden und wiederum begrenzend und prägend zurückwirken; also »hinter dem Rücken« des Einzelnen wirken, unintendierte Folgen zeitigen, sozusagen systemisch Unbestimmtheit generieren.

3. Die Analyse von Netzwerken lässt sich durchaus immanent, unter Zuhilfenahme ihrer eigenen Kategorien und Ansprüche, kritisieren, wie dies etwa in der Kritik der politischen Ökonomie oder der neueren institutionalistischen Ökonomie gegenüber den Maximen der ökonomischen Theorie geschieht. Denn Netzwerke sind ebenso wie Märkte durch institutionelle Konfigurationen geprägt, wie an den öffentlich diskutierten Beispielen der Arbeitsmärkte, der industriellen Beziehungen oder der Gütermärkte

für Öl, Strom oder Informations- und Kommunikationstechniken *Netzwerke,* deutlich wird. Was etwa die STS-Studien kritisch gegenüber den *Informations-* rein immanenten Entwicklungsanalysen oder -theorien der Tech- *technologie* nik geleistet haben, könnte die kritische Diskussion der netz- *und Macht* werkanalytischen Ansätze im Hinblick auf das in Wissenschaft wie Praxis verbreitete Verständnis der Dominanz technisch-organisatorischer Zwangskonstellationen leisten.

Informationstechnik als Sozialstruktur und Arena sozialer Konflikte

Die hier angedeutete theoretisch-konzeptionelle Kritik verselbstständigter technischer und organisatorischer Verhältnisse unter Nutzung der Netzwerkanalyse existiert bislang nicht; einzelne Facetten werden in Detailuntersuchungen sichtbar, haben aber bislang nicht verallgemeinerungsfähige Formen erreicht. Deshalb werde ich im zweiten Teil dieses Beitrags eher pragmatisch verfahren. An aktuellen Entwicklungen und Debatten über die Gestaltung und Nutzung der Informationstechnologien lässt sich das Ineinanderfließen und der innere Zusammenhang der drei Dimensionen Netzwerke, Informationstechnik und Macht gut sichtbar machen. Auch die Komplexität und die Ambivalenz oder Widersprüchlichkeit dieser Prozesse werden deutlich. Ich möchte deswegen im Folgenden exemplarisch anhand einer Reihe öffentlich diskutierter Fragen zur gegenwärtigen und künftigen Entwicklung der IuK-Technologien das Nebeneinander von Optionen für soziales und politisches Handeln sowie von individuellen Zwängen und Spielräumen zeigen.[21] Dabei werde ich zunächst auf zwei, der Wissenschaftswelt geläufige, gegenwärtig öffentlich diskutierte Themen eingehen, um anschließend anhand einiger wichtiger Technikdimensionen ihre Bedeutung und die damit verbundenen Optionen zu diskutieren.

Der traditionellen »Gutenberg-Galaxis« der gedruckten Publikationen wird seit geraumer Zeit gerne das neue *Zeitalter der immer und überall verfügbaren »digitalen Information«* oder digitalen Publikationen gegenübergestellt. Auch wenn letzthin die Nachricht verbreitet wurde, dass Jugendliche in Japan eine Vorliebe für die Lektüre ganzer Bücher auf dem Handy-Display entwickelt hätten, ist der prognostizierte Übergang im Bereich der Bücher bislang ein Randphänomen (und wird dies vermutlich noch lange bleiben). Dies gilt ebenso im Bereich der Massenmedien, deren Auflagen dort, wo

---

21 | Ich werde mich in diesem Teil deswegen, weil es sich um öffentliche, teilweise in der Tages- und Populärpresse geführte Debatten handelt, auf wenige Referenzen beschränken.

sie rückläufig sind, nicht wegen der digitalen Konkurrenz, sondern wegen der rückläufigen Werbemärkte gesunken sind. Der Bereich, in dem das Verhältnis von gedruckter und digitaler Publikation heiß diskutiert und konflikthaft umstritten ist, ist das Feld der wissenschaftlichen Zeitschriften und Aufsatzbände. Zeitschriften- und/ oder Tagungsbeiträge sind in vielen Disziplinen die wichtigste Form der wissenschaftlichen Publikation. Hier stehen sich die internationalen wissenschaftlichen Großverlage, die die Zeitschriftenpublikationen zu teilweise horrenden Preisen als oft hochprofitables big business betreiben und sich dabei durchaus auf kongruente Interessen einer Reihe von Wissenschaftlern und v.a. von wissenschaftlichen Fachgesellschaften stützen können, einerseits, die Verfechter der prinzipiell freien (weil meist öffentlich finanzierten) digitalen wissenschaftlichen Publikation, die sich v.a. im biologisch-medizinischen und ökologischen Bereich in großer Zahl finden, andererseits gegenüber. Charakteristisch für beide Fronten ist es, dass Publikation v.a. als Problem der technischen Vervielfältigung, Verbreitung und Bekanntmachung diskutiert wird. Die Tatsache, dass die große Mehrzahl der digitalen Publikationen auf sog. Preprint-Servern (besser Manuskript-Servern[22]) in der Folge mehr oder weniger verändert nochmals in einer gedruckten wissenschaftlichen Zeitschrift veröffentlicht wird, macht gegenüber dieser Blickrichtung stutzig. Tatsächlich ist für die wissenschaftliche Publikation ein ganz anderer Kontext mindestens genauso wichtig: Sie ist eine der bedeutendsten Arenen der Qualitätsbewertung und der eng damit zusammenhängenden Anerkennungs-, Gratifikations-, Status- und Positionsallokation im Wissenschaftssystem. Peer-to-peer-reviewing, Projektbewilligungen, Berufungsverfahren usw. funktionieren nach wie vor fast ausschließlich auf der Grundlage gedruckter Publikationen. Solange dieses Sozialsystem so eng mit dieser Technik verflochten ist, sind die möglichen alternativen technischen Optionen für wissenschaftliche Publikation zweitrangig. Der Blick auf die soziale Welt der Wissenschaften und die sie regierenden Machtstrukturen könnte hier vor vielen Scheindebatten bewahren.

Ich möchte kurz noch einige der aktuell diskutierten Technologiefragen streifen, bei denen die enge Verflechtung mit Wirtschaft und Gesellschaft unmittelbar sichtbar wird. Die Auseinandersetzung um die technische Form der *Verbreitung medialer Inhalte* (Musik, Bilder, Spiele und Filme), die ihre bisherigen Höhepunkte in den Streits über die Tauschbörsen »Napster« und dann »Kazaa« gefunden

---

22 | Vgl. Rob Kling: »The Internet and Unrefereed Scholarly Publishing«, in: Center for Social Informatics Working Paper No. WP-0301, Febr. 2003, Indiana University Bloomington (http://www.slis.indiana.edu/CSI/WP/WP03-01B.html), abgerufen 4.3.2005.

hat, wird weiterhin als Kampf um Marktanteile und um Offenheit oder Geschlossenheit der Technik in den Massenmedien geführt. Es scheint der Musik- und Filmindustrie tatsächlich in erheblichem Ausmaß gelungen zu sein, die peer-to-peer-Tauschbörsen zurückzudrängen und teilweise zu kriminalisieren. Zwar hat sich als Vertriebsmodell auf breiter Front die Zahlung pro download durchgesetzt; aber dahinter stehen weiterhin ungeklärte Fragen zu den Eigentumsrechten an den bezahlten Dateien. Sind sie Eigentum des Käufers oder nur für die Nutzung lizensiert? Wie sehen die Nutzungsrechte im Einzelnen aus? Inwieweit besteht ein Recht auf eigene Kopien oder Weitergabe? Am deutlichsten sichtbar wird dieser Konflikt, der in die Technik selbst hineinragt, am deutschen Urheberrecht: Zwar wird in § 52a für die Lehre an Schulen und Hochschulen das Recht auf die unentgeltliche Nutzung von Mediendateien eingeräumt; zugleich wird jedoch die Durchbrechung technischer Schutzvorrichtungen unter Strafe gestellt. Technik dient hier unmittelbar der Einschränkung von Rechten.

Netzwerke, Informationstechnologie und Macht

Dass Netzwerkstrukturen zugleich Konstellationen von Interessen, Herrschaft und Macht sind, wird vielleicht am besten sichtbar an der »*Microsoft Story*«. Microsoft hat bekanntlich im Desktop- und im Office-Sektor ein Quasi-Monopol aufgebaut, das in den Server- und ERP-Bereich auszudehnen die Firma gegenwärtig große Anstrengungen unternimmt. Dieses Machtmonopol ist in die Technik selbst eingebaut: Zum Einen hat Microsoft durch die Setzung von Standards im Front-End-Bereich (also in der Gestaltung von Bildschirmoberflächen, Bedienungsgewohnheiten, Buttons, Logos etc.) de-facto-Maßstäbe geschaffen, von denen abzuweichen mit nicht unerheblichen Kosten verbunden ist. Durch die hochgradige Integration der verschiedenen Anwendungen und die damit verbundenen Arbeitsgewohnheiten sowie durch die Netzwerkeffekte der weiten Verbreitung der Office-Software fallen für eine Organisation erhebliche Wechselkosten an, wenn sie ein alternatives Office-System nutzen will.[23] Ein zweites Mittel der Sicherung der eigenen Marktdominanz und der Erhöhung der Wechselkosten ist die technische Integration der Frontend- mit den proprietären Backendstandards. Da die einzelnen Applikationen tief im Betriebssystem verankert sind und Teilfunktionen nur mit Hilfe des eigenen Betriebssystems erfüllen, wird die Wechselschwelle auf die Höhe des Gesamtsystems gehoben. Dies wird schließlich drittens abgesichert durch die Adaption und die Proprietarisierung (im Sinne der nicht vollständig standardge-

---

23 | Diese Effekte hat Rainer Lehmann: Die Macht eines Frontendstandards über ein Backendstandard am Beispiel der Microsoft Office Software als funktionsorientierte Standardapplikation, Diss. TU Darmstadt 2004 genauer herausgearbeitet.

Rudi Schmiede

mäßen Übernahme) von am Markt vorhandenen Standards, wie dies u.a. für das Windows-System, für Java sowie für die html- und XML-Standards gezeigt wurde. Microsoft ist viertens in allen Standardisierungsinstitutionen und -gremien präsent und mehr oder weniger aktiv und wegen seiner schieren Marktmacht kaum zu übergehen. Schließlich gehört das Unternehmen mittlerweile zu den stärksten Fürsprechern der Software-Patentierung einerseits, des bis in die Hardware und die Netzstrukturen hinein verankerten Digital Rights Managements (DRM) andererseits; es ist selbst einer der größten Eigentümer von schon bestehenden Software-Patenten, die teilweise auch aus Aufkäufen von anderen Firmen stammen. Netzwerkstrukturen und aktives Networking werden hier als geleitet von ökonomischen und politischen Machtstrukturen sichtbar; zugleich wird deutlich, dass diese Interessen tief in die Technologie hineinreichen, sich sowohl in Frontend- als auch in Backendstandards niedergeschlagen haben.

Die Bedeutung von *Standards* ist im IT-Bereich kaum zu überschätzen. Sie werden in der Regel in mehr oder weniger formellen Gremien formuliert, in denen die wichtigsten Player präsent sind, die diese Technologien tatsächlich entwickeln und verwenden. Oft werden de-facto-Standards, die von einem Softwarehersteller im Rahmen seiner Systementwicklung formuliert wurden und durch die Marktdominanz einer Anwendung diesen Status erlangt haben, dann auch zu offiziellen Standards erhoben. Da die Standardisierungsszenerie bei Weitem nicht so formalisiert und institutionalisiert ist wie das Normungswesen, werden Standards schneller formuliert und verabschiedet, aber ggf. auch rascher geändert. Sie sind deutlich flexibler als Normen oder gar Gesetze. Entsprechend haben sie gerade im IT-Bereich – zumindest auf dem Gebiet der Software oder der software-nahen Entwicklungen – den traditionellen Normen längst den Rang abgelaufen; das W3C (World Wide Web Consortium) mit seinen Ausschüssen und Arbeitsgruppen ist für die Entwicklung von Programmstandards, Austauschformaten und Schnittstellendefinitionen sowie für Namenskonventionen heute ungleich wichtiger als die traditionell für die Normierung zuständige ISO (International Organization for Standardization); im hardware-näheren Bereich hat das IEEE (The Institute of Electrical and Electronics Engineers) mit seinen zahlreichen Arbeitsgruppen (Technical Committees) und ihrer Standardisierungsarbeit die entsprechende Funktion übernommen.[24] Warum haben Standards eine solche Bedeutung für IuK-Technologien? Sie sind entscheidend für die Offenheit oder die Geschlossenheit von Systemen, denn sie stehen für Transparenz oder Intranspa-

---

24 | Vgl. http://www.w3.org, http://www.ieee.org bzw. http://www.iso.ch/iso/en/ISOOnline.frontpage.

renz von technischen Strukturen; sie sind damit ausschlaggebend *Netzwerke,* für den Zugang zu oder die Ausschließung von Systemen. Davon *Informations-* sind keineswegs nur die Gestaltungschancen von Newcomern im *technologie* Markt oder die Entwicklungsmöglichkeiten in Marktnischen abhän- *und Macht* gig. Dass Firmen wie IBM, Sun und viele kleinere in bestimmten Feldern offene Standards unterstützen, lässt keine Rückschlüsse auf den karitativen Charakter dieser Organisationen zu, sondern ist ihrem Drängen nach Zugang zu den von Microsoft beherrschten Märkten geschuldet. Als allgemeine Regel lässt sich formulieren: Unternehmen mit großen Marktanteilen oder sogar Marktbeherrschung sind Gegner offener Standards, verfolgen stattdessen deren Proprietarität durch Patentierung; umgekehrt sind Unternehmen und Organisationen, die nach Marktzugang streben bzw. kleinere Marktanteile absichern oder erhöhen wollen, Vertreter offener Standards, da diese für sie die entscheidende Schwelle sind, die für die Ausdehnung ihrer Reichweite überwunden werden muss. Das Gebiet der Standardisierung ist wahrscheinlich der Bereich in der Gestaltung der IuK-Technologien, in dem die ausgeprägtesten und komplexesten Netzwerkstrukturen bestehen und in dem extensives Networking stattfindet. Dies ist nicht verwunderlich, denn hier werden Märkte und Marktanteile, technologische Entwicklungslinien und Anwendungsszenarien, aber auch gesellschaftliche und organisatorische Interessengebiete und politische Einflussmöglichkeiten geprägt und festgelegt. Networking dient nicht nur der Neugestaltung von Technologien, sondern ebenso der Gestaltung von und dem Einfluss auf Märkten und in Organisationen.[25]

Auch auf dem den offenen Standards entgegengesetzten Gebiet – bei der *Patentierung von Software* – ist die Situation im Fluss. Die Software-Patente sind in den letzten Jahren durch US-amerikanisches wie durch europäisches Recht – und zwar bislang stärker durch die Rechtsprechung als durch die Gesetzgebung – anerkannt und aufgewertet worden. Gleichwohl ist die Situation in mehrfacher Hinsicht unbestimmt. Zum Einen ist die Softwarepatentierung selbst hochgradig umstritten: Da es mittlerweile nahezu keine Technologie mehr gibt, die nicht auch hard- und software enthält, wird darin die Gefahr der Lähmung technologischer Innovationen durch die Entwickler und Anbieter dieser informations-, kontroll- und steuertechnischen Geräte und Dienste gesehen; traditionelle Technikentwickler befürchten, in Abhängigkeit von den digitalen technischen Newcomern oder Großunternehmen zu geraten. Dieser Streit reicht bis

---

25 | G. Mark/S. Abrams/N. Nassif: »Group-to-Group Distance Collaboration«, zeigen, dass ähnliche Prozesse auch innerhalb von Organisationen – hier am Beispiel eines an mehreren Orten aus unterschiedlichen Traditionen zusammengesetzten Projektteams in der Raumfahrttechnologie – stattfinden.

Rudi ins europäische Parlament, in dem Anfang 2005 ein fast verabschie-
Schmiede dungsreifer Verordnungsentwurf zur Softwarepatentierung aufgrund
des Widerstands vieler gesellschaftlicher Kräfte, die das Glück hatten, in der polnischen Regierung einen Fürsprecher zu finden, zurückgezogen werden musste. Zum Zweiten ist durchaus unklar bzw. umstritten, was eigentlich patentiert werden kann und soll: Geht es um einfache Standardfunktionen wie pop-up-Fenster, Mausfunktionen oder ähnliches, oder geht es um komplexere Softwaresysteme? Im zweiten Fall droht allerdings eine kaum überschaubare Rechtekette zu entstehen, da in so gut wie jeder Software zahlreiche Bausteine aus früheren und anderen Systemen enthalten sind. Auch die in der europäischen Diskussion prominente Formel, dass nur Software, die dinglich technische Gestalt angenommen hat, also in einen konkreten materialen technischen Verwendungszusammenhang eingebaut ist, und außerdem nur neuartige Entwicklungen dieser Art patentierbar sein sollen, hilft in dieser Frage nicht prinzipiell weiter. Softwarepatentierung schwankt so, zum Dritten, zwischen dem nachvollziehbaren Interesse an dem Schutz und der ökonomischen Nutzung der eigenen originalen Schöpfung von Algorithmensystemen einerseits, der systematischen und gnadenlosen Ausschlachtung des »first come« – ggf. auch durch die Übernahme von Rechten Anderer – ohne engen Bezug zur Technologieentwicklung andererseits. Zugespitzt: Dem sicherlich legitimen Interesse von Entwicklern an Gratifikationen für ihre Arbeit steht die Nutzung dieses rechtlichen Raums als Jagdgrund für Heerscharen von Patentjägern und -anwälten und findigen Technikausbeutern gegenüber, wie dies 2004/ 2005 die amerikanische Firma SCO bis zum Überdruss vorgeführt hat. Der Riss zwischen den Pro- und Contra-Positionen zur Softwarepatentierung geht nach wie vor quer durch die Entwickler-Communities und die Fachorganisationen; z.B. ist die deutsche Gesellschaft für Informatik in dieser Frage gespalten.

Die Alternative der *Open Source-Entwicklung* ist mittlerweile über die Existenz und Tätigkeit idealistischer Nischengruppen weit hinausgewachsen, auch wenn deren Grundmotiv – zu allererst eine technisch gute und sauber implementierte Software zu entwickeln und anzubieten und dabei nicht unmittelbar unter ökonomischen Verwertungszwängen zu stehen – nach wie vor eine wichtige Rolle spielt.[26] Sie konnte sich als prinzipiell seriöses Entwicklungs- und Geschäftsmodell etablieren. Sie macht in systematischer Weise Gebrauch von der Vielfalt von Beteiligten, von Kooperation, von der individuellen und kollektiven Phantasie Vieler und deren Synergien.

---

26 | Vgl. Margaret S. Elliott/Walt Scacchi: »Mobilization of Software Developers. The Free Software Movement«, unveröff. Manuskript 2004, erscheint in: Information, Technology and People. Festschrift for Rob Kling, 2005.

Ihre Anhänger vertreten mit guten Argumenten die Position, dass *Netzwerke,* Open Source Software kreativer, produktiver, flexibler, rascher in der *Informations-* Entwicklung und, last but not least, sicherer sei. Die erwähnte, aus *technologie* den spezifischen Marktstrukturen zu verstehende, Unterstützung *und Macht* dieses Entwicklungsmodells durch große Firmen hat der Bewegung enorm Auftrieb gegeben. Das ökonomische Modell lautet, auf eine kurze Formel gebracht: Geld verdienen nicht mit der grundlegenden Software (also dem Betriebssystem, der Office-Software, dem Browser, dem Email-System etc.), sondern mit speziellen Anwendungsentwicklungen und/oder mit Services (einschließlich von Wartungs- und Gewährleistungsdiensten). Dass dieses Geschäftsmodell durchaus tragfähig ist, bezeugen mittlerweile eine ganze Reihe von Unternehmen. Allerdings bleiben auch hier eine Reihe von Unbestimmtheiten: Wo im Einzelnen die Grenze zwischen kommerzieller, open source und freier Software liegt, ist Gegenstand tentativer Handlungsformen. Ob und wie die Grenzen sich für den keineswegs undenkbaren Fall des Wegfalls der Bewegung durch große Firmen verschieben, ist schwer vorherzusagen. Jedenfalls beobachten wir hier die Netzwerkstrukturen und das Networking, von dem die Open Source-Entwicklung ja lebt, als Ressource und Medium für Kreativität und Produktivität, als partielle Vergesellschaftung, in manchen Fällen sogar Vergemeinschaftung, von zunehmend wichtigen Technologien.

Wie deren Zukunft aussieht, wird nicht zuletzt von der wahrscheinlich folgenreichsten gegenwärtigen Umorientierung im IuK-Bereich, nämlich von der zukünftigen *Entwicklung der technischen Netzwerkstrukturen*, abhängen. Hier bahnt sich mit der Herausbildung der »Service Oriented Architecture« (SOA), die seit gerade zwei bis drei Jahren in Angriff genommen worden ist, ein Paradigmenwechsel in der Gestalt der weltweiten Informationssysteme und -strukturen an. Worum handelt es sich dabei? Bisher war das Internet im Kern Kommunikationsmedium. Es wirkte als Metanetz, als Netz der Netze. Die einfachen statischen Protokolle erlaubten die Einbindung nahezu aller Inhalte. Die Einführung des graphischen Browsers durch Berners-Lee Mitte der 90er Jahre erleichterte seine Nutzung erheblich und machte sie populär.[27] Die Arbeitscomputer

---

27 | S. zur Geschichte und Perspektive des Internet Tim Berners-Lee: »The World Wide Web – Past, Present and Future«. Japan Prize 2002 Commemorative Lecture (last change: 22.1.2003), http://www.w3.org/2002/04/Japan/Lecture. html, abgefragt 4.4.2005; zu den älteren Entwicklungsstufen vgl. Andrea Baukrowitz: »Neue Produktionsmethoden mit alten EDV-Konzepten? Zu den Eigenschaften moderner Informations- und Kommunikationssysteme jenseits des Automatisierungsparadigmas«, in: R. Schmiede (Hg.), Virtuelle Arbeitswelten, S. 49–77.

Rudi Schmiede selbst, die Anwendungen und die lokalen Netze blieben jedoch geschlossen und proprietär, waren in der Regel nach dem Client-Server-Modell hierarchisch aufgebaut, meist auch dann, wenn dafür schon eine Intranet-Technologie eingesetzt wurde. Vielen in Wirtschaft oder Verwaltung Aktiven sind die mehr oder weniger schmerzlichen Erfahrungen mit den riesigen Softwarepaketen von SAP R/3 eine Demonstration oder gar die Inkarnation dieses Systemkonzepts.

In einer etwas gewagten Analogiebildung könnte man sagen: Diese technischen Netzwerkstrukturen entsprachen denen in Wirtschaft und Gesellschaft am Anfang des informationellen Kapitalismus, vor der globalisierten Ausbreitung der Netzwerkökonomie. Derzeit bahnt sich der Übergang zu der erwähnten, auf Web Services aufbauenden neuen Architektur an. Sie zeichnet sich dadurch aus, dass Rechenleistungen, Informationsbestände und Applikationen zu ihrer Bearbeitung in modularisierter Form als Dienste irgendwo im Internet angeboten werden und durch standardisierte Schnittstellen im Prinzip beliebig kombinierbar sind. Dies bedeutet vom Grundkonzept her, dass Services von beliebigen Anbietern – ob klein oder groß, kommerziell oder frei, amerikanisch oder afrikanisch – zusammengefügt und gemeinsam genutzt werden können. Dies gilt nicht nur für Informationsbestände und Software, sondern prinzipiell ebenso für die traditionelle Hardwareseite, also Verarbeitungskapazität, Speichervolumen etc. In einer so aufgebauten Systemkonstellation wird in der Tendenz der Berners-Lee zugeschriebene Satz, dass das Netz selbst der Computer sei, Wirklichkeit. Wiederum analogisierend könnte man sagen: Diese neue serviceorientierte Architektur ist die angemessene technische Netzwerkstruktur für eine globale, komplex interagierende, flexible und sich ständig verändernde Netzwerkökonomie; weltweite Märkte und globales Networking bedürfen einer modularisierten, hoch flexiblen IT-Infrastruktur.

Allerdings ist noch kaum absehbar, welche Formen diese Architektur in den vermachteten IT-Märkten annehmen wird und welche Folgen sie hervorbringen wird. Auf der einen Seite entspricht eine solche Struktur von Informationssystemen einem alten Traum unabhängiger und freier Softwareentwickler. Was in einer vergleichsweise unbedeutenden Ecke des Internets angestoßen wurde – der freie Zugang zu wissenschaftlichen und kulturellen Informationsbeständen durch die »Open Archives Initiative« und ihr Zugangsprotokoll, dem sich mittlerweile immerhin einige hundert Datenbanken angeschlossen haben – kann hier im Prinzip universales Merkmal des Informationszugangs werden. Eine solche modularisierte und offene Architektur kann die technische Basis weltweiter offener Systeme sein. Auf der anderen Seite arbeitet Microsoft nicht an seiner dienste-orientierten sog. DotNet-Architektur, und die SAP strickt nicht mit einem riesigen Aufwand unter Hochdruck ihre Gesamtsoftware auf eine service-orientierte Architektur um[28], um das Feld ihren Konkurrenten und den Vertretern offener Software-Strukturen zu öffnen. Hier sind Strategien in der Entwicklung und Realisierung, auch unter den veränderten neuen Rahmenbedingungen – auf der Grundlage eines neuen technisch-organisatorischen Paradigmas – die angestammten Märkte zu behalten, zu beherrschen und auszuweiten. Es erscheint derzeit kaum möglich, die künftigen Entwicklungen einigermaßen verlässlich einzuschätzen oder sogar zu prognostizieren. Auch wie sich unter diesen Bedingungen das Verhältnis von kommerzieller und Open Source Software entwickeln wird, bleibt unbestimmt. Man kann sich allerdings dessen sicher sein, dass in diesem Bereich der technischen Infrastruktur der modernen Netzwerkökonomie und -gesellschaft in den nächsten Jahren höchst interessante und höchstwahrscheinlich auch heftig umstrittene Weichenstellungen entstehen werden, die in erheblichem Umfang die Basis dafür legen, wie künftig informiert und kommuniziert, kooperiert und in Netzwerken kollaboriert werden wird. Die gegenwärtige Weise der Unbestimmtheit ist jedoch nicht zwangsläufig. Gestaltungsoptionen sind von der sorgfältigen Analyse der Entwicklungstendenzen und der Erkenntnis der Möglichkeiten ihrer Beeinflussung abhängig. Und es wird dabei sicherlich auf die Akteure in den zahlreichen beteiligten Netzwerken ankommen.

Deshalb soll ein kurzer Blick auf die Problematik der *Nutzerorientierung* diesen Abschnitt abschließen. Viele Nutzeruntersuchungen gehen von der expliziten oder impliziten Annahme aus, dass Nutzerinteressen als Interessen- und Meinungsbestand abgefragt und erhoben werden können. Diese Prämisse ist jedoch unrealistisch: Sie sind keine fixe Größe, und sie müssen den Nutzern selbst auch nicht bewusst oder klar sein. Denn diese Interessen werden durch die Formen der Arbeit und die Arbeitsumgebung sowie die Kooperationserfordernisse geprägt. Sie sind ferner abhängig von den Zugangsmöglichkeiten zu Informationen und Anwendungen sowie der dazu notwendigen Technologie. Sie variieren – so lässt sich unter Nutzung dieser weiter oben diskutierten Netzwerkkategorie formulieren – in Abhängigkeit von den jeweiligen »communities of practice«, in die die Nutzer integriert sind. Die Technikgestaltung hat es bislang versäumt, die Nutzer dort »abzuholen«, wo sie sich mit ihrer

Netzwerke, Informationstechnologie und Macht

---

28 | Vgl. den Vortrag von Holger Silberberger: »Integration mit Web Services. Der Schlüssel zu effizientem Collaborative Business?« auf der Tagung »Informatisierung der Arbeit – Gesellschaft im Umbruch« (http://www.informatisierung-der-arbeit.de/Forum%206/Forum_6_Vortrag_Silberberger.pdf) in Darmstadt am 27.1.2005 (abgefragt am 4.4.2005); Silberberger ist Director Business Strategy der SAP System Integration AG (SAP-SI). Vgl. auch sein Buch: Collaborative Business und Web Services, Berlin 2003.

Rudi Praxis wirklich befinden.[29] Entsprechend gibt es bislang nirgends, Schmiede weder in der Wissenschaft noch in der Wirtschaft, eine wirklich funktionale integrierte Arbeitsumgebung. Sie zu schaffen, ist eine der vordringlichen Aufgaben für die künftige Gestaltung der Informations- und Kommunikationstechnologien. Sie wird nur unter Einbeziehung der Nutzer und auf dem Weg der intensiven Beschäftigung mit deren Arbeitsinhalten und -bedingungen angemessen gestaltbar sein. Nur durch die Wahrnehmung dieser Option wird die für die Möglichkeiten der eigenen Bestimmtheit so wichtige äußere Unbestimmtheit erhalten bzw. erweitert werden können.

Strukturelle Affinitäten und Gestaltungsspielräume

Ich habe in diesem Beitrag zu zeigen versucht, dass wirtschaftliche Machtstrukturen, Organisationsformen, technologische Strukturen und nicht zuletzt soziale Konstellationen in einem engen inneren Verwandtschaftsverhältnis zueinander stehen. Wirtschaft, Technik und Gesellschaft sind nicht voneinander unabhängige Subsysteme, sondern unterschiedliche Ausprägungen der Sozialstruktur derselben Gesellschaft – auch wenn deren Teilbereiche keineswegs friktionslos und widerspruchsfrei zueinander stehen.

Eine erste Begründung für diese These ist darin zu sehen, dass wirtschaftliche Entwicklungsstufen der Globalisierung sich in ein Adäquanzverhältnis zu aufeinander folgenden Generationen der Informations- und Kommunikationstechnologien bringen lassen. Der von monolithischen Großkonzernen beherrschten Wirtschaft auf fordistischer Basis bis in die 70er Jahre entsprachen die Großrechnerarchitekturen mit sehr begrenzten Aufgabenbereichen für die »elektronische Datenverarbeitung« und der exterritorialen Machtstellung der Rechenzentren. Sie wurden in den 80er Jahren durch die Ausbreitung der Einzelrechner in Form der Mikro- und dann der Personal Computer und durch den Aufbau lokaler Netzwerke abgelöst – parallel zum Aufbrechen der traditionellen Unternehmenshierarchien im Zuge der »lean production«; freilich blieben sie mit der bis heute dominanten Client-Server-Konfiguration noch eingebunden in enge Organisationsgrenzen. Dies begann sich erst ab Mitte der 90er Jahre mit der Ausbreitung des Internet in seiner Hypertextversion des

---

29 | Vgl. Rudi Schmiede: »Scientific Work and the Usage of Digital Scientific Information – Some Notes on Structures, Discrepancies, Tendencies, and Strategies«, in: Matthias Hemmje/Claudia Niederee/Thomas Risse (Hg.), From Integrated Publication and Information Systems to Virtual Information and Knowledge Environments. Essays Dedicated to Erich J. Neuhold on the Occasion of his 65th Birthday, Berlin, Heidelberg, New York 2005, S. 107–116.

World Wide Web zu verändern. Es entstand die weltweit verteilte Struktur, die wir heute kennen – allerdings immer noch mit der Bündelung von Hardware, Informationen und Applikationen in den Organisationen. Diese bilden auch nach wie vor noch die Zentren von Wirtschaft und Gesellschaft. Sie werden jedoch immer fließender. An der modischen Managementparole, dass das Wesen der modernen Organisation ihre ständige Veränderung sei[30], ist zumindest soviel dran, dass Organisationen gegenwärtig dazu tendieren, zunehmend virtuelle Züge anzunehmen. Man kann parallel dazu auch die sich andeutende qualitativ neue Stufe der Service-orientierten Architekturen in der Informations- und Kommunikationstechnologie als einen weiteren Schritt der technischen Virtualisierung verstehen.

Netzwerke, Informationstechnologie und Macht

Eine zweite Begründung liegt darin, dass sich die Kooperationsformen in Unternehmen und anderen Organisationen und die damit zusammengehörigen Netzwerkstrukturen parallel mit der globalisierten und informatisierten Ökonomie des informationellen Kapitalismus verändern. Während traditionell »communities of practice« auf wenige, in ihrer Reichweite auch begrenzte fachliche Arbeits- und Kommunikationszusammenhänge in Wirtschaft wie Wissenschaft beschränkt waren, tendieren diese und andere Netzwerkstrukturen heute dazu, die dominierende Arbeitsform im Alltag vieler Arbeitender zu werden. Die Zeit- und die Raumstrukturen verändern sich entsprechend; die zeitlichen Muster werden verdichtet, die räumlichen Dimensionen erweitert. Zum Umgang mit dieser in jeder Dimension komplexeren Umwelt ist stärker die ganze Person gefordert. Die Mobilisierung von Subjektivität im Arbeitsprozess und für das Funktionieren von Organisationen ist zu einem der beherrschenden Themen der Arbeitsanalyse geworden.[31] Die Einbindung der in ihrer ganzen Subjektivität geforderten Arbeitskräfte in netzwerkförmige Kooperations- und Kommunikationsstrukturen und die Virtualisierung der Organisationen sind zwei Seiten derselben Medaille.

Eine dritte Begründung für die postulierten Affinitäten sehe ich schließlich darin, dass Erfolg oder Misserfolg von IT-Applikationen nur im Kontext ihrer wirtschaftlichen, sozialen und organisatorischen Anwendungsumgebung zu verstehen sind. Zwar ist ihr Erfolg auf der einen Seite in einem gewissen Umfang, wie man an der Microsoft-Office-Umgebung erkennen kann, von ihrer eigenen Prägekraft abhän-

---

30 | D. Knoke: Changing Organizations macht wohl nicht zufällig die Veränderung der Organisationen zum zentralen Thema der Organisationsanalyse und -theorie.

31 | Vgl. Sabine Pfeiffer: Arbeitsvermögen. Ein Schlüssel zur Analyse (reflexiver) Informatisierung, Wiesbaden 2004; Hans J. Pongratz/G. Günter Voß (Hg.): Typisch Arbeitskraftunternehmer? Befunde der empirischen Arbeitsforschung, Berlin 2004.

Rudi Schmiede gig; die Schaffung von Gewohnheiten und Wechselkosten verstärkt diese Tendenz. Genauso wichtig für Erfolg oder Misserfolg ist jedoch die umgekehrte Wirkungsrichtung: Nur die Anwendungen und Umgebungen, die realen Arbeits- und Kommunikationsformen angemessen sind und in den »communities of practice« akzeptiert werden, werden bleibenden Erfolg haben. Die Tatsache, dass IT-Entwicklungsprojekte heute wie vor 20 Jahren eine extrem hohe Quote von Misserfolgen oder nur Teilerfolgen haben, hat weniger damit zu tun, dass Entwickler an sich beschränkt wären; vielmehr ist es der dominierende, auf rein technisch-funktionale Lösungen abzielende Systementwicklungsansatz, der immanente Grenzen enthält. Dass IT-Entwicklung immer zugleich auch die Gestaltung sozialer und organisatorischer Kontexte ist, ist bislang allenfalls ansatzweise in das Bewusstsein der Entwickler und in das Selbstverständnis der IT-Unternehmen eingedrungen.[32]

Trotz der hier behaupteten strukturellen Affinitäten ist nicht von einem eindeutigen Determinationsverhältnis etwa von Ökonomie über Technik und Organisation bis hin zur Gesellschaft (oder in einer beliebigen anderen Reihenfolge dieser Begriffe) auszugehen. Die wechselseitigen Prägungs- und Angleichungskräfte wirken nicht in dem streng steuernden Sinn von Regelkreisen. Gleichwohl sind wechselseitige Impulse und normative Einflüsse nicht zu übersehen. Die entscheidende Dynamik geht nach wie vor von der Entwicklung der kapitalistischen Produktionsweise aus, die Veränderungen in Märkten und Organisationen, in Arbeit in Technik, bei den Subjekten wie in der Gesellschaft impliziert. Da jedoch alle diese Bereiche in mehr oder weniger systematischer Weise in diese Dynamik einbezogen sind, sind eindeutige Ursache-Wirkung-Beziehungen kaum identifizierbar. Das marxsche Diktum, dass die Menschen ihre Geschichte machen, es aber nicht wissen, gilt in unverminderter Schärfe und Kritikhaftigkeit weiterhin.

Bestehen unter diesen Bedingungen überhaupt *Gestaltungsspielräume* in Technik, Organisation und Arbeit? Die sozial prägenden Wirkungen der Informations- und Kommunikationstechnologien sind in Arbeit und Alltag kaum zu überschätzen. Zugleich zeigt die Erfahrung, dass Kämpfe gegen bestimmte Informationstechniken in der

---

32 | Es gibt gute Argumente dafür, dass sich eine entsprechende Veränderung des grundlegenden Ansatzes der IT-Entwicklung durchaus rechnen würde; vgl. Rob Kling: »What is Social Informatics and Why Does it Matter?«, in: D-Lib Magazine, vol. 5, No. 1, Jan. 1999 (http://www.dlib.org/dlib/january99/kling/01kling.html), abgerufen 4.3.2005; vgl. auch: Rob Kling/Roberta Lamb: »IT and Organizational Change in Digital Economics. A Socio-Technical Approach«, in: Brian Kahin/Erik Brynjolfsson (Hg.), Understanding the Digital Economy. Data, Tools and Research, Cambridge/MA 2000.

Regel auf vollendete Tatsachen stoßen, d.h. Don-Quichotterie sind. *Netzwerke,* Potentiell wirkungskräftige Auseinandersetzungen, Kämpfe und *Informations-* Richtungsbestimmungen finden in den Feldern davor statt: in der *technologie* Gestaltung der grundlegenden Struktur und der Architektur der In- *und Macht* formationssysteme. Hier prallen Macht und Freiheitsbedürfnisse in teilweise massiver Form aufeinander. Wer Spielräume und Momente von Freiheit und Selbstbestimmung trotz ökonomischer Zwänge und gegen manifeste Machtinteressen realisieren will, muss sich in die Gestaltung von Organisation und Technik selbst hinein begeben. Haben diese schon Gestalt angenommen, sind Organisation und Technik erst zu manifesten Artefakten kristallisiert, ist die Schlacht meist schon verloren. Trotz struktureller Affinitäten bestehen keine Automatismen, keine zwangsläufigen Verursachungszusammenhänge zwischen den unterschiedlichen gesellschaftlichen Bereichen; hierin liegen Gestaltungsspielräume. Bedingung für eine Einflussnahme ist jedoch eine Haltung (und eine Kultur) des Sich-Einlassens auf die Realitäten – sowohl im theoretisch-wissenschaftlichen als auch im praktisch gestaltenden Sinne. Die real existierenden Unbestimmtheiten als Potential zu nutzen, aus ihnen ein Potential für eigene Bestimmtheiten im Sinne der Selbst-Bestimmung zu ziehen, ist unter den heutigen Bedingungen nur unter Einbeziehung von Organisationen und Informationtechnologien möglich.

VERANTWORTUNG IN VERNETZTEN SYSTEMEN
Klaus Günther

Wenn Modewörter nicht nur kollektive Selbsttäuschungen sind, sondern Ausdruck realer Veränderungen, dann dürfte die Häufigkeit, mit der gegenwärtig die Worte »Verantwortung« und »Netzwerk« verwendet werden, auf einen grundlegenden gesellschaftlichen Wandel schließen lassen. Die Häufigkeit, mit der diese beiden Worte im gleichen Kontext auftauchen, begründet außerdem die Vermutung, dass sie aufeinander verweisen oder doch zumindest enger miteinander korrelieren. Dies gilt zumindest für die gesellschaftlichen Teilbereiche, in denen kaum noch über etwas anderes gesprochen wird, wenn es um Gewinn- und Erfolgsstrategien geht: in Wirtschaftsunternehmen und in der Politik, vor allem in der Sozialpolitik.

Dass die Eliten beider Teilbereiche diese Worte so häufig im Munde führen, verdankt sich vermutlich dem Umstand, dass sie damit eine gemeinsame Sprache sprechen, in der eine gemeinsame Sache zum Ausdruck kommt – die Ökonomisierung der Politik. In der *Business-Class* großer europäischer Fluggesellschaften kann man das Magazin *First – Forum for Decision Makers* finden, das sich exklusiv an »leaders in industry, finance and government« wendet und in seiner Frühjahrsausgabe 2004 von der Verleihung eines *Award for Responsible Capitalism* an den CEO eines großen europäischen Pharmakonzerns berichtet, überreicht vom Erzbischof von Canterbury mit einer Laudatio von Lord Dahrendorf.[1] Ein halbes Jahr später befasst sich ein deutsches Wirtschaftsmagazin für die jüngere Managementelite in einer Ausgabe mit den Vorteilen, die das Handeln in Netzwerken unter Bedingungen von gesteigerter Flexibilität, Unbestimmtheit und Unsicherheit im Gegensatz zur zentralisierten Planung in schwerfälligen, hierarchischen Organisationen bietet, und in

---

1 | First – Forum for Decisionmakers, Spring 2004, S. 22ff.

Klaus der übernächsten Nummer mit »Verantwortung – Vom Modebegriff
Günther zum Wirtschaftsfaktor«.[2]

Was viele dabei denken und fühlen, lässt sich vielleicht so zusammenfassen: Die Dynamik des globalen Kapitalismus, der Wandel von der Industrie- zur Dienstleistungs- und Wissensgesellschaft, gestützt auf und angetrieben von rasanten Entwicklungen vor allem der Kommunikationstechnologien, verlangt die Transformation großer, hierarchischer und zentralistischer Wirtschaftsunternehmen ebenso wie von staatlichen Sozial- und Wohlfahrtsbürokratien in dezentrale Netzwerke mit kleinen, privatisierten, flexiblen, sich spontan umorganisierenden, lernenden Einheiten, die sich schnell auf Veränderungen am Markt umstellen können. Diese Einheiten sind gemeinsam für das Erzielen bestimmter Ergebnisse verantwortlich; die Verantwortung reicht bis zu jedem einzelnen Projektmitarbeiter, der sich nicht mehr als Befehlsempfänger gegenüber einer steuernden Führungsspitze versteht, sondern seinerseits als Unternehmer, und bis zum Arbeitslosen, der sich als *Ich-AG* selbst aktivieren und Eigenverantwortung im großen gesellschaftlichen Netzwerk übernehmen soll, statt sich von der Sozialbürokratie abhängig zu machen. Verantwortlich ist jeder einzelne (und alle gemeinsam) nicht nur für ein singuläres Unternehmensziel (Gewinnsteigerung, Steigerung des Aktienkurses), sondern für das Unternehmen überhaupt – sodass auch soziales Engagement für Kranke und Schwache – »aus purem Eigennutz« – dazu zählen kann. Das Unternehmen bleibt auf diese Weise nicht nur egoistischer, Profit heckender Bourgeois, sondern auf wundersame Weise wird es zugleich verantwortlicher, solidarischer, tugendhafter Staatsbürger – *Corporate Citizenship*. Umgekehrt soll jeder einzelne seine Talente und Fähigkeiten entdecken, entwickeln, kultivieren, um sich so zu einem gefragten Projektmitarbeiter in immer neuen Netzwerken zu machen, sodass er sich auf diese Weise nicht nur selbst verwerten, sondern zugleich auch vervollkommnen – ein verantwortliches Leben führen kann. Schließlich haben sowohl das Verlangen nach mehr Eigenverantwortung als auch die hierarchische Organisationen unterminierenden Netzwerke ihre historischen Wurzeln sowohl im Streben nach innengeleiteter Lebensführung, nicht-entfremdeter Arbeit und Selbstverwirklichung, wie es Ende der sechziger Jahre zuerst in Kalifornien massenhaft praktiziert wurde, sowie in den Traditionen alternativer Projektorganisationen und subversiv-spontaner Aktionen. Nicht zufällig nannte sich *Attac*, eine der führenden globalisierungskritischen Nichtregierungsorganisationen, bis zum November 2000 *Netzwerk zur demokratischen Kontrolle der Finanzmärkte*. In einer komplexen, sich techno-

---

2 | brand eins – Wirtschaftsmagazin (8) 2004, »Weniger Planen – Handeln« (10) 2004, »Verantwortung – Vom Modebegriff zum Wirtschaftsfaktor«.

logisch permanent wandelnden, ökonomisch und politisch nicht mehr planbaren Welt, angesichts ständig wachsender Unbestimmtheiten, sollte jeder einzelne sich primär auf sich selbst verlassen, kurzfristige, verlässliche, aber nicht langfristig bindende und erstarrende Beziehungen suchen, um neuen Herausforderungen gewachsen zu sein und flexibel reagieren zu können. Vor allem sollten er und sie Unbestimmtheit, Unsicherheit und Ungewissheit nicht als Fluch verstehen, sondern als Chance zur Freiheit, Selbstverwirklichung, Kreativität – und vor allem: zu großer Verantwortung. Erst wer sich auf nichts mehr verlassen kann, wer unter Unbestimmtheit nicht mehr leidet, sondern wer sie annimmt, ist, so scheint es, wirklich frei – und kann erst dann auch für jede Bestimmung, die er oder sie wählt, selbst Verantwortung übernehmen. Ob Netzwerke gesteigerte Anforderungen an die Verantwortung ihre Teilnehmer stellen, soll im Folgenden ebenso untersucht werden wie Verantwortung von Netzwerken und ihren Teilnehmern gegenüber Dritten.

Verantwortung in vernetzten Systemen

Netzwerke

Von Netzwerken ist vor allem in der Theorie der Organisation die Rede. Sie erscheinen als eine neue Alternative zu den herkömmlichen Formen sozialer Kooperation – Markt und Hierarchie. Diese beiden Formen repräsentieren die klassischen Gegensätze zwischen Markt und Zivilgesellschaft auf der einen, Unternehmen und Staat auf der anderen Seite. Aufmerksam geworden sind die Sozial- und Wirtschaftswissenschaften auf Netzwerkphänomene zuerst dort, wo sich zwischen Staat und Zivilgesellschaft, Markt und Unternehmen (sowie zwischen Staat, Zivilgesellschaft und Unternehmen) Formen der Kooperation herausgebildet haben, die zunächst als parasitär und dysfunktional galten.[3] Erst langsam begann man, ihre Vorteile zur Kenntnis zu nehmen.[4] Diese bestehen in einem Ausgleich der Nachteile der jeweils anderen Kooperationsform: »Netzwerke sind soziale Innovationen, institutionelle Erfindungen zur Lösung von Problemen, angesichts derer sich sowohl marktförmige Allokation

---

3 | So noch in der politik- und rechtswissenschaftlichen Steuerungsdebatte; vgl. z.B. Ernst-Hasso Ritter: »Das Recht als Steuerungsmedium im kooperativen Staat«, in: Dieter Grimm (Hg.), Wachsende Staatsaufgaben – sinkende Steuerungsfähigkeit des Rechts, Baden-Baden 1990, S. 69ff. (insbes. S. 79f.).

4 | Hierzu und zum Folgenden Dirk Messner: »Netzwerktheorien. Die Suche nach Ursachen und Auswegen aus der Krise staatlicher Steuerungsfähigkeit«, in: E. Altvater/A. Brunnengräber/M. Haake/H. Walk (Hg.), Vernetzt und Verstrickt: Nicht-Regierungs-Organisationen als gesellschaftliche Produktivkraft, 2. Aufl. Münster 2000, S. 41ff. (insbes. S. 49ff.).

Klaus (wegen der Produktion negativer Externalitäten, fehlender Lang-
Günther fristorientierung, unzureichender Redundanzbeziehungen) als auch
hierarchische Entscheidungsformen (wegen Rigidität, mangelnder
Flexibilität, unvollkommener Information, fehlender Varietät) als
dysfunktional erweisen.« Netzwerke kombinieren dagegen das
marktförmige Element autonomer, dezentral organisierter Akteure
mit dem hierarchischen Element der Strukturbildung, wodurch mittel- und langfristige Ziele gesetzt und verfolgt sowie adäquate Mittel
für die Zielverwirklichung ausgewählt werden können. Anders als die
auf solche Aufgaben zugeschnittenen hierarchischen Organisationen
bestehen Netzwerke aus kleineren autonomen Einheiten – wie die
sich kurzfristig in Austauschbeziehungen engagierenden Marktteilnehmer, – die sich jedoch nach außen als ein durch gemeinsame Interessen geleitetes Kollektiv präsentieren, sich eigenverantwortlich
verwalten und sich wiederum mit anderen (privaten und öffentlichen) Organisationen und Akteuren vernetzen. Die im Binnenverhältnis von Organisationen unabdingbare Kooperationsbereitschaft
und Reziprozität der Beziehungen verknüpft sich mit wettbewerbsförmigen Verhaltensweisen zwischen den autonomen Einheiten.
Wettbewerb (*competition*) und Kooperation (*cooperation*) synthetisieren sich auf einer emergenten Stufe: *cooperative competition* oder
co-opetition.

In der Organisationstheorie wird indes über die Frage gestritten,
ob es sich bei Netzwerken um einen höherstufigen, emergenten
Handlungstypus handelt oder nur um eine »Hybridform« aus den
gegensätzlichen Formen Markt und Hierarchie. Die Alternative der
Hybridform wird vor allem von der institutionellen Ökonomie favorisiert. Demnach entstehen Netzwerke als Reaktion auf unterschiedliche Anforderungen bei der Minimierung von Transaktionskosten.
Während einfache und kurzfristige Austauschbeziehungen auf dem
Markt nur dann günstig sind, wenn es sich um einmalige Transaktionen handelt, die auf der Basis einfacher Informationen abgewickelt
werden können (sodass die Partner sich gleich einer anderen Transaktion zuwenden können), sind Netzwerke günstiger bei häufigen
und komplexen Tauschprozessen, die umfangreichere Informationen
und vor allem Vertrauen zwischen den Partnern voraussetzen. Ein
Beispiel für den ersten Typus sind diejenigen Anpassungen, »für
welche Preise hinreichende Maßzahlen darstellen. Nachfrage- oder
Angebotsveränderungen einer Ware führen zu Preisänderungen; als
Reaktion auf diese können die einzelnen Teilnehmer die richtige
Handlung vornehmen.«[5]

---

5 | Oliver E. Williamson: »Vergleichende Organisationstheorie: Die Analyse
diskreter Strukturalternativen«, in: P. Kenis/V. Schneider (Hg.), Organisation

Zusammenfassend lassen sich die jeweiligen Vor und Nachteile von Märkten und Hierarchien sowie die jeweils komplementären Vorteile von Netzwerken folgendermaßen auflisten[6]: Netzwerke ermöglichen zugleich dichtere und offener kommunizierbare Informationen, gegenseitiges Lernen und experimentelle Strategien, Vertrauen und zugleich ein mittleres Maß an Flexibilität. Aufgrund dieser Eigenschaften eignen sich Netzwerke vor allem zur Lösung ökonomischer Probleme, für welche Märkte und Hierarchien weniger gut geeignet sind. Als exemplarische Fälle gelten Franchising, virtuelle Unternehmen, faktische just-in-time-Konzerne.[7] Daneben sind Netzwerkphänomene jedoch auch in den vielfältigen Kooperationsbeziehungen zwischen staatlichen Verwaltungsbehörden und Betroffenen (z.B. Unternehmen) anzutreffen, wie überhaupt in den *policy networks* zwischen Staat und Zivilgesellschaft.[8] Schließlich sind auch die meisten Nichtregierungsorganisationen (NGOs) netzwerkförmig organisiert – und nicht zuletzt ein großer Teil der organisierten Kriminalität, wie z.B. die *Mafia*.

Probleme der Verantwortung stellen sich freilich am dringlichsten bei ökonomischen Netzwerken. Die wirtschaftliche Stellung des Netzwerkes zwischen Markt und Hierarchie, Kooperation und Konkurrenz – eine Stellung, die nach Teubner paradoxe Verhaltensanforderungen zur Folge hat[9] – bildet sich rechtlich als Problem der Zuordnung zum Vertrags- oder Gesellschaftsrecht ab: »Selbständige Unternehmen verbinden sich zu eng verflochtenen Kooperationsnet-

Verantwortung in vernetzten Systemen

---

und Netzwerk: Institutionelle Steuerung in Wirtschaft und Politik, Frankfurt/Main, New York 1996, S. 167ff. (S. 182).

6 | Walter E. Powell: »Weder Markt noch Hierarchie: Netzwerkartige Organisationsformen«, in: P. Kenis/V. Schneider (Hg.), Organisation und Netzwerk, a.a.O., S. 213ff. (S. 221).

7 | Bernhard Nagel/Birgit Riess/Gisela Theiss: »Der faktische Just-in-Time-Konzern – unternehmenübergreifende Rationalisierungskonzepte und Konzernrecht am Beispiel der Automobilindustrie«, in: Der Betrieb (42) 1989, S. 1505ff.; Christian Kirchner: »Unternehmensorganisation und Vertragsnetz. Überlegungen zu den rechtlichen Bedingungen zwischen Unternehmensorganisation und Vertragsnetz«, in: C. Ott/H.-B. Schäfer (Hg.), Organisation und Netzwerk: Institutionelle Steuerung in Wirtschaft und Politik, Frankfurt/Main, New York 1996, S. 213ff.

8 | Fritz W. Scharpf: »Die Handlungsfähigkeit des Staates am Ende des Zwanzigsten Jahrhunderts«, in: Politische Vierteljahresschrift (32) 1991, S. 621ff.

9 | Gunther Teubner: »Paradoxien der Netzwerke in der Sicht der Rechtssoziologie und der Rechtsdogmatik«, in: M. Bäuerle/A. Hanebeck u.a. (Hg.), Haben wir wirklich Recht? Zum Verhältnis von Recht und Wirklichkeit, Baden-Baden 2004, S. 9ff.

Klaus zen, welche die Unterscheidung von Markt und Hierarchie, rechtlich
Günther von Vertrag und Gesellschaft, in Frage stellen.«[10]

Verantwortung

Netzwerke sind eine neue Antwort auf Kooperations- und Koordinationsprobleme in einer immer unsicherer und unbestimmter werdenden Umwelt. Mit der Entstehung von Netzwerken verändern sich freilich auch die Konfliktfälle. Konflikte zwischen autonomen Marktteilnehmern sind von anderer Natur als zwischen den Mitgliedern einer hierarchischen Organisation – und sie unterscheiden sich wiederum von den Konflikten zwischen einzelnen Marktteilnehmern und einer Organisation. Entsprechend lässt sich also fragen, wie Konflikte innerhalb von Netzwerken zwischen einzelnen Netzwerkknoten sowie zwischen einem Netzwerk und seiner äußeren Umwelt beschaffen sind, welche Probleme sie aufwerfen und wie die Verantwortlichkeiten begründet und verteilt werden (sollten).

Dabei empfiehlt es sich, in Anlehnung an einen vielfach geäußerten Vorschlag zwischen einer auf die Vergangenheit gerichteten Verantwortung für die Verletzung von Verhaltenspflichten und die daraus resultierende Verursachung von Schäden sowie einer auf die Zukunft gerichteten Verantwortung für die Erfüllung von Aufgaben, Rollenerwartungen oder die Gewährleistung bestimmter Rahmenbedingungen für die Erfüllung von Aufgaben zu unterscheiden.[11] Ich werde sie im Folgenden als Zurechnungs- und Aufgabenverantwortung bezeichnen. Gegenüber der Zurechnungsverantwortung ist die Aufgabenverantwortung weniger bestimmt, enthält größere Handlungsspielräume und komplexere Pflichten. Während die Zurechnungsverantwortung einer Person zumeist von Dritten (z.B. einer Institution wie dem staatlichen Gericht) auferlegt wird (z.B. zivilrechtliche Haftung, strafrechtliche Schuld), wird Aufgabenverantwortung üblicherweise freiwillig übernommen. Trotz dieser Verschiedenheiten in der zeitlichen und sachlichen Dimension weisen beide Formen der Verantwortung auch Gemeinsamkeiten auf: Aufgabenverantwortung

---

10 | Gunther Teubner: Netzwerk als Vertragsverbund – Virtuelle Unternehmen, Franchising, Just-in-time in sozialwissenschaftlicher und juristischer Sicht, Baden-Baden 2004, S. 27.

11 | Franz-Xaver Kaufmann: »Risiko, Verantwortung und gesellschaftliche Komplexität«, in: K. Bayertz (Hg.), Verantwortung – Prinzip oder Problem?, Darmstadt 1995, S. 72ff. (S. 82ff.); Hans Lenk/Matthias Maring: »Verantwortung – Normatives Interpretationskonstrukt und empirische Beschreibung«, in: L.H. Eckensberger (Hg.), Ethische Norm und empirische Hypothese, Frankfurt/Main 1993, S. 222ff.

ist zumeist antizipierte Zurechnungsverantwortung, da immer dann, wenn eine freiwillig übernommene Aufgabe nicht oder schlecht erfüllt wird, die daraus resultierenden schädlichen Folgen dem Verantwortlichen retrospektiv zugerechnet werden. Umgekehrt setzt auch die Zurechnungsverantwortung – oft freilich nur implizit und kontrafaktisch idealisierend – voraus, dass eine Person, der eine Handlung oder eine Handlungsfolge zur Verantwortung zugerechnet wird, die Verantwortung für die Vermeidung der Handlung oder Handlungsfolge freiwillig übernommen hat oder hätte übernehmen können. Bei einer Person, die zu verantwortlichem Handeln, aus welchen Ursachen und Gründen auch immer, nicht in der Lage ist, prallt auch die Zurechnungsverantwortung ab.[12]

Verantwortung in vernetzten Systemen

Die spezifische Struktur von Netzwerken offenbart eine eigentümliche Ambivalenz, wenn es um Verantwortung geht. Es lassen sich zugleich eine *Diffusion* der Zurechnungsverantwortung innerhalb des Netzwerks und im Verhältnis der Netzwerkknoten nach außen beobachten und eine *Intensivierung* der Aufgabenverantwortung der einzelnen Netzwerkknoten im Verhältnis zum Netzwerk.

Zurechnungsdiffusion

Im Verhältnis zwischen Netzwerken und ihrer Umwelt besteht die Gefahr, dass sich Verantwortlichkeiten für die Verursachung von Konflikten nicht mehr eindeutig zurechnen lassen. Es kommt damit zu einer *Verantwortungs- und Zurechnungsdiffusion* oder gar »Verantwortungsdispersion«[13], und damit steigt auch das Risiko, dass Verantwortlichkeiten absichtlich umgangen werden – ein beschuldigter Knoten verweist auf einen anderen oder auf das gesamte Netzwerk, das Netzwerk wiederum auf die Knoten. Rechtlich zeigt sich dieses Risiko in den Schwierigkeiten, eine Haftung für Schäden dort zu begründen, wo es keine vertragliche Grundlage gibt, jedoch gleichwohl eine verpflichtende Verbindung zwischen einzelnen Netzwerkknoten besteht. Die fehlende Organisationsstruktur des Netzwerkes lässt für Externe einen autonomen Adressaten vermissen, wie das anders bei der hierarchischen Organisation gegeben ist; in der Regel mit der Führungsspitze als verantwortlichem Vertreter der Organisation und einer organisationsinternen Anweisungs- und Verantwortungsstruktur. Ein Netzwerk besteht immer zugleich aus den nach außen autonomen Einheiten, den Netzwerkknoten, und dem umfassenden in-

---

12 | S. dazu im einzelnen Klaus Günther: »Zwischen Ermächtigung und Disziplinierung – Verantwortung im gegenwärtigen Kapitalismus«, in: A. Honneth (Hg.), Befreiung aus der Mündigkeit – Paradoxien im gegenwärtigen Kapitalismus, Frankfurt/Main, New York 2002, S. 117ff. (S. 125f.).
13 | G. Teubner: Netzwerk, a.a.O., S. 226.

ternen Netzwerk selbst. Nach außen treten gewöhnlich nur die Knoten als selbständige Einheiten auf, z.b. als selbständige Franchisenehmer (z.b. bei einigen Baumärkten oder Weinvertriebssystemen). Andererseits profitiert wiederum jeder Knoten von der netzförmigen Verbindung mit den anderen – jeder einzelne Knoten verdankt seine Gewinne dem Netzwerk und umgekehrt. Für einen externen Konfliktbeteiligten, der durch die Aktivität eines Netzwerks geschädigt wird, bleibt unklar, wer für den Schaden letztlich verantwortlich ist – einer der Knoten oder das Netzwerk selbst. Rechtliche Beziehungen bestehen zumeist nur zwischen ihm und einem einzelnen Netzwerkknoten – das dahinter stehende Netzwerk selbst bleibt für ihn zumeist im Dunkeln und wegen fehlender vertraglicher Bindungen rechtlich ungreifbar, obwohl die Aktivitäten des Knotens maßgeblich von den anderen Knoten und dem Netzwerk selbst mitbestimmt werden. Wird durch Aktivitäten des Netzwerks ein Schaden verursacht, kann der betroffene Externe sich zumeist nur an denjenigen halten, mit dem er in rechtlicher Verbindung steht. Der einzelne Netzwerkknoten ist jedoch zumeist das schwächste Glied im Netzwerk, d.h., er verfügt über so wenig Vermögen, dass er einen größeren Schaden nicht ersetzen kann, während das Netzwerk selbst oft sehr vermögend ist. Netzwerke entstehen unter anderem auch aus diesem Grund, dass eindeutige Zurechnungen vermieden werden sollen: »Netzwerke reagieren auf das Zurechnungsproblem gerade nicht eindeutig, sondern strategisch ambivalent. Anders als Verträge, die nur individuell auf die Vertragspartner zurechnen, und anders als gesellschaftsrechtliche Organisationen, die auf Gesamthand oder juristische Person kollektiv zurechnen, lassen Netzwerke die Zurechnungsfrage ganz bewußt in der Schwebe.«[14]

Solche Fälle kommen unter anderem in der Finanzdienstleistungsbranche häufiger vor: Ein einzelner, selbständiger Finanzberater verursacht durch mangelhafte Vermögensanlagen bei einem seiner Kunden einen erheblichen Schaden. Vorgenommen hatte er diese Anlage auf Weisung der Netzwerkzentrale, die wiederum von einer selbständigen Analysten-Arbeitsgruppe entsprechende Empfehlungen erhalten hat.[15] Der Finanzberater, zu dem der Kunde allein in vertraglicher Beziehung stand, ist nicht in der Lage, den Schaden zu ersetzen. Solche Netzwerkformen laden zum Missbrauch geradezu ein: Wegen der Verantwortungs- und Zurechnungsdiffusion ist das Risiko sehr groß, dass das Netzwerk profitiert, während einzelne Kunden geschädigt werden, ohne dass diese auf denjenigen durchgreifen können, der nicht nur für den Schaden verantwortlich ist, sondern auch vermögend genug, um den Schaden auszugleichen.

---

14 | Ebd., S. 217.
15 | Ebd., S. 212ff.

Teubner spricht deshalb von einer »frappierenden organisierten Unverantwortlichkeit [...]: bilaterale vertragliche Einigungen mit Schadensfolgen für Dritte, Handlungskollektivierung ohne gleichzeitige Kollektivierung der Verantwortlichkeiten, Risikosteigerungen und Risikoverschiebungen gegenüber Außenstehenden, ohne dass zugleich Vorkehrungen zu ihrer Absorption getroffen werden«.[16] *Verantwortung in vernetzten Systemen*

Um solche Konflikte befriedigend zu lösen, bedarf es der Konstruktion einer neuartigen Form der Zurechnung, die zugleich die einzelnen Netzwerkknoten und das Netzwerk selbst erfasst.»Ein und dieselbe wirtschaftliche Transaktion wird doppelt zugerechnet – dem individuellen Akteur als einem Knoten im Netzwerk und dem umfassenden Netzwerk selbst.«[17] Diese Doppel-Zurechnung kann rechtlich in verschiedener Weise ausgestaltet werden; doch steht jeder juristische Gestaltungsversuch unter der Anforderung, die Eigenart der Netzwerkstruktur nicht zu unterlaufen, also vor allem nicht auf einen (rechtlich ja auch gar nicht bestehenden) kollektivierten Akteur zuzugreifen, aber das Verbundsystem auch nicht auf die Einzelhaftung eines individuellen Knotens zu reduzieren. Als aussichtsreich erscheint die Perspektive, diejenigen anderen Netzteilnehmer, die innerhalb des Verbunds an einer konkreten, für den Außenstehenden im Effekt schädigenden Transaktion beteiligt sind, aufgrund des zwischen ihnen bestehenden Vertragsverbunds in die Haftung einzubeziehen – auch wenn im Einzelnen keine vertragliche Beziehung zu dem Externen besteht. Im Ergebnis haften also stets mehrere Netzwerkknoten zugleich – ohne dass es jedoch zu einer Haftung des gesamten Netzwerks wie einer Organisation käme. Die Auswahl der haftenden Knoten aus dem Netzwerk orientiert sich entweder an ihrer individuellen, ursächlichen Beteiligung an der konkreten, schädigenden Transaktion, oder, wenn eine solche Beteiligung nicht mehr identifiziert werden kann, an dem fiktiven Anteil der Knoten an dem Netzwerk, also eine Pro-rata-Haftung.[18]

Zurechnungsdiffusionen treten bei Netzwerken auch dann auf, wenn sich Konflikte im Binnenverhältnis der Netzwerkknoten ereignen – am ehesten dann, wenn einer der Netzwerkknoten alle anderen und das Netzwerk insgesamt schädigt (z.B., indem er als *free-rider* den guten Ruf des Netzwerks ausnutzt und an Dritte mangelhaft leistet[19]) oder auf Anweisung eines anderen Knotens geschädigt wird. Ein Beispiel dafür ist der von Teubner referierte Fall, der einem Urteil des Oberlandesgerichts Stuttgart aus dem Jahre 1990

---

16 | Ebd., S. 213.
17 | Ebd., S. 218.
18 | Ebd., S. 248.
19 | Ebd., S. 181.

Klaus
Günther

zugrunde gelegen hat:[20] Ein Automobilkonzern hat ein zweistufiges Vertriebssystem aufgebaut. Auf der ersten Stufe schließt der Konzern Verträge mit so genannten A-Händlern ab. Diese schließen ihrerseits wiederum Verträge mit B-Händlern. Obwohl es keinerlei vertragliche Verbindung zwischen dem Konzern und den B-Händlern gibt, behält sich der Konzern die Zustimmung zu den Verträgen zwischen A- und B-Händlern vor. Außerdem kann der Konzern von den A-Händlern verlangen, unter bestimmten Bedingungen die Verträge mit den B-Händlern zu kündigen. Auf Druck des Konzerns kündigt ein A-Händler gegen seinen Willen einen Vertrag mit einem B-Händler mit einer extrem kurzen Kündigungsfrist und stellt die Belieferung ein. Auf die Schadensersatzklage des B-Händlers gegen den A-Händler und den Konzern hin verpflichtete das Gericht *den Konzern* zum Schadensersatz an den B-Händler. Für den geschädigten B-Händler ist freilich ursprünglich nicht zu erkennen, an wen er sich halten könnte, um einen Ausgleich seines Schadens zu verlangen. Vertragliche Verpflichtungen, aus deren Verletzung Schadensersatzansprüche resultieren könnten, bestehen nur zu dem A-Händler. Dieser jedoch hat nicht autonom gekündigt, sondern auf Druck des Konzerns. Mit diesem hatte der B-Händler jedoch gerade keinen Vertrag geschlossen.

Das zweistufige Vertriebssystem ist exemplarisch für die moderne Vertriebsorganisation in vielen Branchen, insbesondere in der Automobilbranche. Die einzelnen Stufen sind weder hierarchisch dem Konzern eingegliedert und von diesem abhängig, noch sind sie autonome Vertragspartner wie in der klassischen Kette Produzent-Zwischenhändler-Verkäufer. Der Produzent (Automobilkonzern) kann einerseits ähnlich wie auf Tochterunternehmen Einfluß auf die einzelnen Netzwerkknoten nehmen, sich auf der anderen Seite aber wegen fehlender vertraglicher Bindungen viel leichter von ihnen trennen. Auf diese Weise vermag er die Konkurrenz zwischen verschiedenen B-Händlern indirekt zu seinem eigenen Vorteil zu nutzen und sie doch so zu behandeln, als seien sie von ihm abhängig. Ökonomisch betrachtet, handelt es sich also um eine Einheit. Um entsprechende Zurechnungen begründen zu können, bedarf es also der Konstruktion von Verbundpflichten zwischen den einzelnen Netzwerkknoten und insbesondere zwischen diesen und einer Netzwerkzentrale ohne vertragliche Grundlage: *Vertragslose Verbundpflichten* und *vertragslose Leistungsbeziehungen*. Sie können den Durchgriff auf die Zentrale – hier also den Automobilkonzern – erlauben.[21]

---

20 | Ebd., S. 23; sowie G. Teubner: Paradoxien, a.a.O., S. 10f.
21 | Siehe dazu im einzelnen: G. Teubner, Netzwerke, a.a.O., S. 181ff. (S. 210f.).

In der Zusammenschau zeigt sich an beiden Beispielen, dass alle *Verantwortung* Vorschläge zur Lösung des Problems der Zurechnungsdiffusion zu ei- *in vernetzten* ner Re-Individualisierung der Zurechnungsverantwortung führen. Im *Systemen* Unterschied zur vertraglichen Haftung bleiben freilich stets mehrere Netzwerkteilnehmer in die Zurechnungsverantwortung eingebunden – niemals jedoch das gesamte Netzwerk als solches.

Intensivierung der Aufgabenverantwortung

Die Lokalisierung der einzelnen Netzwerkknoten zwischen Kooperation und Konkurrenz, welche die Besonderheit des Netzwerks als Hybridform von Markt und Organisation (*Co-opetition*) begründet, führt zu widersprüchlichen, vielleicht sogar paradoxen Verhaltensanforderungen. Die oben beschriebene Zurechnungsdiffusion ist eine Reaktion auf diese Ambivalenz – mit der wiederum überraschenden Folge einer Re-Individualisierung der Zurechnungsverantwortung im Verhältnis zum Netzwerk und einer geteilten Verantwortung im Verhältnis zu anderen Netzwerkknoten. Für den einzelnen Netzwerkknoten bedeutet diese Ambivalenz eine Steigerung der Aufgabenverantwortung, und zwar in verschiedenen, einander tendenziell widersprechenden Hinsichten. Der Netzwerkteilnehmer muss sich im Wettbewerb mit anderen für das Netzwerk bewähren, also in höherem Maße für den Erfolg des gesamten Netzwerks engagieren, als er dies in der Rolle eines Unternehmensmitarbeiters innerhalb der Hierarchie tun müsste. Statt nur gehorsam die von den oberen Hierarchiestufen ausgesprochenen Anweisungen auszuführen, werden Eigenverantwortung, Selbst-Aktivierung und intrinsische Motivation verlangt. Solange das Netzwerk besteht, müssen die Netzwerkteilnehmer zugleich miteinander kooperieren, soweit davon der Erfolg des Netzwerkes selbst abhängt – also die Fähigkeit und Bereitschaft zu reziproken Beziehungen kultivieren. Schließlich muss er attraktiv für neue Netzwerkverbindungen bleiben, also die eigene Spezialisierung vorantreiben und nach außen Flexibilität zeigen, um für neue Netzwerkprojekte in Frage zu kommen. Netzwerkteilnehmer haben also zugleich die Aufgaben zu erfüllen, sich für den Erfolg des Netzwerks zu engagieren, an dessen Projekt sie temporär mit arbeiten, und sich selbst zu vervollkommnen, um in neuen Projekten engagiert zu werden. Die Aufgabenverantwortung ist doppelt: Verantwortung für das Netzwerk und für sich selbst. Indes besteht die Pointe der netzwerkförmigen Binnenstruktur gerade darin, dass beides in eins fällt. Die Verantwortung für den Erfolg des Netzwerks soll gerade intrinsischer Teil der Eigenverantwortung sein.

Auf dieser Linie gehen einige Unternehmen dazu über, Hierarchien abzubauen und die Produktion ebenso wohl wie den Vertrieb entweder gänzlich in autonome Einheiten zu verlagern (*Outsourcing*)

Klaus oder innerhalb des Unternehmens selbst relativ eigenständige Ein-
Günther heiten zu bilden, die das Unternehmensziel eigenverantwortlich
(und oft auch in Konkurrenz untereinander) verwirklichen. Auf diese
Weise wird der einzelne Mitarbeiter zum Unternehmer seiner selbst –
er internalisiert das Unternehmensziel als eine selbst gegebene und
zu verfolgende Aufgabe. Die Arbeit wird subjektiviert.[22] Sinnfällig
wird dies nicht nur an der zunehmenden Kontraktualisierung der
Beziehungen zwischen den relativ selbständigen Einheiten (z.b.
durch den Abschluss von *Zielvereinbarungen*), sondern auch an der
noch tiefer reichenden Kontraktualisierung des Verhältnisses zu sich
selbst. Der flexible Mitarbeiter schließt einen *psychologischen Kontrakt* mit sich selbst, behandelt sich selbst also wie einen (fremden)
Vertragspartner. Dieses Konzept, das vor allem im Hinblick auf die
notwendigen psychischen Einstellungen von Mitarbeitern in flexibilisierten Organisationen zugeschnitten wurde, orientiert sich an einem autonom sich selbst durch Leistungsversprechen bindenden
Mitarbeiter, der den Zweck der Selbstverwirklichung durch aktive
und eigenständige, auf eigenes Wissen und eigene Fähigkeiten
gründende Beiträge zu der Wertschöpfung des Unternehmens verfolgt.[23]

Die Konsequenzen dieser Verantwortungsintensivierung für die
einzelnen Netzwerkteilnehmer haben Luc Boltanski und Eve Chiapello ausführlich untersucht.[24] Das Netzwerk ist die charakteristische
Organisationsform einer »projektbasierten Polis«, deren Mitglieder
sich nicht ein Arbeitsleben lang einer Firma verschreiben, sondern
sich in wechselnden Projekten engagieren, die von temporären
Netzwerken realisiert werden.[25] Um für stetig wechselnde Projekte
attraktiv zu sein, muss der einzelne vor allem ein hohes Maß an Aktivität sowie räumlicher und zeitlicher Mobilität aufbringen. Der
Netzarbeiter ist anpassungsfähig und flexibel, er kann problemlos
von einem Projekt ins nächste wechseln, sich in fremden Projekten
engagieren oder eigene Projekte ins Leben rufen, für die er andere

---

22 | Stephan Voswinkel: »Bewunderung ohne Würdigung? Paradoxien der Anerkennung doppelt subjektivierter Arbeit«, in: A. Honneth (Hg.), Befreiung aus der Mündigkeit, a.a.O., s. 65ff.; Günter G. Voß/Hans J. Pongratz: »Der Arbeitskraftunternehmer«, in: Kölner Zeitschrift für Soziologie und Sozialpsychologie (50) 1998, S. 131ff.
23 | Friedemann W. Nerdinger: »Neue Organisationsformen und der psychologische Kontrakt«, in: S. Koch/J. Kaschube/R. Fisch (Hg.), Eigenverantwortung für Organisationen, Göttingen u.a. 2003, S. 167ff. (S. 174f.).
24 | Luc Boltanski/Eve Chiapello: Der neue Geist des Kapitalismus, Paris 1999 (dt. Übers. Konstanz 2003).
25 | Ebd., S. 152ff.

gewinnt.²⁶ Auf diese Weise erhöht er seinen Beschäftigungswert (*employability*) für andere.

Nicht anders als das Netzwerk selbst ist auch der einzelne Netzwerkarbeiter dabei gegensätzlichen Anforderungen ausgesetzt. Flexibilität und Anpassungsbereitschaft müssen einhergehen mit der langfristigen Ausbildung und Kultivierung spezifischer Kompetenzen, mit Expertenwissen und -fähigkeiten, die in Konkurrenz zu anderen Mitbewerbern für neue Projekte gefragt sind. Wer jedoch umgekehrt sich zu lange und zu isoliert auf die Kultivierung spezifischer Eigenheiten fixiert, gerät schnell in den Verdacht, als rigide und starrsinnig zu gelten, also in Widerspruch zur Flexibilitätsnorm zu geraten. »Das Spannungsverhältnis zwischen der *Flexibilität*snorm und der erwarteten Individualität, d.h. der Notwendigkeit, ein *spezifisches* (›eigenes‹) und zeitlich *dauerhaftes* Ich zu besitzen, ist ein einer konnexionistischen Welt ein steter Grund zur Sorge.«²⁷ Einerseits wird Anpassungsfähigkeit von Netzwerken hoch bewertet, und zwar im Hinblick auf die ganze Person des Netzarbeiters: »Die Anpassungsfähigkeit, d.h. die Fähigkeit, seine eigene Person wie einen Text zu behandeln, den man in verschiedene Sprachen übersetzt, ist in der Tat eine Grundvoraussetzung, um sich in Netzwerken zu bewegen.«²⁸ Demgegenüber erscheint Dauerhaftigkeit, vor allem in bezug auf sich selbst, und die langfristige, habitualisierte Bindung an Werte (*Charakter*), als Erstarrung, wird also von Netzwerken negativ bewertet. Der vollständig angepasste Netzwerkarbeiter zieht allerdings keine Aufmerksamkeit auf sich, weil er nichts mehr zu bieten hat, wovon neue Projekte profitieren könnten. »Um von seinen Kontakten zu profitieren, muß der Netzmensch interessant wirken und Aufmerksamkeit erregen [...]. Dazu muß er jedoch Individualität besitzen, d.h. Elemente mit sich führen, die in ihrer Welt [der Netzwelt, in die er eintritt – Erg. K.G.] fremd sind und in einzigartiger Weise mit ihm identifiziert werden. Warum sollte man sich an ihn binden, wenn er nichts außer Anpassungsfähigkeit, wenn er keine Individualität besitzt?«²⁹

In gleicher Weise gerät das Ideal der Flexibilität und Mobilität in Konflikt mit der Erwartung, sich mit seinen spezifischen individuellen Kompetenzen für die Dauer eines Projekts zu engagieren. Der Netzarbeiter »muß sich sowohl voll und ganz in einem Projekt engagieren können als auch seine Disponibilität für andere Projekte bewahren.«³⁰ Das schier aussichtslose Bemühen um eine Balance zwi-

Verantwortung in vernetzten Systemen

---

26 | Ebd., S. 158.
27 | Ebd., S. 499.
28 | Ebd., S. 499f.
29 | Ebd., S. 500.
30 | Ebd.

Klaus schen diesen Spannungen und Widersprüchen verlangt ein hohes
Günther Maß an Selbstkontrolle. Der Autonomiegewinn, der mit der Projektarbeit in wechselnden Netzwerken einhergeht, ist nur um den Preis einer gesteigerten internen Kontrolle und Selbstverantwortung zu haben. Dieser Preis ist so hoch, dass sich fragen lässt, ob es sich bei der Netzwerkarbeit überhaupt noch um selbstbestimmte Tätigkeit und Selbstverwirklichung handelt. Denn zur Selbstkontrolle tritt die Kontrolle durch den Wettbewerb am Markt sowie die Kontrolle durch die anderen Netzwerkknoten. Die Selbstkontrolle wird selbst noch einmal kontrolliert.»Selbstkontrolle, Marktkontrolle und computergestützte Echtzeitkontrolle auf Distanz üben zusammen einen nahezu permanenten Druck auf die Beschäftigten aus.«[31]

Flucht aus der Verantwortung in einer konnexionistischen Welt

Trifft die Vermutung einer intensivierten Aufgabenverantwortung der einzelnen Netzwerkteilnehmer zu, so liegt die Vermutung nahe, dass die Betroffenen ab einer bestimmten Schwelle aus der Verantwortung fliehen. Das Versprechen einer Selbstermächtigung des Netzwerkarbeiters schlägt bei wachsender Aufgabenverantwortung sowohl für sich selbst als auch für das jeweilige Projekt in Disziplinierung um.[32]

Diese Flucht aus der Aufgabenverantwortung wird zumindest mitbegünstigt durch das hohe Risiko einer Zurechnungsdiffusion, das Netzwerken eigentümlich ist. Möglicherweise ist die Zurechnungsdiffusion der Preis, der für eine ins Übermaß getriebene Aufgabenverantwortung zu zahlen ist. Die projektbasierte Polis lebt von dem Glanz und dem Prestige des sich selbst kontrollierenden, eigenverantwortlichen, flexiblen und kompetenten, voll und ganz engagierten Netzarbeiters – der sich jedoch im Falle des Scheiterns der Zurechnungsverantwortung entziehen kann, weil diese zwischen den anderen Netzwerkknoten und dem Netzwerk selbst verschwindet. Nicht umsonst sind die *free rider* oder Netzwerkopportunisten, die andere Netzwerkarbeiter oder das gesamte Netzwerk für sich ausbeu-

---

31 | Ebd., S. 465.
32 | K. Günther: Zwischen Ermächtigung und Disziplinierung, a.a.O.; Barbara Heitzmann: Die neue Eigenverantwortung. Jüngste Tendenzen in Managementkonzepten, Sozial- und Rechtspolitik, in: Die große Entsolidarisierung, Kursbuch, Heft 157, 2004, S. 68ff.; Axel Honneth: Organisierte Selbstverwirklichung – Paradoxien der Individualisierung, in: ders. (Hg.), Befreiung aus der Mündigkeit, a.a.O., S. 141ff.

ten, obwohl sie sich nur zum Schein oder gar nicht engagieren, für die Netzwerkgesellschaft das höchste, kaum steuerbare Risiko.[33]

Verantwortung in vernetzten Systemen

Wo diese Flucht aus der Verantwortung nicht gelingt, läuft der sich selbst ständig überfordernde Netzwerkarbeiter Gefahr, in psychische Pathologien zu geraten – also letztlich die Verantwortung für sich selbst preiszugeben. Alain Ehrenberg hat die psychischen Folgen der »neuen Liturgie des Managements« untersucht: »Die neuen Modelle zur Regulation und Beherrschung der Arbeitskraft beruhen weniger auf mechanischem Gehorsam als auf Initiative: Verantwortung, die Fähigkeit, Projekte zu entwickeln, Motivation, Flexibilität.«[34] Die psychischen Reaktionen beziehen sich genau auf die ständige Aufforderung zur Selbstaktivierung: Depression und Sucht. Depression führt zur Handlungsunfähigkeit, negiert also die Norm der permanenten Selbst-Aktivierung. Die Depression erscheint als Kehrseite des souveränen, sein Leben selbst wählenden und für jede Wahl verantwortlichen Menschen. Der Süchtige oder Abhängige dagegen übersteigert das Bild des souveränen Individuums, weil er sich selbst nie genügt, nie aktiv, engagiert und flexible genug ist – »so als würde es die ganze Zeit seinem eigenen Schatten, von dem es abhängig ist, hinterherjagen«[35]. So erscheinen Depression und Abhängigkeit als »Vor- und Rückseite der einen Pathologie des Versagens« des vernetzten, eigenverantwortlichen Individuums.[36]

---

33 | G. Teubner: Netzwerk, a.a.O., S. 181ff., u. Boltanski/Chiapello: Der neue Geist des Kapitalismus, a.a.O., S. 391ff.
34 | Alain Ehrenberg: Das erschöpfte Selbst, Frankfurt/Main, New York 2004, S. 220; ders., Die Müdigkeit, man selbst zu sein, in: Carl Hegemann (Hg.), Kapitalismus und Depression I (Endstation. Sehnsucht), Berlin 2002, S. 103ff.
35 | A. Ehrenberg: Die Müdigkeit, a.a.O., S. 128.
36 | Ebd.

Anhang

Autorinnen und Autoren

Bruno Arich-Gerz, Juniorprofessor am Institut für Sprach- und Literaturwissenschaft der TU Darmstadt (Schwerpunkt Medien und Kommunikation). Er studierte Anglistik, Spanische Philologie sowie Theater- und Filmwissenschaften an der Universität Köln, promovierte an der Universität Konstanz mit einer Arbeit über rezeptionsästhetische und systemtheoretische Fragestellungen zu Thomas Pynchons *Gravity's Rainbow* und war vor seiner Berufung nach Darmstadt im Dezember 2002 doctor assistent an der Universität Antwerpen in Belgien. Seine Arbeitsschwerpunkte sind E-Learning, erinnerungskulturelle Ansätze in Literatur und Gesellschaft sowie medienwissenschaftliche Literaturwissenschaft (hierzu zuletzt erschienen: *Mina – Medien – Allegorie. Zur Interdependenz von Technikfortschritt, Medienentwicklung und Traumatheorie in der englischsprachigen Literatur des 19. und 20. Jahrhunderts*, 2004). Kontakt: arich-gerz@linglit.tu-darmstadt.de

Barbara Becker, studierte Philosophie und Soziologie in Marburg, Münster und Bochum, promovierte über philosophische und soziologische Probleme der Künstlichen-Intelligenz-Forschung und arbeitete danach einige Jahre im Fachbereich Philosophie an der Universität Dortmund über kognitionswissenschaftliche Fragen. Danach war sie als wissenschaftliche Mitarbeiterin an der GMD (Forschungszentrum Informationstechnik) in St. Augustin bei Bonn beschäftigt, wo sie aus sozialphilosophischer Perspektive Probleme und Chancen der digitalen Medien erforschte. Seit 2001 ist sie Professorin für Medienwissenschaft an der Universität Paderborn, wo sie das Themenfeld Medien und sozialer Wandel in Lehre und Forschung bearbeitet. Ihre Schwerpunkte: Die Interdependenz von Körper, Medien und Identität sowie die gesellschaftspolitische Wirkung von Medien, speziell Radio, Fotografie und Internet. Kontakt: bbecker@uni-paderborn.de

Hubert L. Dreyfus, Professor für Philosophie an der University of California, Berkeley; 1968–1978 am Massachusetts Institute of Tech-

Unbestimmtheits- nology. Arbeitschwerpunkte sind Phänomenologie, Existenzialismus,
signaturen Philosophie der Psychologie und Literatur sowie die philosophische
Tragweite der Künstlichen Intelligenz (KI). Veröffentlichungen u.a.:
Michel Foucault. Jenseits von Strukturalismus und Hermeneutik (mit
Paul Rabinow), Frankfurt/Main 1987; *Was Computer nicht können.
Die Grenzen künstlicher Intelligenz,* Frankfurt/Main 1989; *On the internet,* London 2002; *Being-in-the-world: a commentary on Heidegger's Being and time, division I,* Cambridge/MA 1997. Kontakt: dreyfus@cogsci.berkeley.edu

Jean-Pierre Dupuy, Professor für Sozialphilosophie und politische Philosophie an der École Polytechnique in Paris sowie an der Stanford University (USA). Er war Gründer und von 1982 bis 1999 Leiter des C.R.E.A. (Centre de Recherche en Épistémologie Appliquée) an der École Polytechnique. Zu seinen Forschungsschwerpunkten gehören Kulturtheorie, Politische Philosophie, Kognitionswissenschaften, Systemtheorie, Kybernetik und Wirtschaftsphilosophie. Veröffentlichungen u.a.: *The Mechanization of the Mind – On the Origins of Cognitive Science,* Princeton 2000; *Self-Deception and Paradoxes of Rationality,* Stanford 1998; *Pour un catastrophisme éclairé,* Paris 2002; *Avions-nous oublié le mal? Penser la politique après le 11 septembre,* Paris 2002; *La Panique,* Paris 2003. Kontakt: jpdupuy@poly.polytechnique.fr

Gerhard Gamm, Studium der Philosophie (Promotion, Habilitation), Psychologie (Diplom) und Soziologie in Tübingen und Frankfurt/Main. Zunächst Professor für Ethik und Technikphilosophie an der TU Chemnitz, ab 1997 Professor für Philosophie an der TU Darmstadt, dort tragendes Mitglied des Graduiertenkollegs »Technisierung und Gesellschaft«. Publikationen u.a.: *Die Macht der Metapher,* Stuttgart 1992; *Flucht aus der Kategorie,* Frankfurt/Main 1994; *Der deutsche Idealismus,* Stuttgart 1997; *Nicht nichts,* Frankfurt/Main 2000; *Interpretationen. Hauptwerke der Sozialphilosophie* (zus. mit Andreas Hetzel und Markus Lilienthal), Stuttgart 2001; *Wahrheit als Differenz,* Berlin ^{2}2002; *Der unbestimmte Mensch,* Berlin 2004. Kontakt: gamm@phil.tu-darmstadt.de

Klaus Günther, Studium der Philosophie und Rechtswissenschaft in Frankfurt/Main, 1983–1996 wissenschaftlicher Mitarbeiter und Hochschulassistent in Frankfurt/Main, u.a. in einer von der DFG im Rahmen des Leibniz-Programms geförderten rechtstheoretischen Arbeitsgruppe unter der Leitung von Jürgen Habermas (1986–1990); 1987 Promotion, 1997 Habilitation; seit 1998 Professur für Rechtstheorie, Strafrecht und Strafprozessrecht an der Universität Frankfurt/Main. Arbeitsgebiete: Rechtsphilosophie systematisch und historisch; Diskurstheorie des Rechts und Theorie der juristischen Argumentation; Begriff und Theorien der Verantwortung; Rechtstheorie der Globalisierung; Rechtssoziologie; Recht und Literatur (Law as Literature); Grundlagenprobleme des Strafrechts, einschließlich europäischer und internationaler Bezüge. Veröffentlichungen u.a.: *Der Sinn für Angemessenheit - Anwendungsdiskurse in Moral und Recht*, Frankfurt/Main 1988; *Schuld und kommunikative Freiheit. Studien zur individuellen Zurechnung strafbaren Unrechts im demokratischen Rechtsstaat*, Frankfurt/Main 2004. Kontakt: K.Guenther@jur.uni-frankfurt.de

Andreas Hetzel, Postdoc-Stipendiat im Graduiertenkolleg »Technisierung und Gesellschaft« sowie Lehrbeauftragter für Philosophie an der TU Darmstadt. Forschungsschwerpunkte: Sozial- und Kulturphilosophie, Politische Theorie, Sprachphilosophie, Antike Rhetorik, Technikphilosophie. Veröffentlichungen u.a.: *Georges Bataille. Vorreden zur Überschreitung* (hg. zus. mit Peter Wiechens), Würzburg 1999; *Zwischen Poiesis und Praxis. Elemente einer kritischen Theorie der Kultur*, Würzburg 2001; *Interpretationen. Hauptwerke der Sozialphilosophie* (zus. mit Gerhard Gamm und Markus Lilienthal), Stuttgart 2001; *Die Rückkehr des Politischen. Demokratietheorien heute* (hg. zus. mit Reinhard Heil und Oliver Flügel), Darmstadt 2004. Kontakt: a.hetzel@phil.tu-darmstadt.de

Karl H. Hörning, Dr. rer. pol., ist em. Professor für Soziologie an der RWTH Aachen. Bis 2004 war er Direktor des Aachener Instituts für Soziologie und lebt seitdem in Berlin. Arbeits- und Forschungsschwerpunkte: Soziologische Theorien, Techniksoziologie, Kultursoziologie. Neuere Veröffentlichungen: *Zeitpioniere. Flexible Arbeitszeiten - Neuer Lebensstil* (Mitautor 1990, 3. Aufl. 1998, engl. Übersetzung 1995); *Metamorphosen der Technik. Der Gestaltwandel des Computers in der organisatorischen Kommunikation* (Mitautor 1997); *Zeitpraktiken. Experimentierfelder der Spätmoderne* (Mitautor 1997); *Widerspenstige Kulturen. Cultural Studies als Herausforderung* (Mitherausgeber 1999, 2. Aufl. 2004); *Experten des Alltags. Die Wiederentdeckung des praktischen Wissens* (2001); *Doing Culture. Neue Positionen zum Verhältnis von Kultur und sozialer Praxis* (Mitherausgeber 2004). Kontakt: k.hoerning@t-online.de

Christoph Hubig, Studium der Philosophie, Soziologie, Germanistik und Musikwissenschaft in Saarbrücken und Berlin (TU), 1976 Promotion in der Philosophie über *Dialektik und Wissenschaftslogik* (Berlin, New York 1978); 1983 Habilitation in der Philosophie über *Handlung - Identität - Verstehen* (Weinheim 1985); nach Lehrstuhlvertretungen in Braunschweig und Hamburg 1986 Professor für Praktische

Unbestimmtheits- Philosophie an der TU Berlin; 1992 Gründungsprofessor für Prakti-
signaturen sche Philosophie der Universität Leipzig; 1993 Leiter des Funkkollegs »Technik – Abschätzen, Beurteilen, Bewerten« (ARD 1993/94); seit 1997 Professur für Philosophie mit den Schwerpunkten Wissenschaftstheorie, Technik- und Kulturphilosophie an der Universität Stuttgart. Veröffentlichungen u.a. *Technik- und Wissenschaftsethik. Ein Leitfaden*, Berlin, Heidelberg, New York ²1995; *Technologische Kultur*, Leipzig 1997; *Mittel*. Bibliothek dialektischer Grundbegriffe, Bielefeld 2002; in Vorbereitung: *Die Kunst des Möglichen – Grundlinien einer Philosophie der Technik*. Bd. 1: *Philosophie der Technik als Reflexion der Medialität*; Bd. 2: *Ethik der Technik als provisorische Moral* (transcript Bielefeld). Kontakt: christoph.hubig@philo.uni-stuttgart.de

Andreas Kaminski, ist Stipendiat am Graduiertenkolleg »Technisierung und Gesellschaft« der TU Darmstadt. Thema der Promotion: *Technik und Zeit*. Dazu folgende Veröffentlichung: »*Technik als Erwartung*«, in: Dialektik 2004/2, S. 137–150. Kontakt: kaminski@ifs.tu-darmstadt.de

Dieter Mersch, studierte Mathematik und Philosophie in Köln und Bochum; arbeitete von 1983 bis 1994 als Dozent für Wirtschaftsmathematik an der Universität Köln; Promotion und Habilitation am Institut für Philosophie der TU Darmstadt. Seit 2004 hat er einen Lehrstuhl für Medienwissenschaft an der Universität Potsdam inne. Publikationen u.a.: *Performativität und Praxis*. München 2003 (hg. zus. mit Jens Kertscher); *Die Medien der Künste. Beiträge zur Theorie des Darstellens*, München 2003; *Kunst und Medium*, Kiel 2003; *Ereignis und Aura. Untersuchungen zu einer Ästhetik des Performativen*. Frankfurt/Main 2002; *Was sich zeigt. Materialität, Präsenz, Ereignis*, München 2002; *Zeichen über Zeichen*. München 1998. Kontakt: dmersch@rz.uni-potsdam.de

Alfred Nordmann, lehrt Philosophie und Geschichte der Wissenschaften an der TU Darmstadt; zugleich Adjunct Professor am Philosophy Department der University of South Carolina, USA; Wissenschafts- und erkenntnistheoretische Publikationen insbesondere zu Georg Christoph Lichtenberg, Heinrich Hertz, Charles Sanders Peirce, Ludwig Wittgenstein sowie zu wissenschaftsphilosophischen Aspekten der Nanotechnologie. Aktuelle Veröffentlichung: *Wittgenstein's Tractatus. An Introduction*, Cambridge 2005. Kontakt: nordmann@phil.tu-darmstadt.de

Ingeborg Reichle, Studium der Kunstgeschichte, Philosophie, Soziologie und Archäologie in Freiburg i. Br., London und Hamburg; 2004

Promotion zu *Kunst aus dem Labor. Zum Verhältnis von Kunst und Wissenschaft im Zeitalter der Technoscience*, Wien 2005. Von 1998 bis 2003 wiss. Mitarbeiterin am Kunstgeschichtlichen Seminar der Humboldt-Universität zu Berlin; Mitbegründung und Leitung (Berlin) von *Prometheus*, einem vom BMBF geförderten Verbund zur Entwicklung netzbasierter Lehr- und Lernkonzepte (2001–2004); seit 2004 wiss. Mitarbeiterin am Hermann von Helmholtz-Zentrum für Kulturtechnik, Humboldt-Universität zu Berlin. Aktuelle Forschungsschwerpunkte: Medienkunst, Bildwissenschaft, Geschichte der Kunstgeschichte, Körper- und Geschlechterkonstruktionen im Cyberspace. Kontakt: www.kunstgeschichte.de/reichle

Michael Ruoff, Studium der Elektrotechnik (Dipl. Ing.), der Philosophie, Soziologie und Wissenschaftstheorie (Dr. phil.); derzeit Lehrbeauftragter am Geschwister Scholl Institut der Ludwig-Maximilians-Universität München. Forschungsschwerpunkte: Technikphilosophie, Wissenschaftsgeschichte. Kontakt: miruoff@t-online.de

Rudi Schmiede, Studium der Soziologie, Sozialpsychologie, Politikwissenschaft und VWL in Frankfurt/Main, Mainz sowie an der London School of Economics; ab 1972 Mitarbeiter, ab 1985 Heisenberg-Stipendiat am Institut für Sozialforschung Frankfurt/Main; 1977 Promotion, 1984 Habilitation für das Fach Soziologie mit Studien zu Gewerkschaft und Lohndynamik. Seit 1987 Professor für Soziologie an der TU Darmstadt. Forschung und Publikationen zu: Soziale Dimensionen der Informations- und Kommunikationstechnologien; Geschichtliche Entwicklung von Arbeit; Arbeit in der Informationsgesellschaft; Sozialstrukturelle Entwicklungstendenzen moderner Gesellschaften; Theorien der Informatisierung und des Wissens; Sozialorientierte Gestaltung von IuK-Techniken; Digitale Bibliotheken und integrierte wissenschaftliche Informations- und Wissenssysteme. Kontakt: schmiede@ifs.tu-darmstadt.de

Jutta Weber, Wissenschaftsphilosophin und -forscherin; wiss. Mitarbeiterin an der Fakultät für Philosophie und Bildungswissenschaften, Universität Wien; vorher Mitarbeiterin in der Wissenschafts- und Technikgeschichte an der TU Braunschweig in einem Forschungsprojekt zur Artifical-Life-Forschung und Robotik; Lehraufträge an der Universität Bremen, TU Braunschweig und der IFU im Projektbereich Information (http://www.vifu.de/gendering); 2001 Promotion an der Universität Bremen zu *Umkämpfte Bedeutungen: Naturkonzepte im Zeitalter der Technoscience* (New York, Frankfurt/Main 2003); Arbeitsschwerpunkte: Wissenschaftsphilosophie, Erkenntnistheorie, Wissenschafts- und Technikforschung. Schriftenauswahl: *Turbulente Körper, emergente Maschinen. Körperkonzepte in aktueller Robotik*

Unbestimmtheits- und *Technikkritik*, in: dies./C. Bath (Hg.), *Turbulente Körper, soziale signaturen Maschinen. Interdisziplinäre Studien*, Opladen 2003; *Hybride Technologien: TechnoWissenschaftsforschung als transdisziplinäre Erkenntnispolitik*, in: G.-A. Knapp/A. Wetterer: *Achsen der Differenz. Gesellschaftstheorie & feministische Kritik*, Münster 2003. Kontakt: weber j3@univie.ac.at

Helmut Willke, Professor für Staatstheorie und Global Governance an der Fakultät für Soziologie der Universität Bielefeld. Er forscht in den Feldern Systemtheorie sowie Organisationsentwicklung und Wissensmanagement. 1994 erhielt er den Leibniz-Preis der Deutschen Forschungsgemeinschaft. Veröffentlichungen u.a.: *Systemtheorie entwickelter Gesellschaften: Dynamik und Riskanz moderner gesellschaftlicher Selbstorganisation*, Weinheim, München 1989; *Systemtheorie: Eine Einführung in die Grundprobleme der Theorie sozialer Systeme*, Stuttgart, Jena, New York ^{3}1991; *Ironie des Staates: Grundlinien einer Staatstheorie polyzentrischer Gesellschaft*, Frankfurt/Main 1992; *Atopia. Studien zur atopischen Gesellschaft*, Frankfurt/Main 2001; *Dystopia. Studien zur Krisis des Wissens der modernen Gesellschaft*, Frankfurt/Main 2002; *Heterotopia. Studien zur Krise der Ordnung moderner Gesellschaften*, Frankfurt/Main 2003; *Einführung in das systemische Wissensmanagement*, Heidelberg 2004. Kontakt: helmut.willke@t-online.de

Marc Ziegler, Stipendiat im Graduiertenkolleg »Technisierung und Gesellschaft« an der TU Darmstadt; Dissertationsprojekt »Die phantastische Wirklichkeit der Technik. Kollektive Technikphantasien und ihre Kritische Theorie«. Seine Forschungsschwerpunkte liegen in den Bereichen der Politischen Philosophie, Sozial- und Technikphilosophie sowie der Ästhetischen Theorie. Kontakt: ziegler@ifs.tu-darmstadt.de

Die Titel dieser Reihe:

Josef König
Sprechen und Sprache
Aus dem Nachlass 2
(herausgegeben von Mathias
Gutmann und Michael
Weingarten)
Oktober 2005, ca. 200 Seiten,
kart., ca. 25,80 €,
ISBN: 3-89942-397-6

Gerhard Gamm,
Andreas Hetzel (Hg.)
Unbestimmtheitssignaturen der Technik
Eine neue Deutung der technisierten Welt
Oktober 2005, 362 Seiten,
kart., 28,80 €,
ISBN: 3-89942-351-8

Joachim Schickel
Der Logos des Spiegels
Struktur und Sinn einer spekulativen Metapher
(herausgegeben von Hans Heinz Holz)
Oktober 2005, ca. 290 Seiten,
kart., ca. 27,80 €,
ISBN: 3-89942-295-3

Michael Weingarten (Hg.)
Eine »andere« Hermeneutik
Georg Misch zum 70. Geburtstag –
Festschrift aus dem Jahr 1948
August 2005, 362 Seiten,
kart., 29,80 €,
ISBN: 3-89942-272-4

Josef König
Denken und Handeln
Aus dem Nachlass 1
(herausgegeben von Mathias Gutmann und Michael Weingarten)
Juli 2005, 190 Seiten,
kart., 24,80 €,
ISBN: 3-89942-320-8

Gerhard Gamm,
Mathias Gutmann,
Alexandra Manzei (Hg.)
Zwischen Anthropologie und Gesellschaftstheorie
Zur Renaissance Helmuth Plessners im Kontext der modernen Lebenswissenschaften
Mai 2005, 264 Seiten,
kart., 25,80 €,
ISBN: 3-89942-319-4

Leseproben und weitere Informationen finden Sie unter:
www.transcript-verlag.de

Die Titel dieser Reihe:

Lars Meyer
Absoluter Wert und allgemeiner Wille
Zur Selbstbegründung dialektischer Gesellschaftstheorie
März 2005, 286 Seiten,
kart., 26,80 €,
ISBN: 3-89942-224-4

Mathias Gutmann
Erfahren von Erfahrungen
Dialektische Studien zur Grundlegung einer philosophischen Anthropologie
2004, 766 Seiten,
kart., 2 Bände, 49,80 €,
ISBN: 3-89942-187-6

Siegfried Blasche,
Mathias Gutmann,
Michael Weingarten (Hg.)
Repræsentatio Mundi
Bilder als Ausdruck und Aufschluss menschlicher Weltverhältnisse.
Historisch-systematische Perspektiven
2004, 342 Seiten,
kart., 25,80 €,
ISBN: 3-89942-127-2

Hans Heinz Holz
Mensch – Natur
Helmuth Plessner und das Konzept einer dialektischen Anthropologie
2003, 194 Seiten,
kart., 24,80 €,
ISBN: 3-89942-126-4

Leseproben und weitere Informationen finden Sie unter:
www.transcript-verlag.de

Bibliothek dialektischer Grundbegriffe

Michael Weingarten
Tod (bio-ethisch)
Oktober 2005, ca. 50 Seiten,
kart., 7,60 €,
ISBN: 3-89942-369-0

Gerhard Stuby, Norman Paech
Völkerrecht
Oktober 2005, ca. 50 Seiten,
kart., 7,60 €,
ISBN: 3-89942-294-5

Kurt Röttgers
Teufel und Engel
August 2005, 52 Seiten,
kart., 7,60 €,
ISBN: 3-89942-300-3

Roger Behrens
Kulturindustrie
2004, 52 Seiten,
kart., 7,60 €,
ISBN: 3-89942-246-5

Andreas Arndt
Unmittelbarkeit
2004, 54 Seiten,
kart., 7,60 €,
ISBN: 3-89942-270-8

Michael Weingarten
Sterben (bio-ethisch)
2004, 54 Seiten,
kart., 7,60 €,
ISBN: 3-89942-186-8

Hermann Klenner
Recht und Unrecht
2004, 56 Seiten,
kart., 7,60 €,
ISBN: 3-89942-185-X

Jörg Zimmer
Reflexion
2003, 52 Seiten,
kart., 7,60 €,
ISBN: 3-89942-166-3

Thomas Metscher
Mimesis
2003, 52 Seiten,
kart., 7,60 €,
ISBN: 3-89942-165-5

Michael Weingarten
Wahrnehmen
2003, 52 Seiten,
kart., 7,60 €,
ISBN: 3-89942-125-6

Michael Weingarten
Leben (bio-ethisch)
2003, 52 Seiten,
kart., 7,60 €,
ISBN: 3-933127-96-3

Volker Schürmann
Muße
2003, 52 Seiten,
kart., 7,60 €,
ISBN: 3-89942-124-8

Leseproben und weitere Informationen finden Sie unter:
www.transcript-verlag.de

Bibliothek dialektischer Grundbegriffe

Angelica Nuzzo
System
2003, 52 Seiten,
kart., 7,60 €,
ISBN: 3-89942-121-3

Christoph Hubig
Mittel
2002, 50 Seiten,
kart., 7,60 €,
ISBN: 3-933127-91-2

Hans Heinz Holz
Widerspiegelung
2003, 82 Seiten,
kart., 10,80 €,
ISBN: 3-89942-122-1

Werner Rügemer
arm und reich
2002, 52 Seiten,
kart., 7,60 €,
ISBN: 3-933127-92-0

Jörg Zimmer
Metapher
2003, 52 Seiten,
kart., 7,60 €,
ISBN: 3-89942-123-X

Renate Wahsner
Naturwissenschaft
2002, 52 Seiten,
kart., 7,60 €,
ISBN: 3-933127-95-5

Leseproben und weitere Informationen finden Sie unter:
www.transcript-verlag.de